山东大学数学学院
1930 School of Mathematics * Shandong University
新形态系列教材

U0177007

高等数学

慕课版（上册）第2版

张天德 王鹏辉 王玮 主编

孙钦福 陈永刚 张歆秋 副主编

人民邮电出版社

北 京

图书在版编目（CIP）数据

高等数学. 上册 : 慕课版 / 张天德，王鹏辉，王玮
主编. -- 2版. -- 北京：人民邮电出版社，2024.2（2024.6重印
名师名校新形态通识教育系列教材
ISBN 978-7-115-62103-0

Ⅰ. ①高… Ⅱ. ①张… ②王… ③王… Ⅲ. ①高等数
学－高等学校－教材 Ⅳ. ①013

中国国家版本馆CIP数据核字(2023)第119351号

内 容 提 要

本书根据高等学校非数学类专业"高等数学"课程的教学要求和教学大纲，将新工科理念与国际化深度融合，借鉴国内外优秀教材的特点，并结合山东大学数学团队多年的教学经验编写完成. 全书分为上、下两册，上册内容包括函数、极限与连续，导数与微分，微分中值定理与导数的应用，不定积分，定积分及其应用，常微分方程. 下册内容包括无穷级数、向量代数与空间解析几何、多元函数微分学及其应用、重积分及其应用、曲线积分与曲面积分. 每节配有不同层级难度的同步习题，各章配有不同层级难度的总复习题，以便学生巩固和掌握基础知识和基本技能.

本书可作为高等学校非数学类专业"高等数学"课程的教材，也可作为报考硕士研究生的人员和科技工作者学习高等数学知识的参考书.

♦ 主　　编　张天德　王鹏辉　王　玮
　　副 主 编　孙钦福　陈永刚　张歆秋
　　责任编辑　孙　澍
　　责任印制　王　郁　陈　犇
♦ 人民邮电出版社出版发行　　北京市丰台区成寿寺路 11 号
　　邮编　100164　　电子邮件　315@ptpress.com.cn
　　网址　https://www.ptpress.com.cn
　　北京市鑫霸印务有限公司印刷
♦ 开本：787×1092　1/16
　　印张：17　　　　　　　　　　2024 年 2 月第 2 版
　　字数：410 千字　　　　　　　2024 年 6 月北京第 2 次印刷

定价：52.00 元

读者服务热线：(010)81055256　印装质量热线：(010)81055316
反盗版热线：(010)81055315
广告经营许可证：京东市监广登字 20170147 号

丛书顾问委员会

丛书编委会

主　任： 吴　臻

副主任： 王鹏辉　张天德

编　委： 王　玮　叶　宏　黄宗媛　孙钦福

陈永刚　谭　蕾　吕洪波　屈忠锋

刘昆仑　栾世霞　程　涛　孙　涛

张歆秋　闫保英　李玲娜　惠周利

杨　明

丛书编辑工作委员会

主　任： 张立科

副主任： 曾　斌　李海涛

委　员： 税梦玲　陶友亭　刘海溧　孙　澍

祝智敏　潘春燕　张孟玮　滑　玉

许德智

推荐序

　　数学是自然科学的基础，也是重大技术创新发展的基础，数学实力影响着国家实力．大学数学系列课程作为高等院校众多课程的重要基础，对高等院校人才培养质量有非常重要的影响．2019 年，科技部、教育部等四部委更是首次针对一门学科联合发文，要求加强对数学学科的重视．

　　作为一名数学科学工作者，我在致力于科学研究、教书育人的同时，也在一直关注大学数学的教学改革、课程建设和教材建设．"国立根本，在乎教育，教育根本，实在教科书"，我认为做好大学数学教材建设，是进行大学数学教学改革和课程建设的基础．2019 年 12 月，教育部出台了《普通高等学校教材管理办法》（以下简称《教材管理办法》），对高等学校教材建设提出了明确要求，也将教材建设提升到事关未来的战略工程和基础工程的重要位置．由人民邮电出版社和山东大学数学学院联合打造的大学数学系列教材，正是这样一套符合《教材管理办法》要求的精品教材．这套书不仅是适应教学改革要求的积极探索，更是对大学数学教材开发的创新尝试，有 4 个突出的创新点．

　　立足新工科：适应新工科建设本科人才应具备的数学知识结构和数学应用能力，这套教材在内容上弱化了不必要的证明或推导过程，更加注重大学数学知识在行业中的应用，突出数学的实用性和易用性，着重培养学生利用大学数学知识解决实际问题的能力．

　　采用新形态：数学知识难以具体化，这套书采用新的教材形态，全系列配套慕课和微课视频，不仅包含对核心知识点的讲解，还将现代化的科学计算工具融入其中，让数学知识变得更加生动鲜明．

　　融入新要求：在落实国家课程思政要求上，这套书也做了创新尝试，将我国数学家的事迹以多媒体形式呈现并融入数学知识讲解中，强化教材对学生的思想引领作用，突出教育的"育人目的"．

　　提供新服务：在资源建设上，这套书采用了"线上线下 双轨并进"的模式，不仅配套了丰富的辅助线下教学的资源，还同步开展线上直播教学演示，在在线教学越来越受到关注的今天，这一创新模式具有现实意义．

　　高教大计，本科为本，教育部启动"六卓越一拔尖"计划 2.0，实施"双万计划"和"四新"建设以来，建设高水平教学体系、全面提升教学质量成为振兴本科教育的必由之路，而优质教材建设则是铺就这条道路的基石．希望更多的高校教育工作者将教材研究和教材编写作为落实立德树人的根本任务，勇于破旧立新，为我国大学数学教学和教材建设注入"活水"，带来新的活力．

徐宗本

中国科学院院士

西安交通大学教授

西安数学与数学技术研究院院长

2020 年 6 月

丛书序

教育兴则国家兴，教育强则国家强，坚持教育服务高质量发展，扎实推动教育强国建设成为我国教育事业的新目标. 在高等教育中大学数学是高校理工类专业和经管类专业的坚实基础，不仅限于专业知识基础，在培养大学生数学思维能力、综合思维能力、空间想象能力和创新思维能力等方面也发挥重要作用，对各专业的学科建设和发展具有深远影响.

大学数学虽然是大多数专业的基础课程，但是逻辑性强，内容抽象，晦涩难懂，普遍存在教师难教、学生难学的现象. 同时，当前很多高校的大学数学课程多沿用传统教学模式，不区分专业、兴趣和学生的基础，不涉及与后续专业课程的关联性和衔接性，存在教学方法和教学手段简单、教学模式一刀切等情况. 因此，大学数学课程如何进行深层次、多角度的教学改革，达到满足新时代高层次高素质人才培养目标的需求，是各高校迫切需要探索的课题.

张天德教授多年来一直从事偏微分方程数值解的研究，以及高等学校数学基础课程的教学与研究工作，是国家精品在线开放课程、国家级一流本科课程负责人，经过 30 多年的教学实践，他在教书育人方面形成了独到的理论，多次荣获表彰和奖励，如"国家级教学成果奖二等奖""全国优秀教材(高等教育类)二等奖""山东省高等学校教学名师""泰山学堂卓越教师""泰山学堂毕业生最喜欢的老师"等. 2020 年 9 月，张天德教授牵头编写的山东大学数学学院新形态系列教材在人民邮电出版社出版，这套教材定位清晰，结构严谨，内容精良，新形态手段先进，汇集了山东大学数学学院的优秀教学师资和人民邮电出版社的优质出版资源，被百余所院校选作教材，出版 3 年来成为国内具有较高影响力的大学数学教材.

此次修订由数学学院副院长王鹏辉教授和张天德教授共同牵头组织，在保持既有特色的基础上进行了全面优化和升级，例题、习题的设计更加注重通识知识与专业知识的结合，信息技术运用更加丰富，综合 30 余所院校的意见，内容打磨得更加贴合一线教学需求，有效地践行了教育部在新时代对大学数学教学的期望和要求.

通识与专业教育有效衔接，知识与课程思政有机融合，新形态技术手段高效运用，本系列面向新工科的大学数学教材体现了通识育人的教学目标，丰富了教学手段、教学方法，为新工科专业人才培养奠定了非常好的基础，同时，也为落实国家教育数字化、优质资源数字化和创新性教学方法应用于教育教学改革，提供了重要参考.

吴臻

中国数学会副理事长

山东大学副校长、数学学院院长

2023 年 11 月

前　言

党的二十大报告指出，教育、科技、人才是全面建设社会主义现代化国家的基础性、战略性支撑，要加强基础学科建设. 数学是基础学科的基础，新时代国家和高校人才培养对大学数学教学改革提出了更高的要求. 课程思政与教学的有机融合、大学数学与专业知识的有效衔接、教学方法和教学手段的创新等，成为高等院校大学数学教育工作者迫切探索和亟待解决的问题.

我们编写的"山东大学数学学院新形态系列教材"有幸被全国百余所高等院校使用，广大师生的充分肯定让我们倍感欣慰. 我们邀请了三十余所用书院校进行研讨，他们提出了宝贵的意见和建议，在此深表感谢. 结合国家对人才培养的新要求及高等院校一线教学的新需求，我们修订了山东大学数学学院新形态系列教材，重点包括以下几方面：（1）更新和增加例题、习题，并将各章总复习题分层设计，设置基础篇和提高篇，满足不同需求的学生使用；（2）突出知识应用这一特色，在例题的设计和选取上更加注重大学数学知识在新工科各领域的应用；（3）升级课程思政内容，结合知识点设计课程思政微课视频，使思政教学做到润物细无声；（4）升级新形态的模式，运用计算机可视化技术呈现晦涩的数学知识. 改版后的系列教材有以下特点.

（1）架构设计紧贴新工科人才培养目标

本系列教材面向高等院校工科专业，贯彻落实国家对高等教育的新要求，充分体现大学数学的通识属性及与新工科其他学科的交叉性和衔接性，将通识教育与专业教育相结合，着力提升学生运用大学数学基础知识解决复杂工程问题的能力，助力新工科专业建设和人才培养.

（2）内容设计兼具通识课程的学科性与育人性

数学是一切学科的基础，是发展思维的基石. 本系列教材用完备的体系、严谨的结构、精炼的语言、清晰的表述呈现了大学数学知识体系的基本概念、基本逻辑、基本方法. 同时，本系列教材在例题设计上注重科学引导、在思政设计上注重思想引领，注重培养大学生的抽象思维、科学思维、创新思维，培养大学生的爱国情怀、科学精神、探索精神.

（3）新形态设计助力高校教学教改创新

本系列教材充分利用信息技术手段通过不同表现形式解决了教学痛点.

一方面精心录制了配套的慕课，并在每章的定义、定理、例题、习题等内容中选取重点、难点及章首导学、章末总结等单独录制了微课. 有效支撑高校开展线上线下混合式教学，帮助教师实现翻转课堂教学模式，帮助学生更好地开展预习和复习.

另一方面采用计算机可视化技术，通过数学图形、模型的动态变化直观呈现推理、推导过程，使学生掌握抽象的数学知识、晦涩的数学概念.

（4）教学资源设计全方位立体化服务一线教学

为便于更好地发挥本系列教材的教学价值，编者精心准备了电子教案、PPT 课件、教学大纲、习题答案、试卷等资源，方便教师组织教学和学生自学，提升教学效果；此外还建设了自动组卷题库系统，方便教师组织考试.

本系列教材的高等数学分为上册和下册，是编者结合近年来国内外同类教材的特点，调研当前国内各高校新工科人才培养对高等数学课程的新要求，对传统知识结构、例题模式进行优化后编写而成的，具有以下特点.

（1）基础知识言简意赅、通俗易懂，重点内容着重阐述、详细剖析

本书注重基础知识，表述既兼顾定义的严谨性，又考虑正文阐述的通俗易懂性，尽量使数学知识简单化、形象化，部分定义采用通俗易懂语言和严格的数学定义两种形式进行表述，确保教材难度适宜. 在重难点知识点上增加例题，采用微课形式深度讲解，并在习题中增加比重，帮助学生理解和掌握.

（2）习题设置丰富，分层设计满足不同院校、不同学生需求，强化训练

本书的习题按难度进行了分层设计. 每节之后的同步习题分为"基础题"和"提高题"两个层次，与该节知识点紧密呼应. 每章设计综合性较强的"总复习题"，总复习题分为"基础篇"和"提高篇"，且按正规考试设置了题型比例和分值. 全书题量较大，层次分明，方便教师授课、测验及学生自学，同时在第 1 版的基础上增加了题量，强化学生训练. 每章末尾附各类习题答案，扫描相应二维码可以获取.

（3）兼顾考研需求，结合知识点设计考研真题，为学生考研打好基础

本书内容紧贴教学大纲的同时，兼顾了学生的考研需求，每章总复习题的"提高篇"均选自考研真题，且标注考试年份、分值及类别，可以让学有余力的学生通过考研真题的演练，深入了解各个知识点的内容和命题方向，为学生考研打下坚实基础.

本书由山东大学张天德教授设计整体框架和编写思路，上册由张天德、王鹏辉、王玮担任主编，由孙钦福、陈永刚、张歆秋担任副主编；下册由王鹏辉、张天德、黄宗媛担任主编，由闫保英、吕洪波、孙钦福担任副主编. 本书的计算机可视化案例由中北大学惠周利、杨明等老师建设，本书的部分思政微课案例由西南石油大学李玲娜等老师建设.

本书入选了山东省普通高等教育一流教材，是山东大学教育教学改革研究重点项目"大学数学新形态系列教材建设——新工科、新商科、新文科"（项目批准号：2021Z08）的成果，也是2021 年度山东省本科教学改革研究项目重点项目"大学数学一流课程与新形态系列教材建设研究"（项目编号：Z2021049）的重要成果. 本书在编写过程中得到了山东大学本科生院、山东大学数学学院的大力支持与帮助，获得山东大学"双一流"人才培养专项建设支持. 本书在改版过程中，吸取了山东理工大学、西南石油大学、太原科技大学、大同大学、重庆移通学院、山东青年政治学院、山西能源学院、德州学院、泰山学院、晋中理工学院、忻州师范学院、山东华宇工学院等一线教师的宝贵意见和建议，在此表示衷心的感谢.

本书编者水平有限，不妥之处在所难免，望广大读者批评指正.

编者

2023 年 11 月

目录

03

第 3 章 微分中值定理与
导数的应用

附录 I 初等数学常用公式

附录 II 高等数学常用公式

附录 III 常用曲线及其方程

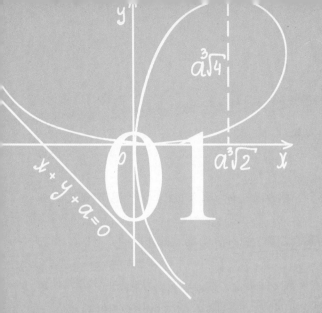

第 1 章
函数、极限与连续

迄今为止数学已有数千年历史，伴随着数学思想的发展，函数概念由模糊逐渐严密. 有别于初等数学的研究对象大多是不变的量，高等数学的主要研究对象是变动的量，也就是函数. 我国古代数学家刘徽的极限思想给出了研究变量的一种方法，在此基础上极限的理论不断完善. 极限是研究函数的重要方法，也是微积分学中研究问题的基本工具. 连续性是非常广泛的一类函数所具有的重要特性. 本章我们将对函数概念进行复习和补充，学习如何利用极限思想研究函数，讨论函数的连续性. 极限理论的学习与讨论，将为我们奠定学习高等数学的基础.

本章导学

1.1 函数

"函数"一词来自于著作《代数学》，其中记载有"凡此变数中含彼变数者，则此为彼之函数"，也即函数指一个量随另一个量的变化而变化，或者说一个量中包含另一个量. 在学习函数之前，我们先掌握基本的数学语言.

1.1.1 预备知识

1. 集合

定义 1.1 一般说来，由一些确定的不同的研究对象构成的整体称为集合. 构成集合的对象，称为集合的元素.

集合一般用大写英文字母 $A, B, C, \cdots$ 表示，集合中的元素用小写英文字母 $a, b, c, \cdots$ 表示，若 a 是集合 M 中的元素，则记为 $a \in M$.

构成集合的元素具有 3 个性质：确定性、互异性、无序性.

高等数学中常用数集及其记法如下：

(1) 全体非负整数组成的集合称为非负整数集或自然数集，记为 $\mathbf{N}$；

(2) 全体整数组成的集合称为整数集，记为 $\mathbf{Z}$；

(3) 全体正整数组成的集合称为正整数集，记为 $\mathbf{Z}^+$ 或 $\mathbf{N}^+$；

(4) 全体有理数组成的集合称为有理数集，记为 $\mathbf{Q}$；

(5) 全体无理数组成的集合称为无理数集，记为 $\mathbf{Q}^c$；

（6）全体实数组成的集合称为实数集，记为 **R**.

2. 区间

设 a,b 为实数，且 $a<b$.

（1）满足不等式 $a<x<b$ 的所有实数 x 的集合，称为以 a,b 为端点的开区间，记作 (a,b)，如图 1.1(a) 所示. 即 $(a,b)=\{x\mid a<x<b\}$.

（2）满足不等式 $a\leqslant x\leqslant b$ 的所有实数 x 的集合，称为以 a,b 为端点的闭区间，记作 $[a,b]$，如图 1.1(b) 所示. 即 $[a,b]=\{x\mid a\leqslant x\leqslant b\}$.

（3）满足不等式 $a<x\leqslant b$（或 $a\leqslant x<b$）的所有实数 x 的集合，称为以 a,b 为端点的半开半闭区间，记作 $(a,b]$ 或 $[a,b)$，如图 1.1(c) 和图 1.1(d) 所示. 即 $(a,b]=\{x\mid a<x\leqslant b\}$，$[a,b)=\{x\mid a\leqslant x<b\}$.

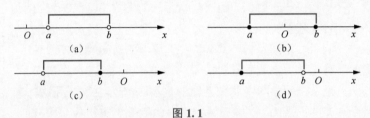

图 1.1

以上 3 类区间为有限区间. 有限区间右端点 b 与左端点 a 的差 $b-a$ 称为区间的长.

还有下面 3 类无限区间.

（1）$(a,+\infty)=\{x\mid x>a\}$；$[a,+\infty)=\{x\mid x\geqslant a\}$.

（2）$(-\infty,b)=\{x\mid x<b\}$；$(-\infty,b]=\{x\mid x\leqslant b\}$.

（3）$(-\infty,+\infty)=\{x\mid -\infty<x<+\infty\}$，即全体实数的集合 **R**.

3. 邻域

我们知道，实数集合 $\{x\mid\mid x-x_0\mid<\delta,\delta>0\}$ 在数轴上是一个以点 x_0 为中心、长度为 2δ 的开区间 $(x_0-\delta,x_0+\delta)$，称之为点 x_0 的 δ 邻域，记作 $U(x_0,\delta)$. 点 x_0 称为邻域中心，δ 称为邻域半径，如图 1.2所示.

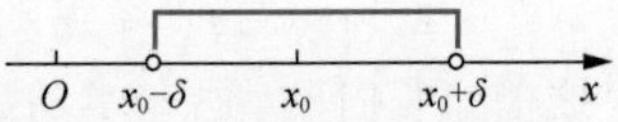

图 1.2

例如，$U\left(5,\dfrac{1}{2}\right)$ 为以点 $x_0=5$ 为中心、以 $\delta=\dfrac{1}{2}$ 为半径的邻域，也就是开区间 $\left(\dfrac{9}{2},\dfrac{11}{2}\right)$.

在高等数学中还常用到集合 $\{x\mid 0<\mid x-x_0\mid<\delta,\delta>0\}$，这是在点 x_0 的 δ 邻域内去掉点 x_0，由其余点所组成的集合，即 $(x_0-\delta,x_0)\cup(x_0,x_0+\delta)$，称之为点 x_0 的去心 δ 邻域，记作 $\mathring{U}(x_0,\delta)$.

例如，$\mathring{U}(1,2)$ 为以点 $x_0=1$ 为中心、以 $\delta=2$ 为半径的去心邻域，即 $(-1,1)\cup(1,3)$.

4. 映射

定义 1.2 设 X,Y 是两个非空集合，如果存在一个法则 f，使对 X 中每个元素 x 按照法则 f，在 Y 中有唯一确定的元素 y 与之对应，则称 f 为从 X 到 Y 的映射，记作

$$f:X\rightarrow Y.$$

其中，y 称为元素 x（在映射 f 下）的像，并记作 $f(x)$，即

$$y=f(x),$$

而元素 x 称为元素 y(在映射 f 下)的一个原像；集合 X 称为映射 f 的定义域，记作 D_f，即

$$D_f=X;$$

X 中所有元素的像所组成的集合称为映射 f 的值域，记作 R_f 或 $f(X)$，即

$$R_f=f(X)=\{f(x)\,|\,x\in X\}.$$

需要注意的问题如下.

(1)构成一个映射必须具备以下 3 个要素.

① 集合 X，即定义域 $D_f=X$.

② 集合 Y，即值域的范围：$R_f\subset Y$.

③ 对应法则 f，使对每个 $x\in X$，有唯一确定的 $y=f(x)$ 与之对应.

(2)对每个 $x\in X$，元素 x 的像 y 是唯一的；而对每个 $y\in R_f$，元素 y 的原像不一定是唯一的；映射 f 的值域 R_f 是 Y 的一个子集，即 $R_f\subset Y$，不一定有 $R_f=Y$.

(3)满射、单射和双射：设 f 是从集合 X 到集合 Y 的映射，若 $R_f=Y$，即 Y 中任一元素 y 都是 X 中某元素的像，则称 f 为 X 到 Y 的满射；若对 X 中任意两个不同元素 $x_1\neq x_2$，它们的像 $f(x_1)\neq f(x_2)$，则称 f 为 X 到 Y 的单射；若映射 f 既是单射又是满射，则称 f 为双射(或一一映射).

5. 逆映射与复合映射

设 f 是 X 到 Y 的单射，由单射的定义知，对每个 $y\in R_f$，有唯一的 $x\in X$，满足 $f(x)=y$. 于是，我们可定义一个从 R_f 到 X 的新映射 g，即

$$g:R_f\rightarrow X,$$

对每个 $y\in R_f$，规定 $g(y)=x$，其中 x 满足 $f(x)=y$. 这个映射 g 称为 f 的逆映射，记作 f^{-1}，其定义域 $D_{f^{-1}}=R_f$，值域 $R_{f^{-1}}=X$.

设有两个映射

$$g:X\rightarrow Y_1,\ f:Y_2\rightarrow Z,$$

其中 $Y_1\subset Y_2$. 由映射 g 和 f 可以定出一个从 X 到 Z 的对应法则，它将每个 $x\in X$ 映射成 $f[g(x)]\in Z$. 显然，这个对应法则确定了一个从 X 到 Z 的映射，这个映射称为映射 g 和 f 构成的复合映射，记作 $f\circ g$，即

$$f\circ g:X\rightarrow Z,$$

$$(f\circ g)(x)=f[g(x)],x\in X.$$

注意映射 g 和 f 构成复合映射的条件：g 的值域 R_g 必须包含在 f 的定义域内，即 $R_g\subset D_f$. 否则，不能构成复合映射. 由此可以知道，映射 g 和 f 的复合是有顺序的，$f\circ g$ 有意义并不表示 $g\circ f$ 也有意义. 即使 $f\circ g$ 与 $g\circ f$ 都有意义，复合映射 $f\circ g$ 与 $g\circ f$ 也未必相同.

例如，设有映射 $g:\mathbf{R}\rightarrow[-1,1]$，对每个 $x\in\mathbf{R}$，$g(x)=\sin x$，映射 $f:[-1,1]\rightarrow[0,1]$，对每个 $u\in[-1,1]$，$f(u)=\sqrt{1-u^2}$，则映射 g 和 f 构成的复合映射 $f\circ g:\mathbf{R}\rightarrow[0,1]$，对每个 $x\in\mathbf{R}$，有

$$(f\circ g)(x)=f[g(x)]=f(\sin x)=\sqrt{1-\sin^2 x}=|\cos x|.$$

1.1.2 函数的概念及常见的分段函数

1. 函数的概念

定义 1.3 设 D 是一个给定的非空数集. 若对任意的 $x \in D$, 按照一定法则 f, 总有唯一确定的数值 y 与之对应, 则称 y 是 x 的函数, 记为

$$y = f(x).$$

数集 D 称为函数 $f(x)$ 的定义域, x 为自变量, y 为因变量. 函数值的全体 $W = \{y \mid y = f(x), x \in D\}$ 称为函数 $f(x)$ 的值域.

可以看出函数就是变量 x 与 y 之间的一种关系, 是一种特殊的映射.

我们还发现映射是给定两个非空集合和一个对应法则, 而函数则是给定一个非空集合和一个对应法则, 所以我们可以认为定义域与对应法则是函数的两要素. 确定了函数的两要素, 该函数也就确定了, 两要素可以作为判断两个函数是否相同的标准.

例如, $f(x) = \dfrac{x-1}{x^2-1}$ 与 $g(x) = \dfrac{1}{x+1}$ 不是同一个函数, 因为二者的定义域不同; $f(x) = x$ 与 $g(x) = \sqrt{x^2}$ 不是同一个函数, 因为二者的对应法则不同; $f(x) = 1$ 与 $g(x) = \sin^2 x + \cos^2 x$ 是同一个函数; $f(x) = x^2 + 1$ 与 $g(t) = t^2 + 1$ 是同一个函数.

定义域是使表达式或实际问题有意义的自变量的取值所组成的集合. 但习惯上, 对于无实际背景的函数, 我们常常只给出对应法则, 而未指明其定义域. 在数学上, 通常将使函数表达式有意义的一切实数所组成的集合作为该函数的定义域, 称为函数的自然定义域.

例 1.1 确定函数 $y = \sqrt{1 - \left| \dfrac{x-1}{5} \right|} + \dfrac{1}{\sqrt{25-x^2}}$ 的定义域.

解 由题意得 $\left| \dfrac{x-1}{5} \right| \leqslant 1$ 且 $x^2 < 25$, 即 $|x-1| \leqslant 5$ 且 $|x| < 5$, 也就是 $-4 \leqslant x \leqslant 6$ 且 $-5 < x < 5$, 因此 $-4 \leqslant x < 5$, 故函数的定义域为 $D = [-4, 5)$.

表示或确定函数的方法通常有 3 种: 表格法、图像法和解析法 (公式法). 这在中学里大家都已熟知. 其中, 用图像法表示函数是基于函数图形的, 即平面直角坐标系上的点集

$$\{(x,y) \mid y = f(x), x \in D\}$$

称为函数 $y = f(x), x \in D$.

例 1.2 某河道的一个截面, 其深度 y 与岸边一点 O 到测量点的距离 x 之间的对应关系如图 1.3 中曲线所示.

这里深度 y 与测量距离 x 的函数关系是用图形表示的, 定义域 $D = [0, b]$.

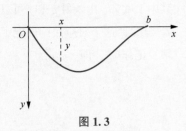

图 1.3

2. 常见的分段函数

在自变量的不同变化范围内, 对应法则用不同数学式子来表示的函数称为分段函数. 常见的分段函数有以下 4 种.

(1) 绝对值函数　$y = |x| = \begin{cases} -x, & x < 0, \\ x, & x \geqslant 0, \end{cases}$ 其图形如图 1.4 所示.

(2) 符号函数　$y = \operatorname{sgn} x = \begin{cases} -1, & x < 0, \\ 0, & x = 0, \\ 1, & x > 0, \end{cases}$ 其图形如图 1.5 所示.

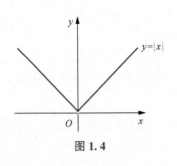

图 1.4

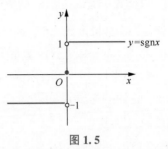

图 1.5

(3)**取整函数** 对任意实数 x，记 $[x]$ 为不超过 x 的最大整数，称 $y=[x]$ 为取整函数，其图形如图 1.6 所示.

显然，对于取整函数有 $x-1<[x]\leqslant x$.

例如，$[\sqrt{3}]=1$，$[-3.2]=-4$，$[3.2]=3$，$[2]=2$.

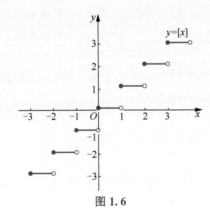

图 1.6

(4)**狄利克雷函数** $D(x)=\begin{cases} 1, & x\in\mathbf{Q}, \\ 0, & x\in\mathbf{Q}^C. \end{cases}$

对于分段函数，需要注意以下 3 点：

(1)虽然在自变量的不同变化范围内计算函数值的表达式不同，但定义的是一个函数；

(2)它的定义域是各个表达式的定义域的并集；

(3)求自变量为 x 的函数值，先要看点 x 属于哪一个表达式的定义域，然后按此表达式计算所对应的函数值.

例 1.3 确定函数 $f(x)=\begin{cases} \sqrt{1-x^2}, & |x|\leqslant 1, \\ x^2-1, & 1<|x|<2 \end{cases}$ 的定义域并画出

函数图形.

解 此函数为分段函数，其定义域为

$$D=\{x\mid |x|\leqslant 1\}\cup\{x\mid 1<|x|<2\}$$
$$=\{x\mid |x|<2\}=(-2,2),$$

其图形如图 1.7 所示.

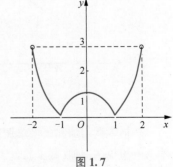

图 1.7

例 1.4 求函数 $y = \sin x - \sin|x|$ 的值域.

解 这是一个分段函数, 当 $x \geqslant 0$ 时, $y = \sin x - \sin x = 0$.

当 $x < 0$ 时, $y = \sin x - \sin(-x) = 2\sin x$.

因为 $-1 \leqslant \sin x \leqslant 1$, 所以 $-2 \leqslant 2\sin x \leqslant 2$, 故函数的值域为 $[-2, 2]$.

1.1.3 函数的性质及四则运算

1. 函数的有界性

设函数 $f(x)$ 的定义域为 D.

(1) 如果存在常数 A, 使对任意 $x \in D$, 均有 $f(x) \geqslant A$ 成立, 则称函数 $f(x)$ 在 D 上有下界.

(2) 如果存在常数 B, 使对任意 $x \in D$, 均有 $f(x) \leqslant B$ 成立, 则称函数 $f(x)$ 在 D 上有上界.

(3) 如果存在一个正常数 M, 使对任意 $x \in D$, 均有 $|f(x)| \leqslant M$ 成立, 则称函数 $f(x)$ 在 D 上有界; 否则称函数 $f(x)$ 在 D 上是无界的. 即有界函数 $y = f(x)$ 的图形夹在 $y = -M$ 和 $y = M$ 两条直线之间, 如图 1.8 所示.

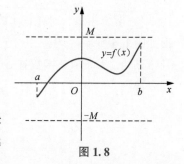

图 1.8

例如, 正弦函数、余弦函数在实数域 **R** 上有界, 因为 $|\sin x| \leqslant 1$, $|\cos x| \leqslant 1$, $x \in \mathbf{R}$; 正切函数 $\tan x$ 在 $\left(-\dfrac{\pi}{2}, \dfrac{\pi}{2}\right)$ 上无界, 在 $\left[0, \dfrac{\pi}{2}\right)$ 上有下界无上界, 在 $\left(-\dfrac{\pi}{2}, 0\right]$ 上有上界无下界, 而其在 $\left[-\dfrac{\pi}{4}, \dfrac{\pi}{4}\right]$ 上有界, 因为当 $x \in \left[-\dfrac{\pi}{4}, \dfrac{\pi}{4}\right]$ 时, $|\tan x| \leqslant 1$.

容易证明函数 $f(x)$ 在其定义域 D 上有界的充分必要条件是: 它在定义域 D 上既有上界又有下界.

2. 函数的单调性

如果函数 $f(x)$ 对区间 $I(I \subset D)$ 内的任意两点 x_1 和 x_2, 当 $x_1 < x_2$ 时, 有 $f(x_1) < f(x_2)$, 则称此函数在区间 I 内是严格单调增加的(或称严格单调递增), 如图 1.9 所示; 当 $x_1 < x_2$ 时, 有 $f(x_1) > f(x_2)$, 则称此函数在区间 I 内是严格单调减少的(或称严格单调递减), 如图 1.10 所示.

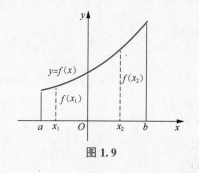

图 1.9

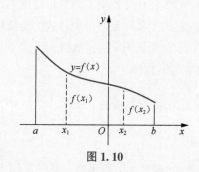

图 1.10

严格单调增加和严格单调减少的函数统称为严格单调函数. 一般情况下, 若不单独说明, 本书所指单调增加(减少)即为严格单调增加(减少).

例如, $f(x) = x^3$ 在 $(-\infty, +\infty)$ 上单调增加, $f(x) = a^x (0 < a < 1)$ 在 $(-\infty, +\infty)$ 上单调减少, 而

$f(x) = x^2$ 在 $(-\infty, 0)$ 上单调减少，在 $[0, +\infty)$ 上单调增加．

3. 函数的奇偶性

设函数 $f(x)$ 的定义域 D 关于原点对称，如果对于任意 $x \in D$，

(1) 若 $f(-x) = f(x)$ 恒成立，则称函数 $f(x)$ 为**偶函数**；

(2) 若 $f(-x) = -f(x)$ 恒成立，则称函数 $f(x)$ 为**奇函数**．

如果函数 $f(x)$ 既不是奇函数又不是偶函数，则称其为非奇非偶函数．

偶函数的图形关于 y 轴对称，因为若 $f(x)$ 为偶函数，则对于定义域内的任意 $x \in D$，$f(-x) = f(x)$ 恒成立，所以如果 $P(x, f(x))$ 是图形上的点，那么它关于 y 轴的对称点 $P'(-x, f(x))$ 也在图形上，如图 1.11 所示．

奇函数的图形关于原点对称，因为若 $f(x)$ 为奇函数，则对于定义域内的任意 $x \in D$，$f(-x) = -f(x)$ 恒成立，所以如果 $Q(x, f(x))$ 是图形上的点，那么它关于原点的对称点 $Q'(-x, -f(x))$ 也在图形上，如图 1.12 所示．

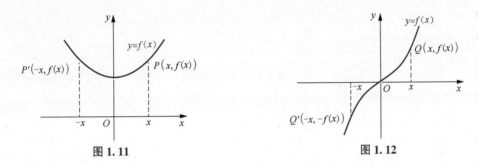

图 1.11　　　　　　　　　　　图 1.12

例如，$f(x) = x^2$，$f(x) = \cos x$ 在 $(-\infty, +\infty)$ 上均为偶函数；$f(x) = x$，$f(x) = x^3$，$f(x) = \sin x$ 在 $(-\infty, +\infty)$ 上均为奇函数．

4. 函数的周期性

设函数 $f(x)$ 的定义域为 D，如果存在常数 $T \neq 0$，对任意 $x \in D$，有 $x \pm T \in D$，且

$$f(x \pm T) = f(x)$$

恒成立，则称函数 $f(x)$ 为周期函数，T 称为 $f(x)$ 的一个周期．通常我们所说函数的周期是指其最小正周期．

例如，函数 $y = \sin x$ 和 $y = \cos x$ 都是以 $T = 2\pi$ 为周期的周期函数；函数 $y = \tan x$ 是以 $T = \pi$ 为周期的周期函数．

周期函数 $f(x)$ 的图形具有周期性，若其周期为 T，则在区间 $[a + kT, a + (k+1)T]$（$k \in \mathbf{Z}$）上的图形应与区间 $[a, a+T]$ 上的图形相同，所以只要将 $[a, a+T]$ 上的图形向左、右无限复制，则得到整个函数图形．注意，并非任意周期函数都有最小正周期．例如，狄利克雷函数

$$D(x) = \begin{cases} 1, & x \in \mathbf{Q}, \\ 0, & x \in \mathbf{Q}^c, \end{cases}$$

容易验证这是一个周期函数，任何正有理数 r 都是它的周期，所以它没有最小正周期．

5. 函数的四则运算

设函数 $f(x)$，$g(x)$ 的定义域分别为 D_f，D_g，$D = D_f \cap D_g \neq \varnothing$，则我们可以定义这两个函数的

下列运算.

(1)和(差)$f \pm g$：$(f \pm g)(x) = f(x) \pm g(x), x \in D$.

(2)积$f \cdot g$：$(f \cdot g)(x) = f(x) \cdot g(x), x \in D$.

(3)商$\dfrac{f}{g}$：$\left(\dfrac{f}{g}\right)(x) = \dfrac{f(x)}{g(x)}, x \in D$ 且 $g(x) \neq 0$.

1.1.4 反函数

定义 1.4 设函数 $y = f(x), x \in D, y \in W$（$D$ 是定义域，W 是值域）. 若对于任意 $y \in W$，D 中都有唯一确定的 x 与之对应，这时 x 是以 W 为定义域的 y 的函数，称它为 $y = f(x)$ 的反函数，记作 $x = f^{-1}(y), y \in W$.

习惯上，我们往往用字母 x 表示自变量，用字母 y 表示函数，为了与习惯一致，我们将反函数 $x = f^{-1}(y), y \in W$ 的变量对调字母 x, y，改写成 $y = f^{-1}(x), x \in W$.

今后凡不特别说明，函数 $y = f(x)$ 的反函数均记为 $y = f^{-1}(x), x \in W$ 形式.

在同一直角坐标系下，$y = f(x), x \in D$ 的图形与其反函数 $y = f^{-1}(x), x \in W$ 的图形关于直线 $y = x$ 对称.

定理 1.1 单调函数必有反函数，且单调增加（减少）函数的反函数也是单调增加（减少）的.

例如，函数 $y = x^2$ 在定义域 $(-\infty, +\infty)$ 上没有反函数，但在 $[0, +\infty)$ 上存在反函数. 由 $y = x^2, x \in [0, +\infty)$，可求得 $x = \sqrt{y}, y \in [0, +\infty)$，再对调 x, y，得反函数为 $y = \sqrt{x}, x \in [0, +\infty)$. 它们的图形关于直线 $y = x$ 对称，如图 1.13 所示.

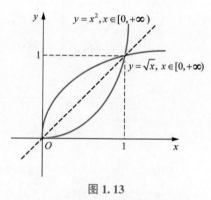

图 1.13

求函数 $y = f(x)$ 的反函数可以按以下步骤进行：

(1)从方程 $y = f(x)$ 中解出唯一的 x，并写成 $x = f^{-1}(y)$；

(2)将 $x = f^{-1}(y)$ 中的字母 x, y 对调，得到函数 $y = f^{-1}(x)$，对应的定义域和值域也随之互换，这就是所求的函数 $y = f(x)$ 的反函数.

1.1.5 复合函数

在实际问题中，两个变量间的联系有时不是直接的，而是通过另一个变量联系起来的. 例如，一个家庭贷款购房的能力 y 是其偿还能力 u 的平方，而这个家庭的偿还能力 u 是月收入 x 的 50%，则这个家庭的贷款购房能力 y 与月收入 x 的关系可由两个函数 $y = f(u) = u^2$ 与 $u = g(x) = x \cdot 50\% = \dfrac{x}{2}$ 经过代入运算而得到，即

$$y = f[g(x)] = f\left(\frac{x}{2}\right) = \left(\frac{x}{2}\right)^2.$$

这个函数就是复合函数，这种代入运算又称为复合运算.

定义 1.5 设有函数

$$y = f(u), u \in D_f, \tag{1.1}$$

$$u = g(x), x \in D, \text{ 且 } R_g \subset D_f, \tag{1.2}$$

则 $y = f[g(x)], x \in D$ 称为由式(1.1)和式(1.2)确定的复合函数，u 称为中间变量. 复合过程如图 1.14 所示.

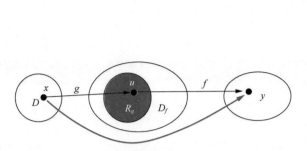

图 1.14

这个新函数 $y=f[g(x)]$ 称为由 $y=f(u)$ 和 $u=g(x)$ 复合而成的复合函数，$u=g(x)$ 称为内层函数，$y=f(u)$ 称为外层函数，u 称为中间变量.

构造复合函数的过程就像多台机器构成的生产线进行深加工的生产过程一样. 将最初的原料 x 放入第一台机器 g 中加工，生产出半成品 $u=g(x)$，再将半成品 $g(x)$ 放入第二台机器 f 中加工，生产出最终的产品 $y=f[g(x)]$，如图 1.15 所示.

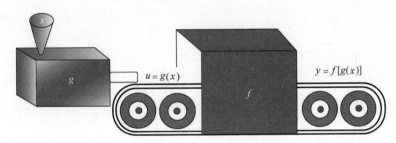

图 1.15

例如，函数 $y=\sin u$ 与 $u=x^2+1$ 可以复合成复合函数 $y=\sin(x^2+1)$.

复合函数不仅可以由两个函数经过复合而成，还可以由多个函数相继进行复合而成. 如函数 $y=u^2, u=\ln v, v=2x$ 可以复合成复合函数 $y=\ln^2(2x)$.

【即时提问 1.1】 任何两个函数都能复合成一个复合函数吗？

1.1.6 初等函数

1. 基本初等函数

幂函数、指数函数、对数函数、三角函数、反三角函数统称为基本初等函数.

为了便于使用，下面对基本初等函数的图形和性质进行总结，如表 1.1 所示.

表 1.1

函数名称	函数的表达式	函数的图形	函数的性质
幂函数	$y=x^a (a \in \mathbf{R})$		在第一象限，$a>0$ 时函数单调增加；$a<0$ 时函数单调减少. 过点 $(1,1)$，$a \neq 0$ 时无界

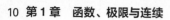

续表

函数名称	函数的表达式	函数的图形	函数的性质
指数函数	$y=a^x$ （$a>0$ 且 $a\neq1$）	$0<a<1$ $a>1$	$a>1$ 时函数单调增加； $0<a<1$ 时函数单调减少. 过点 $(0,1)$，无界
对数函数	$y=\log_a x$ （$a>0$ 且 $a\neq1$）	$a>1$ $0<a<1$	$a>1$ 时函数单调增加； $0<a<1$ 时函数单调减少. 过点 $(1,0)$，无界
三角函数 正弦函数	$y=\sin x$		奇函数，周期 $T=2\pi$，$|\sin x|\leqslant 1$，有界
余弦函数	$y=\cos x$		偶函数，周期 $T=2\pi$，$|\cos x|\leqslant 1$，有界
正切函数	$y=\tan x$		奇函数，周期 $T=\pi$，无界
余切函数	$y=\cot x$		奇函数，周期 $T=\pi$，无界

续表

函数名称	函数的表达式	函数的图形	函数的性质
反三角函数 — 反正弦函数	$y = \arcsin x$		$x \in [-1, 1]$，$y \in \left[-\dfrac{\pi}{2}, \dfrac{\pi}{2}\right]$，奇函数，单调增加，有界
反余弦函数	$y = \arccos x$		$x \in [-1, 1]$，$y \in [0, \pi]$，单调减少，有界
反正切函数	$y = \arctan x$		$x \in (-\infty, +\infty)$，$y \in \left(-\dfrac{\pi}{2}, \dfrac{\pi}{2}\right)$，奇函数，单调增加，有界
反余切函数	$y = \text{arccot}\,x$		$x \in (-\infty, +\infty)$，$y \in (0, \pi)$，单调减少，有界

2. 初等函数

由常数和基本初等函数经过有限次四则运算及有限次复合运算所构成的并能用一个式子表示的函数，称为初等函数.

例如，函数 $f(x) = 2^{\sqrt{x}}\ln(2x+5)$，$g(x) = \sqrt{\sin 2x} + \mathrm{e}^{\arctan 3x}$ 等均为初等函数. 分段函数大多不是初等函数，但绝对值函数 $f(x) = |x|$ 可以表示为 $f(x) = \sqrt{x^2}$，因此它是初等函数.

3. 双曲函数与反双曲函数

在工程应用中经常会遇到双曲函数及反双曲函数.

（1）双曲函数

双曲函数的表达式、图形、性质如表 1.2 所示.

表 1. 2

函数名称	函数的表达式	函数的图形	函数的性质
双曲正弦函数	$\mathrm{sh}x=\dfrac{\mathrm{e}^{x}-\mathrm{e}^{-x}}{2}$		定义域为$(-\infty,+\infty)$; 奇函数; 单调增加
双曲余弦函数	$\mathrm{ch}x=\dfrac{\mathrm{e}^{x}+\mathrm{e}^{-x}}{2}$		定义域为$(-\infty,+\infty)$; 偶函数; 图形过点$(0,1)$
双曲正切函数	$\mathrm{th}x=\dfrac{\mathrm{e}^{x}-\mathrm{e}^{-x}}{\mathrm{e}^{x}+\mathrm{e}^{-x}}$		定义域为$(-\infty,+\infty)$; 奇函数; 图形夹在水平直线 $y=1$ 和 $y=-1$ 之间; 在其定义域内单调增加

有时我们会将双曲函数与三角函数进行比较,如表 1. 3 所示.

表 1. 3

双曲函数的性质	三角函数的性质
$\mathrm{sh}0=0$,$\mathrm{ch}0=1$,$\mathrm{th}0=0$	$\sin0=0$,$\cos0=1$,$\tan0=0$
$y=\mathrm{sh}x$ 和 $y=\mathrm{th}x$ 是奇函数,$y=\mathrm{ch}x$ 是偶函数	$y=\sin x$ 和 $y=\tan x$ 是奇函数,$y=\cos x$ 是偶函数
$\mathrm{ch}^{2}x-\mathrm{sh}^{2}x=1$	$\sin^{2}x+\cos^{2}x=1$
都不是周期函数	都是周期函数

双曲函数也有和差公式,如下所示.

$$\mathrm{sh}(x\pm y)=\mathrm{sh}x\mathrm{ch}y\pm\mathrm{ch}x\mathrm{sh}y,$$

$$\mathrm{ch}(x\pm y)=\mathrm{ch}x\mathrm{ch}y\pm\mathrm{sh}x\mathrm{sh}y,$$

$$\mathrm{th}(x\pm y)=\frac{\mathrm{th}x\pm\mathrm{th}y}{1\pm\mathrm{th}x\mathrm{th}y}.$$

(2)反双曲函数

双曲函数的反函数称为反双曲函数.

①反双曲正弦函数:$\mathrm{arsh}x=\ln\left(x+\sqrt{x^{2}+1}\right)$,$x\in(-\infty,+\infty)$.

②反双曲余弦函数:$\mathrm{arch}x=\ln\left(x+\sqrt{x^{2}-1}\right)$,$x\in[1,+\infty)$.

③反双曲正切函数:$\mathrm{arth}x=\dfrac{1}{2}\ln\dfrac{1+x}{1-x}$,$x\in(-1,1)$.

1. 1. 7 建立函数关系举例

数学来源于实际生活与生产,最终也要服务于生活与生产. 因此,数学的一项重要任务是针对实际问题寻求其中蕴含的函数关系,亦即将问题中我们所关心的变量之间的依赖关系用数学表达式表示出来,这就是所谓的建立数学模型. 有了数学模型,就可以用各种数学方法对它进行研究,获得解决问题的途径.

在建立函数关系时需要明确问题中的自变量与因变量，再根据题意建立等式，从而得出函数关系，最后确定函数定义域. 对于应用问题的定义域的确定，不仅要讨论函数的解析式，还要考虑变量在实际问题中的含义.

例 1.5 某城市制订的每户用水收费(含用水费和污水处理费)标准如表 1.4 所示.

表 1.4

用水收费	不超出 10m³ 的部分	超出 10m³ 的部分
用水费/(元/m³)	1.3	2
污水处理费/(元/m³)	0.3	0.8

问：每户用水量 $x(\text{m}^3)$ 和应交水费 $y($元$)$ 之间的函数关系是怎样的?

解 根据题意可知二者之间的关系，可用分段函数表示如下.

$$y = \begin{cases} (1.3+0.3)x, & x \leqslant 10, \\ (1.3+0.3) \times 10 + (2+0.8) \times (x-10), & x>10, \end{cases}$$

即

$$y = \begin{cases} 1.6x, & x \leqslant 10, \\ 2.8x-12, & x>10. \end{cases}$$

例 1.6 某工厂生产某型号车床，年产量为 a 台，分若干批进行生产，每批生产准备费为 b 元. 设产品均匀投入市场，且上一批用完后立即生产下一批，即平均库存为批量的一半. 设每年每台车床库存费为 c 元. 显然，生产批量大则库存费高；生产批量少则批数多，因而生产准备费高. 为了选择最优批量，试求出一年中库存费与生产准备费的和与批量的函数关系.

解 设批量(每批生产车床的台数)为 x 台，库存费与生产准备费的和为 $P(x)$ 元. 因为年产量为 a 台，所以每年生产的批数为 $\dfrac{a}{x}$(设其为整数)，则生产准备费为 $b \cdot \dfrac{a}{x}$ 元. 因为库存量为 $\dfrac{x}{2}$ 台，故库存费为 $c \cdot \dfrac{x}{2}$ 元. 因此可得 $P(x) = \dfrac{ab}{x} + \dfrac{c}{2}x$(元)，定义域为 $(0, a]$. 因为本题中的 x 为每批生产车床的台数，批数 $\dfrac{a}{x}$ 为整数，所以 x 只能取 $(0, a]$ 中满足 $\dfrac{a}{x}$ 为整数的正整数.

同步习题 1.1

基础题

1. 求下列函数的定义域：

$(1) y = \sqrt{2x+4}$;

$(2) y = \dfrac{1}{x-3} + \sqrt{16-x^2}$;

$(3) y = \ln(x^2-2x-3)$;

$(4) y = \dfrac{\sqrt{-x}}{2x^2-3x-2}$;

(5) $y = \dfrac{1}{1 + \dfrac{1}{1 + \dfrac{1}{x}}}$.

2. 选择题.

(1) 设 $f(x) = \begin{cases} 1, & |x| \leqslant 1, \\ 0, & |x| > 1, \end{cases}$ 则 $f\{f[f(x)]\} = ($ $)$.

A. 0   B. 1   C. $\begin{cases} 1, & |x| \leqslant 1, \\ 0, & |x| > 1 \end{cases}$ D. $\begin{cases} 0, & |x| \leqslant 1, \\ 1, & |x| > 1 \end{cases}$

(2) 下列函数中，非奇非偶函数为(   ).

A. $f(x) = 3^x - 3^{-x}$ B. $f(x) = x(1-x)$ C. $f(x) = \ln\dfrac{1+x}{1-x}$ D. $f(x) = x^2\cos x$

(3) 下列说法中，正确的是(   ).

A. 定义域和值域都相同的两个函数是同一个函数

B. $f(x) = 1$ 与 $f(x) = x^0$ 表示同一个函数

C. $y = f(x)$ 与 $y = f(x+1)$ 不可能是同一个函数

D. $y = f(x)$ 与 $y = f(t)$ 表示同一个函数

(4) 下列各选项中，函数 $f(x)$ 与 $g(x)$ 是同一个函数的是(   ).

A. $f(x) = \lg x^2, g(x) = 2\lg x$ B. $f(x) = x, g(x) = \sqrt{x^2}$

C. $f(x) = \sqrt[3]{x^4 - x^3}, g(x) = x\sqrt[3]{x-1}$ D. $f(x) = 1, g(x) = \sec^2 x - \tan^2 x$

(5) 设 $M = \{x \mid -2 \leqslant x \leqslant 2\}, N = \{y \mid 0 \leqslant y \leqslant 2\}$，图 1.16 给出了 4 个图形，其中能够表示以集合 M 为定义域、以集合 N 为值域的函数关系的是(   ).

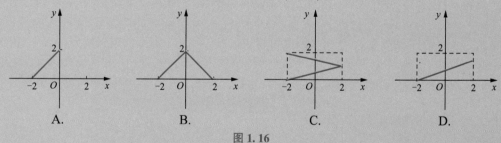

图 1.16

3. 下列哪些是周期函数？对于周期函数，指出其周期.

(1) $y = \cos(x-2)$.   (2) $y = 1 + \sin\pi x$.

4. 判断下列函数的奇偶性：

(1) $y = \mathrm{e}^{x^2}\sin x$;   (2) $y = \log_a(x + \sqrt{1+x^2})\ (a>0, a \neq 1)$.

5. 求下列函数的反函数：

(1) $y = \dfrac{\mathrm{e}^x - \mathrm{e}^{-x}}{2}$;   (2) $y = \dfrac{1 + \sqrt{1-x}}{1 - \sqrt{1-x}}$.

6. 设 $f(x)=\begin{cases}1-x, & x\leqslant 0,\\ x+2, & x>0,\end{cases}$ $g(x)=\begin{cases}x^2, & x<0,\\ -x, & x\geqslant 0,\end{cases}$ 求 $f[g(x)]$.

7. 设 $f(x)$ 在 $(-\infty,+\infty)$ 上有定义，且对任意 $x,y\in(-\infty,+\infty)$ 有 $|f(x)-f(y)|<|x-y|$ 成立，证明：$F(x)=f(x)+x$ 在 $(-\infty,+\infty)$ 上单调增加.

提高题

1. 求下列函数的定义域：

(1) $y=\dfrac{\sqrt{x^2-2x-15}}{|x+3|-3}$；

(2) $y=\arcsin(2x-3)$；

(3) $y=\dfrac{1}{1+\dfrac{1}{x-1}}+(2x-1)^0+\sqrt{4-x^2}$；

(4) $y=\dfrac{\sqrt[3]{4x+8}}{\sqrt{3x-2}}$.

2. 设函数 $f(x)=x^4+x^3+x^2+x+1$，证明：当 $x\neq 0$ 时，有 $x^4f\left(\dfrac{1}{x}\right)=f(x)$.

3. 如图 1.17 所示，$ABCD$ 是边长为 100m 的正方形地块，其中 $ATPS$ 是一座半径为 90m 的扇形小山，其余部分都是平地，P 是弧 $\overset{\frown}{TS}$ 上一点，现开发商想在平地上建一个两边落在 BC 与 CD 上的长方形停车场 $PQCR$，求长方形停车场 $PQCR$ 面积的最大值和最小值.

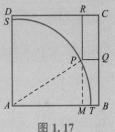

图 1.17

4. 求 $y=f(x)=\begin{cases}3-x^3, & x<-2,\\ 5-x, & -2\leqslant x\leqslant 2,\\ 1-(x-2)^2, & x>2\end{cases}$ 的值域，并求它的反函数.

1.2 极限的概念与性质

"极限"一词在日常生活中常见，如纠结一个问题，日思夜想就是无法想明白，感觉要崩溃，这是即将达到心理极限；再如长跑，跑着跑着感觉体力不支，再跑下去感觉身体要散架，这是即将达到生理极限. 数学中的极限思想是由求某些实际问题的精确解而产生的，极限方法非常有用，它是研究变量变化趋势的基本工具. 高等数学中的一系列基本概念，如连续、导数、定积分、重积分、级数的收敛与发散等，都是建立在极限理论的基础之上的. 本节将讨论数列极限和函数极限的定义与性质.

1.2.1 数列极限的定义

我们知道，按照一定顺序排列的数

$$x_1,x_2,\cdots,x_n,\cdots$$

称为数列，记为 $\{x_n\}$，其中 x_n 称为数列的第 n 项或通项.

当 n 无限增大时，数列 $\{x_n\}$ 的变化趋势就是数列的极限问题. 早在我国古代就有了极限的思想，看下面的引例.

引例 割之弥细，所失弥少，割之又割，以至于不可割，则与圆周合体而无所失矣.

——刘徽

记半径为 R 的圆的内接正六边形的面积为 A_1，

内接正十二边形的面积为 A_2，

$\cdots$，

内接正 $6 \times 2^{n-1}$ 边形的面积为 A_n，

当 n 无限增大时，得 $A_1, A_2, A_3, \cdots, A_n \to S_{圆}$，如图 1.18 所示.

类似地，观察下列数列的变化趋势.

(1) $\left\{\dfrac{1}{n}\right\}$：$1, \dfrac{1}{2}, \dfrac{1}{3}, \cdots, \dfrac{1}{n}, \cdots$.

(2) $\{3\}$：$3, 3, 3, \cdots, 3, \cdots$.

(3) $\{(-1)^n\}$：$-1, 1, -1, 1, \cdots, (-1)^n, \cdots$.

(4) $\left\{\dfrac{1+(-1)^n}{n}\right\}$：$0, 1, 0, \dfrac{1}{2}, 0, \dfrac{1}{3}, \cdots$.

(5) $\{n^2\}$：$1, 4, 9, \cdots, n^2, \cdots$.

计算机可视化

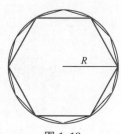

图 1.18

通过观察可以看出，当 n 无限增大时，(1) 和 (4) 无限地趋近于 0，(2) 趋近于 3，(3) 总是在 -1 和 1 之间跳动；(5) 中当 n 逐渐增大时，n^2 越来越大，变化趋势是无限增大.

在中学我们就知道，数列的项可以看作自然数 n 的函数，针对数列的这一情况，我们给出以下定义.

定义 1.6（描述性定义） 对于数列 $\{x_n\}$，当 n 无限增大（$n \to \infty$）时，若 x_n 无限趋近于一个确定的常数 a，则称 a 为数列 $\{x_n\}$ 的极限（或称数列 $\{x_n\}$ 收敛于 a），记作

$$\lim_{n \to \infty} x_n = a \quad 或 \quad x_n \to a (n \to \infty).$$

此时，也称数列 $\{x_n\}$ 的极限存在；否则，称数列 $\{x_n\}$ 的极限不存在（或称数列 $\{x_n\}$ 是发散的）.

根据定义，数列 $\left\{\dfrac{1}{n}\right\}$ 的极限是 0，记作 $\lim\limits_{n \to \infty} \dfrac{1}{n} = 0$. 数列 $\{n^2\}$ 的变化趋势是无限增大，这时称数列 $\{n^2\}$ 的极限是无穷大量，记为 $\lim\limits_{n \to \infty} n^2 = \infty$，此数列是发散的.

一般地，对于数列 $\{x_n\}$，当其极限为 a 时，有下列精确定义.

定义 1.7（ε-N 定义） 设 $\{x_n\}$ 为一数列，a 是常数，如果对 $\forall \varepsilon > 0$，$\exists N \in \mathbf{N}^+$，使对于满足 $n > N$ 的一切 x_n，总有 $|x_n - a| < \varepsilon$ 成立，则称 a 为数列 $\{x_n\}$ 的极限（或称数列 $\{x_n\}$ 收敛于 a），记作

$$\lim_{n \to \infty} x_n = a \quad 或 \quad x_n \to a (n \to \infty).$$

微课：数列极限的定义

注 数学符号"$\forall$"表示"任意"，"$\exists$"表示"存在".

数列极限的几何解释如图 1.19 和图 1.20 所示，对任意给定的正数 ε，当 $n > N$ 时，所有的点 x_n 都落在 $(a-\varepsilon, a+\varepsilon)$ 内，只有有限个（至多只有 N 个）落在其外.

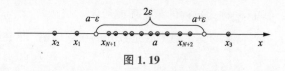

图 1.19

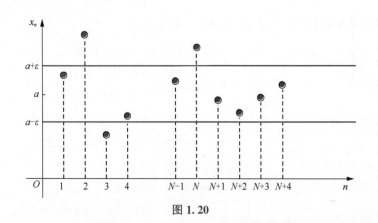

图 1.20

注 （1）理解数列极限的关键在于弄清什么是无限增大、什么是无限趋近.

（2）不是所有的数列都有极限，例如，数列 $\{(-1)^n\}$ 的极限不存在.

（3）研究一个数列的极限，关注的是数列后面无限项的问题，改变该数列前面任何有限多个项，都不能改变这个数列的极限.

（4）"无限趋近于 a" 是指数列 $\{x_n\}$ 后面的任意项与 a 的距离无限接近零.

在数列极限的定义中并没有给出求数列极限的方法，数列极限的求法我们将在后面几节中陆续讨论. 在此，举例说明有关数列极限的概念.

例 1.7 已知 $x_n = \dfrac{n+(-1)^n}{n}$，证明：数列 $\{x_n\}$ 的极限为 1.

证明 $\left| x_n - 1 \right| = \left| \dfrac{n+(-1)^n}{n} - 1 \right| = \dfrac{1}{n}$，

对 $\forall \varepsilon \in (0,1)$，欲使 $\left| x_n - 1 \right| < \varepsilon$，即 $\dfrac{1}{n} < \varepsilon$，只要 $n > \dfrac{1}{\varepsilon}$，因此，取 $N = \left[\dfrac{1}{\varepsilon} \right]$，则当 $n > N$ 时，就有

$$\left| \dfrac{n+(-1)^n}{n} - 1 \right| < \varepsilon$$

成立. 故 $\lim\limits_{n \to \infty} x_n = \lim\limits_{n \to \infty} \dfrac{n+(-1)^n}{n} = 1$.

例 1.8 设 $|q| < 1$，证明：数列 $q, q^2, \cdots, q^n, \cdots$ 的极限是 0.

证明 当 $q = 0$ 时显然成立. 设 $q \neq 0$，对 $\forall \varepsilon \in (0,1)$，由

$$\left| x_n - 0 \right| = \left| q^n - 0 \right| = |q|^n < \varepsilon,$$

解得 $n > \dfrac{\ln \varepsilon}{\ln |q|}$，因此，取 $N = \left[\dfrac{\ln \varepsilon}{\ln |q|} \right]$，则当 $n > N$ 时，就有 $\left| q^n - 0 \right| < \varepsilon$ 成立. 故

$$\lim\limits_{n \to \infty} q^n = 0.$$

1.2.2 收敛数列的性质

定理 1.2（唯一性） 收敛数列的极限是唯一的.

即若数列 $\{x_n\}$ 收敛，且 $\lim\limits_{n \to \infty} x_n = a$ 和 $\lim\limits_{n \to \infty} x_n = b$，则 $a = b$.

定理 1.3（有界性） 收敛数列是有界的.

即若数列$\{x_n\}$收敛，则存在常数$M>0$，使$|x_n|\leq M$(对$\forall n\in\mathbf{N}^+$).

证明 设$\lim\limits_{n\to\infty}x_n=a$，由定义，取$\varepsilon=1$，则$\exists N\in\mathbf{N}^+$，使当$n>N$时，恒有$|x_n-a|<1$成立，即有

$$a-1<x_n<a+1.$$

记$M=\max\{|x_1|,\cdots,|x_N|,|a-1|,|a+1|\}$，则对一切正整数$n$，都有$|x_n|\leq M$成立，故$\{x_n\}$有界.

注 (1)定理1.3中的M显然不是唯一的，重要的是它的存在性.

(2)有界性是数列收敛的必要条件，例如，数列$\{(-1)^n\}$有界但不收敛.

(3)无界数列必定发散.

定理1.4(保序性) 若$\lim\limits_{n\to\infty}x_n=a,\lim\limits_{n\to\infty}y_n=b$，且$a>b$，则$\exists N\in\mathbf{N}^+$，使当$n>N$时，有$x_n>y_n$.

推论1 若$\exists N\in\mathbf{N}^+$，使当$n>N$时，$x_n\geq 0$(或$x_n\leq 0$)，且$\lim\limits_{n\to\infty}x_n=a$，则$a\geq 0$(或$a\leq 0$).

推论2(保号性) 若$\lim\limits_{n\to\infty}x_n=a>0$(或$a<0$)，则$\exists N\in\mathbf{N}^+$，使当$n>N$时，$x_n>0$(或$x_n<0$).

在数列$\{x_n\}$中任意抽取无限多项，保持这些项在原数列中的先后次序不变，这样得到的新数列称为数列$\{x_n\}$的子数列，简称子列.

定理1.5(收敛数列与子数列的关系) 若数列$\{x_n\}$收敛于a，则其任意子数列也收敛于a.

注 定理1.5的逆否命题常用来证明数列$\{x_n\}$发散，常见情形如下：

(1)若数列$\{x_n\}$有两个子数列分别收敛于不同的极限值，则数列$\{x_n\}$发散；

(2)若数列$\{x_n\}$有一个发散的子数列，则数列$\{x_n\}$发散.

例1.9 证明：数列$\{(-1)^n\}$发散.

证明 记$x_n=(-1)^n$，则$\lim\limits_{n\to\infty}x_{2n}=1,\lim\limits_{n\to\infty}x_{2n-1}=-1$，所以$\{(-1)^n\}$发散.

1.2.3 函数极限的定义

数列可以看成自变量为正整数n的函数$x_n=f(n)$，所以数列的极限其实是一种特殊类型的函数极限. 接下来我们把数列极限推广到一般函数的极限，即在自变量的某个变化过程中，讨论函数的变化趋势.

1. 自变量趋于无穷大时函数的极限

定义1.8(描述性定义) 设函数$f(x)$在$|x|>a>0$时有定义，当x的绝对值无限增大$(x\to\infty)$时，若函数$f(x)$的值无限趋近于一个确定的常数A，则称A为$x\to\infty$时函数$f(x)$的极限，记作

$$\lim_{x\to\infty}f(x)=A \text{ 或 } f(x)\to A(x\to\infty).$$

此时也称极限$\lim\limits_{x\to\infty}f(x)$存在，否则称极限$\lim\limits_{x\to\infty}f(x)$不存在.

需要说明的是，这里的$x\to\infty$，指的是自变量x沿x轴向正、负两个方向趋于无穷大. x取正值且无限增大，记为$x\to+\infty$，读作x趋于正无穷大；x取负值且绝对值无限增大，记为$x\to-\infty$，读作x趋于负无穷大. 即$x\to\infty$同时包含$x\to+\infty$和$x\to-\infty$.

根据定义1.8，不难得出下列极限：

(1)$\lim\limits_{x\to\infty}\dfrac{1}{x}=0$；　(2)$\lim\limits_{x\to\infty}c=c(c$为常数$)$.

定义 1.9（$\varepsilon-X$ 定义） 设函数 $f(x)$ 在 $|x|$ 大于某一正数时有定义，如果存在常数 A，对于任意给定的正数 ε（不论它有多小），总存在正数 X，使当 $|x|>X$ 时，有

$$|f(x)-A|<\varepsilon,$$

则称 A 为 $x\to\infty$ 时函数 $f(x)$ 的极限，记作

$$\lim_{x\to\infty}f(x)=A \text{ 或 } f(x)\to A(x\to\infty).$$

例如，函数 $y=f(x)=\dfrac{1}{x}+1$，当 $x\to\infty$ 时，$f(x)$ 无限趋近于常数

1，如图 1.21 所示，故 $\lim\limits_{x\to\infty}\left(\dfrac{1}{x}+1\right)=1$.

极限 $\lim\limits_{x\to\infty}f(x)=A$ 的几何解释如图 1.22 所示，任意给定正数 ε，作直线 $y=A+\varepsilon$ 与 $y=A-\varepsilon$，总能找到一个 $X>0$，当 $|x|>X$ 时，函数 $y=f(x)$ 的图形全部落在这两条直线之间.

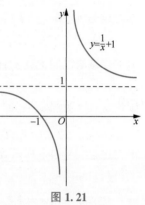

图 1.21

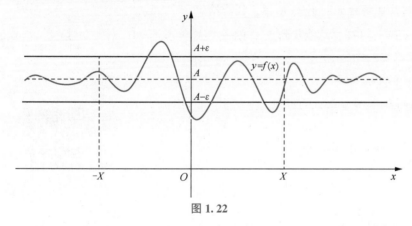

图 1.22

计算机可视化

在研究实际问题的过程中，有时只需要考察 $x\to+\infty$ 或 $x\to-\infty$ 时函数 $f(x)$ 的极限，因此，我们只需要将定义 1.8 中的 $x\to\infty$ 换成 $x\to+\infty$ 或 $x\to-\infty$，即可得到 $x\to+\infty$ 或 $x\to-\infty$ 时函数 $f(x)$ 的极限定义，分别记作

$$\lim_{x\to+\infty}f(x)=A \text{ 或 } \lim_{x\to-\infty}f(x)=A.$$

定理 1.6 极限 $\lim\limits_{x\to\infty}f(x)$ 存在的充分必要条件是 $\lim\limits_{x\to+\infty}f(x)$ 与 $\lim\limits_{x\to-\infty}f(x)$ 都存在且相等，即

$$\lim_{x\to\infty}f(x)=A\Leftrightarrow\lim_{x\to+\infty}f(x)=A=\lim_{x\to-\infty}f(x).$$

例 1.10 判断极限 $\lim\limits_{x\to\infty}\arctan x$ 与 $\lim\limits_{x\to\infty}e^x$ 是否存在.

解 $\lim\limits_{x\to+\infty}\arctan x=\dfrac{\pi}{2}$，$\lim\limits_{x\to-\infty}\arctan x=-\dfrac{\pi}{2}$，因为 $\lim\limits_{x\to+\infty}\arctan x\neq\lim\limits_{x\to-\infty}\arctan x$，所以 $\lim\limits_{x\to\infty}\arctan x$ 不存在.

同理，因为 $\lim\limits_{x\to-\infty}e^x=0$，$\lim\limits_{x\to+\infty}e^x=+\infty$，所以 $\lim\limits_{x\to\infty}e^x$ 不存在.

2. 自变量趋于有限值时函数的极限

定义 1.10（描述性定义） 设函数 $f(x)$ 在点 x_0 的某一去心邻域内有定义，当 x 无限地趋近于 x_0（但 $x\neq x_0$）时，若函数 $f(x)$ 无限地趋近于一个确定的常数 A，则称 A 为当 $x\to x_0$ 时函数 $f(x)$

的极限，记作

$$\lim_{x\to x_0} f(x)=A \ 或 f(x)\to A(x\to x_0).$$

这时也称极限 $\lim_{x\to x_0} f(x)$ 存在，否则称极限 $\lim_{x\to x_0} f(x)$ 不存在.

定义 1.11（$\varepsilon-\delta$ 定义） 设函数 $f(x)$ 在点 x_0 的某一去心邻域内有定义，如果存在常数 A，对于任意给定的正数 ε（不论它有多小），总存在正数 δ，使当 $0<|x-x_0|<\delta$ 时，有

$$|f(x)-A|<\varepsilon,$$

则称常数 A 为当 $x\to x_0$ 时函数 $f(x)$ 的极限，记作

$$\lim_{x\to x_0} f(x)=A \ 或 f(x)\to A(x\to x_0).$$

由上述定义易得下列函数的极限：

（1）$\lim_{x\to x_0} x=x_0$；

（2）$\lim_{x\to x_0} c=c$（c 为常数）.

极限 $\lim_{x\to x_0} f(x)=A$ 的几何解释如图 1.23 所示，任意给定正数 ε，作直线 $y=A+\varepsilon$ 与 $y=A-\varepsilon$，总能找到点 x_0 的一个去心 δ 邻域 $\mathring{U}(x_0,\delta)$，使当 $x\in\mathring{U}(x_0,\delta)$ 时，函数 $y=f(x)$ 的图形全部落在这两条直线之间.

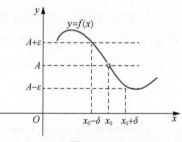

图 1.23

计算机可视化

例 1.11 证明 $\lim_{x\to 1}\dfrac{x^2-1}{x-1}=2.$

证明 对于 $\forall\varepsilon>0$，由于当 $x\neq 1$ 时，有

$$\left|\frac{x^2-1}{x-1}-2\right|=|x-1|,$$

取 $\delta=\varepsilon$，则当 $0<|x-1|<\delta$ 时，有 $\left|\dfrac{x^2-1}{x-1}-2\right|<\varepsilon$，所以 $\lim_{x\to 1}\dfrac{x^2-1}{x-1}=2.$

由于 $x\to x_0$ 同时包含了 $\begin{cases} x\to x_0^-（从 x_0 的左侧趋近于 x_0）, \\ x\to x_0^+（从 x_0 的右侧趋近于 x_0） \end{cases}$ 两种情况，我们把 $\lim_{x\to x_0^-} f(x)$ 称为 $x\to$ x_0 时函数 $f(x)$ 的左极限，把 $\lim_{x\to x_0^+} f(x)$ 称为 $x\to x_0$ 时函数 $f(x)$ 的右极限. 下面给出其定义.

定义 1.12 （1）设函数 $f(x)$ 在点 x_0 的左邻域内有定义，如果自变量 x 从小于 x_0 的一侧趋近于 x_0 时，函数 $f(x)$ 无限趋近于一个确定的常数 A，则称 A 为当 $x\to x_0$ 时函数 $f(x)$ 的左极限，记作

$$\lim_{x\to x_0^-} f(x)=A \ 或 f(x_0-0)=A \ 或 f(x_0^-)=A.$$

（2）（$\varepsilon-\delta$ 定义）设函数 $f(x)$ 在点 x_0 的左邻域 $(x_0-\delta_1,x_0)$ 内有定义，如果存在常数 A，对于任意给定的正数 ε（不论它有多小），总存在正数 $\delta(0<\delta<\delta_1)$，使当 $x_0-\delta<x<x_0$ 时，有 $|f(x)-A|<\varepsilon$ 成立，则 $\lim_{x\to x_0^-} f(x)=A.$

（3）设函数 $f(x)$ 在点 x_0 的右邻域内有定义，如果自变量 x 从大于 x_0 的一侧趋近于 x_0 时，函数 $f(x)$ 无限趋近于一个确定的常数 A，则称 A 为当 $x\to x_0$ 时函数 $f(x)$ 的右极限，记作

$$\lim_{x\to x_0^+} f(x)=A \ 或 f(x_0+0)=A \ 或 f(x_0^+)=A.$$

（4）（$\varepsilon-\delta$ 定义）设函数 $f(x)$ 在点 x_0 的右邻域 $(x_0,x_0+\delta_2)$ 内有定义，如果存在常数 A，对于

任意给定的正数 ε(不论它有多小),总存在正数 $\delta(0<\delta<\delta_2)$,使当 $x_0<x<x_0+\delta$ 时,有 $|f(x)-A|<\varepsilon$ 成立,则 $\lim\limits_{x\to x_0^+}f(x)=A$.

根据上述定义有以下定理.

定理 1.7 极限 $\lim\limits_{x\to x_0}f(x)=A$ 的充分必要条件是左极限 $\lim\limits_{x\to x_0^-}f(x)$ 与右极限 $\lim\limits_{x\to x_0^+}f(x)$ 都存在且相等,即

$$\lim_{x\to x_0}f(x)=A\Leftrightarrow\lim_{x\to x_0^-}f(x)=\lim_{x\to x_0^+}f(x)=A.$$

一般把 $\lim\limits_{x\to x_0^+}f(x),\lim\limits_{x\to x_0^-}f(x),\lim\limits_{x\to+\infty}f(x),\lim\limits_{x\to-\infty}f(x)$ 称为单侧极限,把 $\lim\limits_{x\to x_0}f(x),\lim\limits_{x\to\infty}f(x)$ 称为双侧极限. 单侧极限与双侧极限的关系由定理 1.6 和定理 1.7 给出.

例 1.12 判断下列函数当 $x\to1$ 时极限 $\lim\limits_{x\to1}f(x)$ 是否存在.

$$(1)f(x)=\begin{cases}x, & x\leqslant1,\\2x-1, & x>1.\end{cases} \qquad (2)f(x)=\begin{cases}2x, & x<1,\\0, & x=1,\\x^2, & x>1.\end{cases}$$

解 (1)该函数为分段函数,$x=1$ 为分段点,因为在 $x=1$ 的两侧函数的解析式不一样,所以讨论 $\lim\limits_{x\to1}f(x)$ 时,必须分别考察它的左、右极限.

$$\lim_{x\to1^-}f(x)=\lim_{x\to1^-}x=1,$$
$$\lim_{x\to1^+}f(x)=\lim_{x\to1^+}(2x-1)=1,$$

因为 $\lim\limits_{x\to1^-}f(x)=\lim\limits_{x\to1^+}f(x)=1$,所以 $\lim\limits_{x\to1}f(x)=1$.

(2)该函数也为分段函数,$x=1$ 是分段点.

因为 $\lim\limits_{x\to1^-}f(x)=\lim\limits_{x\to1^-}2x=2,\lim\limits_{x\to1^+}f(x)=\lim\limits_{x\to1^+}x^2=1$,左、右极限都存在但不相等,即 $\lim\limits_{x\to1^-}f(x)\neq\lim\limits_{x\to1^+}f(x)$,所以极限 $\lim\limits_{x\to1}f(x)$ 不存在.

注 (1)极限 $\lim\limits_{x\to x_0}f(x)$ 是否存在,与函数 $f(x)$ 在 $x=x_0$ 处是否有定义无关.

(2)函数 $f(x)$ 在点 x_0 的左、右两侧解析式不相同时,考察极限 $\lim\limits_{x\to x_0}f(x)$,必须先考察它的左、右极限. 如分段函数在分段点处的极限问题,就属于这种情况.

例 1.13 讨论当 $x\to0$ 时,函数 $f(x)=\sin\dfrac{1}{x}$ 的变化趋势.

解 函数 $f(x)=\sin\dfrac{1}{x}$ 的值如表 1.5 所示.

表 1.5

x	$-\dfrac{2}{\pi}$	$-\dfrac{1}{\pi}$	$-\dfrac{2}{3\pi}$	$-\dfrac{1}{2\pi}$	$-\dfrac{2}{5\pi}$	$\cdots$	$\dfrac{2}{5\pi}$	$\dfrac{1}{2\pi}$	$\dfrac{2}{3\pi}$	$\dfrac{1}{\pi}$	$\dfrac{2}{\pi}$
$\sin\dfrac{1}{x}$	-1	0	1	0	-1	$\cdots$	1	0	-1	0	1

该函数的图形如图 1.24 所示.

从图 1.24 可以看出,当 x 无限趋近于 0 时,$f(x)=\sin\dfrac{1}{x}$ 的图形在-1 与 1 之间无限次振荡,即 $f(x)$ 不趋近于某一个常数. 所以当 $x\to0$ 时,$f(x)=\sin\dfrac{1}{x}$ 不与一个常数无限接近.

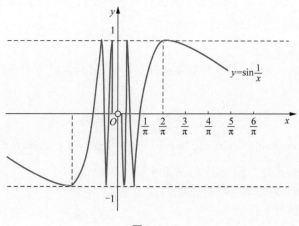

图 1.24

【即时提问 1.2】 数列的极限与函数的极限有哪些区别和联系?

1.2.4 函数极限的性质

在前面我们介绍了下列 6 种类型的函数极限:

(1) $\lim\limits_{x\to+\infty} f(x)$; (2) $\lim\limits_{x\to-\infty} f(x)$; (3) $\lim\limits_{x\to\infty} f(x)$;

(4) $\lim\limits_{x\to x_0^+} f(x)$; (5) $\lim\limits_{x\to x_0^-} f(x)$; (6) $\lim\limits_{x\to x_0} f(x)$.

它们具有与数列极限相类似的一些性质,下面以第(6)种类型的极限为例来介绍函数极限的性质. 对于其他类型极限的性质同理可得.

定理 1.8(唯一性) 若极限 $\lim\limits_{x\to x_0} f(x)$ 存在,则极限是唯一的.

定理 1.9(局部有界性) 若 $\lim\limits_{x\to x_0} f(x)$ 存在,则 $f(x)$ 在点 x_0 的某去心邻域 $\mathring{U}(x_0)$ 内有界.

证明 设 $\lim\limits_{x\to x_0} f(x)=A$,取 $\varepsilon=1$,则存在 $\delta>0$,使对任意 $x\in\mathring{U}(x_0,\delta)$,有

$$|f(x)-A|<1$$

成立,从而得 $A-1<f(x)<A+1$.

这就证明了 $f(x)$ 在 $\mathring{U}(x_0,\delta)$ 内有界.

定理 1.10(局部保序性) 设 $\lim\limits_{x\to x_0} f(x)$ 与 $\lim\limits_{x\to x_0} g(x)$ 都存在,且 $\lim\limits_{x\to x_0} f(x)<\lim\limits_{x\to x_0} g(x)$,则存在点 x_0 的某去心邻域 $\mathring{U}(x_0)$,使在 $\mathring{U}(x_0)$ 内有 $f(x)<g(x)$.

推论(局部保号性) 若 $\lim\limits_{x\to x_0} f(x)=A$,且 $A>0$(或 $A<0$),则存在点 x_0 的某去心邻域 $\mathring{U}(x_0)$,使对任意 $x\in\mathring{U}(x_0)$,有 $f(x)>0$[或 $f(x)<0$]成立.

定理 1.11(海涅定理) 设函数 $f(x)$ 在点 x_0 的某去心邻域 $\mathring{U}(x_0)$ 内有定义,则 $\lim\limits_{x\to x_0} f(x)=A$ 的充要条件是对任何收敛于 x_0 的数列 $\{x_n\}\subset\mathring{U}(x_0)$($n\in\mathbf{N}^+$),都有 $\lim\limits_{n\to\infty} f(x_n)=A$ 成立.

注 海涅定理常用于证明函数在点 x_0 的极限不存在,常见情形如下:

(1)若存在以 x_0 为极限的两个数列 $\{x_n\}$ 与 $\{y_n\}$,$x_n\neq x_0,y_n\neq x_0,n\in\mathbf{N}^+$,使 $\lim\limits_{n\to\infty} f(x_n)$ 与 $\lim\limits_{n\to\infty} f(y_n)$ 都

存在，但 $\lim\limits_{n\to\infty}f(x_n)\neq\lim\limits_{n\to\infty}f(y_n)$，则 $\lim\limits_{x\to x_0}f(x)$ 不存在；

（2）若存在以 x_0 为极限的数列 $\{x_n\}$，使 $\lim\limits_{n\to\infty}f(x_n)$ 不存在，则 $\lim\limits_{x\to x_0}f(x)$ 不存在.

例 1.13 中，取 $x_n=\dfrac{1}{2n\pi}(n\in\mathbf{N}^+)$，$\lim\limits_{n\to\infty}x_n=0$，则 $\lim\limits_{n\to\infty}f(x_n)=\lim\limits_{n\to\infty}\sin(2n\pi)=0$. 再取 $y_n=\dfrac{1}{2n\pi+\dfrac{\pi}{2}}(n\in\mathbf{N}^+)$，$\lim\limits_{n\to\infty}y_n=0$，则 $\lim\limits_{n\to\infty}f(y_n)=\lim\limits_{n\to\infty}\sin\left(2n\pi+\dfrac{\pi}{2}\right)=1$. 所以 $\lim\limits_{x\to0}\sin\dfrac{1}{x}$ 不存在.

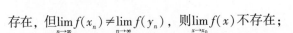

同步习题 1.2

1. 利用数列极限的 "$\varepsilon-N$" 定义证明：

（1）$\lim\limits_{n\to\infty}\dfrac{1}{n^2}=0$；　　　　　　（2）$\lim\limits_{n\to\infty}\dfrac{2n+1}{3n+1}=\dfrac{2}{3}$.

2. 证明：数列 $\left\{(-1)^n\cdot\dfrac{n+1}{n}\right\}$ 发散.

3. 设 $a_n=\left(1+\dfrac{1}{n}\right)\cdot\sin\dfrac{n\pi}{2}$，证明：数列 $\{a_n\}$ 发散.

4. 求下列函数极限：

（1）$f(x)=|x|$，求 $\lim\limits_{x\to0}f(x)$；

（2）$f(x)=\begin{cases}x, & x\geqslant0,\\ \sin x, & x<0,\end{cases}$ 求 $\lim\limits_{x\to0}f(x)$；

（3）$f(x)=\begin{cases}x^2+1, & x<1,\\ \dfrac{1}{2}, & x=1,\\ x-1, & x>1,\end{cases}$ 求 $\lim\limits_{x\to1}f(x)$.

5. 求函数 $f(x)=\dfrac{x}{x}$ 和 $\varphi(x)=\dfrac{|x|}{x}$ 在 $x\to0$ 时的左、右极限，并说明它们在 $x\to0$ 时的极限是否存在.

6. 求函数 $f(x)=\dfrac{1-a^{\frac{1}{x}}}{1+a^{\frac{1}{x}}}(a>1)$ 当 $x\to0$ 时的左、右极限，并说明 $x\to0$ 时函数极限是否存在.

微课：同步习题 1.2
基础题 6

7. 设 $f(x)=\begin{cases}x, & |x|\leqslant1,\\ x-2, & |x|>1,\end{cases}$ 请判断 $\lim\limits_{x\to1}f(x)$ 与 $\lim\limits_{x\to-1}f(x)$ 是否存在.

提高题

1. 设 $\lim\limits_{n\to\infty}a_n=a$，且 $a\neq0$，则当 n 充分大时，有（　　）.

A. $|a_n|>\dfrac{|a|}{2}$　　　　B. $|a_n|<\dfrac{|a|}{2}$　　　　C. $a_n>a-\dfrac{1}{n}$　　　　D. $a_n<a+\dfrac{1}{n}$

2. "对任意给定的 $\varepsilon\in(0,1)$，总存在正整数 N，当 $n\geq N$ 时，恒有 $|x_n-a|\leq2\varepsilon$ 成立"是数列 $\{x_n\}$ 收敛于 a 的（　　）.

A. 充分条件但非必要条件　　　　　　B. 必要条件但非充分条件

C. 充分必要条件　　　　　　　　　　D. 既非充分又非必要条件

3. 证明：$\lim\limits_{x\to+\infty}x\sin x$ 不存在.

1.3 极限的运算法则

根据极限的定义来求极限是非常烦琐也是非常困难的，本节将介绍求极限的各种方法，包括极限的四则运算法则、极限存在准则及两个重要极限. 自变量的变化趋势有多种，为方便讨论，本节不指明自变量的具体变化趋势，只要是自变量的同一个变化过程，统一用 $\lim$ 来表示.

1.3.1 极限的四则运算法则

定理 1.12 如果 $\lim f(x)=A,\lim g(x)=B$，则

（1）$\lim[f(x)\pm g(x)]=\lim f(x)\pm\lim g(x)=A\pm B$；

（2）$\lim[f(x)\cdot g(x)]=\lim f(x)\cdot\lim g(x)=A\cdot B$；

（3）若 $B\neq0$，则 $\lim\dfrac{f(x)}{g(x)}=\dfrac{\lim f(x)}{\lim g(x)}=\dfrac{A}{B}$.

推论 设 $\lim f(x)=A$.

（1）若 c 是常数，则 $\lim[cf(x)]=c\lim f(x)$.

（2）若 a 为正整数，则 $\lim[f(x)]^a=[\lim f(x)]^a=A^a$.

定理 1.12 及其推论说明在极限存在的前提之下，求极限与四则运算可交换运算次序，定理 1.12 中的（1）和（2）可以推广到有限多个函数的情况.

为方便起见，将数列极限和函数极限统称为"变量的极限"，其变化过程可以是离散的（数列情况），也可以是连续的（函数情况），可以是双侧的（$x\to x_0$ 或 $x\to\infty$），也可以是单侧的（$x\to x_0^-$ 或 $x\to x_0^+$，$x\to+\infty$ 或 $x\to-\infty$）.

例 1.14 求 $\lim\limits_{x\to1}(3x^2-2x+1)$.

解
$$\lim_{x\to1}(3x^2-2x+1)=\lim_{x\to1}3x^2-\lim_{x\to1}2x+\lim_{x\to1}1$$
$$=3\lim_{x\to1}x^2-2\lim_{x\to1}x+\lim_{x\to1}1$$
$$=3(\lim_{x\to1}x)^2-2\lim_{x\to1}x+1$$
$$=3-2+1=2.$$

例 1.15 求 $\lim\limits_{x \to 2} \dfrac{x^3-1}{x^2-5x+3}$.

解 $\lim\limits_{x \to 2} \dfrac{x^3-1}{x^2-5x+3} = \dfrac{\lim\limits_{x \to 2}(x^3-1)}{\lim\limits_{x \to 2}(x^2-5x+3)} = \dfrac{\left(\lim\limits_{x \to 2}x\right)^3-1}{\left(\lim\limits_{x \to 2}x\right)^2-5\lim\limits_{x \to 2}x+3}$

$\qquad = \dfrac{2^3-1}{2^2-10+3} = -\dfrac{7}{3}$.

例 1.16 求 $\lim\limits_{n \to \infty} \dfrac{2n^2-2n+3}{3n^2+1}$.

解 将分子、分母同除以 n^2 得

$$\lim_{n \to \infty} \frac{2n^2-2n+3}{3n^2+1} = \lim_{n \to \infty} \frac{2-\dfrac{2}{n}+\dfrac{3}{n^2}}{3+\dfrac{1}{n^2}} = \frac{\lim\limits_{n \to \infty}\left(2-\dfrac{2}{n}+\dfrac{3}{n^2}\right)}{\lim\limits_{n \to \infty}\left(3+\dfrac{1}{n^2}\right)} = \frac{\lim\limits_{n \to \infty}2-\lim\limits_{n \to \infty}\dfrac{2}{n}+\lim\limits_{n \to \infty}\dfrac{3}{n^2}}{\lim\limits_{n \to \infty}3+\lim\limits_{n \to \infty}\dfrac{1}{n^2}} = \frac{2}{3}.$$

若 $a_0 \neq 0, b_0 \neq 0$，且 m 和 k 均为正整数，则关于 n 的两个多项式相除的极限为

$$\lim_{n \to \infty} \frac{a_0 n^m+a_1 n^{m-1}+\cdots+a_{m-1}n+a_m}{b_0 n^k+b_1 n^{k-1}+\cdots+b_{k-1}n+b_k} = \begin{cases} 0, & m<k, \\ \dfrac{a_0}{b_0}, & m=k, \\ \infty, & m>k. \end{cases}$$

例 1.17 求 $\lim\limits_{x \to 3} \dfrac{x-3}{x^2-9}$.

解 当 $x \to 3$ 时，分子和分母的极限都是零，故不能采用分子、分母分别取极限. 因分子和分母有公因子 $x-3$，而 $x \to 3$ 时，$x \neq 3$，故分式可约去分子和分母中不为零的公因子. 所以

$$\lim_{x \to 3} \frac{x-3}{x^2-9} = \lim_{x \to 3} \frac{1}{x+3} = \frac{\lim\limits_{x \to 3}1}{\lim\limits_{x \to 3}(x+3)} = \frac{1}{6}.$$

【即时提问 1.3】 设 $\lim\limits_{x \to 1} \dfrac{x^2+2x+c}{x-1} = 4$，求 c 的值.

在直接求复合函数的极限 $\lim\limits_{x \to x_0} f[\varphi(x)]$ 有难度时，可以考虑代换 $u=\varphi(x)$，将难以计算的极限 $\lim\limits_{x \to x_0} f[\varphi(x)]$ 转化为容易计算的极限 $\lim\limits_{u \to u_0} f(u)$，对此我们有下面的定理.

定理 1.13（复合函数的极限运算法则） 设 $\lim\limits_{u \to u_0} f(u)=A, \lim\limits_{x \to x_0}\varphi(x)=u_0$，且在点 x_0 的某去心邻域内 $\varphi(x) \neq u_0$，则

$$\lim_{x \to x_0} f[\varphi(x)] = \lim_{u \to u_0} f(u) = A.$$

定理 1.13 中将 $x \to x_0$ 换成 $x \to \infty$，结论仍然成立.

例 1.18 求极限 $\lim\limits_{x \to 1}(x^3+5x-1)^{10}$.

解 代换 $u=x^3+5x-1$，则 $x \to 1$ 时，$u \to 5$，所以

$$\lim_{x \to 1}(x^3+5x-1)^{10} = \lim_{u \to 5} u^{10} = 5^{10}.$$

例 1.19　求 $\lim\limits_{n\to\infty}(\sqrt{n^2+n}-\sqrt{n^2-2n})$.

解　此时不能直接运用极限的四则运算法则. 求解方法是先进行恒等变形, 如将分子有理化, 再进行求解.

$$\lim_{n\to\infty}(\sqrt{n^2+n}-\sqrt{n^2-2n})=\lim_{n\to\infty}\frac{(\sqrt{n^2+n}-\sqrt{n^2-2n})(\sqrt{n^2+n}+\sqrt{n^2-2n})}{\sqrt{n^2+n}+\sqrt{n^2-2n}}$$

$$=\lim_{n\to\infty}\frac{(n^2+n)-(n^2-2n)}{\sqrt{n^2+n}+\sqrt{n^2-2n}}=\lim_{n\to\infty}\frac{3n}{\sqrt{n^2+n}+\sqrt{n^2-2n}}$$

$$=\lim_{n\to\infty}\frac{3}{\sqrt{1+\dfrac{1}{n}}+\sqrt{1-\dfrac{2}{n}}}=\frac{3}{2}.$$

1.3.2　极限存在准则

下面介绍判定极限存在的方法——夹逼准则. 夹逼准则分为数列极限和函数极限两种情形, 利用极限的定义可以得到它们的证明, 在此我们忽略证明, 重点讨论如何使用夹逼准则求极限.

定理 1.14 (数列极限的夹逼准则)　如果数列 $\{x_n\}$, $\{y_n\}$, $\{z_n\}$ 满足条件

(1) $y_n\leqslant x_n\leqslant z_n$, $n=1,2,\cdots$,

(2) $\lim\limits_{n\to\infty}y_n=\lim\limits_{n\to\infty}z_n=a$,

则 $\lim\limits_{n\to\infty}x_n=a$.

将上述数列极限的夹逼准则推广到函数极限, 可得到函数极限的夹逼准则.

定理 1.15 (函数极限的夹逼准则)　设函数 $f(x)$, $g(x)$, $h(x)$ 在点 x_0 的某去心邻域 $\mathring{U}(x_0,\delta)$ (或 $|x|>M$) 内有定义, 且满足条件

(1) 当 $x\in\{x\mid 0<|x-x_0|<\delta\}$ (或 $|x|>M$) 时, 有 $g(x)\leqslant f(x)\leqslant h(x)$ 成立,

(2) $\lim\limits_{\substack{x\to x_0\\(x\to\infty)}}g(x)=\lim\limits_{\substack{x\to x_0\\(x\to\infty)}}h(x)=a$,

则 $\lim\limits_{\substack{x\to x_0\\(x\to\infty)}}f(x)=a$.

夹逼准则不仅告诉我们怎么判定一个函数 (数列) 极限是否存在, 同时也给了我们一种新的求极限的方法, 即为了求得某一比较困难的函数 (数列) 极限, 可找两个极限相同且易求出极限的函数 (数列), 将其夹在中间, 那么这个函数 (数列) 的极限必存在, 且等于这个共同的极限.

例 1.20　求 $\lim\limits_{n\to\infty}\left(\dfrac{1}{n^2+n+1}+\dfrac{2}{n^2+n+2}+\cdots+\dfrac{n}{n^2+n+n}\right)$.

解　记 $x_n=\dfrac{1}{n^2+n+1}+\dfrac{2}{n^2+n+2}+\cdots+\dfrac{n}{n^2+n+n}$, 将 x_n 放缩得

$$\frac{1+2+\cdots+n}{n^2+n+n}\leqslant x_n\leqslant\frac{1+2+\cdots+n}{n^2+n+1},$$

而

$$\lim_{n\to\infty}\frac{1+2+\cdots+n}{n^2+n+n}=\lim_{n\to\infty}\frac{\dfrac{n(n+1)}{2}}{n^2+n+n}=\frac{1}{2},$$

$$\lim_{n\to\infty}\frac{1+2+\cdots+n}{n^2+n+1}=\lim_{n\to\infty}\frac{\dfrac{n(n+1)}{2}}{n^2+n+1}=\frac{1}{2},$$

根据夹逼准则得 $\lim\limits_{n\to\infty}x_n=\dfrac{1}{2}$，即

$$\lim_{n\to\infty}\left(\frac{1}{n^2+n+1}+\frac{2}{n^2+n+2}+\cdots+\frac{n}{n^2+n+n}\right)=\frac{1}{2}.$$

定义 1.13　若数列 $\{x_n\}$ 满足 $x_1\leqslant x_2\leqslant\cdots\leqslant x_n\leqslant\cdots$，则称数列 $\{x_n\}$ 为单调递增数列；若数列 $\{x_n\}$ 满足 $x_1\geqslant x_2\geqslant\cdots\geqslant x_n\geqslant\cdots$，则称数列 $\{x_n\}$ 为单调递减数列.

单调递增数列和单调递减数列统称为单调数列.

本章第 2 节中讲过有极限的数列一定有界，但反过来，有界数列不一定有极限. 单调有界原理告诉我们，单调有界的数列极限一定存在.

定理 1.16（单调有界原理）　单调有界数列必有极限.

由于单调递增数列 $\{x_n\}$ 是有下界的（任何小于等于首项的常数都可以作为数列 $\{x_n\}$ 的下界），因此我们说任何有上界的单调递增数列有极限. 同理，任何有下界的单调递减数列有极限.

单调有界原理给出了证明数列极限存在的一个重要方法，但原理没有给出如何去求该极限，这就需要我们在确定了极限存在的前提下使用其他方法来求极限值.

例 1.21　设 $a>0,x_1>0,x_{n+1}=\dfrac{1}{2}\left(x_n+\dfrac{a}{x_n}\right)(n=1,2,\cdots).$

微课：单调有界
原理及例 1.21

（1）证明 $\lim\limits_{n\to\infty}x_n$ 存在.

（2）求 $\lim\limits_{n\to\infty}x_n$.

证明　（1）因为 $a>0,x_1>0$，由归纳法易知 $x_n>0$. 又因为

$$x_{n+1}=\frac{1}{2}\left(x_n+\frac{a}{x_n}\right)\geqslant\sqrt{x_n\cdot\frac{a}{x_n}}=\sqrt{a}>0(n\geqslant1),$$

且

$$x_{n+1}-x_n=\frac{1}{2}\left(x_n+\frac{a}{x_n}\right)-x_n=\frac{a-x_n^2}{2x_n}\leqslant0(n\geqslant2),$$

所以数列 $\{x_n\}$ 单调递减且有下界. 由单调有界原理可知 $\lim\limits_{n\to\infty}x_n$ 存在.

（2）设 $\lim\limits_{n\to\infty}x_n=\beta$，因为 $x_n\geqslant\sqrt{a}>0(n\geqslant2)$，故由定理 1.4 的推论 1 知 $\beta>0$.

对 $x_{n+1}=\dfrac{1}{2}\left(x_n+\dfrac{a}{x_n}\right)$ 的两端同时取极限，得到

$$\beta=\frac{1}{2}\left(\beta+\frac{a}{\beta}\right),$$

解得

$$\beta=\sqrt{a},$$

所以

$$\lim_{n\to\infty}x_n=\sqrt{a}.$$

1.3.3　重要极限 I

利用函数极限的夹逼准则可以得到

重要极限 I $\lim\limits_{x\to 0}\dfrac{\sin x}{x}=1$.

证明 首先，我们注意到，函数 $\dfrac{\sin x}{x}$ 对于一切 $x\neq 0$ 都有定义. 其次，在图 1.25 所示的 $\dfrac{1}{4}$ 单位圆中，设圆心角 $\angle AOB=x\left(0<x<\dfrac{\pi}{2}\right)$，点 A 处的切线与 OB 的延长线交于点 D，又 $BC\perp OA$，则

$$\sin x=CB,\ x=\overset{\frown}{AB},\ \tan x=AD.$$

因为

$$\triangle AOB\ 的面积<扇形\ AOB\ 的面积<\triangle AOD\ 的面积,$$

所以

$$\dfrac{1}{2}\sin x<\dfrac{1}{2}x<\dfrac{1}{2}\tan x,$$

即

$$\sin x<x<\tan x.$$

不等号各边都除以 $\sin x$，得

$$1<\dfrac{x}{\sin x}<\dfrac{1}{\cos x},\ 或\ \cos x<\dfrac{\sin x}{x}<1.$$

微课：重要极限 I

因为 $\cos x$ 和 $\dfrac{\sin x}{x}$ 都是偶函数，所以当 $-\dfrac{\pi}{2}<x<0$ 时上面的不等式也成立，也

就是当 $0<|x|<\dfrac{\pi}{2}$ 时，有 $\cos x<\dfrac{\sin x}{x}<1$ 成立.

下面证明 $\lim\limits_{x\to 0}\cos x=1$.

事实上，当 $0<|x|<\dfrac{\pi}{2}$ 时，有

$$0<|\cos x-1|=1-\cos x=2\sin^{2}\dfrac{x}{2}<2\cdot\left(\dfrac{x}{2}\right)^{2}=\dfrac{x^{2}}{2},$$

即

$$0<1-\cos x<\dfrac{x^{2}}{2}.$$

当 $x\to 0$ 时，$\dfrac{x^{2}}{2}\to 0$，由定理 1.15 有 $\lim\limits_{x\to 0}(1-\cos x)=0$，所以 $\lim\limits_{x\to 0}\cos x=1$.

由于 $\lim\limits_{x\to 0}\cos x=1,\lim\limits_{x\to 0}1=1$，再由定理 1.15，即得 $\lim\limits_{x\to 0}\dfrac{\sin x}{x}=1$.

$\lim\limits_{x\to 0}\dfrac{\sin x}{x}=1$ 可以用下面的结构式表示：

$$\lim\limits_{u(x)\to 0}\dfrac{\sin u(x)}{u(x)}=1.$$

上式中的 $u(x)[u(x)\neq 0]$ 既可以表示自变量 x，又可以是 x 的函数，而 $u(x)\to 0$ 表示当 $x\to x_{0}$（或 $x\to\infty$）时，必有 $u(x)\to 0$，即当 $u(x)$ 的极限值为 0 时，上式的极限值才是 1.

重要极限 I 是"$\dfrac{0}{0}$"型未定式，当极限式中含有三角函数或反三角函数时，应优先考虑重要极限 I.

例 1.22 求 $\lim\limits_{x\to 0}\dfrac{\tan x}{x}$.

解 $\lim\limits_{x\to 0}\dfrac{\tan x}{x}=\lim\limits_{x\to 0}\dfrac{\sin x}{x\cos x}=\lim\limits_{x\to 0}\dfrac{\sin x}{x}\cdot\lim\limits_{x\to 0}\dfrac{1}{\cos x}=1.$

例 1.23 求 $\lim\limits_{x\to 0}\dfrac{\sin kx}{x}$（$k$ 为非零常数）.

解 将 kx 看成一个新变量 u，即令 $u=kx$，则当 $x\to 0$ 时，$u\to 0$，于是有
$$\lim\limits_{x\to 0}\dfrac{\sin kx}{x}=k\lim\limits_{x\to 0}\dfrac{\sin kx}{kx}=k\lim\limits_{u\to 0}\dfrac{\sin u}{u}=k.$$

例 1.24 求 $\lim\limits_{x\to 0}\dfrac{1-\cos x}{x^2}$.

解 $\lim\limits_{x\to 0}\dfrac{1-\cos x}{x^2}=\lim\limits_{x\to 0}\dfrac{2\sin^2\frac{x}{2}}{4\left(\frac{x}{2}\right)^2}=\dfrac{1}{2}\lim\limits_{x\to 0}\left(\dfrac{\sin\frac{x}{2}}{\frac{x}{2}}\right)^2=\dfrac{1}{2}\left(\lim\limits_{x\to 0}\dfrac{\sin\frac{x}{2}}{\frac{x}{2}}\right)^2=\dfrac{1}{2}.$

1.3.4 重要极限 II

形如 $y=u(x)^{v(x)}$ $[u(x)>0,u(x)\neq 1]$ 的函数既不是指数函数，也不是幂函数，我们称这种函数为幂指函数. 例如，$y=x^x$，$y=(\sin x)^x$，$y=(x^2+3x)^{\ln x}$，$y=\left(1+\dfrac{1}{x}\right)^x$ 等.

对于极限 $\lim\limits_{x\to\infty}\left(1+\dfrac{1}{x}\right)^x$，底数的极限 $\lim\limits_{x\to\infty}\left(1+\dfrac{1}{x}\right)=1$，指数 x 的极限为 ∞，这种类型的极限称为"1^∞"型未定式. 利用单调有界原理可以得到

重要极限 II $\lim\limits_{x\to\infty}\left(1+\dfrac{1}{x}\right)^x=\mathrm{e}.$

重要极限 II 的变形形式为 $\lim\limits_{x\to 0}(1+x)^{\frac{1}{x}}=\mathrm{e}$ 或 $\lim\limits_{n\to\infty}\left(1+\dfrac{1}{n}\right)^n=\mathrm{e}.$

一般地，$\lim\limits_{u(x)\to 0}[1+u(x)]^{\frac{1}{u(x)}}=\mathrm{e}$，或者 $\lim\limits_{u(x)\to\infty}\left[1+\dfrac{1}{u(x)}\right]^{u(x)}=\mathrm{e}.$

例 1.25 求极限 $\lim\limits_{x\to 0}(1+2x)^{\frac{1}{x}}$.

解 $\lim\limits_{x\to 0}(1+2x)^{\frac{1}{x}}=\lim\limits_{x\to 0}(1+2x)^{\frac{1}{2x}\cdot 2}=\lim\limits_{x\to 0}[(1+2x)^{\frac{1}{2x}}]^2=[\lim\limits_{x\to 0}(1+2x)^{\frac{1}{2x}}]^2=\mathrm{e}^2.$

例 1.26 求极限 $\lim\limits_{x\to\infty}\left(1-\dfrac{2}{x}\right)^{x+1}$.

解 $\lim\limits_{x\to\infty}\left(1-\dfrac{2}{x}\right)^{x+1}=\lim\limits_{x\to\infty}\left[\left(1-\dfrac{2}{x}\right)^x\cdot\left(1-\dfrac{2}{x}\right)\right]=\lim\limits_{x\to\infty}\left(1-\dfrac{2}{x}\right)^x\cdot\lim\limits_{x\to\infty}\left(1-\dfrac{2}{x}\right)$
$$=\left[\lim\limits_{x\to\infty}\left(1-\dfrac{2}{x}\right)^{-\frac{x}{2}}\right]^{-2}\cdot\lim\limits_{x\to\infty}\left(1-\dfrac{2}{x}\right)=\mathrm{e}^{-2}\cdot 1=\mathrm{e}^{-2}.$$

例 1.27（信息传播规律） 信息传播是现实生活中普遍存在的现象，日新月异发展的信息媒介给信息传播提供了温床，使信息给人类的生活及认知带来了巨大影响. 在传播学中有这样一个规律，即在一定的状况下，信息的传播可以用下面的函数关系式来表示：

$$p(t) = \frac{1}{1+ae^{-kt}},$$

其中 $p(t)$ 表示 t 时刻人群中知道该信息的人数比例，a,k 均为正数.

通过 $\lim\limits_{t \to +\infty} p(t) = \lim\limits_{t \to +\infty} \dfrac{1}{1+ae^{-kt}} = 1$，我们知道时刻 t 趋于无穷时人群中知道该信息的人数比例为 100%，这就从数学理论上解释了信息传播的威力. 例如，在"SARS 病毒""新冠病毒"时期人们抢购药物、白醋、口罩等；甲型流感病毒来袭时人们抢购大蒜；在日本发生核辐射泄漏后人们掀起了一场抢盐的疯狂行为. 很显然，信息传播呈现出这样一个规律：随着时间的慢慢推移，最终所有的人都将知道这个信息.

同步习题 1.3

 基础题

1. 求下列极限：

(1) $\lim\limits_{x \to -2}(3x^2 - 5x + 2)$;

(2) $\lim\limits_{x \to \sqrt{3}} \dfrac{x^2 - 3}{x^4 + x^2 + 1}$;

(3) $\lim\limits_{x \to 2} \dfrac{x-2}{x^2 - 3}$;

(4) $\lim\limits_{x \to 1} \dfrac{x^2 - 1}{2x^2 - x - 1}$;

(5) $\lim\limits_{h \to 0} \dfrac{(x+h)^3 - x^3}{h}$;

(6) $\lim\limits_{x \to 1} \dfrac{2x+3}{6x-1}$;

(7) $\lim\limits_{x \to \infty} \dfrac{(2x-1)^{30}(3x-2)^{20}}{(2x+1)^{50}}$;

(8) $\lim\limits_{x \to 0} \dfrac{x^2}{1 - \sqrt{1+x^2}}$;

(9) $\lim\limits_{x \to 0} \dfrac{\tan x - \sin x}{x}$;

(10) $\lim\limits_{x \to 0} \dfrac{\sin 2x}{\sin 3x}$;

(11) $\lim\limits_{x \to 0} \left(\dfrac{2-x}{2}\right)^{\frac{2}{x}}$;

(12) $\lim\limits_{x \to \infty} \left(\dfrac{x-1}{x+1}\right)^x$.

2. 下列等式成立的是（ ）.

A. $\lim\limits_{x \to 0} \dfrac{\sin x}{x} = 0$ 　　B. $\lim\limits_{x \to 0} \dfrac{\arctan x}{x} = 1$ 　　C. $\lim\limits_{x \to 0} \dfrac{\sin x}{x^2} = 1$ 　　D. $\lim\limits_{x \to \frac{\pi}{2}} \dfrac{\sin x}{x} = 1$

3. 若 $\lim\limits_{x \to \infty}\left(\dfrac{x^2+1}{x+1} - ax - b\right) = 0$，求 a,b 的值.

4. 已知 $\lim\limits_{x \to 1} f(x)$ 存在，且 $f(x) = x^2 + 3x + 2\lim\limits_{x \to 1} f(x)$，求 $f(x)$.

5. 已知 $f(x) = \begin{cases} x-1, & x < 0, \\ \dfrac{x^2+3x-1}{x^3+1}, & x \geqslant 0, \end{cases}$ 求 $\lim\limits_{x \to 0} f(x)$，$\lim\limits_{x \to +\infty} f(x)$，$\lim\limits_{x \to -\infty} f(x)$.

6. 设 $x_1 = \sqrt{2}$，$x_{n+1} = \sqrt{2x_n}$，$n = 1, 2, \cdots$，证明 $\lim\limits_{n \to \infty} x_n$ 存在，并求其值.

提高题

1. 求下列极限：

(1) $\lim\limits_{x\to 0}(1+3\tan^2 x)^{\cot^2 x}$；

(2) $\lim\limits_{x\to 0}\dfrac{\cos x+\cos^2 x+\cdots+\cos^n x-n}{\cos x-1}$（其中 n 为正整数）；

(3) $\lim\limits_{x\to +\infty}\dfrac{x^2+x+1}{x^3+1}(\sin x+\cos x)$；

(4) $\lim\limits_{x\to -\infty}\dfrac{\sqrt{4x^2+x-1}+x+1}{\sqrt{x^2+\sin x}}$；

(5) $\lim\limits_{x\to 1}\dfrac{\sqrt{3-x}-\sqrt{1+x}}{x^2+x-2}$；

(6) $\lim\limits_{x\to \infty}\dfrac{3x^2+5}{5x+3}\sin\dfrac{2}{x}$.

2. 设 $\lim\limits_{x\to\infty}\left(\dfrac{x+a}{x-2a}\right)^x=8$，求常数 a.

*3. （城市废弃物的管理问题）甲市 2014 年年末的调查资料显示，到 2014 年年末，该市已积累的废弃物达 200 万吨. 通过预测知，从 2015 年起该市将以每年 4 万吨的速度产生新的废弃物. 如果从 2015 年起该市每年处理上一年堆积废弃物的 25%，按照这样的方式依次循环，该市的废弃物是否可能全部处理完？

1.4 无穷小量与无穷大量

早在古希腊时期人类就已经对无穷小量有了一定的认识，阿基米德曾经用无穷小量得到了许多重要的数学结论. 下面我们来学习无穷小量与无穷大量的定义及性质，并将其应用于求极限.

1.4.1 无穷小量

引例 在用洗衣机清洗衣物时，清洗次数越多，衣物上残留的污渍就越少. 当清洗次数无限增大时，衣物上的污渍趋于零.

在对许多事物进行研究时，我们常会遇到事物数量的变化趋势为趋于零，这就引出了无穷小量的概念，下面我们给出无穷小量的定义.

定义 1.14 如果 $\lim\limits_{x\to x_0}f(x)=0$，则称函数 $f(x)$ 为当 $x\to x_0$ 时的无穷小量.

在该定义中，可将 $x\to x_0$ 换成 $x\to +\infty, x\to -\infty, x\to \infty, x\to x_0^+, x\to x_0^-$，从而可定义不同变化过程中的无穷小量. 例如，当 $x\to 0$ 时，函数 $x^2, \sin x, \tan x$ 均为无穷小量；当 $x\to \infty$ 时，函数 $\dfrac{1}{x^2}, \dfrac{1}{1+x^2}$ 均为无穷小量；当 $x\to -\infty$ 时，函数 2^x 为无穷小量；数列 $\left\{\dfrac{(-1)^{n+1}}{n}\right\}$ 和 $\left\{\dfrac{1}{2^n}\right\}$ 均为无穷小量数列.

注 (1) 一个变量是否为无穷小量,除了与变量本身有关,还与自变量的变化趋势有关. 例如,$\lim\limits_{x\to\infty}\dfrac{1}{x}=0$,即当 $x\to\infty$ 时,$\dfrac{1}{x}$ 为无穷小量;但因为 $\lim\limits_{x\to 1}\dfrac{1}{x}=1\neq 0$,所以 $x\to 1$ 时,$\dfrac{1}{x}$ 不是无穷小量.

(2) 无穷小量不是绝对值很小的常数,而是在自变量的某种变化趋势下,函数的绝对值趋近于 0 的变量. 特别地,常数 0 可以看成任何一个极限过程中的无穷小量.

下面的定理说明了极限与无穷小量之间的关系.

定理 1.17 $\lim\limits_{x\to x_0}f(x)=A$ 的充分必要条件是 $f(x)=A+\alpha$,其中 $\lim\limits_{x\to x_0}\alpha(x)=0$.

对于自变量的其他变化过程,上述结论均成立.

例如,因为 $\dfrac{1+x^3}{2x^3}=\dfrac{1}{2}+\dfrac{1}{2x^3}$,而 $\lim\limits_{x\to\infty}\dfrac{1}{2x^3}=0$,所以 $\lim\limits_{x\to\infty}\dfrac{1+x^3}{2x^3}=\dfrac{1}{2}$.

从另一个角度来看,如果 $\lim\limits_{x\to 1}f(x)=4$,则 $f(x)=4+\alpha$,其中 $\lim\limits_{x\to 1}\alpha=0$. 这就把函数的极限运算问题化为了常数与无穷小量的代数运算.

对于自变量的同一变化过程中的无穷小量,有下列性质.

性质 1.1 有限个无穷小量的代数和是无穷小量.

性质 1.2 有限个无穷小量的乘积是无穷小量.

性质 1.3 有界函数与无穷小量的乘积是无穷小量.

推论 常数与无穷小量的乘积是无穷小量.

注 无穷多个无穷小量的代数和不一定是无穷小量. 比如,例 1.20 的和式 $\dfrac{1}{n^2+n+1}+\dfrac{2}{n^2+n+2}$ $+\cdots+\dfrac{n}{n^2+n+n}$ 中每一项均为无穷小量,但

$$\lim_{n\to\infty}\left(\frac{1}{n^2+n+1}+\frac{2}{n^2+n+2}+\cdots+\frac{n}{n^2+n+n}\right)=\frac{1}{2}.$$

例 1.28 求极限 $\lim\limits_{x\to 0}x^2\sin\dfrac{1}{x}$.

解 当 $x\to 0$ 时,$\sin\dfrac{1}{x}$ 的极限不存在. 但是由于 $\left|\sin\dfrac{1}{x}\right|\leqslant 1$,即函数 $\sin\dfrac{1}{x}$ 为有界函数,而当 $x\to 0$ 时,x^2 是无穷小量,故根据无穷小量的性质知 $\lim\limits_{x\to 0}x^2\sin\dfrac{1}{x}=0.$

1.4.2 无穷大量

在实际问题中,我们会遇到函数值的绝对值无限增大的情况,从而有了无穷大量的概念,下面给出无穷大量的定义.

定义 1.15 当 $x\to x_0$ 时,如果函数 $f(x)$ 的绝对值无限增大,则称当 $x\to x_0$ 时 $f(x)$ 为无穷大量,记作 $\lim\limits_{x\to x_0}f(x)=\infty$.

定义 1.16 设函数 $f(x)$ 在某 $\mathring{U}(x_0)$ 内有定义. 若对任给的 $G>0$,存在 $\delta>0$,使当 $x\in\mathring{U}(x_0,\delta)[\subset\mathring{U}(x_0)]$ 时有 $|f(x)|>G$,则称函数 $f(x)$ 当 $x\to x_0$ 时为无穷大量,记作 $\lim\limits_{x\to x_0}f(x)=\infty$.

在定义 1.15 和定义 1.16 中，将 $x \to x_0$ 换成 $x \to +\infty, x \to -\infty, x \to \infty, x \to x_0^+, x \to x_0^-$，可定义不同变化过程中的无穷大量.

例如，由于 $\lim\limits_{x \to \frac{\pi}{2}} \tan x = \infty, \lim\limits_{x \to 0^+} \log_a x = \infty$，故在相应的变化过程中，$\tan x$ 和 $\log_a x$ 是无穷大量. 同样，当 $x \to +\infty$ 时，$a^x(a>1)$ 是无穷大量；当 $x \to -\infty$ 时，$a^x(0<a<1)$ 是无穷大量.

注　(1) 无穷大量是变量，它不是很大的数，不要将无穷大量与很大的数(如 10^{1000})混淆.

(2) 无穷大量是没有极限的变量，但无极限的变量不一定是无穷大量. 比如 $\lim\limits_{x \to 0} \sin \dfrac{1}{x}$ 不存在，但当 $x \to 0$ 时，$\sin \dfrac{1}{x}$ 不是无穷大量.

(3) 无穷大量一定无界，但无界函数不一定是无穷大量.

(4) 无穷大量分为正无穷大量与负无穷大量，分别记为 $+\infty$ 和 $-\infty$. 例如，$\lim\limits_{x \to \frac{\pi}{2}^-} \tan x = +\infty$，$\lim\limits_{x \to \infty}(-x^2+1) = -\infty$.

无穷小量与无穷大量具有密切的关系，如以下定理所示.

定理 1.18　设函数 $f(x)$ 在点 x_0 的某一去心邻域内有定义，当 $x \to x_0$ 时，

(1) 若 $f(x)$ 是无穷大量，则 $\dfrac{1}{f(x)}$ 是无穷小量；

(2) 若 $f(x)$ 是无穷小量，且 $f(x) \neq 0$，则 $\dfrac{1}{f(x)}$ 是无穷大量.

例如，当 $x \to 1$ 时，$\dfrac{1}{x-1}$ 为无穷大量，则 $x-1$ 为无穷小量；当 $x \to +\infty$ 时，$\dfrac{1}{2^x}$ 为无穷小量，则 2^x 为无穷大量.

对于定理 1.18，将 $x \to x_0$ 换成自变量的其他变化趋势，结论仍成立. 另外，根据此定理，我们可将对无穷大量的研究转化为对无穷小量的研究，而无穷小量正是微积分学中的精髓.

例 1.29　求 $\lim\limits_{x \to 1} \dfrac{2x-3}{x^2-5x+4}$.

解　因为分母的极限 $\lim\limits_{x \to 1}(x^2-5x+4) = 1^2-5 \times 1+4 = 0$，而分子的极限 $\lim\limits_{x \to 1}(2x-3) = 2 \times 1-3 = -1$，所以不能应用极限商的运算法则. 但因

$$\lim\limits_{x \to 1} \dfrac{x^2-5x+4}{2x-3} = \dfrac{1^2-5 \times 1+4}{2 \times 1-3} = 0,$$

故由无穷小量与无穷大量的关系可得

$$\lim\limits_{x \to 1} \dfrac{2x-3}{x^2-5x+4} = \infty.$$

[即时提问 1.4]　已知 $\lim\limits_{n \to \infty} a_n = 0$，$\left\{\dfrac{1}{a_n}\right\}$ 是否一定为无穷大量？

1.4.3 无穷小量的比较

我们已经知道，两个无穷小量的和、差、积仍是无穷小量，但两个无穷小量的商会呈现出不同的情况. 例如，当 $x\to 0$ 时，$\sin x, 2x, x^3$ 都是无穷小量，但是

$$\lim_{x\to 0}\frac{\sin x}{x}=1, \lim_{x\to 0}\frac{x^3}{2x}=0, \lim_{x\to 0}\frac{2x}{x^3}=+\infty.$$

微课：无穷小量的比较

两个无穷小量之比的极限的各种不同情况，反映了不同的无穷小量趋于零的"快慢"程度. 当 $x\to 0$ 时，$x^3\to 0$ 比 $2x\to 0$ 要"快"，或者说 $2x\to 0$ 比 $x^3\to 0$ 要"慢"，而 $\sin x\to 0$ 与 $x\to 0$"快慢相仿". 不论是理论上还是应用上，研究无穷小量趋于零的"快慢"程度是非常重要的，无穷小量趋于零的"快慢"可用无穷小量之比的极限来衡量. 为此，我们有下面的定义.

定义 1.17 设 α,β 是自变量在同一变化过程中的两个无穷小量，且 $\alpha\neq 0$，而 $\lim\frac{\beta}{\alpha}$ 也是在这个变化过程中的极限.

(1) 如果 $\lim\frac{\beta}{\alpha}=0$，则称 β 是比 α 高阶的无穷小量，记作 $\beta=o(\alpha)$.

(2) 如果 $\lim\frac{\beta}{\alpha}=\infty$，则称 β 是比 α 低阶的无穷小量.

(3) 如果 $\lim\frac{\beta}{\alpha}=c(c\neq 0)$，则称 β 与 α 是同阶无穷小量.

特别地，当 $c=1$，即 $\lim\frac{\beta}{\alpha}=1$ 时，称 β 与 α 是等价无穷小量，记作 $\beta\sim\alpha$.

显然，等价无穷小量具有自反性和传递性.

(4) 如果 $\lim\frac{\beta}{\alpha^k}=c(c\neq 0,k>0)$，则称 β 是关于 α 的 k 阶无穷小量.

根据以上定义，我们知道当 $x\to 0$ 时，有 $\sin x\sim x, x^3=o(x)$.

因为 $\lim\limits_{x\to 0}\frac{1-\cos x}{x^2}=\frac{1}{2}$，所以当 $x\to 0$ 时，$1-\cos x\sim\frac{1}{2}x^2$，或者 $1-\cos x=o(x)$.

例 1.30 $\frac{1}{n^2},\frac{1}{n},\frac{1}{\sqrt{n}}$ 都是无穷小量，由于

$$\frac{\frac{1}{n^2}}{\frac{1}{n}}=\frac{1}{n}\to 0, \frac{\frac{1}{n}}{\frac{1}{\sqrt{n}}}=\frac{1}{\sqrt{n}}\to 0, \frac{\frac{1}{\sqrt{n}}}{\frac{1}{n}}=\sqrt{n}\to\infty,$$

故 $\frac{1}{n^2}=o\left(\frac{1}{n}\right),\frac{1}{n}=o\left(\frac{1}{\sqrt{n}}\right)$，或 $\frac{1}{n^2}$ 是比 $\frac{1}{n}$ 高阶的无穷小量，而 $\frac{1}{\sqrt{n}}$ 是比 $\frac{1}{n}$ 低阶的无穷小量.

注 并非任何两个无穷小量都能进行比较. 例如，当 $x\to 0$ 时，由于 $\sin\frac{1}{x}$ 是有界变量，可

知 $x\sin\dfrac{1}{x}$ 是无穷小量，而 $\lim\limits_{x\to 0}\dfrac{x\sin\dfrac{1}{x}}{x}=\lim\limits_{x\to 0}\sin\dfrac{1}{x}$ 不存在，故不能比较 $x\sin\dfrac{1}{x}$ 与 x 的阶的高低.

1.4.4　等价无穷小代换

定理 1.19　若 α,β 是自变量同一变化过程中的无穷小量，且 $\alpha\sim\alpha',\beta\sim\beta'$，$\lim\dfrac{\beta'}{\alpha'}$ 存在，则

$$\lim\frac{\beta}{\alpha}=\lim\frac{\beta'}{\alpha'}.$$

证明　$\lim\dfrac{\beta}{\alpha}=\lim\left(\dfrac{\beta}{\beta'}\cdot\dfrac{\beta'}{\alpha'}\cdot\dfrac{\alpha'}{\alpha}\right)=\lim\dfrac{\beta}{\beta'}\cdot\lim\dfrac{\beta'}{\alpha'}\cdot\lim\dfrac{\alpha'}{\alpha}=\lim\dfrac{\beta'}{\alpha'}.$

注　(1)定理 1.19 说明在求极限的过程中，可以把积或商中的无穷小量用与之等价的无穷小量代换，从而达到简化运算的目的. 但须注意，在加减运算中不能使用等价无穷小代换.

(2)当 $x\to 0$ 时，常用的等价无穷小量有

$$x\sim\sin x\sim\arcsin x\sim\tan x\sim\arctan x\sim\ln(1+x)\sim\mathrm{e}^x-1,$$

$$a^x-1\sim x\ln a\,(a>0,a\neq 1),1-\cos x\sim\frac{1}{2}x^2,(1+x)^k-1\sim kx\,(k\text{ 为非零常数}).$$

上述常用的等价无穷小量中，将变量 x 换成无穷小量函数 $u(x)$ 或无穷小量数列 $\{x_n\}$，结论仍然成立.

例 1.31　求极限 $\lim\limits_{x\to 0}\dfrac{\sin^2 x}{x^2(1+\cos x)}$.

解　当 $x\to 0$ 时，$\sin x\sim x$，由定理 1.19 得

$$\lim\limits_{x\to 0}\frac{\sin^2 x}{x^2(1+\cos x)}=\lim\limits_{x\to 0}\frac{x^2}{x^2(1+\cos x)}=\lim\limits_{x\to 0}\frac{1}{1+\cos x}=\frac{1}{2}.$$

例 1.32　求极限 $\lim\limits_{x\to+\infty}\left[\ln(1+2^x)\ln\left(1+\dfrac{3}{x}\right)\right]$.

解　当 $x\to+\infty$ 时，函数 $\ln\left(1+\dfrac{3}{x}\right)$ 为无穷小量，$\ln\left(1+\dfrac{3}{x}\right)\sim\dfrac{3}{x}$；但此时函数 $\ln(1+2^x)$ 不是无穷小量，不能直接利用等价无穷小代换，将其表示为

$$\ln\left[2^x(2^{-x}+1)\right]=x\ln 2+\ln(1+2^{-x}),$$

其中当 $x\to+\infty$ 时，函数 $\ln(1+2^{-x})$ 为无穷小量，有 $\ln(1+2^{-x})\sim 2^{-x}$.

$$\lim\limits_{x\to+\infty}\left[\ln(1+2^x)\ln\left(1+\frac{3}{x}\right)\right]=\lim\limits_{x\to+\infty}\left\{\ln\left[2^x(2^{-x}+1)\right]\cdot\frac{3}{x}\right\}=\lim\limits_{x\to+\infty}\left\{\left[x\ln 2+\ln(1+2^{-x})\right]\cdot\frac{3}{x}\right\}$$

$$=\lim\limits_{x\to+\infty}3\ln 2+\lim\limits_{x\to+\infty}\left[\ln(1+2^{-x})\cdot\frac{3}{x}\right]=3\ln 2+\lim\limits_{x\to+\infty}\left(2^{-x}\cdot\frac{3}{x}\right)=3\ln 2.$$

例 1.33　设 $x\to 0$ 时 $\ln(1+x^k)$ 与 $x+\sqrt[3]{x}$ 为等价无穷小量，求 k 的值.

解　由题意有 $\lim\limits_{x\to 0}\dfrac{\ln(1+x^k)}{x+\sqrt[3]{x}}=1$. 当 $x\to 0$ 时，$\ln(1+x^k)\sim x^k$，则

$$\lim_{x\to0}\frac{\ln(1+x^k)}{x+\sqrt[3]{x}}=\lim_{x\to0}\frac{x^k}{x+\sqrt[3]{x}}=\lim_{x\to0}\left(x^{k-\frac{1}{3}}\cdot\frac{1}{x^{\frac{2}{3}}+1}\right)=\begin{cases}0,&k>\frac{1}{3},\\1,&k=\frac{1}{3},\\\infty,&k<\frac{1}{3}.\end{cases}$$

故 $k=\dfrac{1}{3}$.

定理 1.20 β 与 α 是等价无穷小量的充要条件为 $\beta=\alpha+o(\alpha)$.

证明 先证必要性.

设 $\beta\sim\alpha$，则

$$\lim\frac{\beta-\alpha}{\alpha}=\lim\left(\frac{\beta}{\alpha}-1\right)=\lim\frac{\beta}{\alpha}-1=0,$$

因此 $\beta-\alpha=o(\alpha)$，即 $\beta=\alpha+o(\alpha)$.

再证充分性.

设 $\beta=\alpha+o(\alpha)$，则

$$\lim\frac{\beta}{\alpha}=\lim\frac{\alpha+o(\alpha)}{\alpha}=\lim\left[1+\frac{o(\alpha)}{\alpha}\right]=1,$$

因此 $\beta\sim\alpha$.

根据定理 1.20，当 $x\to0$ 时，因为 $\sin x\sim x,\tan x\sim x,1-\cos x\sim\dfrac{1}{2}x^2$，

所以当 $x\to0$ 时，有

$$\sin x=x+o(x),\tan x=x+o(x),1-\cos x=\frac{1}{2}x^2+o(x^2).$$

这表明在近似计算中，可用等价无穷小量来做近似代替，使运算大大简化. 例如，当 $|x|$ 很小时，可用 x 近似代替 $\sin x$ 或 $\tan x$，用 $\dfrac{1}{2}x^2$ 近似代替 $1-\cos x$.

同步习题 1.4

 基础题

1. 无穷小量的倒数一定是无穷大量吗？举例说明.

2. 当 $x\to0$ 时，比较下列各无穷小量的阶(高阶、低阶、同阶、等价).

(1) $\sqrt{x}+\sin x$ 与 x. (2) $x^2+\arcsin x$ 与 x.

(3) $x-\sin x$ 与 x. (4) $\sqrt[3]{x}-3x^3+x^5$ 与 x.

(5) $\arctan 2x$ 与 $\sin 3x$. (6) $(1-\cos x)^2$ 与 $\sin^2 x$.

3. 选择题.

(1) 当 $x\to0$ 时, $f(x)=\sin(ax^3)$ 与 $g(x)=x^2\ln(1-x)$ 是等价无穷小量, 则(   ).

A. $a=1$　　　B. $a=2$　　　C. $a=-1$　　　D. $a=-2$

(2) 当 $x\to0$ 时, 函数 $f(x)=\tan x-\sin x$ 与 $g(x)=1-\cos x$ 比较是(   )无穷小量.

A. 等价　　　B. 同阶非等价　　　C. 高阶　　　D. 低阶

(3) 当 $x\to0$ 时, $(1+ax^2)^{\frac{1}{3}}-1$ 与 $\cos x-1$ 是等价无穷小量, 则 a 的值为(   ).

A. $-\dfrac{3}{2}$　　　B. $-\dfrac{5}{2}$　　　C. 1　　　D. 2

(4) 当 $x\to0^+$ 时, 与 $\sqrt{x}$ 等价的无穷小量是(   ).

A. $1-e^{\sqrt{x}}$　　　B. $\ln\dfrac{1+x}{1-\sqrt{x}}$　　　C. $\sqrt{1+\sqrt{x}}-1$　　　D. $1-\cos\sqrt{x}$

(5) 当 $x\to0$ 时, 用"$o(x)$"表示比 x 高阶的无穷小量, 则下列式子中错误的是(   ).

A. $x\cdot o(x^2)=o(x^3)$　　　B. $o(x)\cdot o(x^2)=o(x^3)$

C. $o(x^2)+o(x^2)=o(x^2)$　　　D. $o(x)+o(x^2)=o(x^2)$

4. 利用等价无穷小代换求下列极限:

(1) $\lim\limits_{x\to0}\dfrac{\sin3x}{\tan5x}$;　　　(2) $\lim\limits_{x\to0}\dfrac{\arctan2x}{\sin2x}$;

(3) $\lim\limits_{x\to0}\dfrac{\sin x}{x^3+3x}$;　　　(4) $\lim\limits_{x\to0}\dfrac{\tan x-\sin x}{\sin x^3}$.

5. 利用等价无穷小代换求下列极限:

(1) $\lim\limits_{x\to0}\dfrac{\ln(1-3x)}{\arctan2x}$;　　　(2) $\lim\limits_{x\to1}\dfrac{\arcsin(x-1)^2}{(x-1)\ln x}$;

(3) $\lim\limits_{x\to0}\dfrac{e^{\sin2x}-1}{\tan x}$;　　　(4) $\lim\limits_{x\to0}\dfrac{\tan3x-\sin x}{\sqrt[3]{1+x}-1}$.

6. 证明: $\{\sqrt{n+1}-\sqrt{n}\}$ 与 $\left\{\dfrac{1}{\sqrt{n}}\right\}$ 是同阶无穷小量.

7. 当 $x\to0$ 时, 证明函数 $\dfrac{1}{x^2}\sin\dfrac{1}{x}$ 是无界的, 但不是无穷大量.

8. 若 $f(x)$ 是无穷大量, 则 $kf(x)$ 是无穷大量吗?

 提高题

1. 求极限 $\lim\limits_{x\to0}\dfrac{\sin x+x^2\sin\dfrac{1}{x}}{(1+\cos x)\ln(1+x)}$.

2. 求下列极限:

(1) $\lim\limits_{x\to0}\dfrac{\ln(\sin^2x+e^x)-x}{\ln(x^2+e^{2x})-2x}$;　　　(2) $\lim\limits_{x\to0}\dfrac{e^{x^4}-1}{1-\cos(x\sqrt{1-\cos x})}$;

(3) $\lim\limits_{x\to0}\dfrac{x\ln(1+x)}{1-\cos x}$;　　　(4) $\lim\limits_{x\to0}(x+2^x)^{\frac{2}{x}}$;　　　(5) $\lim\limits_{x\to0}\dfrac{\sqrt{1+2\sin x}-x-1}{x\ln(1+x)}$.

微课: 同步习题 1.4
提高题 1

3. 设当 $x \to 0$ 时，$(1-\cos x)\ln(1+x^2)$ 是比 $x\sin x^n$ 高阶的无穷小量，而 $x\sin x^n$ 是比 $\mathrm{e}^{x^2}-1$ 高阶的无穷小量，求正整数 n 的值.

4. 设 $\lim\limits_{x \to 0} \dfrac{\ln\left[1+\dfrac{f(x)}{\sin x}\right]}{a^x-1}=A\ (a>0, a \neq 1)$，求 $\lim\limits_{x \to 0}\dfrac{f(x)}{x^2}$.

微课：同步习题 1.4
提高题 3

■ 1.5　函数的连续性

自然界中有许多现象，如气温的变化、河水的流动、植物的生长等，都是连续变化的. 这种现象在函数关系上的反映，就是函数的连续性. 前面我们讨论了当 $x \to x_0$ 时函数 $f(x)$ 的极限，讨论的是当自变量 x 无限接近于 x_0（但不等于 x_0）时函数 $f(x)$ 的变化趋势，与函数在点 x_0 是否有定义无关. 本节研究的函数连续性是将极限与函数值结合起来，这就有了函数连续的定义.

1.5.1　函数连续的定义

定义 1.18　设变量 u 从它的一个初值 u_1 变到终值 u_2，终值与初值的差 u_2-u_1 称为变量 u 的**增量**，记为 Δu，即 $\Delta u = u_2-u_1$.

增量 Δu 可以是正的，也可以是负的. 在 Δu 为正的情形中，变量 u 从 u_1 变到 $u_2=u_1+\Delta u$ 时是增大的；当 Δu 为负时，变量 u 是减小的.

凡属连续变化的量，在数量上，它们有共同的特点，比如植物的生长，当时间的增量很小时，生长的增量也很小，因此，连续变化的概念反映在数学上，就是当自变量的增量很微小时，函数的增量也很微小.

定义 1.19　设函数 $f(x)$ 在点 x_0 的某邻域内有定义，如果当自变量 x 有增量 Δx 时，函数有相应的增量 Δy，若 $\lim\limits_{\Delta x \to 0}\Delta y=0$，则称函数 $f(x)$ 在点 x_0 处连续，x_0 为 $f(x)$ 的连续点.

事实上，我们知道 $\Delta y=f(x_0+\Delta x)-f(x_0)$，若令 $x=x_0+\Delta x$，则 $\Delta x \to 0$ 时，对应 $x \to x_0$，从而

$$\Delta y=f(x_0+\Delta x)-f(x_0)=f(x)-f(x_0),$$

则定义 1.19 中的表达式为

$$\lim\limits_{\Delta x \to 0}\Delta y=\lim\limits_{x \to x_0}[f(x)-f(x_0)]=\lim\limits_{x \to x_0}f(x)-f(x_0)=0.$$

由此得到函数连续的等价定义.

定义 1.20　（1）设函数 $f(x)$ 在点 x_0 的某邻域内有定义，若

$$\lim\limits_{x \to x_0}f(x)=f(x_0),$$

则称函数 $f(x)$ 在点 x_0 处连续.

（2）设函数 $f(x)$ 在点 x_0 的某邻域内有定义，如果对于任意正数 ε，总存在正数 δ，使当 $|x-x_0|<\delta$ 时，有

$$|f(x)-f(x_0)|<\varepsilon$$

成立，则称函数 $f(x)$ 在点 x_0 处连续.

从上述定义可以看出，函数 $f(x)$ 在点 x_0 处连续必须满足以下 3 个条件：

（1）$f(x)$ 在点 x_0 处有定义；

（2）$f(x)$ 在点 x_0 处的极限存在，即 $\lim\limits_{x \to x_0} f(x) = A$；

（3）$f(x)$ 在点 x_0 处的极限值等于函数值，即 $A = f(x_0)$.

例 1.34 证明：函数 $y = \sin x$ 在任意点 x_0 处都是连续的.

证明 设自变量在 x_0 处的增量为 Δx，则函数的相应增量为

$$\Delta y = \sin(x_0 + \Delta x) - \sin x_0 = 2\sin\frac{\Delta x}{2}\cos\left(x_0 + \frac{\Delta x}{2}\right).$$

由于 $\left|\cos\left(x_0 + \dfrac{\Delta x}{2}\right)\right| \leqslant 1$，所以

$$\left|\sin\frac{\Delta x}{2}\cos\left(x_0 + \frac{\Delta x}{2}\right)\right| \leqslant \left|\sin\frac{\Delta x}{2}\right| \leqslant \frac{|\Delta x|}{2},$$

即 $0 \leqslant |\Delta y| = |\sin(x_0 + \Delta x) - \sin x_0| \leqslant 2 \cdot \dfrac{|\Delta x|}{2} = |\Delta x|$.

当 $\Delta x \to 0$ 时，由夹逼准则知，$|\Delta y| \to 0$，从而

$$\lim_{\Delta x \to 0} \Delta y = 0,$$

所以函数 $y = \sin x$ 在任意点 x_0 处都是连续的.

同理也可以证明 $y = \cos x$ 在任意点 x_0 处都是连续的.

例 1.35 试证函数 $f(x) = \begin{cases} x\sin\dfrac{1}{x}, & x \neq 0, \\ 0, & x = 0 \end{cases}$ 在 $x = 0$ 处连续.

证明 根据有界函数与无穷小量的乘积仍为无穷小量，得

$$\lim_{x \to 0} f(x) = \lim_{x \to 0} x\sin\frac{1}{x} = 0 = f(0),$$

所以函数 $f(x)$ 在 $x = 0$ 处连续.

定义 1.21 如果函数 $f(x)$ 在开区间 (a,b) 内每一点都连续，则称 $f(x)$ 在 (a,b) 内连续；如果函数 $f(x)$ 在开区间 (a,b) 内每一点都连续，且在左端点 $x = a$ 处右连续，在右端点 $x = b$ 处左连续，则称 $f(x)$ 在闭区间 $[a,b]$ 上连续，并称 $[a,b]$ 是 $f(x)$ 的连续区间.

注 （1）$f(x)$ 在左端点 $x = a$ 处右连续是指满足

$$\lim_{x \to a^+} f(x) = f(a).$$

（2）$f(x)$ 在右端点 $x = b$ 处左连续是指满足

$$\lim_{x \to b^-} f(x) = f(b).$$

定理 1.21 函数 $f(x)$ 在点 x_0 处连续的充分必要条件是函数 $f(x)$ 在点 x_0 处既左连续又右连续.

【即时提问 1.5】 设 $f(x) = \begin{cases} x, & 0 < x < 1, \\ \dfrac{1}{2}, & x = 1, \\ 1, & 1 < x < 2. \end{cases}$

（1）求 $x \to 1$ 时，$f(x)$ 的左极限和右极限.

(2) $f(x)$ 在 $x=1$ 处连续吗？

(3) 求 $f(x)$ 的连续区间.

1.5.2 函数的间断点

定义 1.22 如果函数 $f(x)$ 在点 x_0 处不连续，则称函数 $f(x)$ 在点 x_0 处间断，点 x_0 称为 $f(x)$ 的间断点.

显然，如果在点 x_0 处有下列 3 种情形之一，则点 x_0 称为 $f(x)$ 的间断点：

(1) 在点 x_0 处，$f(x)$ 没有定义；

(2) $\lim\limits_{x \to x_0} f(x)$ 不存在；

(3) 虽然 $f(x_0)$ 有定义，$\lim\limits_{x \to x_0} f(x)$ 存在，但 $\lim\limits_{x \to x_0} f(x) \neq f(x_0)$.

通常称 $f(x)$ 在点 x_0 的左、右极限 $f(x_0-0)$ 和 $f(x_0+0)$ 都存在的间断点为**第一类间断点**. 它包含两种类型：可去间断点与跳跃间断点.

在第一类间断点中，称 $\lim\limits_{x \to x_0} f(x)$ 存在的间断点为 $f(x)$ 的**可去间断点**. 这种间断点有两种情况：第一种情况是 $f(x)$ 在点 x_0 无定义；第二种情况是 $f(x)$ 在点 x_0 有定义但 $\lim\limits_{x \to x_0} f(x) \neq f(x_0)$. 可去间断点有个重要性质——连续延拓，即可以通过补充定义或者改变函数值使函数 $f(x)$ 在点 x_0 处连续.

在第一类间断点中，若 $f(x_0-0) \neq f(x_0+0)$，则称点 x_0 为 $f(x)$ 的**跳跃间断点**. 例如，点 $x=0$ 为 $y=\operatorname{sgn}x$ 的跳跃间断点.

称 $f(x_0-0)$ 和 $f(x_0+0)$ 中至少有一个不存在的间断点为**第二类间断点**. 特别地，在第二类间断点中，若 $f(x_0-0)$ 和 $f(x_0+0)$ 中至少有一个是无穷大量，则称点 x_0 为 $f(x)$ 的**无穷间断点**；若 $\lim\limits_{x \to x_0} f(x)$ 不存在，且 $f(x)$ 无限振荡，则称点 x_0 为 $f(x)$ 的**振荡间断点**.

例 1.36 讨论函数 $f(x) = \begin{cases} \dfrac{x^2-9}{x-3}, & x \neq 3 \\ A, & x = 3 \end{cases}$ 在点 $x=3$ 处的连续性.

解 $\lim\limits_{x \to 3} f(x) = \lim\limits_{x \to 3} \dfrac{x^2-9}{x-3} = \lim\limits_{x \to 3}(x+3) = 6.$

当 $A=6$ 时，$\lim\limits_{x \to 3} f(x) = f(3)$，此时 $f(x)$ 在点 $x=3$ 处连续.

当 $A \neq 6$ 时，$\lim\limits_{x \to 3} f(x) \neq f(3)$，此时 $f(x)$ 在点 $x=3$ 处间断，且 $x=3$ 为第一类间断点中的可去间断点.

例 1.37 讨论函数 $f(x) = \sin\dfrac{1}{x}$ 在点 $x=0$ 处的连续性.

解 该函数在点 $x=0$ 处无定义，当 $x \to 0$ 时函数值在 1 和 -1 之间做无限次振荡，如图 1.24 所示，故 $\lim\limits_{x \to 0} f(x)$ 不存在，点 $x=0$ 是 $f(x) = \sin\dfrac{1}{x}$ 的第二类间断点，且为振荡间断点.

例 1.38 求函数 $\varphi(x) = \dfrac{1}{1-\mathrm{e}^{\frac{x}{1-x}}}$ 的间断点并判断其类型.

解 $\varphi(x)$ 是一个初等函数，除 $x=0$ 和 $x=1$ 外有定义. 由于

$$\lim\limits_{x \to 0}\left(1 - \mathrm{e}^{\frac{x}{1-x}}\right) = 1 - \mathrm{e}^0 = 0,$$

故 $\lim\limits_{x\to 0}\varphi(x)=\infty$，从而 $x=0$ 是 $\varphi(x)$ 的第二类间断点，且为无穷间断点.

又 $\lim\limits_{x\to 1^-}\dfrac{x}{1-x}=+\infty,\lim\limits_{x\to 1^+}\dfrac{x}{1-x}=-\infty$，故 $\lim\limits_{x\to 1^-}e^{\frac{x}{1-x}}=+\infty,\lim\limits_{x\to 1^+}e^{\frac{x}{1-x}}=0$，所以 $\varphi(1-0)=0,\varphi(1+0)=1$，即 $\varphi(1-0)\neq\varphi(1+0)$.

因此，$x=1$ 是 $\varphi(x)$ 的第一类间断点，且为跳跃间断点.

1.5.3 连续函数的性质

根据函数极限的运算法则和函数连续的定义，易知连续函数具有以下性质.

定理 1.22 连续函数的和、差、积、商(分母不为 0)仍是连续函数.

根据连续函数的定义和定理 1.22 易知，三角函数在各自的定义域内都是连续的.

定理 1.23 设函数 $y=f(x)$ 在区间 I_x 上是单调的连续函数，则它的反函数 $y=f^{-1}(x)$ 在区间 $I_y=\{f(x)\mid x\in I_x\}$ 上是单调连续函数.

这个定理的证明要用到较多的数学知识，在此从略.

对于基本初等函数，指数函数 $y=a^x$ 是单调函数，当 $0<a<1$ 时是单调减少的，而当 $a>1$ 时是单调增加的. 根据连续的定义可以证明 a^x 是连续函数，则它的反函数 $\log_a x$ 也是连续函数.

同理，由于 $y=\sin x\left(|x|\leqslant\dfrac{\pi}{2}\right),y=\cos x(0\leqslant x\leqslant\pi),y=\tan x\left(|x|<\dfrac{\pi}{2}\right)$ 是单调连续函数，故它们的反函数 $y=\arcsin x(|x|\leqslant 1),y=\arccos x(|x|\leqslant 1),y=\arctan x(x\in\mathbf{R})$ 也都是单调连续函数.

那么，一般的幂函数 $y=x^\mu$ 的连续性如何？为讨论这个问题，先考察复合函数的连续性.

定理 1.24 设函数 $u=g(x)$ 在点 x_0 处连续，函数 $f(u)$ 在点 $u_0=g(x_0)$ 处连续，则复合函数 $f[g(x)]$ 在点 x_0 处连续.

因为 $u=g(x)$ 在 $x=x_0$ 处连续，所以 $\lim\limits_{x\to x_0}g(x)=g(x_0)$，即 $\lim\limits_{x\to x_0}u=u_0$. 又因为 $y=f(u)$ 在 $u_0=g(x_0)$ 处连续，所以

$$\lim\limits_{x\to x_0}f[g(x)]=\lim\limits_{u\to u_0}f(u)=f(u_0)=f[g(x_0)].$$

这就是说复合函数 $f[g(x)]$ 在点 x_0 处连续.

上式又可以改写为 $\lim\limits_{x\to x_0}f[g(x)]=f(u_0)=f[\lim\limits_{x\to x_0}g(x)]$，可见，求复合函数的极限时，如果 $u=g(x)$ 在点 x_0 处的极限存在，又 $y=f(u)$ 在对应的点 $u_0[u_0=\lim\limits_{x\to x_0}g(x)]$ 处连续，则极限运算可与函数运算交换次序.

对于一般的幂函数 $y=x^\mu(x>0)$，由于 $x^\mu=(e^{\ln x})^\mu=e^{\mu\ln x}$，所以 $y=x^\mu$ 可看成由两个连续函数复合而成，从而是连续函数.

综上所述，基本初等函数在其定义域内连续.

由初等函数的定义及连续函数的运算性质知，初等函数在其定义区间内都是连续的. 所谓定义区间是指包含在定义域内的区间.

利用函数的连续性可以计算一些极限，即在计算 $\lim\limits_{x\to x_0}f(x)$ 时，若 $f(x)$ 在点 $x=x_0$ 处连续，则有 $\lim\limits_{x\to x_0}f(x)=f(x_0)$.

例 1.39 求 $\lim\limits_{x\to0}\sqrt{\dfrac{\lg(100+x)}{a^x+\arcsin x}}$ $(a>0)$.

解 由于 $\sqrt{\dfrac{\lg(100+x)}{a^x+\arcsin x}}$ 是一个初等函数，在其定义区间内连续，而 $x=0$ 属于它的定义域，所以

$$\lim_{x\to0}\sqrt{\frac{\lg(100+x)}{a^x+\arcsin x}}=\sqrt{\frac{\lg(100+0)}{a^0+\arcsin0}}=\sqrt{\frac{2}{1+0}}=\sqrt{2}.$$

1.5.4 闭区间上连续函数的性质

定理 1.25（最大值与最小值定理） 如果函数 $f(x)$ 在闭区间 $[a,b]$ 上连续，则函数 $f(x)$ 在闭区间 $[a,b]$ 上一定有最大值与最小值.

如图 1.26 所示，函数 $f(x)$ 在点 x_1 处取得最小值 m，在点 b 处取得最大值 M.

推论（有界性定理） 闭区间上的连续函数一定在该区间上有界.

定理 1.26（介值定理） 如果函数 $f(x)$ 在闭区间 $[a,b]$ 上连续，m 和 M 分别为 $f(x)$ 在 $[a,b]$ 上的最小值与最大值，则对介于 m 与 M 之间的任一实数 c（即 $m<c<M$），至少存在一点 $\xi\in[a,b]$，使 $f(\xi)=c$.

如图 1.27 所示，连续曲线 $y=f(x)$ 与直线 $y=c$ 相交于 3 点，这 3 点的横坐标分别为 ξ_1,ξ_2,ξ_3，所以有 $f(\xi_1)=f(\xi_2)=f(\xi_3)=c$.

推论（零点定理） 如果函数 $f(x)$ 在闭区间 $[a,b]$ 上连续，且 $f(a)$ 与 $f(b)$ 异号，则至少存在一点 $\xi\in(a,b)$，使 $f(\xi)=0$.

如图 1.28 所示，连续曲线 $y=f(x)[f(a)<0,f(b)>0]$ 与 x 轴相交于点 ξ，所以有 $f(\xi)=0$.

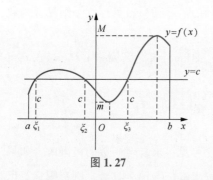

图 1.27

计算机可视化

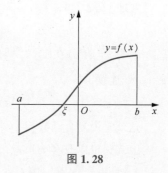

图 1.28

例 1.40 利用零点定理证明方程 $x^3-3x^2-x+3=0$ 在区间 $(-2,0),(0,2),(2,4)$ 内各有一个实根.

证明 设 $f(x)=x^3-3x^2-x+3$，则 $f(x)$ 在闭区间 $[-2,0],[0,2],[2,4]$ 上连续. 又

$$f(-2)<0,f(0)>0,f(2)<0,f(4)>0,$$

根据零点定理可知存在 $\xi_1\in(-2,0),\xi_2\in(0,2),\xi_3\in(2,4)$，使 $f(\xi_1)=0,f(\xi_2)=0,f(\xi_3)=0$. 这表明 ξ_1,ξ_2,ξ_3 为给定方程的实根.

由于三次方程至多有 3 个根，所以各区间内只存在一个实根.

例 1.41 证明函数 $f(x)=e^x-x-2$ 在区间 $(0,2)$ 内至少存在一个零点 x_0，即 $e^{x_0}-2=x_0$.

证明 因为 $f(x)=e^x-x-2$ 在闭区间 $[0,2]$ 上连续，且

$$f(0)=e^0-0-2=-1<0, f(2)=e^2-2-2=e^2-4>0,$$

所以由零点定理可知，在 $(0,2)$ 内至少存在一点 x_0，使 $f(x_0)=0$，即 $e^{x_0}-2=x_0$.

同步习题 1.5

 基础题

1. 讨论下列函数在 $x=0$ 处的连续性.

$(1) f(x)=\begin{cases} x^2\sin\dfrac{1}{x}, & x\neq 0, \\ 0, & x=0. \end{cases}$ $\qquad$ $(2) f(x)=\begin{cases} e^{-\frac{1}{x^2}}, & x\neq 0, \\ 0, & x=0. \end{cases}$

$(3) f(x)=\begin{cases} \dfrac{\sin x}{|x|}, & x\neq 0, \\ 1, & x=0. \end{cases}$ $\qquad$ $(4) f(x)=\begin{cases} e^x, & x\leqslant 0, \\ \dfrac{\sin x}{x}, & x>0. \end{cases}$

2. (1) 设 $f(x)=\begin{cases} \dfrac{1}{x}\sin x, & x<0, \\ k, & x=0, \\ x\sin\dfrac{1}{x}+1, & x>0, \end{cases}$ 求 k 的值，使函数 $f(x)$ 在其定义域内连续.

(2) 设 $f(x)=\begin{cases} \dfrac{\sin 2x}{x}, & x<0, \\ 3x^2-2x+k, & x\geqslant 0, \end{cases}$ 求 k 的值，使函数 $f(x)$ 在 $(-\infty,+\infty)$ 内连续.

(3) 设 $f(x)=\begin{cases} \dfrac{1-e^{\tan x}}{\arcsin\dfrac{x}{2}}, & x>0, \\ ae^{2x}, & x\leqslant 0 \end{cases}$ 在 $x=0$ 处连续，求 a 的值.

3. 设 $f(x)$ 在 $x=2$ 处连续，且 $\lim\limits_{x\to 2}\dfrac{f(x)-2}{x-2}$ 存在，则 $f(2)=$ _____.

4. 指出下列函数在指定点处间断点的类型，如果是可去间断点，则补充或改变函数的定义使之连续.

$(1) y=\dfrac{x^2-1}{x^2-3x+2}, x=1, x=2.$ $\qquad$ $(2) y=\cos\dfrac{1}{x}, x=0.$ $\qquad$ $(3) \operatorname{sgn}x=\begin{cases} -1, & x<0, \\ 0, & x=0, \\ 1, & x>0, \end{cases} x=0.$

5. 已知 $f(x)$ 连续，且满足 $\lim\limits_{x\to 0}\dfrac{1-\cos[xf(x)]}{(e^{x^2}-1)f(x)}=1$，求 $f(0)$.

6. 求下列函数的连续区间.

$(1) f(x)=\begin{cases} 2x^2, & 0\leqslant x<1, \\ 4-2x, & 1\leqslant x\leqslant 2. \end{cases}$ $\qquad$ $(2) f(x)=\begin{cases} x\cos\dfrac{1}{x}, & x\neq 0, \\ 1, & x=0. \end{cases}$

7. 求下列极限：

$$(1)\lim_{x\to 0}\frac{\ln(1+x)}{x};\quad(2)\lim_{x\to 0}\frac{\ln(1+x^2)}{\sin(1+x^2)};\quad(3)\lim_{x\to 1}\frac{x^2+\ln(2-x)}{4\arctan x}.$$

8. 设 $f(x)$ 在点 $x=0$ 连续，且对任意的 $x,y\in(-\infty,+\infty)$，$f(x+y)=f(x)+f(y)$ 都成立，试证 $f(x)$ 为 $(-\infty,+\infty)$ 上的连续函数.

9. 证明：方程 $x\cdot 2^x=1$ 至少有一个小于1的正根.

微课：同步习题 1.5
基础题 8

提高题

1. 设函数 $f(x)=\begin{cases}-1,&x<0,\\1,&x\geq 0,\end{cases}$ $g(x)=\begin{cases}2-ax,&x\leq -1,\\x,&-1<x<0,\\x-b,&x\geq 0.\end{cases}$ 若 $f(x)+g(x)$ 在 **R** 上连续，求 a,b 的值.

2. 证明：多项式 $p(x)=a_0x^{2n+1}+a_1x^{2n}+\cdots+a_{2n+1}(a_0\neq 0)$ 至少有一个零点.

3. 设 $f(x)$ 在 $[0,2L]$ 上连续，且 $f(0)=f(2L)$，证明：方程 $f(x)=f(x+L)$ 在 $[0,L]$ 上至少有一个根.

微课：同步习题 1.5
提高题 3

4. 若函数 $f(x)$ 在 $[a,b]$ 上连续，且 $a<x_1<x_2<\cdots<x_n<b$，证明：在 $[x_1,x_n]$ 上必存在 ξ，使 $f(\xi)=\dfrac{f(x_1)+f(x_2)+\cdots+f(x_n)}{n}$.

5. 讨论函数 $f(x)=\lim\limits_{n\to\infty}\dfrac{1-x^{2n}}{1+x^{2n}}\cdot x$ 的连续性，若有间断点，判断其类型.

6. 设 $f(x)$ 和 $\varphi(x)$ 在 $(-\infty,+\infty)$ 内有定义，$f(x)$ 为连续函数，且 $f(x)\neq 0$，$\varphi(x)$ 有间断点，则（ ）.

A. $\varphi[f(x)]$ 必有间断点

B. $[\varphi(x)]^2$ 必有间断点

C. $f[\varphi(x)]$ 必有间断点

D. $\dfrac{\varphi(x)}{f(x)}$ 必有间断点

7. 若 $f(x)$ 在 $[a,b]$ 上连续，且 $f(a)<a,f(b)>b$. 证明：在 (a,b) 内至少存在一点 ξ，使 $f(\xi)=\xi$.

1.6 函数极限的建模应用

实际生产、生活的需要促使了函数的产生，而函数理论研究反过来又服务于人们的生产、生活. 数学的价值就在于帮助人们解决实际生活中的一些问题，促进科技发展，加快社会进步.

支付宝中有一个小功能——蚂蚁森林，当人们在生活中做出了绿色、低碳行为时，支付宝就为用户发放绿色能量进行奖励，当用户的绿色能量积累到一定值时，支付宝模拟的小树苗就会长成一颗大树，用户可以通过兑换，将这颗模拟的树（电子数据）兑换成为一颗真实的、种植在沙漠里的树苗. 现在可以兑换的树苗类型非常丰富，有梭梭树、沙柳、樟子松、胡杨树等各种树苗.

不同地区的树苗是不尽相同的，而且不同的树木类型其水土保持能力也不尽相同，因此，我们需要考虑在什么地区选择什么树苗类型、分别种植在哪里，以及每平方米需要种植几颗树苗，而这些问题都离不开利用数学进行周密的计算.

首先，我们需要认真计算防护林需要种植多大面积，到底种植在哪里可以起到最佳的水土保持作用；我们需要了解风沙源地与我们需要保护地区的距离，同时量化考虑风沙的强度，将不同的树苗类型的水土保持能力以及它们的防风沙能力加以量化考虑. 为便于操作，我们建立一个简单的模型，并进行一些较为简单的分析. 比如：我们设距离风沙源地越远，风沙强度越弱，当风沙吹到人们所居住的地区时风沙强度即为 0，风沙的总强度为 F，风沙源地与人们所居住地区的距离为 f. 由此，我们可以得出结论：距离风沙源地越远，所需要的防护林面积就越小. 设防护林种植地与风沙源地之间的距离为 x，设所需要的防护林面积为 y，同时将不同的树苗类型的水土保持能力量化：当种植了梭梭树之后，其每平方米的水土保持能力可以阻挡的风沙的程度为 a，沙柳为 b，樟子松为 c，胡杨树为 d. 这时我们可以相应地依据量化关系列出一个方程式：

$$y = \frac{F - \frac{F}{f} \cdot x}{a}.$$

该方程式是当所种的树苗是梭梭树时的方程式. 相应地，当我们分析的是其他的树木时，如沙柳、樟子松及胡杨树等，我们可以将 a 替换为 b, c, d.

根据上述所列的方程式，当我们了解了各种类型的树木的水土保持能力以及它们的防风沙能力时，就可以代入上述方程式中进行计算. 当防护林种植地与风沙源地的距离不同时，计算出的所需要种植的防护林的面积也不尽相同. 同时，我们可以分析得出，当 x 趋于无穷小或无穷大时，即防护林种植地距离风沙源地极近或极远时，这个方程式就转换为一个极限问题.

上面的极限与函数有点复杂，我们来看一些具体的实际问题，通过例题的学习建立起建模的思想和意识.

例 1.42 降水量预测.

问题提出 为了估计山上积雪融化后对下游灌溉的影响，人们在山上建立了一个观察站，测量最大积雪深度 x 与当年灌溉面积 y. 现有连续 10 年的实测资料，如表 1.6 所示.

表 1.6

年序	最大积雪深度 x/cm	灌溉面积 y/km^2
1	15.2	28.6
2	10.4	21.1
3	21.2	40.5
4	18.6	36.6
5	26.4	49.8
6	23.4	45.0

续表

年序	最大积雪深度 x/cm	灌溉面积 y/km^2
7	13.5	29.2
8	16.7	34.1
9	24.0	45.8
10	19.1	36.9

(1)描点画出灌溉面积随积雪深度变化的图形.

(2)建立一个能基本反映灌溉面积变化的函数模型，并画出图形.

(3)根据所建立的函数模型，若今年最大积雪深度为25cm，则可以灌溉多少土地？

模型构建 (1)利用计算机几何画板软件，描点画出图形，如图 1.29(a)所示.

(2)从图 1.29(b)中可以看到，数据点大致落在一条直线附近，由此，我们假设灌溉面积 y 和最大积雪深度 x 满足线性函数模型 $y=ax+b$. 取表 1.6 中的两组数据 $(10.4,21.1)$，$(24.0,45.8)$，代入该线性函数模型得

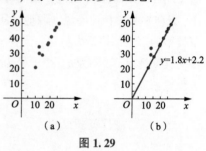

图 1.29

$$\begin{cases} 21.1=10.4a+b, \\ 45.8=24.0a+b, \end{cases}$$

解得 $a\approx1.8$，$b\approx2.2$. 于是我们得到一个线性函数模型 $y=1.8x+2.2$. 画出函数图形，如图 1.29(b)所示，我们可以发现，这个线性函数模型与已知数据的拟合程度较好，这说明它能较好地反映积雪深度与灌溉面积的关系.

(3)当 $x=25$ 时，$y=1.8\times25+2.2$，求得 $y=47.2$，即当积雪深度为 25cm 时，可以灌溉土地 47.2km^2.

例1.43 利润问题.

问题提出 某桶装水经营部每天的房租、人员工资等固定成本为 200 元，每桶水的进价是 5 元，销售单价与日均销售量的关系如表 1.7 所示.

表 1.7

销售单价/元	6	7	8	9	10	11	12
日均销售量/桶	480	440	400	360	320	280	240

请根据以上数据做出分析，这个桶装水经营部怎样定价才能获得最大利润？

模型构建 由表 1.7 可知，销售单价每增加 1 元，日均销售量就减少 40 桶，设在进价的基础上增加 x 元后，日均销售利润为 y 元，在此情况下的日均销售量(单位：桶)为

$$480-40(x-1)=520-40x.$$

由题意与实际意义可知，$x>0$，$520-40x>0$，即 $0<x<13$. 且有关系式

$$y=(520-40x)x-200=-40x^2+520x-200.$$

易求得当 $x=6.5$ 时，销售利润 y 有最大值.

所以，销售单价定为 11.5 元时，这个桶装水经营部可获得最大利润.

例 1.44 汽车限制模型.

问题提出 某城市今年年末汽车保有量为 A 辆，预计此后每年报废上一年末汽车保有量的 t 倍($0<t<1$)，且每年新增汽车量相同. 为保护城市环境，要求该城市汽车保有量不超过 B 辆，那么每年新增汽车应不超过多少辆？

模型构建 设每年新增汽车 m 辆，n 年末汽车保有量为 x_n 辆，则

$$x_1 = A(1-t) + m,$$

$$x_2 = x_1(1-t) + m = A(1-t)^2 + m(1-t) + m,$$

$$\cdots\cdots$$

$$
\begin{aligned}
x_n &= x_{n-1}(1-t) + m = A(1-t)^n + m(1-t)^{n-1} + \cdots + m(1-t) + m \\
&= A(1-t)^n + m[(1-t)^{n-1} + \cdots + (1-t) + 1] \\
&= A(1-t)^n + m \cdot \frac{1-(1-t)^n}{t} = \frac{m}{t} + \left(A - \frac{m}{t}\right)(1-t)^n.
\end{aligned}
$$

所以 $\lim\limits_{n\to\infty} x_n = \lim\limits_{n\to\infty}\left[\frac{m}{t} + \left(A - \frac{m}{t}\right)(1-t)^n\right] = \frac{m}{t}.$

由题意得 $\frac{m}{t} < B$，从而 $m < Bt$，即每年新增汽车应不超过 Bt 辆.

例 1.45 餐厅就餐模型.

问题提出 某校有 A, B 两个餐厅供 m 名学生就餐，有资料表明，每次就餐选 A 餐厅的学生在下次就餐时选 B 餐厅的概率为 $r_1\%$，而每次就餐选 B 餐厅的学生在下次就餐时选 A 餐厅的概率为 $r_2\%$. 试判断随着时间的推移，在 A, B 两个餐厅就餐的学生人数 m_1, m_2 分别稳定在多少.

模型构建 设第 n 次在 A, B 两个餐厅就餐的学生人数分别为 x_n 和 y_n，则 $x_n + y_n = m.$

由题意得 $x_{n+1} = \left(1 - \frac{r_1}{100}\right)x_n + \frac{r_2}{100}y_n = \left(1 - \frac{r_1}{100}\right)x_n + \frac{r_2}{100}(m - x_n) = \left(1 - \frac{r_1+r_2}{100}\right)x_n + \frac{r_2 m}{100}$, (1.3)

由式(1.3)得

$$x_n = \left(1 - \frac{r_1+r_2}{100}\right)x_{n-1} + \frac{r_2 m}{100}, \tag{1.4}$$

式(1.3)-式(1.4)得 $x_{n+1} - x_n = \left(1 - \frac{r_1+r_2}{100}\right)(x_n - x_{n-1}).$

数列 $\{x_{n+1} - x_n\}$ 是首项为 $x_2 - x_1$，公比为 $1 - \frac{r_1+r_2}{100}$ 的等比数列，即

$$x_{n+1} - x_n = (x_2 - x_1)\left(1 - \frac{r_1+r_2}{100}\right)^{n-1}.$$

把 $x_{n+1} = \left(1 - \frac{r_1+r_2}{100}\right)x_n + \frac{r_2 m}{100}$ 代入上式，整理得

$$x_n = -\frac{100(x_2 - x_1)}{r_1+r_2}\left(1 - \frac{r_1+r_2}{100}\right)^{n-1} + \frac{r_2 m}{r_1+r_2}.$$

所以 $m_1 = \lim\limits_{n\to\infty} x_n = \frac{r_2 m}{r_1+r_2}$，$m_2 = m - m_1 = \frac{r_1 m}{r_1+r_2}.$

故随时间推移，在 A 餐厅就餐的学生人数稳定在 $\frac{r_2 m}{r_1+r_2}$，在 B 餐厅就餐的学生人数稳定在 $\frac{r_1 m}{r_1+r_2}$.

*例1.46 函数拟合问题.

问题提出 某地区不同身高的未成年男性的体重平均值如表1.8所示.

表1.8

身高/cm	60	70	80	90	100	110	120	130	140	150	160	170
体重/kg	6.13	7.90	9.90	12.15	15.02	17.50	20.92	26.86	31.11	38.85	47.25	55.05

(1)根据表1.8提供的数据,能否建立恰当的函数模型,使它能比较近似地反映这个地区未成年男性体重$y(\text{kg})$与身高$x(\text{cm})$的函数关系?试写出这个函数模型的解析式.

(2)若体重超过相同身高男性体重平均值的1.2倍为偏胖,低于0.8倍为偏瘦,那么这个地区一名身高为175cm、体重为78kg的在校男生的体重是否正常?

模型构建流程

思考1 表1.8提供的数据对应的散点图大致如何?

答 以身高为横坐标,以体重为纵坐标,画出散点图,如图1.30所示.

思考2 根据这些点的分布情况,可以选用怎样的函数模型进行拟合,使它符合题目要求?

答 根据点的分布特征,可用$y=a\cdot b^x$刻画这个地区未成年男性的体重与身高的关系.

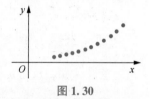

图1.30

思考3 怎样确定拟合函数中参数a,b的值?

答 由于函数$y=a\cdot b^x$含有两个参数a,b,所以取表1.8中的两组数据代入函数解析式,解方程组求出a,b的值.

思考4 如何检验思考3中得到的函数的拟合程度?

答 将已知数据中的身高数据代入得到的函数解析式,如果得出的y值和表中体重的数据相等或比较接近,则说明拟合程度好,否则拟合程度不好.

解 (1)以身高为横坐标,以体重为纵坐标,画出散点图(见图1.30).根据点的分布特征,可考虑以$y=a\cdot b^x$作为刻画这个地区未成年男性的体重与身高关系的函数模型.取表1.8中的两组数据$(70,7.90)$和$(160,47.25)$,代入$y=a\cdot b^x$,得

$$\begin{cases} 7.90=a\cdot b^{70}, \\ 47.25=a\cdot b^{160}, \end{cases}$$

解得$a\approx2,b\approx1.02$.这样,我们就得到一个函数模型:$y=2\times1.02^x$.将已知数据代入该函数解析式,或画出该函数的图形,可以发现,这个函数模型与已知数据的拟合程度较好,这说明它能较好地反映这个地区未成年男性体重与身高的关系.

(2)将$x=175$代入$y=2\times1.02^x$,计算得$y\approx63.98$.又$78\div63.98\approx1.22>1.2$,所以,这个男生偏胖.

注 根据问题给出的数据,建立反映数据变化规律的函数模型的方法如下:

(1)建立直角坐标系,画出散点图;

(2)根据散点图选择比较接近的可能的函数模型的解析式;

(3)利用待定系数法求出解析式;

(4)对函数模型的拟合程度进行检验,若拟合程度差,则重新选择拟合函数;若拟合程度好,符合实际问题,则就用这个函数模型解释实际问题.

同步习题 1.6

1. 某电信公司推出两种通信收费方式：A 种方式是月租 20 元；B 种方式是月租 0 元. 一个月在本地网内打出电话时间 t（单位：min）与打出电话费用 s（单位：元）的函数关系如图 1.31 所示，当打出电话 150min 时，这两种方式电话费相差（ ）.

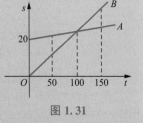

图 1.31

A. 10 元　　　　　　　　　　　　B. 20 元

C. 30 元　　　　　　　　　　　　D. $\dfrac{40}{3}$ 元

2. 已知光线每通过一块玻璃板，光线的强度要损失 10%，要使通过玻璃板的光线的强度减弱到原来强度的 $\dfrac{1}{3}$ 以下，则至少需要重叠玻璃板（ ）.（$\lg 3 = 0.477\ 1$）

A. 8 块　　　　　B. 9 块　　　　　C. 10 块　　　　　D. 11 块

3. 根据统计，一名工人组装第 x 件产品所用的时间（单位：min）为

$$f(x)=\begin{cases}\dfrac{c}{\sqrt{x}}, & x<A,\\[3mm]\dfrac{c}{\sqrt{A}}, & x\geqslant A.\end{cases}\quad (A,c\ \text{为常数}.)$$

已知工人组装第 4 件产品用时 30min，组装第 A 件产品用时 15min，那么 c 和 A 的值分别是（ ）.

A. 75,25　　　　B. 75,16　　　　C. 60,25　　　　D. 60,16

4. 某旅游公司有客房 300 间，每间日租金为 20 元，每天都客满. 该旅游公司欲提高档次，并提高租金，如果每间客房日租金增加 2 元，客房出租数就会减少 10 间. 若不考虑其他因素，则该旅游公司将每间客房的日租金提高多少时，每天客房的租金总收入最高？

提高题

1. 据报道，某淡水湖的水量在 50 年内减少了 10%，若按此规律，设 2011 年的湖水量为 m，从 2011 年起，经过 x 年后湖水量 y 与 x 的函数关系为（ ）.

A. $y=0.9^{50x}m$　　B. $y=(1-0.1^{\frac{x}{50}})m$　　C. $y=0.9^{\frac{x}{50}}m$　　D. $y=(1-0.1^{50x})m$

2. 衣柜里的樟脑丸，随着时间推移会挥发而体积缩小，刚放进的新樟脑丸体积为 a，经过 t 天后，体积 V 与天数 t 之间的关系式为 $V=ae^{-kt}$（k 为常数）. 已知新樟脑丸经过 50 天后，体积变为 $\dfrac{4}{9}a$. 若一个新樟脑丸的体积变为了 $\dfrac{8}{27}a$，则经过的天数为（ ）.

A. 125 天　　　　B. 100 天　　　　C. 75 天　　　　D. 50 天

■ 1.7 MATLAB 简介及用 MATLAB 求极限

目前 MATLAB 已经成为国际上十分流行的软件，在很多高等学校，MATLAB 成为线性代数、自动控制理论、数字信号处理、时间序列分析、动态系统仿真、图像处理等诸多课程的基本教学工具，成为本科生、硕士生和博士生必须学习的软件之一.

本书相关内容以 MATLAB 2019b 版本为基础进行编写.

1.7.1 MATLAB 简介

MATLAB 是美国 MathWorks 公司出品的商业数学软件，它和 Mathematica、Maple 并称为三大数学软件. 它在数学类科技应用软件的数值计算方面首屈一指. 用 MATLAB 可以进行矩阵运算、绘制函数图形、实现算法、创建用户界面、连接其他编程语言的程序等.

1.7.2 用 MATLAB 求极限

微课：用 MATLAB
求极限

在前面的学习中，我们已经学习了函数及函数极限的知识，下面我们将学习如何使用数学软件 MATLAB 来求函数极限.

在 MATLAB 中，用于求函数极限的函数是 limit，其具体格式如表 1.9 所示.

表 1.9

MATLAB 命令	数学运算符
$\mathrm{limit}(\mathrm{f}(\mathrm{x}),\mathrm{x},\mathrm{a})$	$\lim\limits_{x \to a} f(x)$
$\mathrm{limit}(\mathrm{f}(\mathrm{x}),\mathrm{x},\mathrm{a},\mathrm{'left'})$	$\lim\limits_{x \to a^-} f(x)$
$\mathrm{limit}(\mathrm{f}(\mathrm{x}),\mathrm{x},\mathrm{a},\mathrm{'right'})$	$\lim\limits_{x \to a^+} f(x)$
$\mathrm{limit}(\mathrm{f}(\mathrm{x}),\mathrm{x},-\mathrm{inf})$	$\lim\limits_{x \to -\infty} f(x)$
$\mathrm{limit}(\mathrm{f}(\mathrm{x}),\mathrm{x},+\mathrm{inf})$	$\lim\limits_{x \to +\infty} f(x)$

例 1.47 求极限 $\lim\limits_{x \to 0} x^2 \sin \dfrac{1}{x}$.

解 在命令行窗口中输入以下代码.

```
>> syms x
>> limit(x^2 * sin(1/x))
```

按"Enter"键，即可得结果，如下所示.

```
ans =
0
```

注 "$>>$"符号是软件自动生成的，不需要自行输入.

例 1.48 求极限 $\lim\limits_{x \to 2} \dfrac{x^3 + 2x^2}{(x-2)^2}$.

解 在命令行窗口中输入以下代码.

```
>> syms x
>> limit((x^3+2 * x^2)/(x-2)^2,x,2)
```

按"Enter"键，即可得结果，如下所示.

```
ans =
Inf
```

该题运行结果为"Inf"，表示的是无穷大量 ∞.

例 1.49 求极限 $\lim\limits_{x \to +\infty} \arctan x$.

解 在命令行窗口中输入以下代码.

```
>> syms x
> limit(atan(x),x,+inf)
```

按"Enter"键，即可得结果，如下所示.

ans =
1/2 * pi

其中，"atan(x)"表示的是反正切函数 arctan$x$，"pi"表示的是圆周率 π.

■ 第1章思维导图

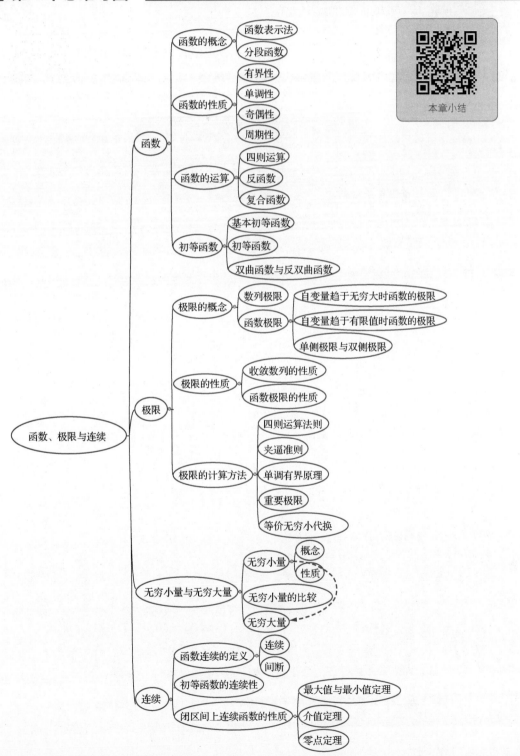

中国数学学者

个人成就

数学家，中国科学院院士，曾任中国科学院数学研究所研究员、所长. 华罗庚是中国解析数论、典型群、矩阵几何学、自守函数论与多复变函数论等方面研究的创始人与开拓者.

华罗庚

第1章总复习题·基础篇

1. 选择题：(1)~(5)小题，每小题4分，共20分. 下列每小题给出的4个选项中，只有一个选项是符合题目要求的.

(1) $\lim\limits_{n \to \infty} \dfrac{\sqrt{4n^2+n}+n}{n+2} = ($ 　　$)$.

A. ∞ 　　　　　　B. 0 　　　　　　C. 2 　　　　　　D. 3

(2) $\lim\limits_{x \to 0} \dfrac{7x^6+2x-1}{2x^6+x+3} = ($ 　　$)$.

A. $\dfrac{7}{2}$ 　　　　　B. 0 　　　　　C. $-\dfrac{1}{3}$ 　　　　　D. $\dfrac{1}{3}$

(3) $f(x) = \begin{cases} x+2, & x \leq 0, \\ e^{-x}+1, & 0 < x \leq 1, \\ x^2, & x > 1, \end{cases}$ 则 $\lim\limits_{x \to 0} f(x) = ($ 　　$)$.

A. 0 　　　　　　B. 不存在 　　　　　C. 2 　　　　　　D. 1

(4) 若 $\lim\limits_{x \to \infty} x^k \arctan \dfrac{2}{x^2} = 2$，则 $k = ($ 　　$)$.

A. 2 　　　　　　B. 0 　　　　　　C. $\dfrac{1}{2}$ 　　　　　　D. 1

(5) 函数 $f(x) = \begin{cases} e^{\frac{1}{x}}, & x < 0, \\ x, & 0 \leq x \leq 2, \\ x^2, & x > 2 \end{cases}$ 的连续区间为$($ 　　$)$.

A. $(-\infty, 2)$ 和 $(2, +\infty)$ 　　　　　　B. $(-\infty, 0)$ 和 $(0, +\infty)$

C. $(-\infty, +\infty)$ 　　　　　　　　　　D. $(-\infty, 0), (0, 2), (2, +\infty)$

2. 填空题：(6)~(10)小题，每小题4分，共20分.

(6) 已知 $\dfrac{1}{n^k}$ 与 $\dfrac{1}{n^3} + \dfrac{1}{n^2}$ 是等价无穷小量，则 $k = $ _____.

(7) 设函数 $f(x) = \begin{cases} \dfrac{e^{2x}-1}{ax}, & x \neq 0, \\ 1, & x = 0 \end{cases}$ 在点 $x=0$ 处连续, 则 $a =$ _____.

(8) 设函数 $f(x)$ 的定义域为 $[-1,3]$, 则 $f(x-1)+f(x+1)$ 的定义域为 _____.

(9) 设 $f\left(1+\dfrac{1}{x}\right) = \dfrac{1}{x^2}+1$, 则 $f(x) =$ _____.

(10) $\lim\limits_{x \to 0}\left(x^3 \sin\dfrac{1}{x^3} + \dfrac{\sin 3x}{x}\right) =$ _____.

3. **解答题**: (11)~(16) 小题, 每小题 10 分, 共 60 分. 解答时应写出文字说明、证明过程或演算步骤.

(11) 计算 $\lim\limits_{x \to 0}\dfrac{3-\sqrt{9-x^2}}{\sin^2 x}$.

(12) 设 $f(x) = ax + o(x)(x \to 0)$, $F(x) = \begin{cases} \dfrac{f(x)+3\sin x}{x}, & x \neq 0, \\ 1, & x = 0, \end{cases}$ 求 a 的值, 使 $F(x)$ 在点 $x=0$ 处连续.

(13) 设函数 $f(x) = \lim\limits_{t \to x}\left(\dfrac{\sin t}{\sin x}\right)^{\frac{x}{\sin t - \sin x}}$, 求其间断点并判断间断点的类型.

(14) 若 $\lim\limits_{x \to 0}\dfrac{\sqrt{ax+b}-2}{x} = 1$, 求 a,b.

(15) 若 $\lim\limits_{x \to 0}\dfrac{\sin x}{e^x - a}(\cos x - b) = 5$, 求 a,b.

(16) 设 $0 < x_1 < 1, x_{n+1} = 2x_n - x_n^2$, 证明 $\lim\limits_{n \to \infty} x_n$ 存在并求出极限.

第1章总复习题·提高篇

1. **选择题**: (1)~(5) 小题, 每小题 4 分, 共 20 分. 下列每小题给出的 4 个选项中, 只有一个选项是符合题目要求的.

(1) (2013204) 设 $\cos x - 1 = x \sin \alpha(x)$, 其中 $|\alpha(x)| < \dfrac{\pi}{2}$, 则当 $x \to 0$ 时, $\alpha(x)$ 是 ( ).

A. 比 x 高阶的无穷小量　　　　　　B. 比 x 低阶的无穷小量

C. 与 x 同阶但不等价的无穷小量　　D. 与 x 等价的无穷小量

(2) (2017204) 设数列 $\{x_n\}$ 收敛, 则 ( ).

A. 当 $\lim\limits_{n \to \infty}\sin x_n = 0$ 时, $\lim\limits_{n \to \infty}x_n = 0$

B. 当 $\lim\limits_{n \to \infty}(x_n + \sqrt{|x_n|}) = 0$ 时, $\lim\limits_{n \to \infty}x_n = 0$

C. 当 $\lim\limits_{n \to \infty}(x_n + x_n^2) = 0$ 时, $\lim\limits_{n \to \infty}x_n = 0$

D. 当 $\lim\limits_{n \to \infty}(x_n + \sin x_n) = 0$ 时, $\lim\limits_{n \to \infty}x_n = 0$

(3)(2022105,2022205)设有数列 $\{x_n\}$，其中 $\{x_n\}$ 满足 $-\dfrac{\pi}{2}\leqslant x_n\leqslant\dfrac{\pi}{2}$，则(　　).

A. 若 $\lim\limits_{n\to\infty}\cos(\sin x_n)$ 存在，则 $\lim\limits_{n\to\infty}x_n$ 存在

B. 若 $\lim\limits_{n\to\infty}\sin(\cos x_n)$ 存在，则 $\lim\limits_{n\to\infty}x_n$ 存在

C. 若 $\lim\limits_{n\to\infty}\cos(\sin x_n)$ 存在，则 $\lim\limits_{n\to\infty}\sin x_n$ 存在，但 $\lim\limits_{n\to\infty}x_n$ 不一定存在

D. 若 $\lim\limits_{n\to\infty}\sin(\cos x_n)$ 存在，则 $\lim\limits_{n\to\infty}\cos x_n$ 存在，但 $\lim\limits_{n\to\infty}x_n$ 不一定存在

(4)(2014204)当 $x\to0^{+}$ 时，若 $\ln^{\alpha}(1+2x)$ 和 $(1-\cos x)^{\frac{1}{\alpha}}$ 均是比 x 高阶的无穷小量，则 α 的取值范围是(　　).

A. $(2,+\infty)$ 　　　B. $(1,2)$ 　　　C. $\left(\dfrac{1}{2},1\right)$ 　　　D. $\left(0,\dfrac{1}{2}\right)$

(5)(2017104,2017204,2017304)若函数 $f(x)=\begin{cases}\dfrac{1-\cos\sqrt{x}}{ax}, & x>0,\\ b, & x\leqslant0\end{cases}$ 在 $x=0$ 处连续，则(　　).

A. $ab=\dfrac{1}{2}$ 　　　B. $ab=-\dfrac{1}{2}$ 　　　C. $ab=0$ 　　　D. $ab=2$

2. 填空题：(6)~(10)小题，每小题4分，共20分.

(6)(2018204) $\lim\limits_{x\to+\infty}x^{2}\left[\arctan(x+1)-\arctan x\right]=$ ＿＿＿＿＿＿.

(7)(2015104) $\lim\limits_{x\to0}\dfrac{\ln\cos x}{x^{2}}=$ ＿＿＿＿＿.

(8)(2018104)若 $\lim\limits_{x\to0}\left(\dfrac{1-\tan x}{1+\tan x}\right)^{\frac{1}{\sin kx}}=e$，则 $k=$ ＿＿＿＿＿.

(9)(2016304)已知函数 $f(x)$ 满足 $\lim\limits_{x\to0}\dfrac{\sqrt{1+f(x)\cdot\sin2x}-1}{e^{3x}-1}=2$，则 $\lim\limits_{x\to0}f(x)=$ ＿＿＿＿＿.

(10)(2004204)设 $f(x)=\lim\limits_{n\to\infty}\dfrac{(n-1)x}{nx^{2}+1}$，则 $f(x)$ 的间断点为 $x=$ ＿＿＿＿＿.

3. 解答题：(11)~(16)小题，每小题10分，共60分. 解答时应写出文字说明、证明过程或演算步骤.

(11)(2000105)求极限 $\lim\limits_{x\to0}\left(\dfrac{2+e^{\frac{1}{x}}}{1+e^{\frac{4}{x}}}+\dfrac{\sin x}{|x|}\right)$.

(12)(2018310)已知实数 a,b 满足 $\lim\limits_{x\to+\infty}\left[(ax+b)e^{\frac{1}{x}}-x\right]=2$，求 a,b.

(13)(2002208)设 $0<x_1<3$，$x_{n+1}=\sqrt{x_n(3-x_n)}$ $(n=1,2,\cdots)$，证明数列 $\{x_n\}$ 的极限存在，并求此极限.

微课：第1章总复习题·提高篇(12)

(14)(2013210,2013310)当 $x\to 0$ 时，$1-\cos x\cdot\cos 2x\cdot\cos 3x$ 与 ax^n 为等价无穷小量，求 n 和 a 的值.

(15)(1998205)求函数 $f(x)=(1+x)^{\tan(x-\frac{\pi}{4})\cdot\frac{x}{}}$ 在区间 $(0,2\pi)$ 内的间断点，并判断其类型.

微课：第 1 章总复习题·提高篇(14)

(16)(2012210)①证明：方程 $x^n+x^{n-1}+\cdots+x=1$(n 为大于 1 的整数)在区间 $\left(\dfrac{1}{2},1\right)$ 内有且仅有一个实根.

②记①中的实根为 x_n，证明 $\lim\limits_{n\to\infty}x_n$ 存在，并求此极限.

本章即时提问答案

本章同步习题答案

本章总复习题答案

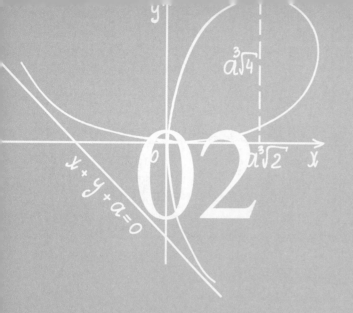

第 2 章
导数与微分

　　导数和微分是微积分学中重要的基本概念，它们在科学技术、工程建设等领域中有极为广泛的应用. 大量与变化率有关的量，都可以用导数表示，如物体运动的速度、电路中的电流强度、机械设备的功率、人口的出生率等. 导数能反映函数相对于自变量的变化而变化的快慢程度，微分则能刻画当自变量有一微小增量时，相应的函数值增量. 研究导数理论、求函数导数与微分的方法及其应用的科学称为微分学. 本章将从实际问题出发，引入导数与微分的概念，并讨论其计算方法.

本章导学

■ 2.1 导数的概念

　　文艺复兴曾使欧洲的生产力得到迅速发展，同时自然科学也进入一个崭新的时期，一些微分学的基本问题受到人们空前的关注，例如，确定非匀速运动物体的速度与加速度，即瞬时变化率——导数问题的研究成为当务之急；望远镜的光程设计需要确定透镜曲面上任一点的法线，这又使求曲线的切线和法线问题变得不可回避. 因此，在 17 世纪上半叶，几乎所有的科学大师都致力于寻求解决这些难题的方法. 在此背景下，到 17 世纪后期，微积分学应运而生. 微积分学包括微分学和积分学，本节将研究微分学中的一个重要概念——导数.

延伸微课

2.1.1 两个经典引例

　　在历史上，导数的概念主要起源于两个著名的问题：一个是求平面曲线的切线斜率问题；另一个是求变速直线运动质点的瞬时速度问题. 本节就从这两个经典引例的研究出发，进而归纳出导数的概念.

　　引例 1 平面曲线的切线斜率问题

　　设曲线 L 的方程为 $y=f(x)$，求其在 $x=x_0$ 处切线的斜率.

　　首先，我们要明确何为曲线的切线. 用"与曲线只有一个交点的直线"作为平面曲线切线的定义是不合适的. 例如，对于抛物线 $y=x^2$，在原点 O 处两个坐标轴都符合上述定义，但只有 x 轴是该抛物线在原点处的切线. 下面，我们用极限的思想来给出定义.

　　设连续曲线 $L: y=f(x)$ 上有一定点 $M_0(x_0, f(x_0))$ 和一动点 $M(x_0+\Delta x, f(x_0+\Delta x))$，连接 M_0 和 M 作割线 M_0M，当动点 M 沿曲线 L 趋向定点 M_0 时，称割线 M_0M 的极限位置 M_0T 为曲线 L

在其上点 M_0 处的切线, 如图 2.1 所示.

下面继续借助极限的思想来探究如何求曲线在 $x=x_0$ 处切线的斜率. 先研究割线的斜率, 如图 2.1 所示, 割线 M_0M 的斜率为

$$\tan\varphi = \frac{\Delta y}{\Delta x} = \frac{f(x_0+\Delta x) - f(x_0)}{\Delta x}.$$

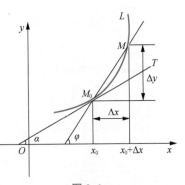

图 2.1

当动点 M 沿曲线 L 趋向点 M_0 时, 割线 M_0M 越接近切线 M_0T, 割线 M_0M 的斜率就越接近于切线的斜率. 当动点 M 沿曲线 L 无限逼近点 M_0 时 $(\Delta x \to 0)$, 割线 M_0M 的斜率的极限就是切线 M_0T 的斜率 k, 从而有

$$k = \tan\alpha = \lim_{\Delta x \to 0} \tan\varphi,$$

即

$$k = \lim_{\Delta x \to 0} \frac{\Delta y}{\Delta x} = \lim_{\Delta x \to 0} \frac{f(x_0+\Delta x) - f(x_0)}{\Delta x}.$$

计算机可视化

引例 2 变速直线运动的瞬时速度问题

物体沿直线的运动可理想化为质点在数轴上的运动. 假设质点在 $t=0$ 时刻位于数轴的原点, 在任意时刻 t, 质点在数轴上的坐标为 $s=s(t)$, 下面讨论质点在时刻 t_0 的瞬时速度 $v(t_0)$, 即要解决的问题是: 已知质点的位移函数为 $s=s(t)$, 如何求 $v(t_0)$.

首先, 质点在时刻 $t=t_0$ 到 $t=t_0+\Delta t$ 这段时间内的平均速度为

$$\bar{v} = \frac{\Delta s}{\Delta t} = \frac{s(t_0+\Delta t) - s(t_0)}{\Delta t},$$

可以用这段时间内的平均速度 $\bar{v}$ 去近似代替 t_0 时刻的瞬时速度 $v(t_0)$, 但这种近似代替是有误差的, 时间间隔越小, 这种近似代替的精度就越高. 当 $\Delta t \to 0$ 时, 平均速度 $\bar{v}$ 的极限就是 t_0 时刻的瞬时速度, 即

$$v(t_0) = \lim_{\Delta t \to 0} \frac{\Delta s}{\Delta t} = \lim_{\Delta t \to 0} \frac{s(t_0+\Delta t) - s(t_0)}{\Delta t}.$$

上述两个引例, 虽然分属几何和物理的问题, 所讲实际问题的具体含义不同, 但解决问题的思想和方法是相同的, 即用"已知的简"(如割线斜率、平均速度) 去逼近"未知的繁"(如切线斜率、瞬时速度), 这里的逼近就是一个极限过程, 这就是所谓的逼近法, 逼近法的思想将贯穿整个微积分的始终.

上面两个引例在计算后最终得出了相同形式的结果, 即都要计算当自变量的增量趋于零时, 函数增量与自变量增量之比的极限, 即 $\lim\limits_{\Delta x \to 0} \frac{f(x_0+\Delta x) - f(x_0)}{\Delta x}$. 其中 $\frac{f(x_0+\Delta x) - f(x_0)}{\Delta x} = \frac{\Delta y}{\Delta x}$ 是函数的平均变化率, 而当自变量的增量趋近于零时, 平均变化率的极限即是所要计算的瞬时变化率, 它刻画了在一点处一个变量相对于另一个变量变化的快慢程度.

在实际问题中, 凡是考察一个变量随着另一个变量变化的变化率问题, 如加速度、电流强度、角速度、线密度等, 都可以归结为这种形式的极限. 抛开这些实际问题的具体背景, 抓住它们在数学上的共性——求增量比的极限, 由此抽象出导数的概念.

2.1.2 导数的定义

1. 函数在一点处的导数与导函数

定义 2.1 设函数 $y=f(x)$ 在点 x_0 的某邻域内有定义,当自变量 x 在 x_0 处有增量 Δx 时,函数的相应增量为 $\Delta y=f(x_0+\Delta x)-f(x_0)$. 如果当 $\Delta x \to 0$ 时,极限 $\lim\limits_{\Delta x \to 0}\dfrac{\Delta y}{\Delta x}$ 存在,则称函数 $f(x)$ 在 x_0 处可导,并把这个极限值称为函数 $f(x)$ 在 x_0 处的**导数**,记作

$$f'(x_0), y'\mid_{x=x_0}, \frac{\mathrm{d}f}{\mathrm{d}x}\Big|_{x=x_0} \text{或} \frac{\mathrm{d}y}{\mathrm{d}x}\Big|_{x=x_0},$$

即有

$$f'(x_0)=\lim_{\Delta x \to 0}\frac{\Delta y}{\Delta x}=\lim_{\Delta x \to 0}\frac{f(x_0+\Delta x)-f(x_0)}{\Delta x}. \tag{2.1}$$

当 $\Delta x \to 0$ 时,如果这个比值的极限不存在,则称函数 $f(x)$ 在 x_0 处不可导.

注 (1)式(2.1)中自变量的增量 Δx 也常用 h 来表示,因此,式(2.1)也可以写作

$$f'(x_0)=\lim_{h \to 0}\frac{f(x_0+h)-f(x_0)}{h}. \tag{2.2}$$

(2)在式(2.1)中,令 $x=x_0+\Delta x$,则式(2.1)又可以写作

$$f'(x_0)=\lim_{x \to x_0}\frac{f(x)-f(x_0)}{x-x_0}. \tag{2.3}$$

(3)若 $f'(x_0)=\lim\limits_{\Delta x \to 0}\dfrac{\Delta y}{\Delta x}=\infty$,为方便叙述,也称函数 $f(x)$ 在点 x_0 处的导数为无穷大.

由定义 2.1 知,引例 1 中,平面曲线 L 在点 $(x_0,f(x_0))$ 处切线的斜率正是该曲线 $y=f(x)$ 在 x_0 处的导数,即 $k=f'(x_0)$;而引例 2 中,变速直线运动在 t_0 时刻的瞬时速度正是位移函数 $s=s(t)$ 在 t_0 时刻的导数,即 $v(t_0)=s'(t_0)$.

定义 2.2 如果函数 $y=f(x)$ 在区间 (a,b) 内每一点都可导,即对区间内的任一点 x,都对应着 $f(x)$ 的一个确定的导数值,这也就确定了一个函数关系,这个函数称为函数 $f(x)$ 的**导函数**(简称为导数),记为

$$f'(x), y'(x), \frac{\mathrm{d}f}{\mathrm{d}x}\text{或}\frac{\mathrm{d}y}{\mathrm{d}x},$$

即有

$$f'(x)=\lim_{\Delta x \to 0}\frac{f(x+\Delta x)-f(x)}{\Delta x},$$

或

$$f'(x)=\lim_{h \to 0}\frac{f(x+h)-f(x)}{h}.$$

显然,$f'(x_0)$ 是导函数 $f'(x)$ 在点 x_0 处的函数值,即 $f'(x_0)=f'(x)\mid_{x=x_0}$.

【即时提问 2.1】 根据导数的定义,$f'(x_0)$ 的求法有几种?分别怎样求?

例 2.1 求函数 $f(x)=C$ 的导数(其中 C 为常数).

解 根据导数的定义,

$$f'(x) = \lim_{\Delta x \to 0} \frac{f(x+\Delta x)-f(x)}{\Delta x} = \lim_{\Delta x \to 0} \frac{C-C}{\Delta x} = 0,$$

即 $(C)' = 0$.

例 2.2 （1）求函数 $f(x) = \sqrt{x}\,(x>0)$ 的导数. （2）求函数 $f(x) = x^3$ 的导数.

解 （1）根据导数的定义并使用分子有理化，得

$$f'(x) = \lim_{\Delta x \to 0} \frac{f(x+\Delta x)-f(x)}{\Delta x} = \lim_{\Delta x \to 0} \frac{\sqrt{x+\Delta x}-\sqrt{x}}{\Delta x}$$

$$= \lim_{\Delta x \to 0} \frac{\Delta x}{\Delta x(\sqrt{x+\Delta x}+\sqrt{x})} = \lim_{\Delta x \to 0} \frac{1}{\sqrt{x+\Delta x}+\sqrt{x}} = \frac{1}{2\sqrt{x}},$$

即 $(\sqrt{x})' = \dfrac{1}{2\sqrt{x}}$.

（2）根据导数的定义，得

$$f'(x) = \lim_{\Delta x \to 0} \frac{f(x+\Delta x)-f(x)}{\Delta x} = \lim_{\Delta x \to 0} \frac{(x+\Delta x)^3-x^3}{\Delta x}$$

$$= \lim_{\Delta x \to 0}\left[3x^2+3x\Delta x+(\Delta x)^2\right] = 3x^2,$$

即 $(x^3)' = 3x^2$.

利用导数的定义，还可以推出幂函数的导数：$(x^\mu)' = \mu x^{\mu-1}\,(\mu \in \mathbf{R})$.

例 2.3 求函数 $f(x) = \sin x$ 的导数.

解 根据导数的定义，结合和差化积公式（见附录Ⅰ），得

$$f'(x) = \lim_{\Delta x \to 0} \frac{f(x+\Delta x)-f(x)}{\Delta x} = \lim_{\Delta x \to 0} \frac{\sin(x+\Delta x)-\sin x}{\Delta x}$$

$$= \lim_{\Delta x \to 0} \frac{2\cos\left(x+\dfrac{\Delta x}{2}\right)\sin\dfrac{\Delta x}{2}}{\Delta x} = \lim_{\Delta x \to 0}\cos\left(x+\frac{\Delta x}{2}\right) \cdot \lim_{\Delta x \to 0} \frac{\sin\dfrac{\Delta x}{2}}{\dfrac{\Delta x}{2}} = \cos x,$$

即 $(\sin x)' = \cos x$.

同理可得 $(\cos x)' = -\sin x$.

例 2.4 求 $f(x) = \log_a x\,(a>0, a \neq 1)$ 的导数.

解 $f'(x) = \lim_{\Delta x \to 0} \dfrac{f(x+\Delta x)-f(x)}{\Delta x} = \lim_{\Delta x \to 0} \dfrac{\log_a(x+\Delta x)-\log_a x}{\Delta x}$

$$= \lim_{\Delta x \to 0}\left[\frac{1}{x} \cdot \frac{\log_a\left(1+\dfrac{\Delta x}{x}\right)}{\dfrac{\Delta x}{x}}\right] = \lim_{\Delta x \to 0}\left[\frac{1}{x}\log_a\left(1+\frac{\Delta x}{x}\right)^{\frac{x}{\Delta x}}\right] = \frac{1}{x}\log_a\left[\lim_{\Delta x \to 0}\left(1+\frac{\Delta x}{x}\right)^{\frac{x}{\Delta x}}\right]$$

$$= \frac{1}{x}\log_a e = \frac{1}{x} \cdot \frac{1}{\ln a} = \frac{1}{x\ln a},$$

即 $(\log_a x)' = \dfrac{1}{x\ln a}$.

特别地，当 $a=e$ 时，$(\ln x)'=\dfrac{1}{x}$.

例 2.5 设函数 $f(x)$ 在点 $x=a$ 处可导，且 $\lim\limits_{h\to 0}\dfrac{h}{f(a-2h)-f(a)}=\dfrac{1}{4}$，求 $f'(a)$.

解 设 $\Delta x=-2h$，则当 $h\to 0$ 时，$\Delta x\to 0$. 根据导数的定义，得

$$f'(a)=\lim_{\Delta x\to 0}\frac{f(a+\Delta x)-f(a)}{\Delta x}=\lim_{h\to 0}\frac{f(a-2h)-f(a)}{-2h}$$

$$=-\frac{1}{2}\lim_{h\to 0}\frac{f(a-2h)-f(a)}{h}$$

$$=-\frac{1}{2}\times 4=-2.$$

例 2.6 若 $f(x)$ 在点 $x=0$ 处连续，且 $\lim\limits_{x\to 0}\dfrac{f(x)}{x}$ 存在，证明 $f(x)$ 在点 $x=0$ 处可导.

证明 设 $\lim\limits_{x\to 0}\dfrac{f(x)}{x}=A$，则 $\lim\limits_{x\to 0}f(x)=\lim\limits_{x\to 0}x\cdot\dfrac{f(x)}{x}=0\cdot A=0$. 因为 $f(x)$ 在点 $x=0$ 处连续，所以 $\lim\limits_{x\to 0}f(x)=f(0)=0$. 由导数的定义得

$$\lim_{x\to 0}\frac{f(x)-f(0)}{x-0}=\lim_{x\to 0}\frac{f(x)}{x}=A,$$

即 $f(x)$ 在点 $x=0$ 处可导.

2. 单侧导数

由函数极限的定义可以知道，函数在一点处极限存在的充要条件是函数在该点的左、右极限都存在且相等. 导数是用极限来定义的，从而就有了下面的单侧导数定义及对应的定理.

定义 2.3 设函数 $f(x)$ 在 $(x_0-\delta,x_0]\,(\delta>0)$ 内有定义，如果 $\lim\limits_{\Delta x\to 0^-}\dfrac{f(x_0+\Delta x)-f(x_0)}{\Delta x}$ 存在，则称此极限值为函数 $f(x)$ 在 x_0 处的**左导数**，记为

$$f'_-(x_0)=\lim_{\Delta x\to 0^-}\frac{f(x_0+\Delta x)-f(x_0)}{\Delta x}=\lim_{x\to x_0^-}\frac{f(x)-f(x_0)}{x-x_0}.$$

同理，右导数为

$$f'_+(x_0)=\lim_{\Delta x\to 0^+}\frac{f(x_0+\Delta x)-f(x_0)}{\Delta x}=\lim_{x\to x_0^+}\frac{f(x)-f(x_0)}{x-x_0}.$$

左导数和右导数统称为**单侧导数**.

类似于极限与左、右极限的关系，导数与左、右导数之间有以下定理.

定理 2.1 函数 $f(x)$ 在 x_0 处可导的充要条件是左、右导数都存在且相等.

若 $f(x)$ 在区间 (a,b) 内的每一点都可导，则称 $f(x)$ 在开区间 (a,b) 内可导.

若 $f(x)$ 在区间 (a,b) 内可导，且在 $x=a$ 处右导数存在，在 $x=b$ 处左导数存在，则称 $f(x)$ 在闭区间 $[a,b]$ 上可导.

*例 2.7 求函数 $f(x)=(x^2-x-2)\,|x^3-x|$ 的不可导点的个数.

解 将函数改写为分段函数，得

$$f(x)=\begin{cases}-(x-2)x(x-1)(x+1)^2, & x\leq-1, \\ (x-2)x(x-1)(x+1)^2, & -1<x\leq0, \\ -(x-2)x(x-1)(x+1)^2, & 0<x\leq1, \\ (x-2)x(x-1)(x+1)^2, & x>1.\end{cases}$$

微课:例2.7

$f(x)$的不可导点可能为 $x=-1,x=0,x=1$.

根据左、右导数的定义,得

$$f'_-(-1)=\lim_{x\to-1^-}\frac{-(x-2)x(x-1)(x+1)^2}{x+1}=0,$$

$$f'_+(-1)=\lim_{x\to-1^+}\frac{(x-2)x(x-1)(x+1)^2}{x+1}=0,$$

所以,$f'_-(-1)=f'_+(-1)$,$x=-1$ 为 $f(x)$的可导点.

同理得 $\qquad f'_-(0)=2,\ f'_+(0)=-2,\ f'_-(1)=4,\ f'_+(1)=-4,$

可知函数 $f(x)$在 $x=0$ 和 $x=1$ 处均不可导.因此,$f(x)$的不可导点有两个:$x=0$ 和 $x=1$.

3. 函数的增量、平均变化率和瞬时变化率的关系

对于函数 $f(x)$,在研究和比较变量的数量变化时,只考虑变量的增量是不够的.如有 A 和 B 两个车间,若某年 A 车间第一季度生产了 30 台设备,B 车间前两个月生产了 30 台设备,虽然生产设备的增量是相同的,但显然,按这样的生产速度计算,一年后,A 车间生产的设备数量比 B 车间少,因为 A 车间的平均生产率(单位时间生产的设备数量)低于 B 车间.

我们称 $\dfrac{\Delta y}{\Delta x}=\dfrac{f(x_0+\Delta x)-f(x_0)}{\Delta x}$ 为函数 $y=f(x)$ 在区间 $[x_0,x_0+\Delta x]$ 上的平均变化率.它描述了函数 $y=f(x)$ 在区间 $[x_0,x_0+\Delta x]$ 上变化的快慢程度.

若 $\lim\limits_{\Delta x\to0}\dfrac{\Delta y}{\Delta x}=\lim\limits_{\Delta x\to0}\dfrac{f(x_0+\Delta x)-f(x_0)}{\Delta x}$ 存在,则极限值称为函数 $y=f(x)$ 在点 x_0 处的瞬时变化率(导数).它描述了函数 $y=f(x)$ 在点 x_0 处变化的快慢程度.

一般情况下,如无特殊说明,变化率指的是瞬时变化率.

4. 用导数表示实际量——变化率模型

为了帮助大家更深刻地理解变化率,掌握用导数表示变化率的方法,下面给出两个应用模型.

应用模型 1(加速度) 由 2.1.1 小节的引例 2 知,若物体的位移函数为 $s=s(t)$,则物体在时刻 t 的瞬时速度为 $v=s'(t)$.因为加速度是速度关于时间的变化率,而物体在 t 到 $t+\Delta t$ 时间段的平均加速度为 $\bar{a}=\dfrac{\Delta v}{\Delta t}$,于是物体在时刻 t 的加速度为 $a=\lim\limits_{\Delta t\to0}\dfrac{\Delta v}{\Delta t}=v'(t)$.

应用模型 2(电流) 带电粒子(电子、离子等)的有序运动形成电流,通过某处的电荷量与所需时间之比称为电流.若在 $[0,t]$ 时间段内通过导线横截面的电荷量为 $Q=Q(t)$,则在 $[t,t+\Delta t]$ 时间段的平均电流为 $\bar{i}=\dfrac{\Delta Q(t)}{\Delta t}$,时刻 t 的电流为 $i=\lim\limits_{\Delta t\to0}\dfrac{\Delta Q(t)}{\Delta t}=Q'(t)=\dfrac{\mathrm{d}Q}{\mathrm{d}t}$.

从以上例子的分析中,我们归纳出建立函数 $y=f(x)$ 的变化率(导数)模型的方法如下:

(1)取自变量的增量 Δx 和函数的增量 Δy;

(2)求平均变化率 $\dfrac{\Delta y}{\Delta x}$;

（3）取极限，得瞬时变化率 $\lim\limits_{\Delta x \to 0} \dfrac{\Delta y}{\Delta x}$.

用导数表示变化率的例子还有很多，如出生率、角速度、线密度、传染病的传染率等，这里不再一一列举.

2.1.3　导数的几何意义

由 2.1.1 小节的引例 1 可知，$f'(x_0)$ 就是曲线 $y = f(x)$ 在点 $(x_0, f(x_0))$ 处切线的斜率，这就是导数的几何意义.

若函数 $f(x)$ 在 $x = x_0$ 处可导，则曲线 $y = f(x)$ 在点 $(x_0, f(x_0))$ 处的**切线方程** 为
$$y - f(x_0) = f'(x_0)(x - x_0),$$
且当 $f'(x_0) \neq 0$ 时，曲线 $y = f(x)$ 在点 $(x_0, f(x_0))$ 处的**法线方程** 为
$$y - f(x_0) = -\frac{1}{f'(x_0)}(x - x_0).$$

例 2.8　过曲线 $y = x^2 + x - 2$ 上的一点 M 作切线，如果切线与直线 $y = 4x - 1$ 平行，求切点的坐标.

解　设切点的坐标为 $M(x_0, y_0)$，则曲线在点 M 处的切线斜率为 $y'\big|_{x = x_0} = 2x_0 + 1$.

因为切线与直线 $y = 4x - 1$ 平行，所以 $2x_0 + 1 = 4$，解得 $x_0 = \dfrac{3}{2}$，代入曲线方程，得 $y_0 = \dfrac{7}{4}$. 所以切点的坐标为 $\left(\dfrac{3}{2}, \dfrac{7}{4}\right)$.

例 2.9　设曲线 $y = f(x)$ 与 $y = \sin x$ 在原点 $(0, 0)$ 处相切，求 $\lim\limits_{n \to \infty} \sqrt{nf\left(\dfrac{2}{n}\right)}$.

解　$y' = (\sin x)' = \cos x$.

因点 $(0, 0)$ 为切点，故 $f(0) = \sin 0 = 0,\ f'(0) = \cos 0 = 1$.

所以 $\lim\limits_{n \to \infty} \sqrt{nf\left(\dfrac{2}{n}\right)} = \lim\limits_{n \to \infty} \sqrt{2 \cdot \dfrac{f\left(\dfrac{2}{n}\right) - f(0)}{\dfrac{2}{n}}} = \sqrt{2 \cdot \lim\limits_{n \to \infty} \dfrac{f\left(\dfrac{2}{n}\right) - f(0)}{\dfrac{2}{n}}} = \sqrt{2f'(0)} = \sqrt{2}.$

2.1.4　可导与连续的关系

连续性与可导性都是函数的重要性质，它们之间有以下关系.

定理 2.2　如果函数 $f(x)$ 在 x_0 处可导，则 $f(x)$ 在 x_0 处连续.

证明　若函数 $f(x)$ 在 x_0 处可导，由导数定义可得 $\lim\limits_{x \to x_0} \dfrac{f(x) - f(x_0)}{x - x_0} = f'(x_0)$，所以

微课：可导与连续的关系

$$\lim\limits_{x \to x_0}[f(x) - f(x_0)] = \lim\limits_{x \to x_0}\left[\frac{f(x) - f(x_0)}{x - x_0} \cdot (x - x_0)\right]$$

$$= \lim\limits_{x \to x_0}\frac{f(x) - f(x_0)}{x - x_0} \cdot \lim\limits_{x \to x_0}(x - x_0) = f'(x_0) \cdot 0 = 0,$$

即 $\lim\limits_{x \to x_0} f(x) = f(x_0)$. 故函数 $f(x)$ 在 x_0 处连续.

注 （1）定理 2.2 的逆命题不一定成立，即若函数在某点连续，则函数在该点不一定可导. 连续是可导的必要条件，不是充分条件.

例如，函数 $y = f(x) = |x|$ 在点 $x = 0$ 处连续，但在点 $x = 0$ 处不可导（见图 2.2）. 事实上，

$$f'_-(0) = \lim_{\Delta x \to 0^-} \frac{|\Delta x| - 0}{\Delta x} = \lim_{\Delta x \to 0^-} \frac{-\Delta x}{\Delta x} = -1,$$

$$f'_+(0) = \lim_{\Delta x \to 0^+} \frac{|\Delta x| - 0}{\Delta x} = \lim_{\Delta x \to 0^+} \frac{\Delta x}{\Delta x} = 1,$$

因此，$f'_-(0) \neq f'_+(0)$. 由定理 2.1 可知，$f(x) = |x|$ 在点 $x = 0$ 处导数不存在.

这说明若函数 $y = f(x)$ 的图形在 x_0 处出现"尖点"（在 x_0 处不光滑），则它在 x_0 处不可导，此时曲线 $y = f(x)$ 在 (x_0, y_0) 处的切线不存在.

再如，函数 $y = f(x) = \sqrt[3]{x}$ 在点 $x = 0$ 处连续，但在点 $x = 0$ 处不可导（见图 2.3）. 这是因为在点 $x = 0$ 处有

$$f'(0) = \lim_{x \to 0} \frac{f(x) - f(0)}{x - 0} = \lim_{x \to 0} \frac{\sqrt[3]{x} - 0}{x} = \lim_{x \to 0} \frac{1}{\sqrt[3]{x^2}} = +\infty,$$

即导数为无穷大，所以 $f(x) = \sqrt[3]{x}$ 在点 $x = 0$ 处不可导.

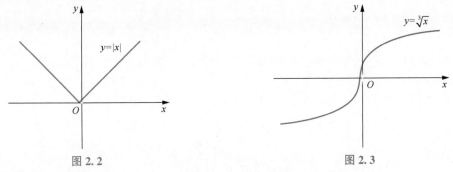

图 2.2　　　　　　　　　　　　　　　　　　图 2.3

（2）定理 2.2 的逆否命题：若 $f(x)$ 在 x_0 处不连续，则它在 x_0 处一定不可导.

例 2.10 判断分段函数 $f(x) = \begin{cases} x^2 + 1, & x < 0, \\ 3x, & x \geq 0 \end{cases}$ 在点 $x = 0$ 处是否可导.

解 因为 $\lim_{x \to 0^-} f(x) = \lim_{x \to 0^-} (x^2 + 1) = 1, \lim_{x \to 0^+} f(x) = \lim_{x \to 0^+} 3x = 0$，即 $\lim_{x \to 0^-} f(x) \neq \lim_{x \to 0^+} f(x)$，故 $f(x)$ 在点 $x = 0$ 处不连续.

根据定理 2.2 的逆否命题知，$f(x)$ 在点 $x = 0$ 处不可导.

例 2.11 讨论函数 $f(x) = \begin{cases} x^2 + 1, & x < 0, \\ e^x, & x \geq 0 \end{cases}$ 在点 $x = 0$ 处的连续性、可导性.

解 （1）因为 $\lim_{x \to 0^-} f(x) = \lim_{x \to 0^-} (x^2 + 1) = 1, \lim_{x \to 0^+} f(x) = \lim_{x \to 0^+} e^x = 1$，即 $\lim_{x \to 0^-} f(x) = \lim_{x \to 0^+} f(x) = f(0)$，所以 $f(x)$ 在点 $x = 0$ 处连续.

（2）$f'_-(0) = \lim_{x \to 0^-} \frac{(x^2 + 1) - 1}{x - 0} = 0, f'_+(0) = \lim_{x \to 0^+} \frac{e^x - 1}{x - 0} = 1$，故 $f'_-(0) \neq f'_+(0)$，所以 $f(x)$ 在点 $x = 0$ 处不可导.

同步习题 2.1

基础题

1. 选择题.

(1) 设 $f(x)$ 在 x_0 处可导, 则 $f'(x_0)=$ (   ).

A. $\lim\limits_{\Delta x \to 0} \dfrac{f(x_0-\Delta x)-f(x_0)}{\Delta x}$
B. $\lim\limits_{h \to 0} \dfrac{f(x_0+h)-f(x_0-h)}{2h}$

C. $\lim\limits_{x \to 0} \dfrac{f(x_0)-f(x_0+2x)}{2x}$
D. $\lim\limits_{x \to 0} \dfrac{f(x)-f(0)}{x}$

(2) 函数 $f(x)$ 在 x_0 处连续是 $f(x)$ 在 x_0 处可导的 (   ).

A. 必要但非充分条件
B. 充分但非必要条件

C. 充分必要条件
D. 既非充分又非必要条件

(3) 若 $f(x)$ 在 x_0 处可导, 则 $|f(x)|$ 在 x_0 处 (   ).

A. 可导
B. 不可导

C. 连续但未必可导
D. 不连续

(4) 曲线 $y=\ln x$ 在下列哪一点的切线平行于直线 $y=2x-3$? (   )

A. $\left(\dfrac{1}{2}, -\ln 2\right)$
B. $\left(\dfrac{1}{2}, -\ln \dfrac{1}{2}\right)$

C. $(2, \ln 2)$
D. $(2, -\ln 2)$

(5) 设函数 $f(x)$ 在 $x=0$ 处可导, 则 $\lim\limits_{h \to 0} \dfrac{f(2h)-f(-3h)}{h}=$ (   ).

A. $-f'(0)$
B. $f'(0)$

C. $5f'(0)$
D. $2f'(0)$

(6) 若下列各极限都存在, 其中不成立的是 (   ).

A. $\lim\limits_{x \to 0} \dfrac{f(x)-f(0)}{x}=f'(0)$
B. $\lim\limits_{x \to x_0} \dfrac{f(x)-f(x_0)}{x-x_0}=f'(x_0)$

C. $\lim\limits_{h \to 0} \dfrac{f(x_0+2h)-f(x_0)}{h}=f'(x_0)$
D. $\lim\limits_{\Delta x \to 0} \dfrac{f(x_0)-f(x_0-\Delta x)}{\Delta x}=f'(x_0)$

(7) 设 $f(x)=\begin{cases} \dfrac{2}{3}x^3, & x \leqslant 1, \\ x^2, & x>1, \end{cases}$ 则 $f(x)$ 在 $x=1$ 处 (   ).

A. 左、右导数都存在
B. 左导数存在, 右导数不存在

C. 左导数不存在, 右导数存在
D. 左、右导数都不存在

2. 根据导数的定义求下列函数的导数.

（1）$y = 1 - 2x^2$.　　　　（2）$y = \ln x$.　　　　（3）$y = \dfrac{1}{x^2}$.

3. 已知 $f'(x_0) = A$，求：

（1）$\lim\limits_{h \to 0} \dfrac{f(x_0 + 3h) - f(x_0)}{h}$；　　　　（2）$\lim\limits_{h \to 0} \dfrac{f(x_0 + h) - f(x_0 - h)}{h}$.

4. 设函数 $f(x)$ 在 $x = 0$ 处可导，且 $f'(0) = 1$，求 $\lim\limits_{x \to 0} \dfrac{f(3x) - f(0)}{x}$.

5. 设 $f(x) = (x - a)\varphi(x)$，其中 $\varphi(x)$ 在 $x = a$ 处连续，求 $f'(a)$.

6. 求曲线 $y = x + \mathrm{e}^x$ 在点 $P(0, 1)$ 处的切线方程和法线方程.

7. 函数 $y = f(x)$ 的图形如图 2.4 所示，请判断函数 $y = f(x)$ 在 $x = a, x = b, x = c$ 处是否连续及是否可导.

微课：同步习题 2.1
基础题 5

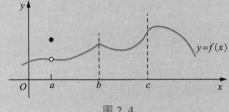

图 2.4

8. 利用定义讨论函数 $f(x) = \begin{cases} x\sin\dfrac{1}{x}, & x \neq 0, \\ 0, & x = 0 \end{cases}$ 在点 $x = 0$ 处的连续性与可导性.

9. （自由落体运动）一物体做自由落体运动，其位移函数为 $s(t) = \dfrac{1}{2}gt^2$，若只考虑重力，不考虑阻力等因素，求：

（1）物体在 $2\mathrm{s} \leqslant t \leqslant 3\mathrm{s}$ 时间段的平均速度；

（2）物体在 $t = 2.5\mathrm{s}$ 时的瞬时速度；

（3）什么时候物体的瞬时速度达到 $100\mathrm{m/s}$？

提高题

1. 设函数 $f(x) = x(x+1)(x+2)\cdots(x+n)$，求 $f'(-1)$.

2. 讨论 $f(x) = \begin{cases} 1, & x \leqslant 0, \\ 2x+1, & 0 < x \leqslant 1, \\ x^2+2, & 1 < x \leqslant 2, \\ x, & x > 2 \end{cases}$ 在 $x = 0, x = 1, x = 2$ 处的连续性与可导性.

3. 已知 $f(x) = \begin{cases} \sin x, & x < 0, \\ x, & x \geqslant 0, \end{cases}$ 求 $f'(x)$.

4. 设函数 $f(x)$ 是可导的偶函数，且 $\lim\limits_{h \to 0} \dfrac{f(1 - 2h) - f(1)}{h} = 2$，求曲线 $y = f(x)$ 在点 $(-1, f(-1))$ 处法线的斜率.

2.2 函数的求导法则

导数的定义提供了求导数的方法，在 2.1 节中，我们利用导数的定义推出了几个基本初等函数的求导公式. 但对于一些比较复杂的函数，利用导数的定义求导数，计算时不仅烦琐，而且需要一定的技巧. 本节将给出所有基本初等函数的求导公式和导数的四则运算法则及复合函数的求导法则，借助这些法则和公式，我们就能比较方便地求出常见函数的导数.

2.2.1 函数和、差、积、商的求导法则

定理 2.3 设函数 $u(x)$ 和 $v(x)$ 在点 x 处可导，则函数

$$u(x)\pm v(x),u(x)\cdot v(x),\frac{u(x)}{v(x)}[v(x)\neq 0]$$

在点 x 处也可导，且

(1) $[u(x)\pm v(x)]'=u'(x)\pm v'(x)$；

(2) $[u(x)\cdot v(x)]'=u'(x)\cdot v(x)+u(x)\cdot v'(x)$，特别地，$[Cu(x)]'=Cu'(x)$（$C$ 为常数）；

(3) $\left[\dfrac{u(x)}{v(x)}\right]'=\dfrac{u'(x)\cdot v(x)-u(x)\cdot v'(x)}{v^2(x)}$，特别地，$\left[\dfrac{1}{v(x)}\right]'=-\dfrac{v'(x)}{v^2(x)}$.

证明 仅证(2). 根据导数的定义并运用极限的运算法则，得

$$
\begin{aligned}
[u(x)\cdot v(x)]'&=\lim_{\Delta x\to 0}\frac{u(x+\Delta x)\cdot v(x+\Delta x)-u(x)\cdot v(x)}{\Delta x}\\
&=\lim_{\Delta x\to 0}\frac{[u(x+\Delta x)\cdot v(x+\Delta x)-u(x)\cdot v(x+\Delta x)]+[u(x)\cdot v(x+\Delta x)-u(x)\cdot v(x)]}{\Delta x}\\
&=\lim_{\Delta x\to 0}\left[\frac{u(x+\Delta x)-u(x)}{\Delta x}\cdot v(x+\Delta x)+u(x)\cdot\frac{v(x+\Delta x)-v(x)}{\Delta x}\right]\\
&=\lim_{\Delta x\to 0}\frac{u(x+\Delta x)-u(x)}{\Delta x}\cdot\lim_{\Delta x\to 0}v(x+\Delta x)+u(x)\cdot\lim_{\Delta x\to 0}\frac{v(x+\Delta x)-v(x)}{\Delta x}.
\end{aligned}
$$

由于 $v'(x)$ 存在，故 $v(x)$ 在点 x 处连续，$\lim\limits_{\Delta x\to 0}v(x+\Delta x)=v(x)$，从而

$$[u(x)\cdot v(x)]'=u'(x)\cdot v(x)+u(x)\cdot v'(x).$$

定理 2.3 中的(2)可简记为

$$(uv)'=u'v+v'u.$$

注 定理 2.3 中的(1)和(2)可以推广到任意有限个可导函数相加减和相乘的情形. 例如，$(u\pm v\pm w)'=u'\pm v'\pm w'$，$(uvw)'=u'vw+v'uw+w'uv$.

例 2.12 设 $f(x)=4\cos x-x^3+3\sin x-\sin\dfrac{\pi}{2}$，求 $f'(x)$ 和 $f'(0)$.

解 根据定理 2.3，得

$$
\begin{aligned}
f'(x)&=\left(4\cos x-x^3+3\sin x-\sin\frac{\pi}{2}\right)'\\
&=(4\cos x)'-(x^3)'+(3\sin x)'-\left(\sin\frac{\pi}{2}\right)'\\
&=-4\sin x-3x^2+3\cos x,
\end{aligned}
$$

所以 $f'(0)=(-4\sin x-3x^2+3\cos x)\big|_{x=0}=3$.

例 2.13 设 $y=\sqrt{x}\log_2 x+x^2\sin x$，求 y'.

解 $y'=(\sqrt{x}\log_2 x)'+(x^2\sin x)'=(\sqrt{x})'\log_2 x+\sqrt{x}(\log_2 x)'+(x^2)'\sin x+x^2(\sin x)'$

$\qquad =\dfrac{1}{2\sqrt{x}}\log_2 x+\dfrac{\sqrt{x}}{x\ln 2}+2x\sin x+x^2\cos x$

$\qquad =\dfrac{1}{2\sqrt{x}}\log_2 x+\dfrac{1}{\sqrt{x}\ln 2}+2x\sin x+x^2\cos x.$

例 2.14 设正割函数 $y=\sec x=\dfrac{1}{\cos x}$，求 y'.

解 $y'=(\sec x)'=\left(\dfrac{1}{\cos x}\right)'=\dfrac{-(\cos x)'}{\cos^2 x}=\dfrac{\sin x}{\cos^2 x}=\sec x\tan x$，即 $(\sec x)'=\sec x\tan x$.

同理可推得余割函数 $y=\csc x=\dfrac{1}{\sin x}$ 的导数 $(\csc x)'=-\csc x\cot x$.

例 2.15 设 $y=\tan x$，求 y'.

解 $y'=(\tan x)'=\left(\dfrac{\sin x}{\cos x}\right)'=\dfrac{(\sin x)'\cos x-\sin x(\cos x)'}{\cos^2 x}=\dfrac{\cos^2 x+\sin^2 x}{\cos^2 x}=\dfrac{1}{\cos^2 x}=\sec^2 x$，即 $(\tan x)'=\sec^2 x.$

同理可推得 $(\cot x)'=-\csc^2 x$.

2.2.2 反函数求导法则

定理 2.4（反函数求导法则） 若函数 $x=f(y)$ 在区间 I_y 内单调可导且 $f'(y)\neq 0$，则它的反函数 $y=f^{-1}(x)$ 在相应区间 I_x 内也单调可导，且有

$$[f^{-1}(x)]'=\dfrac{1}{f'(y)}\text{ 或}\dfrac{\mathrm{d}y}{\mathrm{d}x}=\dfrac{1}{\dfrac{\mathrm{d}x}{\mathrm{d}y}}.$$

即反函数的导数等于直接函数导数的倒数.

例 2.16 证明：$(\arcsin x)'=\dfrac{1}{\sqrt{1-x^2}}$.

证明 设 $x=\sin y$ 为直接函数，则 $y=\arcsin x$ 是它的反函数. 函数 $x=\sin y$ 在区间 $I_y=\left(-\dfrac{\pi}{2},\dfrac{\pi}{2}\right)$ 内单调可导，且 $(\sin y)'=\cos y>0$，因此由定理 2.4 知，在对应区间 $I_x=(-1,1)$ 内有

$$y'=(\arcsin x)'=\dfrac{1}{(\sin y)'}=\dfrac{1}{\cos y}.$$

又 $\cos y=\sqrt{1-\sin^2 y}=\sqrt{1-x^2}$，故 $(\arcsin x)'=\dfrac{1}{\sqrt{1-x^2}}$.

同理可得 $(\arccos x)'=-\dfrac{1}{\sqrt{1-x^2}}$，$(\arctan x)'=\dfrac{1}{1+x^2}$，$(\text{arccot}\,x)'=-\dfrac{1}{1+x^2}$.

例 2.17 证明：$(a^x)'=a^x\ln a$.

证明 设 $x=\log_a y$ 是直接函数，则 $y=a^x$ 是它的反函数. 函数 $x=\log_a y$ 在区间 $I_y=(0,+\infty)$ 上单调可导，且

$$(\log_a y)' = \frac{1}{y\ln a} \neq 0.$$

由反函数求导法则知，在对应区间 $I_x = (-\infty, +\infty)$ 内有

$$(a^x)' = \frac{1}{(\log_a y)'} = y\ln a = a^x \ln a,$$

即 $(a^x)' = a^x \ln a.$

特别地，当 $a = e$ 时，$(e^x)' = e^x.$

根据导数定义及上述运算法则，我们可以推导出基本初等函数的求导公式，具体如下.

(1) $(C)' = 0$，C 为常数.　　(2) $(x^\mu)' = \mu x^{\mu-1}$（μ 为任意实数）.　　(3) $(a^x)' = a^x \ln a.$

(4) $(e^x)' = e^x.$　　(5) $(\log_a x)' = \frac{1}{x\ln a}$ $(a>0, a\neq 1).$　　(6) $(\ln x)' = \frac{1}{x}.$

(7) $(\sin x)' = \cos x.$　　(8) $(\cos x)' = -\sin x.$　　(9) $(\tan x)' = \sec^2 x.$

(10) $(\cot x)' = -\csc^2 x.$　　(11) $(\sec x)' = \sec x \tan x.$　　(12) $(\csc x)' = -\csc x \cot x.$

(13) $(\arcsin x)' = \frac{1}{\sqrt{1-x^2}}.$　　(14) $(\arccos x)' = -\frac{1}{\sqrt{1-x^2}}.$　　(15) $(\arctan x)' = \frac{1}{1+x^2}.$

(16) $(\operatorname{arccot} x)' = -\frac{1}{1+x^2}.$

2.2.3　复合函数求导法则

在研究函数的变化率问题时，经常需要对复合函数进行求导. 为此，我们引入下面的重要法则来解决这一问题，从而扩大函数求导的范围.

定理 2.5　如果函数 $u = \varphi(x)$ 在点 x 处可导，函数 $y = f(u)$ 在对应点 $u = \varphi(x)$ 处可导，则复合函数 $y = f[\varphi(x)]$ 在点 x 处也可导，且

$$\{f[\varphi(x)]\}' = f'(u) \cdot \varphi'(x) = f'[\varphi(x)] \cdot \varphi'(x),$$

或

$$\frac{dy}{dx} = \frac{dy}{du} \cdot \frac{du}{dx}.$$

即复合函数对自变量的导数等于函数对中间变量的导数乘以中间变量对自变量的导数. 此法则又称为复合函数的链式求导法则.

【即时提问 2.2】$y_1 = \sin x^2$ 与 $y_2 = \sin^2 x$ 二者分解后的内外函数有什么不同？二者利用复合函数求导法则求导后的结果有什么区别？

例 2.18　求下列函数的导数.

(1) $y = \cos^3 x.$　　(2) $y = e^{\frac{1}{x}}.$　　(3) $y = \sqrt{4-3x^2}.$　　(4) $y = \arcsin\sqrt{x}.$

解　(1) 设 $y = u^3, u = \cos x$，则 $y' = (u^3)'(\cos x)' = 3u^2(-\sin x) = -3\cos^2 x \sin x.$

(2) 设 $y = e^u, u = \frac{1}{x}$，则 $y' = (e^u)'\left(\frac{1}{x}\right)' = e^u \cdot \left(-\frac{1}{x^2}\right) = -\frac{1}{x^2}e^{\frac{1}{x}}.$

在熟练掌握复合函数的求导公式后，求导时可不必写出中间过程和中间变量.

(3) $y' = \frac{1}{2\sqrt{4-3x^2}} \cdot (4-3x^2)' = \frac{1}{2\sqrt{4-3x^2}} \cdot (-6x) = -\frac{3x}{\sqrt{4-3x^2}}.$

$(4) y' = (\arcsin\sqrt{x})' = \dfrac{1}{\sqrt{1-(\sqrt{x})^2}} \cdot \dfrac{1}{2\sqrt{x}} = \dfrac{1}{2\sqrt{x-x^2}}.$

工程计算中常用的双曲函数, 其导数公式我们可以推导出来.

*例 2.19 求下列双曲函数的导数.

(1) 双曲正弦 $\mathrm{sh}x = \dfrac{e^x - e^{-x}}{2}.$ $\quad(2)$ 双曲余弦 $\mathrm{ch}x = \dfrac{e^x + e^{-x}}{2}.$ $\quad(3)$ 双曲正切 $\mathrm{th}x = \dfrac{e^x - e^{-x}}{e^x + e^{-x}}.$

解 $(1) (\mathrm{sh}x)' = \left(\dfrac{e^x - e^{-x}}{2}\right)' = \dfrac{e^x + e^{-x}}{2},$ 所以 $(\mathrm{sh}x)' = \mathrm{ch}x.$

$(2) (\mathrm{ch}x)' = \left(\dfrac{e^x + e^{-x}}{2}\right)' = \dfrac{e^x - e^{-x}}{2},$ 所以 $(\mathrm{ch}x)' = \mathrm{sh}x.$

$(3) (\mathrm{th}x)' = \left(\dfrac{e^x - e^{-x}}{e^x + e^{-x}}\right)' = \dfrac{(e^x - e^{-x})'(e^x + e^{-x}) - (e^x - e^{-x})(e^x + e^{-x})'}{(e^x + e^{-x})^2}$

$\qquad = \dfrac{(e^x + e^{-x})^2 - (e^x - e^{-x})^2}{(e^x + e^{-x})^2} = \dfrac{4}{(e^x + e^{-x})^2}.$

我们还可以利用上述 3 个双曲函数的关系求 $(\mathrm{th}x)'.$

$$(\mathrm{th}x)' = \left(\dfrac{\mathrm{sh}x}{\mathrm{ch}x}\right)' = \dfrac{(\mathrm{sh}x)'\mathrm{ch}x - \mathrm{sh}x(\mathrm{ch}x)'}{\mathrm{ch}^2x} = \dfrac{\mathrm{ch}^2x - \mathrm{sh}^2x}{\mathrm{ch}^2x} = \dfrac{1}{\mathrm{ch}^2x} = \dfrac{4}{(e^x + e^{-x})^2}.$$

复合函数求导法则可以推广至多个中间变量的情况. 例如, $y = f(u), u = \varphi(v), v = \psi(x)$, 则有

$$\dfrac{\mathrm{d}y}{\mathrm{d}x} = \dfrac{\mathrm{d}y}{\mathrm{d}u} \cdot \dfrac{\mathrm{d}u}{\mathrm{d}v} \cdot \dfrac{\mathrm{d}v}{\mathrm{d}x}.$$

例 2.20 求下列函数的导数.

$(1) y = \ln(\sin x^3).$ $\qquad(2) y = 2^{\tan\frac{1}{x}}.$ $\qquad(3) y = \sin^2(3-4x).$

解 (1) 设 $y = \ln u, u = \sin v, v = x^3$, 则

$$y' = (\ln u)'(\sin v)'(x^3)' = \dfrac{1}{u} \cdot \cos v \cdot 3x^2 = \dfrac{3x^2\cos x^3}{\sin x^3} = 3x^2\cot x^3.$$

$(2) y' = 2^{\tan\frac{1}{x}}\ln 2 \cdot \sec^2\dfrac{1}{x} \cdot \left(-\dfrac{1}{x^2}\right) = -\dfrac{2^{\tan\frac{1}{x}}\ln 2}{x^2\cos^2\dfrac{1}{x}}.$

$(3) y' = 2\sin(3-4x) \cdot \cos(3-4x) \cdot (-4) = -4\sin(6-8x).$

复合函数求导法则常常与求导的四则运算法则结合使用.

例 2.21 求下列函数的导数.

$(1) y = \cos x^2 \cdot \sin^2\dfrac{1}{x}.$ $\qquad(2) y = \ln(x + \sqrt{x^2 + a^2}).$

解 $(1) y' = (\cos x^2)'\sin^2\dfrac{1}{x} + \cos x^2 \cdot \left(\sin^2\dfrac{1}{x}\right)'$

$\qquad = -\sin x^2 \cdot 2x \cdot \sin^2\dfrac{1}{x} + \cos x^2 \cdot 2\sin\dfrac{1}{x} \cdot \cos\dfrac{1}{x} \cdot \dfrac{-1}{x^2}$

$\qquad = -2x\sin x^2 \cdot \sin^2\dfrac{1}{x} - \dfrac{1}{x^2}\sin\dfrac{2}{x} \cdot \cos x^2.$

$$(2) \; y' = \frac{1}{x+\sqrt{x^2+a^2}} \cdot (x+\sqrt{x^2+a^2})' = \frac{1}{x+\sqrt{x^2+a^2}} \cdot \left[1 + \frac{(x^2+a^2)'}{2\sqrt{x^2+a^2}} \right]$$

$$= \frac{1}{x+\sqrt{x^2+a^2}} \cdot \left(1 + \frac{2x}{2\sqrt{x^2+a^2}} \right) = \frac{1}{x+\sqrt{x^2+a^2}} \cdot \frac{\sqrt{x^2+a^2}+x}{\sqrt{x^2+a^2}}$$

$$= \frac{1}{\sqrt{x^2+a^2}}.$$

抽象的复合函数求导是一个难点，我们通过下面的例题来加深认识.

例 2.22　已知 $f(u)$ 可导，求下列函数的导数.

$(1) \; y = 3^{f(\sqrt{x})}.$　　　　$(2) \; y = f(\ln x) + \ln f(x).$

解　$(1) \; y' = 3^{f(\sqrt{x})} \cdot \ln 3 \cdot [f(\sqrt{x})]' = 3^{f(\sqrt{x})} \cdot \ln 3 \cdot f'(\sqrt{x})(\sqrt{x})' = \frac{\ln 3}{2\sqrt{x}} \cdot 3^{f(\sqrt{x})} f'(\sqrt{x}).$

$(2) \; y' = [f(\ln x)]' + [\ln f(x)]' = f'(\ln x)(\ln x)' + \frac{1}{f(x)} f'(x) = \frac{1}{x} f'(\ln x) + \frac{f'(x)}{f(x)}.$

注意，在上述几个例题中，用到了对数函数的导数公式 $(\ln x)' = \dfrac{1}{x}$，如果对 $\ln|x|$ 求导，应如何进行呢？

当 $x > 0$ 时，

$$(\ln|x|)' = (\ln x)' = \frac{1}{x}.$$

当 $x < 0$ 时，

$$(\ln|x|)' = [\ln(-x)]' = \frac{1}{-x} \cdot (-1) = \frac{1}{x}.$$

由此可得 $(\ln|x|)' = \dfrac{1}{x}$.

例 2.23（钢棒长度的变化率）　假设某钢棒的长度 $L(\text{cm})$ 取决于气温 $H(℃)$，而气温 H 又取决于时间 $t(\text{h})$，如果气温每升高 1℃，钢棒长度增加 2cm，而每隔 1h，气温上升 3℃. 问：钢棒长度关于时间的增加有多快？

解　由题意得：钢棒长度对气温的变化率为 $\dfrac{\mathrm{d}L}{\mathrm{d}H} = 2\text{cm}/℃$，气温对时间的变化率为 $\dfrac{\mathrm{d}H}{\mathrm{d}t} =$

3℃/h. 要求钢棒长度对时间的变化率，即求 $\dfrac{\mathrm{d}L}{\mathrm{d}t}$.

将 L 看作 H 的函数，并将 H 看作 t 的函数，由复合函数的链式求导法则得

$$\frac{\mathrm{d}L}{\mathrm{d}t} = \frac{\mathrm{d}L}{\mathrm{d}H} \cdot \frac{\mathrm{d}H}{\mathrm{d}t} = 2 \times 3 = 6(\text{cm/h}).$$

所以，钢棒长度关于时间的增长率为 6cm/h.

例 2.24（设备供应商服务范围的增速）　某设备供应商在一个圆形区域内提供服务，并且在其服务半径达到 5km 时，其服务半径 r 以每年 2km 的速度扩展. 问：此时该供应商的服务范围以多快的速度增长？

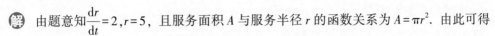

解 由题意知 $\dfrac{dr}{dt}=2, r=5$，且服务面积 A 与服务半径 r 的函数关系为 $A=\pi r^2$. 由此可得

$$\frac{dA}{dt}=\frac{dA}{dr}\cdot\frac{dr}{dt}=2\pi r\cdot\frac{dr}{dt},$$

将 $\dfrac{dr}{dt}=2$ 和 $r=5$ 代入上式，得

$$\frac{dA}{dt}=2\pi\times5\times2=20\pi\approx63\,(\text{km}^2/\text{a}).$$

故该供应商的服务范围的增长速度约为 $63\text{km}^2/\text{a}$.

2.2.4 高阶导数

1. 高阶导数的定义

一般地，函数 $y=f(x)$ 的导数 $f'(x)$ 仍然是关于 x 的函数，若 $f'(x)$ 关于 x 可导，称 $f'(x)$ 的导数为函数 $f(x)$ 的二阶导数，记作 $f''(x), y''$ 或 $\dfrac{d^2y}{dx^2}$，即

$$f''(x)=\lim_{\Delta x\to0}\frac{f'(x+\Delta x)-f'(x)}{\Delta x}.$$

函数 $f(x)$ 的二阶导数 $f''(x)=[f'(x)]'$ 实际上是函数 $f(x)$ 的导数 $f'(x)$ 的导数.

类似地，二阶导数的导数称为三阶导数，三阶导数的导数称为四阶导数，$\cdots$，$n-1$ 阶导数的导数称为 n 阶导数，分别记作

$$y''', y^{(4)}, \cdots, y^{(n)} \ \text{或} \ \frac{d^3y}{dx^3}, \frac{d^4y}{dx^4}, \cdots, \frac{d^ny}{dx^n}.$$

二阶及二阶以上的导数统称为高阶导数.

很多实际问题中都涉及高阶导数. 例如，变速直线运动的速度 $v(t)$ 是位移函数 $s(t)$ 对时间 t 的导数，而如果再考察速度 $v(t)$ 对时间 t 的导数，即"速度变化的快慢"，这就是加速度 $a(t)$，或者说

$$a(t)=\frac{dv}{dt}=\frac{d}{dt}\left(\frac{ds}{dt}\right)=\frac{d^2s}{dt^2}.$$

由 n 阶导数的定义容易看出，求高阶导数不需要用新的方法，只需按照求导方法逐阶来求即可.

例 2.25 设 $y=4x^3-e^{2x}+5\ln x$，求 y''.

解 $y'=12x^2-2e^{2x}+\dfrac{5}{x}$，对 y' 继续求导，得 $y''=24x-4e^{2x}-\dfrac{5}{x^2}$.

例 2.26(刹车问题) 某一汽车厂在测试汽车的刹车性能时发现，刹车后汽车行驶的路程 $s(t)(\text{m})$ 与时间 $t(\text{s})$ 满足 $s(t)=19.2t-0.4t^3$. 假设汽车做直线运动，求汽车在 $t=3\text{s}$ 时的速度和加速度.

解 汽车刹车后的速度为 $v=\dfrac{ds}{dt}=(19.2t-0.4t^3)'=19.2-1.2t^2$.

汽车刹车后的加速度为 $a=\dfrac{dv}{dt}=(19.2-1.2t^2)'=-2.4t$.

$t=3\text{s}$ 时汽车的速度为 $v\big|_{t=3}=(19.2-1.2t^2)\big|_{t=3}=8.4\,(\text{m/s})$.

$t=3\mathrm{s}$ 时汽车的加速度为 $a\mid_{t=3}=(-2.4t)\mid_{t=3}=-7.2$ （$\mathrm{m/s}^2$）.

故在 $t=3\mathrm{s}$ 时，汽车的速度为 $8.4\mathrm{m/s}$，加速度为 $-7.2\mathrm{m/s}^2$.

例2.27 求下列函数的 n 阶导数.

(1) $y=a^x$.   (2) $y=\sin x$.

解 (1) $y'=a^x\ln a, y''=a^x\ln^2 a,\cdots,y^{(n)}=a^x\ln^n a$.

特别地，$(\mathrm{e}^x)^{(n)}=\mathrm{e}^x$.

(2) $y'=\cos x=\sin\left(x+\dfrac{\pi}{2}\right),y''=\cos\left(x+\dfrac{\pi}{2}\right)=\sin\left(x+2\cdot\dfrac{\pi}{2}\right)$,

$$y'''=\cos\left(x+2\cdot\dfrac{\pi}{2}\right)=\sin\left(x+3\cdot\dfrac{\pi}{2}\right),\cdots,y^{(n)}=(\sin x)^{(n)}=\sin\left(x+n\cdot\dfrac{\pi}{2}\right).$$

类似地，有 $(\cos x)^{(n)}=\cos\left(x+n\cdot\dfrac{\pi}{2}\right)$.

例2.28 求函数 $y=\dfrac{1}{1+x}$ 的 n 阶导数.

解 $y'=\left[(1+x)^{-1}\right]'=(-1)\cdot(1+x)^{-2}$,

$\quad\quad y''=\left[(-1)\cdot(1+x)^{-2}\right]'=(-1)\cdot(-2)\cdot(1+x)^{-3},\cdots$.

通过归纳得 $y^{(n)}=(-1)^n\cdot n!\cdot(1+x)^{-n-1}=\dfrac{(-1)^n\cdot n!}{(1+x)^{n+1}}$.

2. 高阶导数的运算法则

若函数 $u=u(x),v=v(x)$ 在点 x 处具有 n 阶导数，则 $u(x)\pm v(x),Cu(x)$（C 为常数）在点 x 处具有 n 阶导数，且

$$(u\pm v)^{(n)}=u^{(n)}\pm v^{(n)},(Cu)^{(n)}=Cu^{(n)}.$$

求函数的高阶导数并非就是一次一次求导这么简单，我们常需要将所给函数进行恒等变形，利用已知函数的高阶导数公式，并结合求导运算法则、变量代换或通过找规律来得到高阶导数.

例2.29 已知 $y=\dfrac{1}{x^2-4}$，求 $y^{(100)}$.

解 因为 $y=\dfrac{1}{x^2-4}=\dfrac{1}{4}\left(\dfrac{1}{x-2}-\dfrac{1}{x+2}\right)$，由例2.28可得

$$\left(\dfrac{1}{x-2}\right)^{(100)}=\dfrac{(-1)^{100}\cdot 100!}{(x-2)^{101}}=\dfrac{100!}{(x-2)^{101}},\left(\dfrac{1}{x+2}\right)^{(100)}=\dfrac{(-1)^{100}\cdot 100!}{(x+2)^{101}}=\dfrac{100!}{(x+2)^{101}},$$

故

$$y^{(100)}=\dfrac{100!}{4}\left[\dfrac{1}{(x-2)^{101}}-\dfrac{1}{(x+2)^{101}}\right].$$

设函数 $u=u(x),v=v(x)$ 在点 x 处具有 n 阶导数，接下来考虑乘积 $(uv)^{(n)}$（$n>1$）的运算法则. 由 $(uv)'=u'v+uv'$ 可得

$$(uv)''=(u'v+uv')'=u''v+2u'v'+uv'',$$
$$(uv)'''=(u''v+2u'v'+uv'')'=u'''v+3u''v'+3u'v''+uv''',$$
$$\cdots\cdots$$

由数学归纳法得

$$(uv)^{(n)} = C_n^0 u^{(n)} v + C_n^1 u^{(n-1)} v' + C_n^2 u^{(n-2)} v'' + \cdots + C_n^{n-1} u' v^{(n-1)} + C_n^n u v^{(n)},$$

记为

$$(uv)^{(n)} = \sum_{k=0}^{n} C_n^k u^{(n-k)} v^{(k)},$$

其中零阶导数理解为函数本身, 此公式称为莱布尼茨公式. 容易看出, 上式右边的系数恰好与二项式定理中 $(a+b)^n$ 的系数相同.

例 2.30 已知 $y = x^2 \sin 3x$, 求 $y^{(20)}$.

解 设 $u = \sin 3x, v = x^2$, 则

$$u^{(k)} = 3^k \sin\left(3x + k \cdot \frac{\pi}{2}\right), k = 1, 2, \cdots, 20,$$

$$v' = 2x, v'' = 2, v^{(k)} = 0, k = 3, 4, \cdots, 20,$$

代入莱布尼茨公式得

$$y^{(20)} = (x^2 \sin 3x)^{(20)}$$

$$= 3^{20} \sin\left(3x + 20 \cdot \frac{\pi}{2}\right) \cdot x^2 + 20 \cdot 3^{19} \cdot \sin\left(3x + 19 \cdot \frac{\pi}{2}\right) \cdot 2x + \frac{20 \cdot 19}{2!} \cdot 3^{18} \cdot \sin\left(3x + 18 \cdot \frac{\pi}{2}\right) \cdot 2$$

$$= 3^{20} x^2 \sin 3x - 40 \cdot 3^{19} \cdot x \cos 3x - 380 \cdot 3^{18} \sin 3x$$

$$= 3^{18} (9x^2 \sin 3x - 120x \cos 3x - 380 \sin 3x).$$

同步习题 2.2

 基础题

1. 选择题.

(1) 设 $y = \ln|x+1|$, 则 ( ).

A. $y' = \dfrac{1}{x+1}$ B. $y' = -\dfrac{1}{x+1}$ C. $y' = \dfrac{1}{|x+1|}$ D. $y' = -\dfrac{1}{|x+1|}$

(2) 若对于任意 x, 有 $f'(x) = 4x^3 + x, f(1) = -1$, 则此函数为 ( ).

A. $f(x) = x^4 + \dfrac{x^2}{2}$ B. $f(x) = x^4 + \dfrac{x^2}{2} - \dfrac{5}{2}$

C. $f(x) = 12x^2 + 1$ D. $f(x) = x^4 + x^2 - 3$

(3) 曲线 $y = x^3 - 3x$ 上切线平行于 x 轴的点可能是 ( ).

A. $(0,0)$ B. $(-2,-2)$ C. $(-1,2)$ D. $(1,2)$

2. 求下列各函数的导数:

(1) $y = 5x^3 - 2^x + 3e^x + 2$;   (2) $y = \dfrac{\ln x}{x}$;   (3) $s = \dfrac{1 + \sin t}{1 + \cos t}$;

(4) $y = (x^2 + 1) \ln x$;   (5) $y = \dfrac{\sin 2x}{x}$;   (6) $y = x \sin x \ln x$.

3. 求下列各函数在给定点处的导数值.

(1) $y = \sin x - \cos x$，求 $y' \big|_{x=\frac{\pi}{6}}$.

(2) $f(x) = \dfrac{3}{5-x} + \dfrac{x^2}{5}$，求 $[f(0)]'$，$f'(0)$，$f'(2)$.

4. 求下列函数的导数：

(1) $y = \arcsin x^2$；　　　　(2) $y = e^{-x^2}$；　　　　(3) $y = \tan^3 4x$；

(4) $y = e^{x+2} \cdot 2^{x-3}$；　　(5) $y = (x+1)\sqrt{3-4x}$；　　(6) $y = \arctan \dfrac{1-x}{1+x}$；

(7) $y = \sqrt{x + \sqrt{x + \sqrt{x}}}$；　　(8) $y = x \arcsin \dfrac{x}{2} + \sqrt{4-x^2}$.

5. 求下列函数的导数：

(1) $y = (3x^2 - 2x + 1)^4$；　　(2) $y = \ln(1+x^2)$；　　(3) $y = \ln\left(\arctan \dfrac{1}{x}\right)$；

(4) $y = \left(\arctan \dfrac{x}{2}\right)^3$；　　(5) $y = \ln[\ln(\ln x)]$；　　(6) $y = e^{\tan \frac{1}{x}} \cdot \sin \dfrac{1}{x}$.

6. 求下列函数的二阶导数：

(1) $y = e^{2x-1} \sin x$；　　(2) $y = \ln(x + \sqrt{1+x^2})$；　　(3) $y = \tan x$；

(4) $y = \dfrac{x}{2}\sqrt{x^2+a^2} + \dfrac{a^2}{2}\ln(x + \sqrt{x^2+a^2})$.

7. 求下列函数的 n 阶导数：

(1) $y = \ln x$；　　(2) $y = a_0 x^n + a_1 x^{n-1} + \cdots + a_{n-1}x + a_n (a_0 \neq 0)$；　　(3) $y = x\ln x$；

(4) $y = \cos 2x$；　　(5) $y = \ln(1+x)$；　　(6) $y = \dfrac{1}{x^2 - 2x - 8}$.

8. (制冷效果)某电器厂在对冰箱制冷后断电测试其制冷效果，经过时间 $t(\text{h})$ 后冰箱的温度为 $T = \dfrac{2t}{0.05t+1} - 20(\text{℃})$，问：冰箱的温度 T 关于时间 t 的变化率是多少?

提高题

1. 求下列函数的导数(其中函数 f 可导)：

(1) $y = \cos 2x + x^{\ln x}$；　　　　　　　　(2) $y = \ln(e^x + \sqrt{1+e^{2x}})$；

(3) $y = x\ln(x + \sqrt{x^2+a^2}) - \sqrt{x^2+a^2}\ (a \neq 0)$；　(4) $y = f^2(x)$；

(5) $y = f(e^x)e^{f(x)}$；　　　　　　　　(6) $y = f(\sin^2 x) + \sin f^2(x)$.

微课：同步习题2.2
提高题1(6)

2. 已知函数 $y = f\left(\dfrac{3x-2}{3x+2}\right)$，$f'(x) = \arctan x^2$，求 $\dfrac{dy}{dx}\Big|_{x=0}$.

3. 设函数 $f(x)$ 可导且 $f'(a) = \dfrac{1}{2f(a)}$. 若 $y = e^{f^2(x)}$，求证：$y(a) = y'(a)$.

4. 设函数 $f(2x+1) = e^x$，求 $f(x)$ 和 $f'(\ln x)$.

5. 求下列函数指定阶的导数：

(1) $y = e^x \cos x$，求 $y^{(4)}$；　　　　　　(2) $y = x^2 e^{2x}$，求 $y^{(20)}$.

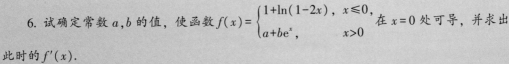

6. 试确定常数 a,b 的值，使函数 $f(x)=\begin{cases}1+\ln(1-2x)\,, & x\leqslant 0,\\ a+be^{x}\,, & x>0\end{cases}$ 在 $x=0$ 处可导，并求出此时的 $f'(x)$.

7. 设函数 $x=f(y)$ 的反函数 $y=f^{-1}(x)$，$f'\left[f^{-1}(x)\right]$ 和 $f''\left[f^{-1}(x)\right]$ 均存在，且 $f'\left[f^{-1}(x)\right]\neq 0$，求 $\dfrac{\mathrm{d}^{2}\left[f^{-1}(x)\right]}{\mathrm{d}x^{2}}$.

2.3 隐函数及由参数方程确定的函数的求导

2.3.1 隐函数的求导

函数 $y=y(x)$ 表示两个变量 y 与 x 之间的对应关系，这种对应关系可以用各种不同方式表达. 以前所遇到的函数，如 $y=x^{2}+1$，$y=\sin 3x$ 等，其表达式的特点是等号左端是因变量，等号右端是仅关于自变量的式子，用这种方式表达的函数称为显函数. 而有些函数的表达方式却不是这样的，例如，方程 $x^{3}+y^{3}=6xy$ 表示一个函数，因为当变量 x 在 $(-\infty,+\infty)$ 内取值时，变量 y 有确定的值与之对应，这样的函数称为隐函数.

一般地，如果变量 x 和 y 满足一个方程 $F(x,y)=0$，在一定条件下，当 x 在某区间 I 内任意取定一个值时，相应地总有满足该方程的唯一的 y 值存在，则称方程 $F(x,y)=0$ 在区间 I 内确定了一个隐函数.

如何求隐函数的导数？我们自然会想到从 $F(x,y)=0$ 解出 y，从而得到显函数 $y=y(x)$，然后再对得到的显函数进行求导. 把一个隐函数化为显函数的过程，称为隐函数的显化. 有些方程所确定的隐函数很容易表示成显函数的形式，例如，由方程 $2x+3y+1=0$ 解出 y，得显函数 $y=-\dfrac{2x+1}{3}$；由方程 $x^{2}+y^{3}-1=0$ 解出 y，得显函数 $y=\sqrt[3]{1-x^{2}}$. 但也有一些隐函数是很难显化或无法显化的，例如，由方程 $xy-e^{x}+e^{y}=0$ 就无法解出 y 关于 x 的表达式. 因此，我们需要寻找一种方法，以便不管隐函数能否显化，都能直接由方程求出它所确定的隐函数的导数.

隐函数求导法的基本思想：把方程 $F(x,y)=0$ 中的 y 看作 x 的函数 $y(x)$，利用复合函数求导法则，方程两端同时对 x 求导，然后解出 y'. 以下我们总假设由方程 $F(x,y)=0$ 所确定的隐函数 $y(x)$ 存在并且是可导函数，从而隐函数求导法可以应用.

下面通过具体的例题来说明隐函数求导法.

例 2.31 求由方程 $xy=e^{x+y}$ 所确定的隐函数 $y=y(x)$ 的导数.

解 把 y 看成 x 的函数，方程两边同时对 x 求导，得

$$y+xy'=e^{x+y}(1+y')\,,$$

有

$$y'=\frac{e^{x+y}-y}{x-e^{x+y}}.$$

例 2.32 求由方程 $xy + \ln y = x^2$ 所确定的隐函数 $y = y(x)$ 在 $x = 0$ 处的导数 $y'\big|_{x=0}$.

解 把 y 看成 x 的函数,方程两边同时对 x 求导,得

$$y + xy' + \frac{1}{y} \cdot y' = 2x,$$

从而有

$$y' = \frac{2xy - y^2}{1 + xy}.$$

因为当 $x = 0$ 时,从原方程解得 $y = 1$,所以 $y'\big|_{x=0} = -1$.

例 2.33 求由方程 $x - y + \frac{1}{2}\sin y = 0$ 所确定的隐函数 $y = y(x)$ 的二阶导数 y''.

解 把 y 看成 x 的函数,方程两边同时对 x 求导,得 $1 - y' + \frac{1}{2}\cos y \cdot y' = 0$,解得

$$y' = \frac{2}{2 - \cos y}.$$

上式两边再对 x 求导,得 $y'' = -\frac{2\sin y \cdot y'}{(2 - \cos y)^2}$,将 $y' = \frac{2}{2 - \cos y}$ 代入得

$$y'' = -\frac{4\sin y}{(2 - \cos y)^3}.$$

2.3.2 对数求导法

在一般情况下,当遇到由多个函数的积、商、幂构成的函数,需要对其求导时,虽然也可以用导数的四则运算法则或者复合函数的链式求导法则求解,但有些函数直接这样求导太过烦琐,此时我们可以考虑利用对数求导法简化求导过程.

所谓对数求导法,就是先在 $y = f(x)$ 的两边同时取对数,然后借助隐函数求导法,方程两边同时对 x 求导,再整理出 y 的导数.下面通过一些例子来说明对数求导法的使用方法.

例 2.34 求函数 $y = \sqrt{\dfrac{(x-1)(x-2)}{(x-3)(x-4)}}$ 的导数.

解 方程两边同时取对数,得

$$\ln y = \frac{1}{2}(\ln|x-1| + \ln|x-2| - \ln|x-3| - \ln|x-4|),$$

两边同时对 x 求导,得

$$\frac{1}{y} \cdot y' = \frac{1}{2}\left(\frac{1}{x-1} + \frac{1}{x-2} - \frac{1}{x-3} - \frac{1}{x-4}\right),$$

即

$$y' = \frac{1}{2}\sqrt{\frac{(x-1)(x-2)}{(x-3)(x-4)}}\left(\frac{1}{x-1} + \frac{1}{x-2} - \frac{1}{x-3} - \frac{1}{x-4}\right).$$

此题运用了对数求导法,先通过方程两边同时取对数将原来复杂的函数进行简化,再借助隐函数的求导方法实现求导,但由于原方程并不是真正的隐函数,所以结果中的 y 要代换为含 x 的函数形式.此类题目运用对数求导法比直接利用复合函数求导法则要简单得多.

例 2.35 已知函数 $f(x) = \dfrac{x^3}{2-x}\sqrt[3]{\dfrac{2-x}{(2+x)^2}}$，求 $f'(1)$.

解 方程两边同时取对数，得

$$\ln|f(x)| = 3\ln|x| - \ln|2-x| + \frac{1}{3}(\ln|2-x| - 2\ln|2+x|),$$

即

$$\ln|f(x)| = 3\ln|x| - \frac{2}{3}\ln|2-x| - \frac{2}{3}\ln|2+x|,$$

两边同时对 x 求导，得

$$\frac{f'(x)}{f(x)} = \frac{3}{x} + \frac{2}{3}\cdot\frac{1}{2-x} - \frac{2}{3}\cdot\frac{1}{x+2},$$

所以 $f'(x) = f(x)\left[\dfrac{3}{x} + \dfrac{2}{3}\left(\dfrac{1}{2-x} - \dfrac{1}{x+2}\right)\right]$，故 $f'(1) = f(1)\left[3 + \dfrac{2}{3}\left(1 - \dfrac{1}{3}\right)\right] = \dfrac{31}{9}\sqrt[3]{\dfrac{1}{9}}$.

对数求导法除了可以用来求多个函数的积、商、幂构成的函数的导数，还可以用来求幂指函数的导数. 对于幂指函数

$$y = u(x)^{v(x)}\ [u(x)>0, u(x)\neq 1],$$

如果 $u = u(x), v = v(x)$ 都可导，则可利用对数求导法求出幂指函数的导数. 通过方程两边同时取对数，将幂指函数转换成隐函数再求导.

例 2.36 求 $y = x^{\sin x}(x>0)$ 的导数.

解 方程两边同时取对数，得

$$\ln y = \sin x \cdot \ln x,$$

两边对 x 求导，得

$$\frac{1}{y}\cdot y' = \cos x \cdot \ln x + \sin x \cdot \frac{1}{x},$$

即

$$y' = x^{\sin x}\left(\cos x \cdot \ln x + \frac{\sin x}{x}\right).$$

幂指函数还可以表示为 $y = u(x)^{v(x)} = e^{v(x)\ln u(x)}$，利用复合函数求导法则求导. 例如，$y = x^{\sin x} = e^{\sin x \cdot \ln x}$，利用复合函数求导法则求导，得

$$y' = (e^{\sin x \cdot \ln x})' = e^{\sin x \cdot \ln x}\cdot(\sin x \cdot \ln x)' = x^{\sin x}\left(\cos x \cdot \ln x + \frac{\sin x}{x}\right).$$

2.3.3 由参数方程确定的函数的求导

设函数 $y = f(x)$ 的关系由参数方程 $\begin{cases} x = \varphi(t), \\ y = \psi(t) \end{cases} (\alpha \leq t \leq \beta)$ 给出，其中 t 为参数，例如，椭圆 $\dfrac{x^2}{a^2} + \dfrac{y^2}{b^2} = 1$ 的参数方程为 $\begin{cases} x = a\cos t, \\ y = b\sin t \end{cases} (0 \leq t \leq 2\pi)$. 通过消去参数，有的参数方程可以化成 y 是 x 的显函数的形式，但是这种变化过程有时不能进行，或者即使可以进行也比较麻烦. 下面介绍直接由参数方程求导数的方法.

设 $x=\varphi(t)$，$y=\psi(t)$ 都是可导函数，$\varphi'(t)\neq 0$，$x=\varphi(t)$ 单调且有反函数 $t=\varphi^{-1}(x)$。把 $t=\varphi^{-1}(x)$ 代入 $y=\psi(t)$ 中，得复合函数 $y=\psi[\varphi^{-1}(x)]$。由复合函数与反函数的求导法则，得

$$\frac{dy}{dx}=\frac{dy}{dt}\cdot\frac{dt}{dx}=\frac{\dfrac{dy}{dt}}{\dfrac{dx}{dt}}=\frac{\psi'(t)}{\varphi'(t)},$$

即

$$\frac{dy}{dx}=\frac{\psi'(t)}{\varphi'(t)}\text{或}\frac{dy}{dx}=\frac{\dfrac{dy}{dt}}{\dfrac{dx}{dt}}.$$

如果 $x=\varphi(t)$，$y=\psi(t)$ 都具有二阶导数，且 $\varphi'(t)\neq 0$，我们可以用上面解决问题的思路求出 $\dfrac{d^2y}{dx^2}$，有

$$\frac{d^2y}{dx^2}=\frac{d}{dx}\left(\frac{dy}{dx}\right)=\frac{d}{dx}\left[\frac{\psi'(t)}{\varphi'(t)}\right]=\frac{d}{dt}\left[\frac{\psi'(t)}{\varphi'(t)}\right]\cdot\frac{dt}{dx}=\frac{d}{dt}\left[\frac{\psi'(t)}{\varphi'(t)}\right]\cdot\frac{1}{\dfrac{dx}{dt}}$$

$$=\frac{\psi''(t)\varphi'(t)-\psi'(t)\varphi''(t)}{[\varphi'(t)]^2}\cdot\frac{1}{\varphi'(t)}$$

$$=\frac{\psi''(t)\varphi'(t)-\psi'(t)\varphi''(t)}{[\varphi'(t)]^3}.$$

实际进行求导计算时，只要遵循上述思想方法即可，不一定要套用此公式.

例 2.37 设 $\begin{cases} x=\ln(1+t^2), \\ y=t-\arctan t, \end{cases}$ 求 $\dfrac{dy}{dx}$ 和 $\dfrac{d^2y}{dx^2}$.

解 $\dfrac{dy}{dx}=\dfrac{(t-\arctan t)'}{[\ln(1+t^2)]'}=\dfrac{1-\dfrac{1}{1+t^2}}{\dfrac{2t}{1+t^2}}=\dfrac{t}{2},$

联立成新的参数方程 $\begin{cases} x=\ln(1+t^2), \\ \dfrac{dy}{dt}=\dfrac{t}{2}, \end{cases}$ 再应用由参数方程所确定的函数的求导公式，得

$$\frac{d^2y}{dx^2}=\frac{d\left(\dfrac{dy}{dx}\right)}{dx}=\frac{\dfrac{d\left(\dfrac{dy}{dx}\right)}{dt}}{\dfrac{dx}{dt}}=\frac{\dfrac{1}{2}}{\dfrac{2t}{1+t^2}}=\frac{1+t^2}{4t}.$$

【即时提问 2.3】 本例中求二阶导数 $\dfrac{d^2y}{dx^2}$ 时，为什么不能直接对 $\dfrac{dy}{dx}=\dfrac{t}{2}$ 继续求导以得到二阶导数？

例 2.38(圆的切线方程) 某工厂生产一批圆形零件, 该零件外部圆的参数方程为 $\begin{cases} x = \cos t, \\ y = \sin t \end{cases}$

$(0 \leqslant t \leqslant 2\pi)$, 现需要沿着零件外部圆的切线方向对零件进行加工打磨, 求该圆形零件外部圆在

$t = \dfrac{\pi}{4}$ 处的切线方程.

解 当 $t = \dfrac{\pi}{4}$ 时, $x_0 = \cos \dfrac{\pi}{4} = \dfrac{\sqrt{2}}{2}, y_0 = \sin \dfrac{\pi}{4} = \dfrac{\sqrt{2}}{2}$, 所以切点为 $P\left(\dfrac{\sqrt{2}}{2}, \dfrac{\sqrt{2}}{2} \right)$.

$$\frac{\mathrm{d}y}{\mathrm{d}x} = \frac{(\sin t)'}{(\cos t)'} = \frac{\cos t}{-\sin t} = -\cot t.$$

零件外部圆在点 P 处的切线斜率为 $k = \dfrac{\mathrm{d}y}{\mathrm{d}x} \Big|_{t=\frac{\pi}{4}} = (-\cot t) \Big|_{t=\frac{\pi}{4}} = -1.$

所求切线方程为 $y - \dfrac{\sqrt{2}}{2} = -\left(x - \dfrac{\sqrt{2}}{2} \right)$, 即 $x + y - \sqrt{2} = 0.$

2.3.4 相关变化率

设 $x = x(t)$ 和 $y = y(t)$ 都是可导函数, 而变量 x 和 y 间存在某种关系, 从而变化率 $x'(t)$ 与 $y'(t)$ 间也存在一定关系. 这两个相互依赖的变化率称为相关变化率. 相关变化率问题就是研究两个变化率之间的关系, 以便根据其中一个变化率求出另一个变化率.

例 2.39 已知一个长方形的长 l 以 2cm/s 的速度增加, 宽 w 以 3cm/s 的速度增加, 则当长为 12cm、宽为 5cm 时, 它的对角线的增加率是多少?

解 设长方形的对角线为 y, 则 $y^2 = l^2 + w^2$, 两边对 t 求导, 得

$$2y \frac{\mathrm{d}y}{\mathrm{d}t} = 2l \frac{\mathrm{d}l}{\mathrm{d}t} + 2w \frac{\mathrm{d}w}{\mathrm{d}t},$$

即

$$y \frac{\mathrm{d}y}{\mathrm{d}t} = l \frac{\mathrm{d}l}{\mathrm{d}t} + w \frac{\mathrm{d}w}{\mathrm{d}t}.$$

已知 $\dfrac{\mathrm{d}l}{\mathrm{d}t} = 2, \dfrac{\mathrm{d}w}{\mathrm{d}t} = 3, l = 12, w = 5$, 而 $y = \sqrt{12^2 + 5^2} = 13$, 代入上式, 得对角线的增加率 $\dfrac{\mathrm{d}y}{\mathrm{d}t} = 3 (\mathrm{cm/s}).$

例 2.40 一个正在充气的球形气球, 其体积以 100cm³/s 的速度增加, 问: 半径为 25cm 时, 气球半径的增加率是多少?

解 设在时刻 t 气球的半径和体积分别为 r 和 V, 根据题意, 得 $V = \dfrac{4}{3} \pi r^3$, 两边对 t 求导, 得

$$\frac{\mathrm{d}V}{\mathrm{d}t} = \frac{4}{3} \pi \cdot 3 r^2 \cdot \frac{\mathrm{d}r}{\mathrm{d}t} = 4\pi r^2 \frac{\mathrm{d}r}{\mathrm{d}t}.$$

已知 $\dfrac{\mathrm{d}V}{\mathrm{d}t} = 100, r = 25$, 代入上式, 得 $\dfrac{\mathrm{d}r}{\mathrm{d}t} = \dfrac{100}{4\pi \cdot 25^2} = \dfrac{1}{25\pi} (\mathrm{cm/s}).$

故半径为 25cm 时, 气球半径的增加率为 $\dfrac{1}{25\pi}$ cm/s.

同步习题2.3

 基础题

1. 求由下列方程所确定的隐函数的导数：

(1) $y^2 - 2xy + 9 = 0$；　　　　　　　　　　(2) $x^3 + y^3 - 3axy = 0$；

(3) $\cos y = \ln(x+y)$.

2. 用对数求导法求下列函数的导数：

(1) $y = \dfrac{\sqrt{x+2}(3-x)^4}{(x+1)^5}$；　　　　　　　(2) $y = (\sin x)^{\tan x}$.

3. 写出下列曲线在所给参数值相应点处的切线方程和法线方程.

(1) $\begin{cases} x = \sin t, \\ y = \cos 2t, \end{cases} t = \dfrac{\pi}{4}$.　　　　　(2) $\begin{cases} x = \dfrac{3at}{1+t^2}, \\ y = \dfrac{3at^2}{1+t^2}, \end{cases} t = 2$.

4. 一质点做曲线运动，其位置坐标与时间 t 的关系为 $\begin{cases} x = t^2 + t - 2, \\ y = 3t^2 - 2t - 1, \end{cases}$ 求 $t = 1$ 时该质点的速度的大小.

5. 求椭圆 $\dfrac{x^2}{16} + \dfrac{y^2}{9} = 1$ 在点 $\left(2, \dfrac{3}{2}\sqrt{3}\right)$ 处的切线方程.

提高题

1. 求由下列方程所确定的隐函数的二阶导数 $\dfrac{\mathrm{d}^2 y}{\mathrm{d}x^2}$.

(1) $x^2 - y^2 = 1$.　　　　　　　　　(2) $b^2 x^2 + a^2 y^2 = a^2 b^2$.

(3) $y = \tan(x+y)$.　　　　　　　　(4) $y = 1 + x e^y$.

2. 用对数求导法求下列函数的导数.

(1) $y = \sqrt[5]{\dfrac{x-5}{\sqrt[5]{x^2+2}}}$.　　　　　　　(2) $y = \left(\dfrac{x}{1+x}\right)^x$.

3. 求由下列参数方程所确定的函数的二阶导数 $\dfrac{\mathrm{d}^2 y}{\mathrm{d}x^2}$.

(1) $\begin{cases} x = \dfrac{t^2}{2}, \\ y = 1 - t. \end{cases}$　　　　　　　(2) $\begin{cases} x = a\cos t, \\ y = b\sin t. \end{cases}$

■ 2.4　函数的微分

在自然科学与工程技术中，人们常遇到这样一类问题：在运动变化过程中，当自变量有微

小增量 Δx 时，需要计算相应的函数增量 Δy.

对于函数 $y=f(x)$，在点 x_0 处函数的增量可表示为 $\Delta y=f(x_0+\Delta x)-f(x_0)$，而在很多函数关系中，用上式表达的 Δy 与 Δx 之间的关系相对比较复杂，这一点不利于计算 Δy（相应于自变量的增量 Δx）. 能否用较简单的关于 Δx 的线性关系去近似代替 Δy 的上述复杂关系呢？近似后所产生的误差又是怎样的呢？现在以可导函数 $f(x)$ 来研究这个问题，先看下面的例子.

引例 3 受热金属片面积的增量

如图 2.5 所示，一个正方形金属片受热后，其边长由 x_0 变化为 $x_0+\Delta x$，问：金属片的面积改变了多少？

设此正方形金属片的边长为 x，面积为 S，则 S 是 x 的函数：$S(x)=x^2$. 正方形金属片面积的增量，可以看成当自变量 x 在 x_0 取得增量 Δx 时，函数 S 相应的增量 ΔS，即

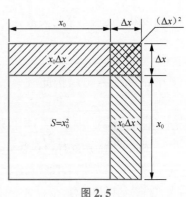

$$\Delta S=(x_0+\Delta x)^2-x_0^2=2x_0\Delta x+(\Delta x)^2.$$

从上式可以看出，ΔS 分成两部分，第一部分 $2x_0\Delta x$ 是 Δx 的线性函数，即图 2.5 中带有斜线的两个矩形面积之和；而第二部分 $(\Delta x)^2$ 在图中是带有交叉斜线的小正方形的面积.

图 2.5

当 $\Delta x\to 0$ 时，第二部分 $(\Delta x)^2$ 是比 Δx 高阶的无穷小量，即 $(\Delta x)^2=o(\Delta x)$. 由此可见，如果边长改变很微小，即 $|\Delta x|$ 很小时，面积函数 $S(x)=x^2$ 的增量 ΔS 可近似地用第一部分 $2x_0\Delta x$ 来代替，且 $2x_0=(x^2)'|_{x=x_0}$. 这种近似代替具有一般性，下面给出微分的定义.

2.4.1 微分的定义

定义 2.4 设函数 $y=f(x)$ 在 x_0 的某邻域 $U(x_0)$ 内有定义，$x_0+\Delta x\in U(x_0)$，如果函数的增量 $\Delta y=f(x_0+\Delta x)-f(x_0)$ 可表示为

$$\Delta y=A\Delta x+o(\Delta x), \tag{2.4}$$

其中 A 是不依赖于 Δx 的常数，$o(\Delta x)$ 是比 Δx 高阶的无穷小量，则称函数 $f(x)$ 在点 x_0 处可微，而 $A\Delta x$ 称为 $f(x)$ 在点 x_0 处的微分，记为 $\mathrm{d}y|_{x=x_0}$，即

$$\mathrm{d}y|_{x=x_0}=A\Delta x.$$

显然，微分有两个特点：一是 $A\Delta x$ 是 Δx 的线性函数；二是 Δy 与 $A\Delta x$ 的差

$$\Delta y-A\Delta x=o(\Delta x)$$

是比 Δx 高阶的无穷小量（$\Delta x\to 0$）. 因此，微分 $A\Delta x$ 为 Δy 的线性主要部分，当 $A\neq 0$ 且 $|\Delta x|$ 很小时，就可以用 Δx 的线性函数 $A\Delta x$ 来近似代替 Δy.

下面给出函数在一点可微的充分必要条件.

定理 2.6 函数 $y=f(x)$ 在点 x_0 可微的充分必要条件是该函数在点 x_0 处可导，且 $\mathrm{d}y|_{x=x_0}=f'(x_0)\Delta x$.

证明 必要性 如果函数 $f(x)$ 在点 x_0 可微，当 x 有增量 $\Delta x(\Delta x\neq 0)$ 时，根据定义 2.4 有式 (2.4) 成立，式 (2.4) 两边同时除以 Δx，得

$$\frac{\Delta y}{\Delta x}=A+\frac{o(\Delta x)}{\Delta x}.$$

令 $\Delta x \to 0$, 得

$$A = \lim_{\Delta x \to 0} \frac{\Delta y}{\Delta x} = f'(x_0).$$

因此, 如果函数 $f(x)$ 在点 x_0 可微, 那么 $f(x)$ 在点 x_0 也一定可导, 且 $\mathrm{d}y \mid_{x=x_0} = f'(x_0) \Delta x$.

充分性 如果 $f(x)$ 在点 x_0 可导, 即

$$\lim_{\Delta x \to 0} \frac{\Delta y}{\Delta x} = f'(x_0),$$

根据极限与无穷小量的关系, 上式可以写成

$$\frac{\Delta y}{\Delta x} = f'(x_0) + \alpha,$$

其中 $\alpha \to 0 (\Delta x \to 0)$. 因此

$$\Delta y = f'(x_0) \Delta x + \alpha \Delta x.$$

因 $\alpha \Delta x = o(\Delta x)$, 且 $f'(x_0)$ 不依赖于 Δx, 故 $f(x)$ 在点 x_0 可微.

由此可见, 函数 $f(x)$ 在点 x_0 可微与可导是等价的, 并且函数 $f(x)$ 在点 x_0 的微分可表示为

$$\mathrm{d}y \mid_{x=x_0} = f'(x_0) \Delta x. \tag{2.5}$$

当 $f'(x_0) \neq 0$ 时, 有

$$\lim_{\Delta x \to 0} \frac{\Delta y}{\mathrm{d}y} = \lim_{\Delta x \to 0} \frac{\Delta y}{f'(x_0) \Delta x} = \frac{1}{f'(x_0)} \lim_{\Delta x \to 0} \frac{\Delta y}{\Delta x} = 1.$$

从而, 当 $\Delta x \to 0$ 时, Δy 与 $\mathrm{d}y$ 是等价无穷小量.

例 2.41 求函数 $y = x^3$ 当 $x_0 = 2, \Delta x = 0.02$ 时的微分.

解 $y' = 3x^2$, 当 $x_0 = 2, \Delta x = 0.02$ 时,

$$\mathrm{d}y \mid_{x=2} = 3 \times 2^2 \times 0.02 = 0.24.$$

如果函数 $y = f(x)$ 在区间 (a,b) 内每一点 x 都可微, 则称函数 $f(x)$ 在区间 (a,b) 内可微. 函数 $f(x)$ 在区间 (a,b) 内的微分记为

$$\mathrm{d}y = f'(x) \Delta x.$$

通常把自变量 x 的增量 Δx 称为自变量的微分, 记作 $\mathrm{d}x$, 即 $\mathrm{d}x = \Delta x$, 则在任意点 x 处函数的微分

$$\mathrm{d}y = f'(x) \Delta x = f'(x) \mathrm{d}x.$$

从微分的定义 $\mathrm{d}y = f'(x) \mathrm{d}x$ 可以推出, 函数的导数就是函数的微分与自变量的微分之商, 即 $f'(x) = \dfrac{\mathrm{d}y}{\mathrm{d}x}$, 因此, 导数又叫"微商".

由式 (2.4) 和式 (2.5) 可得, 在点 x 处, $\Delta y = \mathrm{d}y + o(\Delta x)$, 当 $\Delta x \to 0$ 时, 函数的增量 Δy 主要取决于第一部分 $\mathrm{d}y$ 的大小, 可记为

$$\Delta y \approx \mathrm{d}y \text{ 或 } \Delta y \approx f'(x) \mathrm{d}x.$$

2.4.2 微分的几何意义

为了使大家对微分有比较直观的了解, 下面介绍微分的几何意义.

如图 2.6 所示, 当曲线 $y = f(x)$ 在点 $M(x,y)$ 处的横坐标 x 有增量 Δx 时, 点 $M(x,y)$ 处切线纵坐标的增量为 $\mathrm{d}y = f'(x) \Delta x$. 用 $\mathrm{d}y$ 近似代替 Δy 就是用切线的增量近似代替曲线的增量, 当

$\Delta x \to 0$ 时，所产生的误差也趋于 0，且趋于 0 的速度比 Δx 要快得多.

由上述分析可以看出，在点 $M(x,y)$ 附近，可以用切线段来近似代替曲线段，也即在局部范围内可以用线性函数近似代替非线性函数，这在数学上称为非线性函数的局部线性化. "以直代曲"是微分学的基本思想方法之一，这种思想方法在自然科学和工程问题的研究中经常采用.

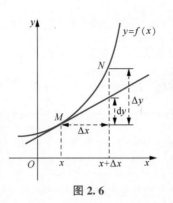

计算机可视化

图 2.6

【即时提问 2.4】在图 2.6 中，为什么在点 x 处函数的增量 Δy 和函数的微分 $\mathrm{d}y$ 差距比较大(二者并不是近似相等的)?

2.4.3　微分的计算

根据微分的表达式 $\mathrm{d}y=f'(x)\mathrm{d}x$ 可知，要计算函数的微分，只需计算函数的导数，再乘以自变量的微分即可. 下面给出常用的微分公式和微分运算法则，以方便大家运用.

1. 基本初等函数的微分公式

(1) $\mathrm{d}C=0.$

(2) $\mathrm{d}x^{\mu}=\mu x^{\mu-1}\mathrm{d}x.$

(3) $\mathrm{d}a^{x}=(a^{x}\ln a)\mathrm{d}x.$

(4) $\mathrm{d}(\mathrm{e}^{x})=\mathrm{e}^{x}\mathrm{d}x.$

(5) $\mathrm{d}(\log_{a}x)=\dfrac{1}{x\ln a}\mathrm{d}x.$

(6) $\mathrm{d}(\ln x)=\dfrac{1}{x}\mathrm{d}x.$

(7) $\mathrm{d}(\sin x)=\cos x\mathrm{d}x.$

(8) $\mathrm{d}(\cos x)=-\sin x\mathrm{d}x.$

(9) $\mathrm{d}(\tan x)=\sec^{2}x\mathrm{d}x.$

(10) $\mathrm{d}(\cot x)=-\csc^{2}x\mathrm{d}x.$

(11) $\mathrm{d}(\sec x)=\sec x\tan x\mathrm{d}x.$

(12) $\mathrm{d}(\csc x)=-\csc x\cot x\mathrm{d}x.$

(13) $\mathrm{d}(\arcsin x)=\dfrac{1}{\sqrt{1-x^{2}}}\mathrm{d}x.$

(14) $\mathrm{d}(\arccos x)=-\dfrac{1}{\sqrt{1-x^{2}}}\mathrm{d}x.$

(15) $\mathrm{d}(\arctan x)=\dfrac{1}{1+x^{2}}\mathrm{d}x.$

(16) $\mathrm{d}(\operatorname{arccot}x)=-\dfrac{1}{1+x^{2}}\mathrm{d}x.$

2. 微分的四则运算法则

设 $u=u(x),v=v(x)$ 都是可微函数，则

(1) $\mathrm{d}(u\pm v)=\mathrm{d}u\pm\mathrm{d}v$;

(2) $\mathrm{d}(uv)=v\mathrm{d}u+u\mathrm{d}v$;

(3) $\mathrm{d}(Cu)=C\mathrm{d}u$ (C 为常数);

(4) $\mathrm{d}\left(\dfrac{u}{v}\right)=\dfrac{v\mathrm{d}u-u\mathrm{d}v}{v^{2}}[v(x)\neq 0].$

3. 复合函数的微分法则

设 $y=f(u),u=\varphi(x)$ 都可导，则复合函数 $y=f[\varphi(x)]$ 的微分为

$$\mathrm{d}y=f'(u)\mathrm{d}u=f'[\varphi(x)]\varphi'(x)\mathrm{d}x.$$

如果要求 $y=f(u)$ 的微分，会得到 $\mathrm{d}y=f'(u)\mathrm{d}u$，这时 u 是自变量. 如果求 $y=f(u),u=\varphi(x)$ 所构成的复合函数 $y=f[\varphi(x)]$ 的微分，由复合函数的微分法则，会得到 $\mathrm{d}y=f'[\varphi(x)]\varphi'(x)\mathrm{d}x$，即 $\mathrm{d}y=f'[\varphi(x)]\varphi'(x)\mathrm{d}x=f'(u)\mathrm{d}u$，这时 u 是中间变量.

从上面的式子可以看出：无论 u 是自变量还是中间变量，只要函数可微，其微分形式都可以写成 $\mathrm{d}y=f'(u)\mathrm{d}u$，即微分在形式上保持不变，这一性质称为一阶微分形式不变性.

例 2. 42 求下列函数的微分或在给定点处的微分.

$(1) y = e^{ax+bx^2}$，求 dy.　　　$(2) y = x^3 e^{2x}$，求 dy.　　　$(3) y = \arctan \dfrac{1}{x}$，求 dy 及 $dy\big|_{x=1}$.

解 (1) **方法①** $dy = d(e^{ax+bx^2}) = (e^{ax+bx^2})'dx = (a+2bx)e^{ax+bx^2}dx$.

方法② 令 $u = ax + bx^2$，则 $y = e^u$. 由一阶微分形式不变性得

$$dy = (e^u)'du = e^u du = e^{ax+bx^2}d(ax+bx^2) = (a+2bx)e^{ax+bx^2}dx.$$

(2) **方法①** $dy = y'dx = (x^3 e^{2x})'dx = (3x^2 e^{2x} + 2x^3 e^{2x})dx = x^2 e^{2x}(3+2x)dx$.

方法② 由微分的乘法法则和一阶微分形式不变性得

$$dy = d(x^3 e^{2x}) = e^{2x}d(x^3) + x^3 de^{2x} = 3x^2 e^{2x}dx + 2x^3 e^{2x}dx = x^2 e^{2x}(3+2x)dx.$$

(3) 因为 $y' = \dfrac{-\dfrac{1}{x^2}}{1+\dfrac{1}{x^2}} = -\dfrac{1}{1+x^2}$，$y'\big|_{x=1} = \left(-\dfrac{1}{1+x^2}\right)\bigg|_{x=1} = -\dfrac{1}{2}$，所以 $dy = -\dfrac{1}{1+x^2}dx$，$dy\big|_{x=1} = -\dfrac{1}{2}dx$.

注 求函数的微分，可以先求导，再乘以 dx；也可以直接利用微分运算法则和一阶微分形式不变性求解.

2. 4. 4　微分的应用

由于当自变量的增量趋于零时，可用微分近似代替函数的增量，且这种近似计算比较简便，因此微分公式被广泛应用于计算函数增量的近似值.

由微分定义可知，函数 $y = f(x)$ 在点 x_0 处可导，且 $|\Delta x|$ 很小时，

$$\Delta y \approx dy\big|_{x=x_0} = f'(x_0)\Delta x. \tag{2.6}$$

式 (2. 6) 可用来求函数增量的近似值.

$\Delta y = f(x_0 + \Delta x) - f(x_0)$，因此，式 (2. 6) 可以变形为

$$f(x_0 + \Delta x) \approx f(x_0) + f'(x_0)\Delta x \ \text{或} \ f(x) \approx f(x_0) + f'(x_0)(x - x_0). \tag{2.7}$$

式 (2. 7) 可用来求函数在一点处的近似值.

例 2. 43 (受热金属球体积的增量) 半径为 10cm 的实心金属球受热后，其半径增大了 0. 05cm，求体积增大的近似值.

解 该题属于求函数增量的问题. 设金属球的体积为 V，半径为 r，则

$$V(r) = \frac{4}{3}\pi r^3,$$

所以 $V' = 4\pi r^2$. 当 $r = 10, \Delta r = 0.05$ 时，由式 (2. 6) 得

$$\Delta V \approx dV = 4\pi r^2 \cdot \Delta r = 4\pi \cdot 10^2 \cdot 0.05 \approx 62.831\ 9\,(\text{cm}^3),$$

即体积增大的近似值为 62. 831 9cm³.

例 2. 44 利用微分近似计算 $\sqrt[3]{998}$.

解 设 $y = f(x) = \sqrt[3]{x}$，则 $f'(x) = \dfrac{1}{3}x^{-\frac{2}{3}}$，$dy = \dfrac{1}{3}x^{-\frac{2}{3}}\Delta x$.

取 $x_0 = 1\ 000$，则 $\Delta x = 998 - 1\ 000 = -2$，$f(1\ 000) = \sqrt[3]{1\ 000} = 10$，代入微分近似计算公式 [式 (2. 7)] 得

$$\sqrt[3]{998} \approx 10 + \frac{1}{300} \times (-2) \approx 9.993.$$

同步习题 2.4

1. 选择题.

(1) 当 $|\Delta x|$ 充分小且 $f'(x_0) \neq 0$ 时，函数 $y=f(x)$ 的增量 Δy 与微分 $\mathrm{d}y$ 的关系是（　　）.

A. $\Delta y = \mathrm{d}y$　　　　B. $\Delta y < \mathrm{d}y$　　　　C. $\Delta y > \mathrm{d}y$　　　　D. $\Delta y \approx \mathrm{d}y$

(2) 若 $y=f(x)$ 可微，当 $\Delta x \to 0$ 时，在点 x 处的 $\Delta y - \mathrm{d}y$ 是关于 Δx 的（　　）.

A. 高阶无穷小量　　　B. 等价无穷小量　　C. 同阶无穷小量　　D. 低阶无穷小量

2. 将适当的函数填入下列括号内，使等式成立.

(1) $\mathrm{d}(\qquad) = 2x\mathrm{d}x$.　　　　　　　　(2) $\mathrm{d}(\qquad) = \dfrac{1}{1+x^2}\mathrm{d}x$.

(3) $\mathrm{d}(\qquad) = \dfrac{1}{\sqrt{x}}\mathrm{d}x$.　　　　　　(4) $\mathrm{d}(\qquad) = \mathrm{e}^{2x}\mathrm{d}x$.

(5) $\mathrm{d}(\qquad) = \sin\omega x\mathrm{d}x$.　　　　　(6) $\mathrm{d}(\qquad) = \sec^2 3x\mathrm{d}x$.

3. 当 $x=1$ 时，分别求出函数 $y=x^2-3x+5$ 当 $\Delta x=1, \Delta x=0.1, \Delta x=0.01$ 时的增量及微分，并加以比较，判断是否能得出结论：当 Δx 越小时，二者越接近.

4. 求下列函数的微分：

(1) $y=\dfrac{1}{x}+2\sqrt{x}$;　　　(2) $y=x\sin 2x$;　　　(3) $y=\dfrac{x}{\sqrt{x^2+1}}$;

(4) $y=\ln^2(1-x)$;　　　(5) $y=x^2\mathrm{e}^{2x}$;　　　(6) $y=\mathrm{e}^{-x}\cos(3-x)$;

(7) $y=\arcsin\sqrt{1-x^2}$ $(x>0)$;　　　(8) $\ln\sqrt{x^2+y^2}=\arctan\dfrac{y}{x}$.

5. (圆环面积) 水管壁的正截面是一个圆环，设它的内半径为 R_0，壁厚为 h，利用微分计算这个圆环面积的近似值.

1. 设函数 $y=f(\ln x)\mathrm{e}^{f(x)}$，其中 f 可微，求 $\mathrm{d}y$.

2. 设函数 $y=y(x)$ 由方程 $2^{xy}=x+y$ 确定，求 $\mathrm{d}y\big|_{x=0}$.

■ 2.5　用 MATLAB 求导数

前面我们学习了一元函数的求导方法，对于一些复杂的导数求解及应用，我们可以借助 MATLAB 来求解，下面我们一起来学习相关的命令及方法.

在 MATLAB 软件中，可用 diff 函数求具体函数的导数，diff 函数的具体调用格式如下.

微课：用 MATLAB 求导数

$$\mathrm{diff}(f,x,n)$$

该函数的功能是求函数 f 对变量 x 的 n 阶导数. 其中，若 n 缺省，则返回 f 的一阶导数；若 x 缺省，则返回 f 预设独立变量的 n 阶导数.

例 2.45 已知 $f(x) = x^2 \sin \dfrac{1}{x}$，求 $f'(x), f''(x)$.

解 在命令行窗口输入以下代码.

```
>> syms x
>> f = x^2 * sin(1/x);
>> f1 = diff(f,x)
```

按"Enter"键，即可得一阶导数如下.

```
f1 =
2 * x * sin(1/x) - cos(1/x)
```

继续输入以下代码.

```
>> f2 = diff(f,x,2)
```

按"Enter"键，即可得二阶导数如下.

```
f2 =
2 * sin(1/x) - (2 * cos(1/x))/x - sin(1/x)/x^2
```

故 $f'(x) = 2x\sin\dfrac{1}{x} - \cos\dfrac{1}{x}, f''(x) = \left(2 - \dfrac{1}{x^2}\right)\sin\dfrac{1}{x} - \dfrac{2}{x}\cos\dfrac{1}{x}$.

例 2.46 求由参数方程 $\begin{cases} x = 1 - \sin t \\ y = 2\cos t \end{cases}$，确定的函数 $y = f(x)$ 在 $t = 1$ 处的导数.

解 在命令行窗口输入以下代码.

```
>> syms t
>> x = 1 - sin(t);
>> y = 2 * cos(t);
>> x1 = diff(x,t);
>> y1 = diff(y,t);
>> dydx = y1/x1
```

按"Enter"键，可得 y 对 x 的导数如下.

```
dydx =
(2 * sin(t))/cos(t)
```

继续输入以下代码.

```
>> zhi = subs(dydx,t,1)
zhi =
(2 * sin(1))/cos(1)
>> eval(zhi)
```

按"Enter"键，即可得所求导数如下.

```
ans =
    3.1148
```

故所求导数为 3.114 8.

说明 (1)subs 是符号计算函数，其调用格式是"subs(S,OLD,NEW)"，表示将符号表达式"S"中的符号变量"OLD"替换为新的值"NEW".

(2)eval 函数的作用是将括号内的字符串视为语句并运行，其调用格式是"eval(expression)".

例 2.47　求 $y=\ln(1+x)$ 的 10 阶导数.

解　在命令行窗口输入以下代码.

```
>> syms x
>> dy10=diff(log(1+x),10)
```

按"Enter"键，即可得结果如下.

```
dy10 =
-362880/(x+1)^10
```

故 $y^{(10)}=-\dfrac{362\,880}{(x+1)^{10}}$.

第 2 章思维导图

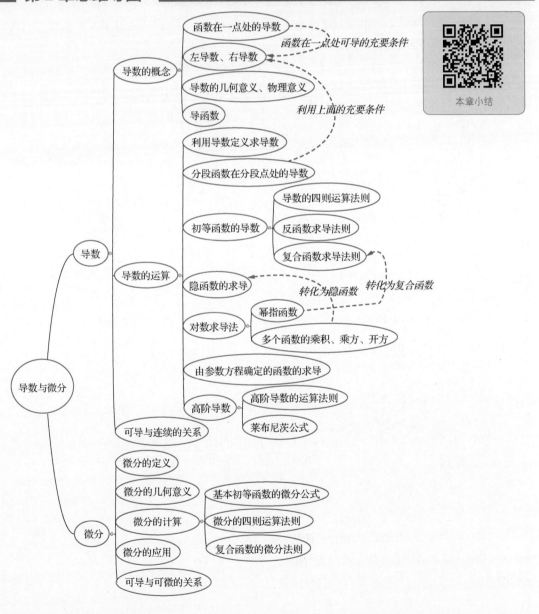

本章小结

个人成就

数学家，中国科学院院士，曾任国家科委数学学科组成员，中国科学院原数学研究所研究员. 陈景润除攻克"哥德巴赫猜想"中的"1+2"这一世界数学难题外，还对组合数学与现代经济管理、尖端技术、人类生活的密切关系等问题进行了深入的研究和探讨.

陈景润

第2章总复习题·基础篇

1. 选择题：(1)~(5)小题，每小题4分，共20分. 下列每小题给出的4个选项中，只有一个选项是符合题目要求的.

(1) 设 $y=(1+x)^{\frac{1}{x}}$，则 $y'(1)=($).

A. 2   B. e   C. $\frac{1}{2}-\ln 2$ D. $1-\ln 4$

(2) 设 $f(x)=3x^3+x^2|x|$，则使 $f^{(n)}(0)$ 存在的最高阶数为(   ).
A. 0   B. 1   C. 2   D. 3

(3) 已知函数 $f(x)$ 具有任意阶导数，且 $f'(x)=[f(x)]^2$，则当 n 为大于2的正整数时，$f^{(n)}(x)$ 为(   ).

A. $n![f(x)]^{n+1}$ B. $n[f(x)]^{n+1}$ C. $[f(x)]^{2n}$ D. $n![f(x)]^{2n}$

(4) 若曲线 $y=x^2+ax+b$ 和 $2y=xy^3-1$ 在点 $(1,-1)$ 处相切，其中 a,b 为常数，则(   ).
A. $a=0,b=-2$ B. $a=1,b=-3$ C. $a=-3,b=1$ D. $a=-1,b=-1$

(5) $f(x)$ 在 x_0 处可导是 $f(x)$ 在 x_0 处可微的(   )条件.

A. 必要   B. 充分   C. 充分必要   D. 即非充分又非必要

2. 填空题：(6)~(10)小题，每小题4分，共20分.

(6) 设 $f(x)$ 为可导函数，且满足条件 $\lim\limits_{x\to 0}\dfrac{f(1)-f(1-x)}{2x}=-1$，则曲线 $y=f(x)$ 在点 $(1,f(1))$ 处的切线斜率为_____.

(7) 若 $f(x)$ 为可导的奇函数，且 $f'(x_0)=5$，则 $f'(-x_0)=$ _____.

(8) 设 $\mathrm{d}f(x)=\left(\dfrac{1}{1+x^2}+\cos 2x+\mathrm{e}^{3x}\right)\mathrm{d}x$，则 $f(x)=$ _____.

(9) 设 $y=2^{-x}\cos 3x$，则 $\mathrm{d}y=$_____$\mathrm{d}x$.

(10) 设函数 $f(x)=x^2(x+1)^3(2x+2)^5$，则 $f^{(10)}(x)=$_____.

3. 解答题：(11)~(16)小题，每小题10分，共60分. 解答时应写出文字说明、证明过程或演算步骤.

(11) 设函数 $f(x)$ 在 x_0 处可导，求 $\lim\limits_{x\to x_0}\dfrac{xf(x_0)-x_0f(x)}{x-x_0}$.

(12) 设 $y=y(x)$ 由方程 $y^2-1+x\mathrm{e}^y=0$ 确定，求 y''.

(13) 一质点沿抛物线 $y=(8-x)x$ 运动，其横坐标随时间 t 的变化规律为 $x=t\sqrt{t}$（t 的单位是 s，x 的单位是 m），求该质点的纵坐标在点 $M(1,7)$ 处的变化率.

(14) 设 $f(x)=\begin{cases}\ln(1+x),&x>0,\\0,&x=0,\\\dfrac{1}{x}\sin^2 x,&x<0,\end{cases}$ 求 $f'(x)$.

(15) 求函数 $f(x)=xe^x$ 的 $n(n\geqslant 2)$ 阶导数.

(16) 设函数 $f(x)$ 在 $(-\infty,+\infty)$ 上有定义, 且满足:

① $f(x+y)=f(x)\cdot f(y)$, $\forall x,y\in(-\infty,+\infty)$;

② $f(0)=1$;

③ $f'(0)$ 存在.

证明: 对 $\forall x\in(-\infty,+\infty)$, 有 $f'(x)=f(x)\cdot f'(0)$ 成立.

第2章总复习题·提高篇

1. 选择题: (1)~(5) 小题, 每小题 4 分, 共 20 分. 下列每小题给出的 4 个选项中, 只有一个选项是符合题目要求的.

(1)(2018104) 下列函数中, 在 $x=0$ 处不可导的是(　　　).

A. $f(x)=|x|\sin|x|$　　　　　　　B. $f(x)=|x|\sin\sqrt{|x|}$

C. $f(x)=\cos|x|$　　　　　　　　D. $f(x)=\cos\sqrt{|x|}$

(2)(2016104) 已知函数 $f(x)=\begin{cases}x,&x\leqslant 0,\\\dfrac{1}{n},&\dfrac{1}{n+1}<x\leqslant\dfrac{1}{n},\end{cases}$ $n=1,2,\cdots,$ 则(　　　).

A. $x=0$ 是 $f(x)$ 的第一类间断点　　B. $x=0$ 是 $f(x)$ 的第二类间断点

C. $f(x)$ 在 $x=0$ 处连续但不可导　　D. $f(x)$ 在 $x=0$ 处可导

(3)(2020304) 设 $\lim\limits_{x\to a}\dfrac{f(x)-a}{x-a}=b$, 则 $\lim\limits_{x\to a}\dfrac{\sin f(x)-\sin a}{x-a}=$(　　　).

A. $b\sin a$　　　　　　　　　　B. $b\cos a$

C. $b\sin f(a)$　　　　　　　　　D. $b\cos f(a)$

(4)(2012104,2012204,2012304) 设函数 $f(x)=(e^x-1)(e^{2x}-2)\cdots(e^{nx}-n)$, 其中 n 为正整数, 则(　　　).

A. $f'(0)=(-1)^{n-1}(n-1)!$　　　　B. $f'(0)=(-1)^n(n-1)!$

C. $f'(0)=(-1)^{n-1}n!$　　　　　　D. $f'(0)=(-1)^n n!$

微课: 第2章总复习题·提高篇(4)

(5)(2015204) 设函数 $f(x)=\begin{cases}x^{\alpha}\cos\dfrac{1}{x^{\beta}},&x>0,\\0,&x\leqslant 0\end{cases}$ $(\alpha>0,\beta>0)$, 若 $f'(x)$ 在 $x=0$ 处连续, 则(　　　).

A. $\alpha-\beta>1$　　B. $0<\alpha-\beta\leqslant 1$　　C. $\alpha-\beta>2$　　D. $0<\alpha-\beta\leqslant 2$

2. 填空题: (6)~(10) 小题, 每小题 4 分, 共 20 分.

(6)(2013104) 设函数 $y=f(x)$ 由方程 $y-x=e^{x(1-y)}$ 确定, 则 $\lim\limits_{n\to\infty}n\left[f\left(\dfrac{1}{n}\right)-1\right]=$ _____.

(7)（2019204）曲线 $\begin{cases} x = t - \sin t, \\ y = 1 - \cos t \end{cases}$ 在 $t = \dfrac{3}{2}\pi$ 时对应点的切线在 y 轴上的截距为 _____.

(8)（2017204）设函数 $y = y(x)$ 由参数方程 $\begin{cases} x = t + e^t, \\ y = \sin t \end{cases}$ 确定，则 $\dfrac{d^2 y}{d x^2}\Big|_{t=0} = $ _____.

(9)（2022205）已知函数 $y = y(x)$ 由方程 $x^2 + xy + y^3 = 3$ 确定，则 $y''(1) = $ _____.

(10)（2017104）已知函数 $f(x) = \dfrac{1}{1 + x^2}$，则 $f'''(0) = $ _____.

3. 解答题：(11)～(16)小题，每小题 10 分，共 60 分. 解答时应写出文字说明、证明过程或演算步骤.

(11)（2004210）设函数 $f(x)$ 在 $(-\infty, +\infty)$ 上有定义，在区间 $[0, 2]$ 上，$f(x) = x(x^2 - 4)$，且对任意的 x 都有 $f(x) = kf(x+2)$，其中 k 为常数.

① 写出 $f(x)$ 在 $[-2, 0]$ 上的表达式.

② k 为何值时，$f(x)$ 在 $x = 0$ 处可导？

(12)（2007211）已知函数 $f(u)$ 具有二阶导数，且 $f'(0) = 1$，函数 $y = y(x)$ 由方程 $y - x e^{y-1} = 1$ 确定. 设 $z = f(\ln y - \sin x)$，求 $\dfrac{dz}{dx}\Big|_{x=0}$，$\dfrac{d^2 z}{dx^2}\Big|_{x=0}$.

(13)（1999306, 1999406）曲线 $y = \dfrac{1}{\sqrt{x}}$ 的切线与 x 轴和 y 轴围成一个图

微课：第 2 章总复习题·提高篇（13）

形，记切点的横坐标为 α，试求切线的方程和这个图形的面积. 当切点沿曲线趋于无穷远处时，该图形面积的变化趋势如何？

(14)（2010211）设函数 $y = f(x)$ 由参数方程 $\begin{cases} x = 2t + t^2, \\ y = \varphi(t) \end{cases}$ $(t > -1)$ 确定，

其中 $\varphi(t)$ 具有二阶导数，且 $\varphi(1) = \dfrac{5}{2}$，$\varphi'(1) = 6$. 已知 $\dfrac{d^2 y}{d x^2} = \dfrac{3}{4(1+t)}$，求函数 $\varphi(t)$.（本题要用到第 6 章知识.）

(15)（2015110, 2015310）① 设函数 $u(x), v(x)$ 可导，利用导数定义证明：$[u(x)v(x)]' = u'(x)v(x) + u(x)v'(x)$.

② 设函数 $u_1(x), u_2(x), u_3(x), \cdots, u_n(x)$ 可导，$f(x) = u_1(x)u_2(x)\cdots u_n(x)$，写出 $f(x)$ 的求导公式.

(16)（2022210）已知函数 $f(x)$ 在 $x = 1$ 处可导，且 $\lim\limits_{x \to 0} \dfrac{f(e^{x^2}) - 3f(1 + \sin^2 x)}{x^2} = 2$，求 $f'(1)$.

本章即时提问
答案

本章同步习题
答案

本章总复习题
答案

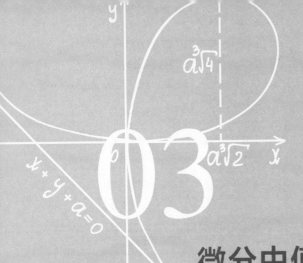

第 3 章

微分中值定理与导数的应用

英国数学家怀特海曾经说过:"只有将数学应用到社会科学的研究之后,才能使文明社会的发展成为可控制的现实."导数刻画了函数的一种局部特性,作为函数变化率的模型,在自然科学、工程技术及社会科学等领域中已得到广泛应用.本章首先介绍的微分中值定理是导数应用的理论基础,是联系函数与导数的一座桥梁.进而,我们可以利用导数来讨论函数在某个区间上的整体性态,研究函数的单调性、极值、最值,曲线的凹凸性及拐点等.

本章导学

■ 3.1 微分中值定理

3.1.1 罗尔定理

定理 3.1(罗尔定理) 设函数 $f(x)$ 满足

(1)在闭区间 $[a,b]$ 上连续,

(2)在开区间 (a,b) 内可导,

(3) $f(a)=f(b)$,

则至少存在一点 $\xi \in (a,b)$,使 $f'(\xi)=0$.

证明 因为函数 $f(x)$ 在 $[a,b]$ 上连续,由闭区间上连续函数的性质知, $f(x)$ 在 $[a,b]$ 上必有最大值 M 和最小值 m .于是,有以下两种情况.

(1)若 $M=m$,此时 $f(x)$ 在 $[a,b]$ 上恒为常数,则在 (a,b) 内处处有 $f'(x)=0$.

(2)若 $M>m$,由于 $f(a)=f(b)$, m 与 M 中至少有一个不等于端点的函数值,不妨设 $M \neq f(a)$ [如果 $m \neq f(a)$,证法类似],即最大值不在两个端点处取得,则在 (a,b) 内至少存在一点 ξ ,使 $f(\xi)=M$.下面证明 $f'(\xi)=0$.

取 $\xi+\Delta x \in [a,b]$,因为 $f(\xi)=M$ 是 $f(x)$ 在 $[a,b]$ 上的最大值,则

$$f(\xi+\Delta x)-f(\xi) \leqslant 0.$$

因为 $f(x)$ 在 (a,b) 内可导,所以 $f(x)$ 在点 ξ 处可导,即 $f'(\xi)$ 存在.而

$$f'_+(\xi)=\lim_{\Delta x \to 0^+}\frac{f(\xi+\Delta x)-f(\xi)}{\Delta x} \leqslant 0,$$

$$f'_-(\xi) = \lim_{\Delta x \to 0^-} \frac{f(\xi + \Delta x) - f(\xi)}{\Delta x} \geq 0,$$

所以

$$f'(\xi) = 0.$$

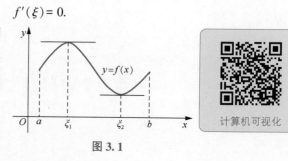

罗尔定理的几何意义：在两端高度相同的一段连续曲线上，若除两端点外，处处都存在不垂直于 x 轴的切线，则其中至少存在一条水平切线，如图3.1所示.

罗尔定理的代数意义：当 $f(x)$ 可导时，在函数 $f(x)$ 的两个等值点之间至少存在方程 $f'(x) = 0$ 的一个根. 若 $f'(x_0) = 0$，则点 x_0 称为函数 $f(x)$ 的驻点.

图 3.1

注 （1）定理中的 ξ 不唯一，定理只表明 ξ 的存在性.

（2）定理的条件是结论成立的充分条件而非必要条件，即条件满足时结论一定成立，若条件不满足，结论可能成立也可能不成立.

例如，函数 $f(x) = x^2 - 2x - 3 = (x-3)(x+1)$ 在闭区间 $[-1,2]$ 上连续，在 $(-1,2)$ 内可导，又 $f'(x) = 2x - 2 = 2(x-1)$，显然存在 $\xi = 1 \in (-1,2)$，使 $f'(\xi) = f'(1) = 0$. 虽然函数在端点处的值 $f(-1) = 0, f(2) = -3$ 不相等，即不满足罗尔定理的第三个条件，但结论仍然成立.

下面的3个例子，它们都不满足罗尔定理的全部条件，也都不存在一个内点 ξ，使 $f'(\xi) = 0$.

（1）如图 3.2(a) 所示，函数 $y = f(x) = \begin{cases} x, & 0 \leq x < 1, \\ 0, & x = 1, \end{cases}$ 它在闭区间 $[0,1]$ 上不连续.

（2）如图 3.2(b) 所示，函数 $y = f(x) = |x|$，在开区间 $(-1,1)$ 内，$f(x)$ 在点 $x = 0$ 处不可导.

（3）如图 3.2(c) 所示，函数 $y = f(x) = x^2$，在闭区间 $[0,1]$ 上，端点处函数值不相等.

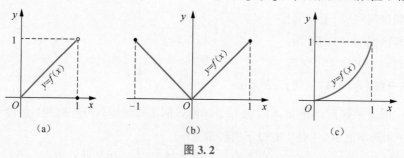

图 3.2

例 3.1 设 $f(x) = (x-1)(x-2)(x-3)(x-4)$，不求导数，证明方程 $f'(x) = 0$ 有 3 个实根.

证明 显然，$f(x)$ 有 4 个零点 $x = 1,2,3,4$，即 $f(1) = f(2) = f(3) = f(4) = 0$. 考察区间 $[1, 2], [2,3], [3,4]$，$f(x)$ 在这 3 个区间上显然满足罗尔定理的 3 个条件，于是得 $f'(x) = 0$ 在 $(1,2), (2,3), (3,4)$ 这 3 个区间内各至少有一个实根，所以方程 $f'(x) = 0$ 至少有 3 个实根.

另一方面，$f'(x)$ 是一个三次多项式，在实数范围内 $f'(x) = 0$ 至多有 3 个实根.

综上可知，$f'(x) = 0$ 有且仅有 3 个实根.

由本例可以看出，罗尔定理只能证明当函数 $f(x)$ 在每个闭区间上满足定理条件时，在每个开区间内方程 $f'(x) = 0$ 至少有一个根，但是不能确定该方程根的个数. 对于一元高次方程，可以根据方程的次数来确定根的个数；而对于其他的方程，则可以利用函数的单调性来确定.

例 3.2 证明：方程 $x^5-5x+3=0$ 有且仅有一个小于 1 的正实根.

证明 设 $f(x)=x^5-5x+3$，则 $f(x)$ 在区间 $[0,1]$ 上连续，且 $f(0)=3>0,f(1)=-1<0$. 由零点定理知，存在 $x_0\in(0,1)$，使 $f(x_0)=0$，即 x_0 为方程的小于 1 的正实根.

下面用反证法证明根的唯一性. 设另有 $x_1\in(0,1),x_1\neq x_0$，使 $f(x_1)=0$.

因为 $f(x)$ 在 x_0,x_1 之间满足罗尔定理的条件，所以至少存在一点 ξ（介于 x_0,x_1 之间），使 $f'(\xi)=0$. 但是对 $\forall x\in(0,1)$，$f'(x)=5(x^4-1)<0$，矛盾，故 x_0 为唯一小于 1 的正实根.

【即时提问 3.1】利用罗尔定理可以证明方程在给定的开区间内至少存在一个根，而利用第 1 章中学的零点定理，也能证明一个方程在给定的开区间内至少有一个根，那么，在证明时，这两个定理又怎样去选择和区分呢？

例 3.3 已知函数 $f(x)$ 在 $[0,a]$ 上连续，在 $(0,a)$ 内可导，且 $f(0)=f(a)=0$，证明：至少存在一点 $\xi\in(0,a)$，使 $f'(\xi)-2f(\xi)=0$.

证明 设辅助函数 $F(x)=\mathrm{e}^{-2x}f(x)$，则 $F(x)$ 在 $[0,a]$ 上连续，在 $(0,a)$ 内可导，且 $F(0)=F(a)=0$. 由罗尔定理可知，至少存在一点 $\xi\in(0,a)$，使
$$F'(\xi)=-2\mathrm{e}^{-2\xi}f(\xi)+\mathrm{e}^{-2\xi}f'(\xi)=\mathrm{e}^{-2\xi}\left[-2f(\xi)+f'(\xi)\right]=0,$$
所以 $f'(\xi)-2f(\xi)=0$.

如果去掉罗尔定理的第三个条件，可以得到下面更一般的结论.

3.1.2 拉格朗日中值定理

设曲线 $y=f(x)$ 在闭区间 $[a,b]$ 上连续，且在 (a,b) 内处处具有不垂直于 x 轴的切线，如图 3.3 所示，连接点 $A(a,f(a))$ 和点 $B(b,f(b))$，得弦 $\overline{AB}$，其斜率为 $k=\dfrac{f(b)-f(a)}{b-a}$. 从图 3.3 可以直观看出，在 (a,b) 内至少存在一点 ξ，使曲线在点 $C(\xi,f(\xi))$ 的切线与弦 $\overline{AB}$ 平行.

微课：拉格朗日
中值定理

定理 3.2（拉格朗日中值定理） 设函数 $f(x)$ 满足
（1）在闭区间 $[a,b]$ 上连续，
（2）在开区间 (a,b) 内可导，
则至少存在一点 $\xi\in(a,b)$，使
$$f'(\xi)=\frac{f(b)-f(a)}{b-a}.$$

拉格朗日中值定理的结论也可以写作
$$f(b)-f(a)=f'(\xi)(b-a)\quad(a<\xi<b).$$

在拉格朗日中值定理中，若 $f(a)=f(b)$，则得到罗尔定理. 可见，罗尔定理是拉格朗日中值定理的一个特例. 因此，证明拉格朗日中值定理就是要构造一个辅助函数，使其符合罗尔定理的条件，借助罗尔定理进行证明，从而证得结论.

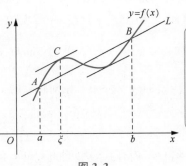

图 3.3

计算机可视化

证明 构造辅助函数

$$\varphi(x)=f(x)-f(a)-\frac{f(b)-f(a)}{b-a}(x-a).$$

容易验证，$\varphi(x)$ 满足罗尔定理的条件. 因此，在 (a,b) 内至少存在一点 ξ，使

$$\varphi'(\xi)=0,$$

即

$$f'(\xi)-\frac{f(b)-f(a)}{b-a}=0,$$

于是 $f'(\xi)=\dfrac{f(b)-f(a)}{b-a}$.

注 (1)证明中辅助函数的构造是不唯一的，比如取 $F(x)=f(x)-\dfrac{f(b)-f(a)}{b-a}x$.

(2)拉格朗日中值定理的几何意义：在一段连续曲线上，若除两端点外处处都存在不垂直于 x 轴的切线，则其中至少有一条切线平行于两端点的连线，如图 3.3 所示.

例 3.4 设 $f(x)=3x^2+2x+5$，求 $f(x)$ 在 $[a,b]$ 上满足拉格朗日中值定理的 ξ 值.

解 $f(x)$ 为多项式函数，在 $[a,b]$ 上满足拉格朗日中值定理的条件，故有

$$f'(\xi)=\frac{f(b)-f(a)}{b-a},$$

即

$$6\xi+2=\frac{(3b^2+2b+5)-(3a^2+2a+5)}{b-a},$$

解得 $\xi=\dfrac{b+a}{2}$，即此时 ξ 为区间 $[a,b]$ 的中点.

由拉格朗日中值定理可以得到两个非常重要的推论.

推论 1 设 $f(x)$ 在区间 (a,b) 内可导，且 $f'(x)\equiv 0$，则 $f(x)$ 在 (a,b) 内是常值函数.

证明 设 x_1,x_2 是开区间 (a,b) 内的任意两点，且 $x_1<x_2$，由拉格朗日中值定理得

$$f(x_2)-f(x_1)=f'(\xi)(x_2-x_1)\quad(x_1<\xi<x_2).$$

由于 $f'(\xi)=0$，所以 $f(x_2)-f(x_1)=0$，即 $f(x_2)=f(x_1)$. 因为 x_1,x_2 是区间 (a,b) 内的任意两点，所以 $f(x)$ 在区间 (a,b) 内是一个常数.

推论 2 若在区间 (a,b) 上 $f'(x)\equiv g'(x)$，则在 (a,b) 上有 $f(x)-g(x)=C$（C 是常数）.

例 3.5 对任意的 $x\in(-\infty,+\infty)$，证明：$\arctan x+\operatorname{arccot}x=\dfrac{\pi}{2}$.

证明 设 $f(x)=\arctan x+\operatorname{arccot}x$，则对任意的 $x\in(-\infty,+\infty)$，有

$$f'(x)=\frac{1}{1+x^2}-\frac{1}{1+x^2}\equiv 0,$$

由推论 1 知，在 $(-\infty,+\infty)$ 内有 $f(x)=\arctan x+\operatorname{arccot}x=C$.

令 $x=0$，有

$$\arctan 0 + \mathrm{arccot} 0 = 0 + \frac{\pi}{2} = \frac{\pi}{2} = C,$$

因此，在 $(-\infty, +\infty)$ 内有

$$\arctan x + \mathrm{arccot} x = \frac{\pi}{2}.$$

例 3.6 利用拉格朗日中值定理证明：当 $x \neq 0$ 时，$\mathrm{e}^x > 1 + x$.

证明 当 $x > 0$ 时，设 $f(x) = \mathrm{e}^x$，在 $(0, +\infty)$ 内任取 x，在闭区间 $[0, x]$ 上使用拉格朗日中值定理，可得在开区间 $(0, x)$ 内至少存在一点 ξ，使

$$f(x) - f(0) = f'(\xi)(x - 0),$$

即 $\mathrm{e}^x - \mathrm{e}^0 = \mathrm{e}^\xi(x - 0)$，整理得 $\mathrm{e}^x = 1 + x\mathrm{e}^\xi$.

因为 $\xi > 0, \mathrm{e}^\xi > 1$，所以 $x\mathrm{e}^\xi > x$，故 $\mathrm{e}^x > 1 + x$.

同理可证当 $x < 0$ 时，结论仍然成立. 所以当 $x \neq 0$ 时，$\mathrm{e}^x > 1 + x$.

设函数 $f(x)$ 在区间 $[a, b]$ 上满足拉格朗日中值定理的条件，x 和 $x + \Delta x$ 是该区间内的任意两点，在以 x 和 $x + \Delta x$ 为端点的区间上，使用拉格朗日中值定理得

$$f(x + \Delta x) - f(x) = f'(\xi)\Delta x \ (\xi \text{ 介于 } x \text{ 与 } x + \Delta x \text{ 之间}),$$

即

$$\Delta y = f(x + \Delta x) - f(x) = f'(\xi)\Delta x.$$

上式称为有限增量公式，该公式精确地表达了函数 $f(x)$ 当自变量变化 Δx 时，相应的函数值的变化量 Δy 与函数在 ξ 点的导数之间的关系.

把上式变形得 $\dfrac{\Delta y}{\Delta x} = f'(\xi)$，该式表明函数在某一闭区间上的平均变化率至少与该区间内某一点的导数相等，这是用函数的局部性研究函数整体性的桥梁.

例 3.7（区间测速） 交通管理中测汽车的车速是否超速，一般采用区间测速的方法. 假设在时间点 a 采集到汽车的位移为 $f(a)$，在时间点 b 采集到汽车的位移为 $f(b)$，据此可以算出平均速度为

$$\frac{f(b) - f(a)}{b - a}.$$

比如算出平均速度为 70km/h，那么路程中的瞬时速度可分为以下两种情形.

匀速前进：整个路程的瞬时速度必然全为 70km/h.

变速前进：整个路程的瞬时速度必然有大于、等于、小于 70km/h 的情况.

如果这段路限速 70km/h，若汽车的平均速度大于 70km/h，就可以判定路程中必然至少有一个点汽车超速. 显然这是用拉格朗日中值定理解决的一个实际问题.

3.1.3 柯西中值定理

定理 3.3（柯西中值定理） 设函数 $f(x), F(x)$ 满足

(1) 在闭区间 $[a, b]$ 上连续，

(2) 在开区间 (a, b) 内可导，且 $F'(x) \neq 0$，

则在 (a, b) 内至少存在一点 ξ，使

$$\frac{f'(\xi)}{F'(\xi)} = \frac{f(b) - f(a)}{F(b) - F(a)}.$$

微课：柯西中值定理

下面考察柯西中值定理的几何意义. 设曲线由参数方程

$$\begin{cases} x=F(t), \\ y=f(t) \end{cases} \quad (a \leqslant t \leqslant b)$$

表示，过点 $A(F(a),f(a))$ 与点 $B(F(b),f(b))$ 的弦 $\overline{AB}$ 的斜率为

$$\frac{f(b)-f(a)}{F(b)-F(a)}.$$

又因为 $f(x),F(x)$ 在开区间 (a,b) 内可导，且 $F'(x) \neq 0$，所以由参数方程所确定的函数的导数为

$$\frac{\mathrm{d}y}{\mathrm{d}x}=\frac{f'(t)}{F'(t)}.$$

因此，定理的结论是说在开区间 (a,b) 内至少存在一点 ξ，使曲线上对应 $t=\xi$ 的 C 点的切线与弦 $\overline{AB}$ 平行，如图 3.4 所示.

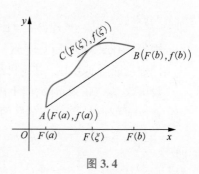

图 3.4

柯西中值定理的几何意义与拉格朗日中值定理的几何意义基本上相同，不同的是曲线表达式采用了比 $y=f(x)$ 形式更为一般的参数方程. 不难看出，拉格朗日中值定理是柯西中值定理的特殊情况. 因为若取 $F(x)=x$，则 $F'(x) \equiv 1$，$F(b)-F(a)=b-a$，柯西中值定理的结论变形为在 (a,b) 内至少存在一点 ξ，使

$$f'(\xi)=\frac{f(b)-f(a)}{b-a}.$$

这正是拉格朗日中值定理的结论.

例 3.8 对函数 $f(x)=x^3$ 及 $F(x)=x^2+1$ 在区间 $[1,2]$ 上验证柯西中值定理的正确性.

证明 因为 $f(x),F(x)$ 在 $[1,2]$ 上连续，在 $(1,2)$ 内可导，$F'(x)=2x$ 在 $(1,2)$ 内不等于零，所以 $f(x)$ 和 $F(x)$ 满足柯西中值定理的所有条件，故至少存在一点 $\xi \in (1,2)$，使

$$\frac{f'(\xi)}{F'(\xi)}=\frac{f(2)-f(1)}{F(2)-F(1)}=\frac{7}{3},$$

即 $\dfrac{3\xi^2}{2\xi}=\dfrac{7}{3}$，解得 $\xi=\dfrac{7}{3} \times \dfrac{2}{3}=\dfrac{14}{9} \in (1,2)$.

因此，柯西中值定理对函数 $f(x)=x^3$ 及 $F(x)=x^2+1$ 在区间 $[1,2]$ 上是正确的.

例 3.9 设函数 $f(x)$ 在 $[0,1]$ 上连续，在区间 $(0,1)$ 内可导，证明：至少存在一点 $\xi \in (0,1)$，使 $f'(\xi)=2\xi[f(1)-f(0)]$.

分析 要证明的结论可变形为 $\dfrac{f(1)-f(0)}{1-0}=\dfrac{f'(\xi)}{2\xi}=\dfrac{f'(x)}{(x^2)'}\Big|_{x=\xi}$，考虑使用柯西中值定理.

证明 设 $g(x)=x^2$，则函数 $f(x)$ 和 $g(x)$ 在区间 $[0,1]$ 上满足柯西中值定理的条件，故至少存在一点 $\xi \in (0,1)$，使

$$\frac{f'(x)}{(x^2)'}\Big|_{x=\xi}=\frac{f'(\xi)}{2\xi}=\frac{f(1)-f(0)}{1-0},$$

整理得

$$f'(\xi)=2\xi[f(1)-f(0)].$$

同步习题 3.1

基础题

1. 验证下列函数是否满足罗尔定理的条件. 若满足, 求出定理中的 ξ; 若不满足, 请说明原因.

(1) $f(x) = \begin{cases} x^2, & 0 \leqslant x < 1, \\ 0, & x = 1. \end{cases}$ (2) $f(x) = \sqrt[3]{8x - x^2}, x \in [0, 8]$.

(3) $f(x) = \ln(\sin x), x \in \left[\dfrac{\pi}{6}, \dfrac{5\pi}{6}\right]$.   (4) $f(x) = \dfrac{3}{x^2 + 1}, x \in [-1, 1]$.

2. 下列函数中, 在区间 $[-1, 1]$ 上满足罗尔定理条件的是( ).

A. $f(x) = \dfrac{1}{\sqrt{1 - x^2}}$ B. $f(x) = \sqrt{x^2}$ C. $f(x) = \sqrt[3]{x^2}$ D. $f(x) = x^2 + 1$

3. 验证下列函数是否满足拉格朗日中值定理的条件. 若满足, 求出定理中的 ξ; 若不满足, 请说明原因.

(1) $f(x) = e^x, x \in [0, 1]$.   (2) $f(x) = \ln x, x \in [1, e]$.

(3) $f(x) = x^3 - 3x, x \in [0, 2]$.

4. 验证函数 $f(x) = \sin x$ 及 $F(x) = x + \cos x$ 在区间 $\left[0, \dfrac{\pi}{2}\right]$ 上是否满足柯西中值定理的条件. 若满足, 求出定理中的 ξ; 若不满足, 请说明原因.

5. 证明: $\arcsin x + \arccos x = \dfrac{\pi}{2}, x \in [-1, 1]$.

6. 证明:

(1) 当 $x > 0$ 时, $\dfrac{x}{1 + x} < \ln(1 + x) < x$;

(2) 若 $0 < a < b, n > 1$, 则 $na^{n-1}(b - a) < b^n - a^n < nb^{n-1}(b - a)$;

(3) $e^x \geqslant ex$.

提高题

1. 若方程 $a_0 x^n + a_1 x^{n-1} + \cdots + a_{n-1} x = 0$ 有一个正根 x_0, 证明: 方程 $a_0 n x^{n-1} + a_1(n-1) x^{n-2} + \cdots + a_{n-1} = 0$ 必有一个小于 x_0 的正根.

2. 若函数 $f(x)$ 在 (a, b) 内具有二阶导数, 且 $f(x_1) = f(x_2) = f(x_3)$, 其中 $a < x_1 < x_2 < x_3 < b$, 证明: 在 (x_1, x_3) 内至少有一点 ξ, 使 $f''(\xi) = 0$.

微课: 同步习题 3.1
提高题 2

3. 设 $0 < a < b$, 证明: $\dfrac{b - a}{b} < \ln \dfrac{b}{a} < \dfrac{b - a}{a}$.

4. 证明: 若函数 $f(x)$ 在 $(-\infty, +\infty)$ 内满足关系式 $f'(x) = f(x)$, 且 $f(0) = 1$, 则 $f(x) = e^x$.

5. 设 $f(x), g(x)$ 在 $[a, b]$ 上连续, 在 (a, b) 内可导, 证明: 在 (a, b) 内至少存在一点 ξ, 使 $f(a)g'(\xi) - g(a)f'(\xi) = \dfrac{f(a)g(b) - f(b)g(a)}{b - a}$.

3.2 洛必达法则

在自变量的同一个变化过程中，两个无穷小量或无穷大量之比的极限通常称为"$\dfrac{0}{0}$"型未定式或"$\dfrac{\infty}{\infty}$"型未定式，这个极限可能存在也可能不存在. 根据第1章讲解的内容，我们知道求解未定式不能直接使用极限的四则运算法则，且很多未定式无法用第1章中介绍的方法来求解，这就需要寻求另一种求解"$\dfrac{0}{0}$"型和"$\dfrac{\infty}{\infty}$"型未定式的方法.

1696年，法国数学家洛必达在《无穷小分析》一书中给出了求解"$\dfrac{0}{0}$"型和"$\dfrac{\infty}{\infty}$"型未定式的方法，即将函数比的极限等价转化为导数比的极限，这就是洛必达法则.

延伸微课

3.2.1 "$\dfrac{0}{0}$"型未定式

定理3.4（洛必达法则Ⅰ） 设 $f(x),g(x)$ 在点 x_0 的某一去心邻域内有定义，如果

(1) $\lim\limits_{x\to x_0}f(x)=0,\lim\limits_{x\to x_0}g(x)=0$,

(2) $f(x),g(x)$ 在点 x_0 的某去心邻域内可导，且 $g'(x)\neq0$,

(3) $\lim\limits_{x\to x_0}\dfrac{f'(x)}{g'(x)}$ 存在（或为无穷大量），

那么 $\lim\limits_{x\to x_0}\dfrac{f(x)}{g(x)}=\lim\limits_{x\to x_0}\dfrac{f'(x)}{g'(x)}$.

注 （1）如果 $\lim\limits_{x\to x_0}\dfrac{f'(x)}{g'(x)}$ 还是"$\dfrac{0}{0}$"型未定式，且函数 $f'(x)$ 与 $g'(x)$ 满足洛必达法则Ⅰ中应满足的条件，则可继续使用洛必达法则Ⅰ，即有

$$\lim_{x\to x_0}\frac{f(x)}{g(x)}=\lim_{x\to x_0}\frac{f'(x)}{g'(x)}=\lim_{x\to x_0}\frac{f''(x)}{g''(x)}.$$

以此类推，直到求出所要求的极限.

（2）洛必达法则Ⅰ中，极限过程 $x\to x_0$ 若换成 $x\to x_0^+,x\to x_0^-,x\to\infty,x\to+\infty,x\to-\infty$，结论仍然成立.

下面通过一些具体例子来说明洛必达法则Ⅰ的应用.

例3.10 计算极限 $\lim\limits_{x\to0}\dfrac{e^x-1}{x^2-x}$.

解 该极限为"$\dfrac{0}{0}$"型未定式，由洛必达法则Ⅰ，得

$$\lim_{x\to0}\frac{e^x-1}{x^2-x}\xlongequal{\frac{0}{0}}\lim_{x\to0}\frac{e^x}{2x-1}=\frac{1}{-1}=-1.$$

注意，上式中的 $\lim\limits_{x\to0}\dfrac{e^x}{2x-1}$ 已不是"$\dfrac{0}{0}$"型未定式，不能对其使用洛必达法则Ⅰ，否则会导致错误结果. 求解时尤其需要注意使用洛必达法则的条件，如果不是未定式，就不能使用洛必达法则.

例 3.11 计算极限 $\lim\limits_{x\to 2}\dfrac{x^3-12x+16}{x^3-2x^2-4x+8}$.

解 该极限属于"$\dfrac{0}{0}$"型未定式，由洛必达法则 I，得

$$\lim_{x\to 2}\frac{x^3-12x+16}{x^3-2x^2-4x+8}\overset{\frac{0}{0}}{=}\lim_{x\to 2}\frac{3x^2-12}{3x^2-4x-4}\overset{\frac{0}{0}}{=}\lim_{x\to 2}\frac{6x}{6x-4}=\frac{3}{2}.$$

本例中使用了两次洛必达法则 I.

例 3.12 计算极限 $\lim\limits_{x\to 0}\dfrac{\tan x-x}{x^2\sin x}$.

解 这是"$\dfrac{0}{0}$"型未定式，先对分母中的乘积因子 $\sin x$ 利用等价无穷小 $x(x\to 0)$ 进行代换，再由洛必达法则 I，得

$$\lim_{x\to 0}\frac{\tan x-x}{x^2\sin x}=\lim_{x\to 0}\frac{\tan x-x}{x^3}\overset{\frac{0}{0}}{=}\lim_{x\to 0}\frac{\sec^2 x-1}{3x^2}=\lim_{x\to 0}\frac{\tan^2 x}{3x^2}=\frac{1}{3}\lim_{x\to 0}\left(\frac{\tan x}{x}\right)^2=\frac{1}{3}.$$

从本例可以看出，求"$\dfrac{0}{0}$"型未定式时，将洛必达法则 I 与求极限的其他方法(如用等价无穷小代换)结合使用更加方便快捷.

例 3.13 设 $f''(x)$ 在点 $x=a$ 的某邻域内连续，求极限 $\lim\limits_{h\to 0}\dfrac{f(a+h)+f(a-h)-2f(a)}{h^2}$.

解 该极限属于"$\dfrac{0}{0}$"型未定式. 因为 $f''(x)$ 存在，所以 $f'(x)$ 存在. 利用洛必达法则 I 和二阶导数的连续性有

$$\lim_{h\to 0}\frac{f(a+h)+f(a-h)-2f(a)}{h^2}\overset{\frac{0}{0}}{=}\lim_{h\to 0}\frac{f'(a+h)-f'(a-h)}{2h}$$

$$\overset{\frac{0}{0}}{=}\lim_{h\to 0}\frac{f''(a+h)+f''(a-h)}{2}$$

$$=\frac{f''(a)+f''(a)}{2}=f''(a).$$

3.2.2 "$\dfrac{\infty}{\infty}$"型未定式

定理 3.5（洛必达法则 II） 设 $f(x),g(x)$ 在点 x_0 的某去心邻域内有定义，如果

(1) $\lim\limits_{x\to x_0}f(x)=\infty,\lim\limits_{x\to x_0}g(x)=\infty$，

(2) $f(x),g(x)$ 在点 x_0 的某去心邻域内可导，且 $g'(x)\neq 0$，

(3) $\lim\limits_{x\to x_0}\dfrac{f'(x)}{g'(x)}$ 存在(或为无穷大量)，

那么 $\lim\limits_{x\to x_0}\dfrac{f(x)}{g(x)}=\lim\limits_{x\to x_0}\dfrac{f'(x)}{g'(x)}$.

注 (1) 如果 $\lim\limits_{x\to x_0}\dfrac{f'(x)}{g'(x)}$ 还是"$\dfrac{\infty}{\infty}$"型未定式，且函数 $f'(x)$ 与 $g'(x)$ 满足洛必达法则 II 中应满

足的条件, 则可继续使用洛必达法则 Ⅱ, 即有

$$\lim_{x\to x_0}\frac{f(x)}{g(x)}=\lim_{x\to x_0}\frac{f'(x)}{g'(x)}=\lim_{x\to x_0}\frac{f''(x)}{g''(x)}.$$

以此类推, 直到求出所要求的极限.

(2) 洛必达法则 Ⅱ 中, 极限过程 $x\to x_0$ 若换成 $x\to x_0^+,x\to x_0^-,x\to\infty,x\to+\infty,x\to-\infty$, 结论仍然成立.

例 3.14 计算极限: (1) $\lim\limits_{x\to+\infty}\dfrac{\ln x}{x^a}(a>0)$; (2) $\lim\limits_{x\to+\infty}\dfrac{x^n}{e^x}(n\in\mathbf{N}_+)$.

解 (1) 当 $x\to+\infty$ 时, $\ln x\to+\infty$, $x^a\to+\infty$, 原式是"$\dfrac{\infty}{\infty}$"型未定式, 使用洛必达法则 Ⅱ, 得

$$\lim_{x\to+\infty}\frac{\ln x}{x^a}\overset{\frac{\infty}{\infty}}{=}\lim_{x\to+\infty}\frac{\frac{1}{x}}{ax^{a-1}}=\lim_{x\to+\infty}\frac{1}{ax^a}=0.$$

(2) 该极限属于"$\dfrac{\infty}{\infty}$"型未定式, 使用洛必达法则 Ⅱ, 得

$$\lim_{x\to+\infty}\frac{x^n}{e^x}\overset{\frac{\infty}{\infty}}{=}\lim_{x\to+\infty}\frac{nx^{n-1}}{e^x}\overset{\frac{\infty}{\infty}}{=}\lim_{x\to+\infty}\frac{n(n-1)x^{n-2}}{e^x}\overset{\frac{\infty}{\infty}}{=}\cdots\overset{\frac{\infty}{\infty}}{=}\lim_{x\to+\infty}\frac{n!}{e^x}=0.$$

例 3.14 说明, 当 $x\to+\infty$ 时, $\ln x$ 和 x^a 都是无穷大量, 但它们增长的速度却有很大的差别: $x^a(a>0,$ 且不论其多么小)的增长速度比 $\ln x$ 快, 而 e^x 的增长速度比 x^n(不论 n 多么大)快. 因此, 在描述一个量增长得非常快时, 常常说它是"指数型"增长.

例 3.15 求 $\lim\limits_{x\to0^+}\dfrac{\ln(\cot x)}{\ln x}$.

解 $\lim\limits_{x\to0^+}\dfrac{\ln(\cot x)}{\ln x}\overset{\frac{\infty}{\infty}}{=}\lim\limits_{x\to0^+}\dfrac{\frac{1}{\cot x}\cdot\left(-\frac{1}{\sin^2 x}\right)}{\frac{1}{x}}=-\lim\limits_{x\to0^+}\dfrac{x}{\sin x\cos x}=-1.$

【即时提问 3.2】 是不是所有的"$\dfrac{0}{0}$"型或"$\dfrac{\infty}{\infty}$"型未定式都能使用洛必达法则求解呢?

例 3.16 求极限 $\lim\limits_{x\to\infty}\dfrac{x+\sin x}{1+x}$.

解 该极限属于"$\dfrac{\infty}{\infty}$"型未定式, 若运用洛必达法则 Ⅱ, 则

$$\lim_{x\to\infty}\frac{x+\sin x}{1+x}=\lim_{x\to\infty}\frac{1+\cos x}{1}.$$

由于 $\lim\limits_{x\to\infty}\cos x$ 不存在, 因此该极限不满足洛必达法则 Ⅱ 的条件, 故不能使用洛必达法则 Ⅱ. 原极限可用下面的方法求出:

$$\lim_{x\to\infty}\frac{x+\sin x}{1+x}=\lim_{x\to\infty}\frac{1+\frac{1}{x}\sin x}{\frac{1}{x}+1}=1.$$

由该例可以看出，洛必达法则 Ⅱ 虽然是求"$\dfrac{\infty}{\infty}$"型未定式的一种有效方法，但它不是万能的，有时也会失效；使用洛必达法则 Ⅱ 求不出极限并不意味着原极限一定不存在，可以改用其他方法求解.

3.2.3 其他类型的未定式

在求极限的过程中，遇到"$0 \cdot \infty$""$\infty - \infty$""0^0""1^∞""∞^0"型未定式时，可通过转化，化成"$\dfrac{0}{0}$"型或"$\dfrac{\infty}{\infty}$"型未定式后，再用洛必达法则计算.

1. "$0 \cdot \infty$"型未定式

设 $\lim\limits_{x \to x_0} f(x) = 0, \lim\limits_{x \to x_0} g(x) = \infty$，则 $\lim\limits_{x \to x_0} f(x)g(x)$ 就构成了"$0 \cdot \infty$"型未定式，可对其做如下转化：

$$\lim_{x \to x_0} f(x)g(x) = \lim_{x \to x_0} \frac{f(x)}{\dfrac{1}{g(x)}} \left(\text{"}\dfrac{0}{0}\text{"型未定式} \right),$$

或

$$\lim_{x \to x_0} f(x)g(x) = \lim_{x \to x_0} \frac{g(x)}{\dfrac{1}{f(x)}} \left(\text{"}\dfrac{\infty}{\infty}\text{"型未定式} \right).$$

例 3.17 计算极限 $\lim\limits_{x \to 0^+} x \ln x$.

解 该极限属于"$0 \cdot \infty$"型未定式，先化为"$\dfrac{\infty}{\infty}$"型未定式，再使用洛必达法则.

$$\lim_{x \to 0^+} x \ln x \overset{0 \cdot \infty}{=\!=\!=} \lim_{x \to 0^+} \frac{\ln x}{\dfrac{1}{x}} \overset{\frac{\infty}{\infty}}{=\!=\!=} \lim_{x \to 0^+} \frac{\dfrac{1}{x}}{-\dfrac{1}{x^2}} = \lim_{x \to 0^+}(-x) = 0.$$

注 若将本例的极限化为"$\dfrac{0}{0}$"型未定式，则

$$\lim_{x \to 0^+} x \ln x \overset{0 \cdot \infty}{=\!=\!=} \lim_{x \to 0^+} \frac{x}{\dfrac{1}{\ln x}} \overset{\frac{0}{0}}{=\!=\!=} \lim_{x \to 0^+} \frac{1}{-\dfrac{1}{\ln^2 x} \cdot \dfrac{1}{x}} = \lim_{x \to 0^+}(-x \ln^2 x).$$

可以看出这样做越来越复杂，因此，"$0 \cdot \infty$"型未定式是转化为"$\dfrac{0}{0}$"型未定式还是转化为"$\dfrac{\infty}{\infty}$"型未定式需要合理选择.

2. "$\infty - \infty$"型未定式

这种类型的未定式可以通过通分化简等方式转化为"$\dfrac{0}{0}$"型或"$\dfrac{\infty}{\infty}$"型未定式.

例 3.18 计算极限 $\lim\limits_{x \to \frac{\pi}{2}}(\sec x - \tan x)$.

解 该极限属于"$\infty - \infty$"型未定式，先通分化为"$\dfrac{0}{0}$"型未定式，再使用洛必达法则.

$$\lim_{x\to\frac{\pi}{2}}(\sec x-\tan x)^{\infty-\infty}=\lim_{x\to\frac{\pi}{2}}\left(\frac{1}{\cos x}-\frac{\sin x}{\cos x}\right)=\lim_{x\to\frac{\pi}{2}}\frac{1-\sin x}{\cos x}^{\frac{0}{0}}=\lim_{x\to\frac{\pi}{2}}\frac{-\cos x}{-\sin x}=0.$$

3. "0^0" "1^{∞}" "∞^0" 型未定式

这3种类型的未定式可以通过取对数进行如下转化：

$$\lim f(x)^{g(x)}=\lim e^{g(x)\ln f(x)}=e^{\lim g(x)\ln f(x)}.$$

无论 $f(x)^{g(x)}$ 是上述3种类型中的哪一种, $\lim g(x)\ln f(x)$ 均为 "$0\cdot\infty$" 型未定式.

例 3.19 计算极限 $\lim\limits_{x\to 0^+}x^x$.

解 该极限属于 "0^0" 型未定式, 先取对数, 再使用洛必达法则, 得

$$\lim_{x\to 0^+}x^x=e^{\lim_{x\to 0^+}x\ln x}=e^{\lim_{x\to 0^+}\frac{\ln x}{\frac{1}{x}}}=e^{\lim_{x\to 0^+}(-x)}=e^0=1.$$

例 3.20 计算极限 $\lim\limits_{x\to 1}x^{\frac{1}{1-x}}$.

解 该极限属于 "1^{∞}" 型未定式, 先取对数, 再使用洛必达法则, 得

微课: 例 3.20 拓展

$$\lim_{x\to 1}x^{\frac{1}{1-x}}=e^{\lim_{x\to 1}\frac{\ln x}{1-x}}=e^{\lim_{x\to 1}\frac{\frac{1}{x}}{-1}}=e^{-1}.$$

例 3.21 计算极限 $\lim\limits_{n\to\infty}\tan^n\left(\dfrac{\pi}{4}+\dfrac{2}{n}\right)$.

分析 这是数列极限, 可根据海涅定理, 把数列极限化为函数极限后, 再使用洛必达法则.

解 设 $f(x)=\tan^x\left(\dfrac{\pi}{4}+\dfrac{2}{x}\right)$, 则

$$\lim_{x\to +\infty}f(x)=\lim_{x\to +\infty}\tan^x\left(\frac{\pi}{4}+\frac{2}{x}\right)=\lim_{x\to +\infty}e^{x\ln\left[\tan\left(\frac{\pi}{4}+\frac{2}{x}\right)\right]}=e^{\lim_{x\to +\infty}x\ln\left[\tan\left(\frac{\pi}{4}+\frac{2}{x}\right)\right]}.$$

而 $\lim\limits_{x\to +\infty}x\ln\left[\tan\left(\dfrac{\pi}{4}+\dfrac{2}{x}\right)\right]^{0\cdot\infty}=\lim\limits_{x\to +\infty}\dfrac{\ln\left[\tan\left(\dfrac{\pi}{4}+\dfrac{2}{x}\right)\right]}{\dfrac{1}{x}}^{\frac{0}{0}}=\lim\limits_{x\to +\infty}\dfrac{2}{\tan\left(\dfrac{\pi}{4}+\dfrac{2}{x}\right)\cdot\cos^2\left(\dfrac{\pi}{4}+\dfrac{2}{x}\right)}=4,$ 故

$$\lim_{n\to\infty}\tan^n\left(\frac{\pi}{4}+\frac{2}{n}\right)=\lim_{x\to +\infty}\tan^x\left(\frac{\pi}{4}+\frac{2}{x}\right)=e^4.$$

利用洛必达法则求未定式, 需要注意以下4点.

(1) 洛必达法则只能适用于 "$\dfrac{0}{0}$" 型和 "$\dfrac{\infty}{\infty}$" 型未定式, 其他类型的未定式必须先化简变形成 "$\dfrac{0}{0}$" 型或 "$\dfrac{\infty}{\infty}$" 型未定式才能运用洛必达法则.

(2) 只要条件具备, 可以连续使用洛必达法则.

(3) 洛必达法则可以和其他求未定式的方法结合使用.

(4) 洛必达法则的条件是充分的, 但不必要. 在某些特殊情况下, 洛必达法则可能失效, 此时应寻求其他解法. 例如

$$\lim_{x \to +\infty} \frac{e^x - e^{-x}}{e^x + e^{-x}} \overset{\frac{\infty}{\infty}}{=} \lim_{x \to +\infty} \frac{e^x + e^{-x}}{e^x - e^{-x}} = \lim_{x \to +\infty} \frac{e^x - e^{-x}}{e^x + e^{-x}} \overset{\frac{\infty}{\infty}}{=} \lim_{x \to +\infty} \frac{e^x + e^{-x}}{e^x - e^{-x}} = \lim_{x \to +\infty} \frac{e^x - e^{-x}}{e^x + e^{-x}},$$

使用洛必达法则无法求出极限，但可以使用下面的方法求出极限：

$$\lim_{x \to +\infty} \frac{e^x - e^{-x}}{e^x + e^{-x}} = \lim_{x \to +\infty} \frac{1 - e^{-2x}}{1 + e^{-2x}} = 1.$$

同步习题 3.2

基础题

1. 求下列函数极限：

（1）$\lim\limits_{x \to 1} \dfrac{x^3 - 3x + 2}{x^3 - x^2 - x + 1}$;

（2）$\lim\limits_{x \to 1} \dfrac{\ln x}{x - 1}$;

（3）$\lim\limits_{x \to \frac{\pi}{2}} \dfrac{\cos x}{x - \dfrac{\pi}{2}}$;

（4）$\lim\limits_{x \to 0} \dfrac{e^x - e^{-x}}{\sin x}$.

2. 求下列函数极限：

（1）$\lim\limits_{x \to 0} \dfrac{\tan x - x}{x - \sin x}$;

（2）$\lim\limits_{x \to +\infty} \dfrac{x^3}{a^x} (a > 1)$;

（3）$\lim\limits_{x \to 0^+} \dfrac{\ln x}{\ln(\sin x)}$;

（4）$\lim\limits_{x \to \frac{\pi}{2}^+} \dfrac{\ln\left(x - \dfrac{\pi}{2}\right)}{\tan x}$.

3. 求下列函数极限：

（1）$\lim\limits_{x \to \infty} x\left(e^{\frac{1}{x}} - 1\right)$;

（2）$\lim\limits_{x \to 0} \left[\dfrac{1}{\ln(x+1)} - \dfrac{1}{x}\right]$;

（3）$\lim\limits_{x \to +\infty} x\left(\dfrac{\pi}{2} - \arctan x\right)$;

（4）$\lim\limits_{x \to \infty} x\left(a^{\frac{1}{x}} - 1\right) (a > 0, a \neq 1)$.

4. 求下列函数极限：

（1）$\lim\limits_{x \to 0} (1 + \sin x)^{\frac{1}{x}}$;

（2）$\lim\limits_{x \to 0^+} x^{\tan x}$;

（3）$\lim\limits_{x \to \infty} (1 + x^2)^{\frac{1}{x}}$.

5. 求下列函数极限：

（1）$\lim\limits_{x \to +\infty} \dfrac{\sqrt{1 + x^2}}{x}$;

（2）$\lim\limits_{x \to +\infty} \dfrac{e^x + \sin x}{e^x - \cos x}$.

6. 证明极限 $\lim\limits_{x \to 0} \dfrac{x^2 \sin \dfrac{1}{x}}{\sin x}$ 存在，但不能用洛必达法则求出.

提高题

1. 求下列函数极限：

（1）$\lim\limits_{x\to 0}\dfrac{x-x\cos x}{4\sin^3 x}$；

（2）$\lim\limits_{x\to 1}\left(\dfrac{x}{x-1}-\dfrac{1}{\ln x}\right)$；

（3）$\lim\limits_{x\to 0}\left(\dfrac{1}{x^2}-\cot^2 x\right)$；

（4）$\lim\limits_{x\to +\infty}\left(\dfrac{2}{\pi}\arctan x\right)^x$.

2. 试确定常数 a,b，使 $\lim\limits_{x\to 0}\dfrac{\ln(1+x)-(ax+bx^2)}{x^2}=2$.

微课：同步习题 3.2
提高题 3

3. 讨论函数 $f(x)=\begin{cases}\left[\dfrac{(1+x)^{\frac{1}{x}}}{e}\right]^{\frac{1}{x}},&x>0,\\ e^{-\frac{1}{2}},&x\le 0\end{cases}$ 在点 $x=0$ 处的连续性.

4. 设 $f''(x_0)$ 存在，证明：$\lim\limits_{h\to 0}\dfrac{f(x_0+h)-2f(x_0)+f(x_0-h)}{h^2}=f''(x_0)$.

3.3 泰勒中值定理

用简单函数逼近复杂函数是数学研究中常用的手段，而所谓的简单函数，选用多项式函数是相对理想的，因为多项式函数只需要对自变量进行加法、减法和乘法的运算，而且具有很好的分析性质. 本节讨论泰勒中值定理，一方面可以实现用多项式函数近似表示复杂函数，同时给出这种近似表示所产生的误差；另一方面，泰勒中值定理建立了函数与其各阶导数之间的桥梁，这一点在微积分学的理论中具有深远的意义.

3.3.1 泰勒中值定理

在微分的应用中，当 $|x|$ 很小时，有如下的近似公式：$e^x\approx 1+x,\ln(1+x)\approx x$. 这是利用一次多项式近似表达函数的例子. 在点 $x=0$ 处，这些一次多项式与相应的函数有相同的函数值和导数值. 但这种近似的不足之处也很明显：一是精确度不高；二是在做近似计算时，无法具体估计误差的大小. 因此，当精确度要求较高且需要估计误差的时候，就必须用更高次的多项式来近似表达函数，同时给出误差估计式.

一个函数满足什么条件，才可以用一个多项式来近似表达呢？这个多项式的次数是多少？函数和这个多项式之间所产生的误差又如何计算？泰勒中值定理完美地解决了这些问题.

定理 3.6（泰勒中值定理）　如果函数 $f(x)$ 在含有 x_0 的某个开区间 (a,b) 内具有直到 $n+1$ 阶的导数，则对任意 $x\in(a,b)$，有

$$f(x)=f(x_0)+f'(x_0)(x-x_0)+\dfrac{f''(x_0)}{2!}(x-x_0)^2+\cdots+\dfrac{f^{(n)}(x_0)}{n!}(x-x_0)^n+R_n(x),\tag{3.1}$$

其中

$$R_n(x)=\dfrac{f^{(n+1)}(\xi)}{(n+1)!}(x-x_0)^{n+1},\tag{3.2}$$

ξ 介于 x_0 与 x 之间, 也可记为 $\xi = x_0 + \theta(x - x_0), 0 < \theta < 1$.

证明从略.

式 (3.1) 中 n 次多项式 $P_n(x) = f(x_0) + f'(x_0)(x - x_0) + \dfrac{f''(x_0)}{2!}(x - x_0)^2 + \cdots + \dfrac{f^{(n)}(x_0)}{n!}(x - x_0)^n$ 称

为函数 $f(x)$ 在 x_0 处的 n 阶泰勒多项式, 其系数 $a_k = \dfrac{f^{(k)}(x_0)}{k!}(k = 0, 1, 2, \cdots, n)$ 称为 $f(x)$ 在 x_0 处展

开的泰勒系数. 式 (3.1) 称为函数 $f(x)$ 按 $x - x_0$ 的幂展开的带有拉格朗日型余项的 n 阶泰勒公式,
式 (3.2) 称为拉格朗日型余项, 当 n 固定时, 展开式唯一.

当 $n = 0$ 时, 泰勒公式就变成拉格朗日中值公式

$$f(x) = f(x_0) + f'(\xi)(x - x_0) \quad (\xi \text{ 在 } x_0 \text{ 与 } x \text{ 之间}).$$

因此, 泰勒中值定理是拉格朗日中值定理的推广.

对于固定的某个 n, 如果当 $x \in (a, b)$ 时, $|f^{(n+1)}(x)| \leq M$, 则有误差估计式

$$|R_n(x)| = \left| \frac{f^{(n+1)}(\xi)}{(n+1)!}(x - x_0)^{n+1} \right| \leq \frac{M}{(n+1)!}|x - x_0|^{n+1}, \tag{3.3}$$

于是

$$\lim_{x \to x_0} \frac{R_n(x)}{(x - x_0)^n} = 0,$$

即当 $x \to x_0$ 时,

$$R_n(x) = o[(x - x_0)^n], \tag{3.4}$$

$R_n(x)$ 的表达式 (3.4) 称为佩亚诺型余项.

在不需要余项的精确表达式时, $f(x)$ 的 n 阶泰勒公式可以写成

$$f(x) = f(x_0) + f'(x_0)(x - x_0) + \frac{f''(x_0)}{2!}(x - x_0)^2 + \cdots + \frac{f^{(n)}(x_0)}{n!}(x - x_0)^n + o[(x - x_0)^n],$$

该式称为带有佩亚诺型余项的 n 阶泰勒公式. 此时, 函数 $f(x)$ 要求具有直到 n 阶的导数, 而不
要求具有 $n+1$ 阶导数. 这也表明了用 n 阶泰勒多项式

$$P_n(x) = \sum_{k=0}^{n} \frac{f^{(k)}(x_0)}{k!}(x - x_0)^k$$

近似表示 $f(x)$ 时, 误差 $R_n(x)$ 是在 $x \to x_0$ 过程中比 $(x - x_0)^n$ 高阶的无穷小量. 这说明当 $n > 1$ 时,
逼近的精确度较线性逼近大大提高了.

【即时提问 3.3】若函数 $f(x)$ 在含有 x_0 的某个开区间 (a, b) 内具有直到 5 阶的导数, 则 $f(x)$
在 $x = x_0$ 处最多只能展开为 4 阶泰勒公式. 这种说法正确吗? 请说明理由.

3.3.2 麦克劳林公式

定理 3.7 如果函数 $f(x)$ 在含有 $x = 0$ 的某个开区间 (a, b) 内具有直到 $n+1$ 阶的导数, 则对
任意的 $x \in (a, b)$, 有

$$f(x) = f(0) + f'(0)x + \frac{f''(0)}{2!}x^2 + \cdots + \frac{f^{(n)}(0)}{n!}x^n + \frac{f^{(n+1)}(\theta x)}{(n+1)!}x^{n+1} (0 < \theta < 1), \tag{3.5}$$

该式称为函数 $f(x)$ 的带有拉格朗日型余项的 n 阶麦克劳林公式.

带有佩亚诺型余项的 n 阶麦克劳林公式为

$$f(x) = f(0) + f'(0)x + \frac{f''(0)}{2!}x^2 + \cdots + \frac{f^{(n)}(0)}{n!}x^n + o(x^n). \tag{3.6}$$

由式(3.5)或式(3.6)可得近似公式

$$f(x) \approx f(0) + f'(0)x + \frac{f''(0)}{2!}x^2 + \cdots + \frac{f^{(n)}(0)}{n!}x^n,$$

该式右端的多项式记作 $P_n(x) = f(0) + f'(0)x + \frac{f''(0)}{2!}x^2 + \cdots + \frac{f^{(n)}(0)}{n!}x^n$,称为 $f(x)$ 的 n 阶麦克劳林多项式,其系数为 $a_k = \frac{f^{(k)}(0)}{k!}(k=0,1,2,\cdots,n)$.

误差估计式(3.3)对应麦克劳林公式相应地变为 $|R_n(x)| \leqslant \frac{M}{(n+1)!}|x|^{n+1}$.

3.3.3 几个重要初等函数的麦克劳林公式

例 3.22 求函数 $f(x) = e^x$ 的带有拉格朗日型余项的 n 阶麦克劳林公式.

解 由 $f'(x) = f''(x) = \cdots = f^{(n)}(x) = e^x$,得

$$f(0) = f'(0) = f''(0) = \cdots = f^{(n)}(0) = 1.$$

又

$$f^{(n+1)}(\theta x) = e^{\theta x},$$

把这些值代入式(3.5)即得所求的带有拉格朗日型余项的 n 阶麦克劳林公式为

$$e^x = 1 + x + \frac{1}{2!}x^2 + \cdots + \frac{1}{n!}x^n + \frac{e^{\theta x}}{(n+1)!}x^{n+1}(0 < \theta < 1).$$

例 3.23 求函数 $f(x) = \sin x$ 的带有拉格朗日型余项的 n 阶麦克劳林公式.

解 由例 2.27 知,$f^{(k)}(x) = \sin\left(x + \frac{k\pi}{2}\right)$,$f^{(k)}(0) = \sin\frac{k\pi}{2}(k=0,1,2,\cdots)$,

故 $f(0) = 0, f'(0) = 1, f''(0) = 0, f'''(0) = -1, f^{(4)}(0) = 0, \cdots$,依次循环地取 4 个数:$0,1,0,-1$.

根据式(3.5),取 $n = 2m(m = 1,2,\cdots)$,得带有拉格朗日型余项的 $2m$ 阶麦克劳林公式为

$$\sin x = x - \frac{x^3}{3!} + \frac{x^5}{5!} - \cdots + (-1)^{m-1}\frac{x^{2m-1}}{(2m-1)!} + R_{2m}(x),$$

其中

$$R_{2m}(x) = \frac{\sin\left[\theta x + \frac{(2m+1)\pi}{2}\right]}{(2m+1)!}x^{2m+1} = (-1)^m \frac{\cos\theta x}{(2m+1)!}x^{2m+1}(0 < \theta < 1).$$

分别取 $m = 1,2,3$,可得近似公式

$$\sin x \approx x, \sin x \approx x - \frac{x^3}{3!}, \sin x \approx x - \frac{x^3}{3!} + \frac{x^5}{5!},$$

其误差分别为

$$|R_2(x)| = \left|\frac{\cos\theta x}{3!}x^3\right| \leqslant \frac{|x|^3}{3!}, |R_4(x)| \leqslant \frac{|x|^5}{5!}, |R_6(x)| \leqslant \frac{|x|^7}{7!}.$$

函数 $f(x) = \sin x$ 及以上 3 个麦克劳林多项式函数的图形如图 3.5 所示.

类似地,我们可得到以下 3 个常用函数的带有拉格朗日型余项的麦克劳林公式.

(1) $\cos x = 1 - \frac{x^2}{2!} + \frac{x^4}{4!} - \cdots + (-1)^m \frac{x^{2m}}{(2m)!} + R_{2m+1}(x)$,其中

$$R_{2m+1}(x) = \frac{\cos[\theta x + (m+1)\pi]}{(2m+2)!} x^{2m+2} = (-1)^{m+1} \frac{\cos\theta x}{(2m+2)!} x^{2m+2} (0<\theta<1).$$

$(2)\ \ln(1+x) = x - \dfrac{x^2}{2} + \dfrac{x^3}{3} - \cdots + (-1)^{n-1} \dfrac{x^n}{n} + R_n(x)$，其中

$$R_n(x) = \frac{(-1)^n}{(n+1)(1+\theta x)^{n+1}} x^{n+1} \quad (0<\theta<1).$$

$(3)\ (1+x)^\alpha = 1 + \alpha x + \dfrac{\alpha(\alpha-1)}{2!} x^2 + \cdots + \dfrac{\alpha(\alpha-1)\cdots(\alpha-n+1)}{n!} x^n +$

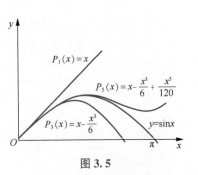

图 3.5

$R_n(x)$，其中

$$R_n(x) = \frac{\alpha(\alpha-1)\cdots(\alpha-n+1)(\alpha-n)}{(n+1)!} (1+\theta x)^{\alpha-n-1} x^{n+1} \quad (0<\theta<1).$$

特别地，当 $\alpha = -1$ 时，$\dfrac{1}{1+x} = 1 - x + x^2 - x^3 + \cdots + (-1)^n x^n + R_n(x)$，其中 $x \neq -1$，

$$R_n(x) = \frac{(-1)^{n+1}}{(1+\theta x)^{n+2}} x^{n+1} \quad (0<\theta<1).$$

计算机可视化

由以上带有拉格朗日型余项的麦克劳林公式，对应可得带有佩亚诺型余项的麦克劳林公式，请大家自行写出，此处不再赘述.

3.3.4 泰勒公式的应用

1. 泰勒公式间接展开法

利用已知函数的麦克劳林公式，可以间接地写出某些复杂函数的泰勒公式或麦克劳林公式.

例 3.24 求函数 $f(x) = xe^{-x}$ 的带有佩亚诺型余项的 n 阶麦克劳林公式.

解 因为 $e^x = 1 + x + \dfrac{1}{2!} x^2 + \cdots + \dfrac{1}{(n-1)!} x^{n-1} + o(x^{n-1})$，

所以

$$e^{-x} = 1 - x + \frac{1}{2!} x^2 - \cdots + (-1)^{n-1} \frac{1}{(n-1)!} x^{n-1} + o(x^{n-1}),$$

从而 $f(x) = xe^{-x}$ 的 n 阶麦克劳林公式为

$$xe^{-x} = x - x^2 + \frac{1}{2!} x^3 - \cdots + (-1)^{n-1} \frac{1}{(n-1)!} x^n + o(x^n).$$

例 3.25 求函数 $f(x) = \dfrac{1}{3+x}$ 在 $x=1$ 处的带有佩亚诺型余项的 n 阶泰勒公式.

解 $f(x) = \dfrac{1}{3+x} = \dfrac{1}{4+(x-1)}$

$= \dfrac{1}{4} \cdot \dfrac{1}{1 + \dfrac{x-1}{4}}$

$= \dfrac{1}{4} \left\{ 1 - \dfrac{x-1}{4} + \dfrac{(-1)(-2)}{2!} \left(\dfrac{x-1}{4}\right)^2 + \cdots + \dfrac{(-1)(-2)(-3)\cdots(-n)}{n!} \left(\dfrac{x-1}{4}\right)^n + o\left[\left(\dfrac{x-1}{4}\right)^n\right] \right\}$

$= \dfrac{1}{4} - \dfrac{x-1}{4^2} + \dfrac{(x-1)^2}{4^3} - \cdots + (-1)^n \dfrac{(x-1)^n}{4^{n+1}} + o[(x-1)^n].$

2. 利用泰勒公式求极限

带有佩亚诺型余项的麦克劳林公式应用于求极限运算中，可以简化运算，它是求某些未定式的重要工具.

例 3.26 求极限 $\lim\limits_{x\to0}\dfrac{e^{x^2}+2\cos x-3}{x^4}$.

解 由于分母是 x 的 4 次方，所以只需将分子中的 e^{x^2} 和 $\cos x$ 展开为带有佩亚诺型余项的 4 阶麦克劳林公式即可.

$$e^{x^2}=1+x^2+\frac{1}{2!}x^4+o(x^4),\cos x=1-\frac{x^2}{2!}+\frac{x^4}{4!}+o(x^4),$$

于是

$$\lim_{x\to0}\frac{e^{x^2}+2\cos x-3}{x^4}=\lim_{x\to0}\frac{1+x^2+\frac{1}{2!}x^4+o(x^4)+2\left[1-\frac{x^2}{2!}+\frac{x^4}{4!}+o(x^4)\right]-3}{x^4}$$

$$=\lim_{x\to0}\frac{\frac{1}{2!}x^4+\frac{2x^4}{4!}+o(x^4)}{x^4}=\lim_{x\to0}\frac{\frac{7}{12}x^4+o(x^4)}{x^4}=\frac{7}{12}.$$

3. 求高阶导数值

若函数 $f(x)$ 在点 x_0 处的泰勒公式可以使用间接展开法得到，则根据泰勒公式的唯一性，可以确定函数 $f(x)$ 在点 x_0 处的各阶导数值.

例 3.27 设 $f(x)=x^2\sin x$，试求 $f^{(99)}(0)$.

解 由 $\sin x=x-\dfrac{x^3}{3!}+\dfrac{x^5}{5!}-\cdots+(-1)^{m-1}\dfrac{x^{2m-1}}{(2m-1)!}+o(x^{2m})$，

得到

$$x^2\sin x=x^3-\frac{x^5}{3!}+\frac{x^7}{5!}-\cdots+(-1)^{m-1}\frac{x^{2m+1}}{(2m-1)!}+o(x^{2m+2}).$$

函数 $f(x)$ 的麦克劳林公式中 x^{99} 项的系数为 $\dfrac{f^{(99)}(0)}{99!}$，根据麦克劳林公式的唯一性得

$$(-1)^{49-1}\frac{1}{(98-1)!}=\frac{f^{(99)}(0)}{99!},$$

即 $f^{(99)}(0)=99\times98=9\,702$.

4. 近似计算

例 3.28 求无理数 e 的近似值，使误差不超过 10^{-6}.

解 由 e^x 的麦克劳林公式

$$e^x=1+x+\frac{1}{2!}x^2+\cdots+\frac{1}{n!}x^n+\frac{e^{\theta x}}{(n+1)!}x^{n+1}(0<\theta<1),$$

取 $x=1$，可得无理数 e 的近似表达式

$$e\approx1+1+\frac{1}{2!}+\cdots+\frac{1}{n!},$$

其误差

$$|R_n(1)| = \left| \frac{e^{\theta}}{(n+1)!} \right| < \frac{e}{(n+1)!} < \frac{3}{(n+1)!}.$$

令 $\frac{3}{(n+1)!} < 10^{-6}$，确定 $n=9$，可得 $e \approx 2.718\,282$，其误差不超过 10^{-6}.

同步习题 3.3

基础题

1. 将多项式函数 $f(x) = x^5 - x^2 + x$ 展开成 $x+1$ 的多项式.

2. 求函数 $f(x) = xe^x$ 的 n 阶麦克劳林公式(带佩亚诺型余项).

3. 求函数 $f(x) = \sqrt{x}$ 按 $x-4$ 的幂展开的 3 阶泰勒公式(带拉格朗日型余项).

4. 求函数 $f(x) = \ln x$ 按 $x-2$ 的幂展开的 n 阶泰勒公式(带佩亚诺型余项).

5. 求函数 $f(x) = \tan x$ 的 3 阶麦克劳林公式(带佩亚诺型余项).

6. 利用 $\sin x$ 的 3 阶泰勒公式求 $\sin 18°$ 的近似值,并估计误差.

提高题

1. 利用泰勒公式求极限:

(1) $\lim\limits_{x \to +\infty} (\sqrt[3]{x^3 + 3x^2} - \sqrt[4]{x^4 - 2x^3})$;

(2) $\lim\limits_{x \to 0} \dfrac{\cos x - e^{-\frac{x^2}{2}}}{x^2[x + \ln(1-x)]}$;

(3) $\lim\limits_{x \to +\infty} \left(x^2 - x^3 \sin \dfrac{1}{x} \right)$;

(4) $\lim\limits_{x \to 0} \dfrac{1 + \frac{1}{2}x^2 - \sqrt{1+x^2}}{(\cos x - e^{x^2}) \tan x^2}$;

微课：同步习题 3.3 提高题 2

2. 设 $f(x)$ 在点 $x=0$ 的某个邻域内二阶可导,且 $\lim\limits_{x \to 0} \dfrac{\sin x + xf(x)}{x^3} = \dfrac{1}{2}$,求 $f(0), f'(0), f''(0)$ 的值.

3. 求函数 $f(x) = x^2 \ln(1+x)$ 在点 $x=0$ 处的 n 阶导数 $f^{(n)}(0)$ $(n \geq 3)$.

3.4 函数的单调性、极值和最值

在以前的学习中,我们用初等数学的方法研究一些函数的单调性和某些简单函数的性质,但是这些方法使用范围狭小,有些需要借助某些特殊的技巧,因而不具有一般性. 本节将利用导数来研究函数的单调性、极值和最值等.

3.4.1 函数的单调性

单调性是函数的重要性质,在 1.1 节中我们已经讨论过函数在一个区间上单调的概念. 一般情况下，我们通过函数单调性的定义来判断单调性，即在函数的定义域内任取两点 x_1 和 x_2，不妨设 $x_1 < x_2$，通过比较 $f(x_1)$ 和 $f(x_2)$ 的大小来判断函数的单调性，可以通过函数值作差或是作商来实现判断函数值大小的目的. 但对有的函数来说，这个方法比较复杂. 下面讨论怎样利用导数这一工具来判断函数的单调性. 首先，我们观察图 3.6.

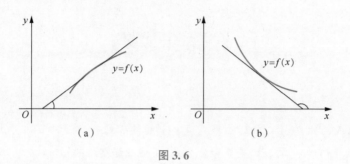

图 3.6

由图 3.6 可以看出，当函数图形随自变量的增大而上升时，曲线上每一点处的切线与 x 轴正向的夹角为锐角，从而斜率大于零，由导数的几何意义知导数大于零；同样可知，当函数图形随自变量的增大而下降时，导数小于零. 这些现象反映了函数的单调性与导数符号之间的联系. 我们把这种规律归纳成下面的定理.

定理 3.8 设函数 $f(x)$ 在区间 I 上可导，对一切 $x \in I$：

(1) 若 $f'(x) > 0$，则函数 $f(x)$ 在 I 上单调增加；

(2) 若 $f'(x) < 0$，则函数 $f(x)$ 在 I 上单调减少.

证明 (1) 任取 $x_1, x_2 \in I$，且 $x_1 < x_2$，在 $[x_1, x_2]$ 上应用拉格朗日中值定理，有

$$f(x_2) - f(x_1) = f'(\xi)(x_2 - x_1), x_1 < \xi < x_2.$$

由于对一切 $x \in I$，有 $f'(x) > 0$，因此 $f'(\xi) > 0$，从而 $f(x_2) > f(x_1)$.

由 x_1, x_2 的任意性知，函数 $f(x)$ 在 I 上单调增加，(1) 得证.

类似地，可证 (2).

在此，需要指出的是，函数 $f(x)$ 在某区间内单调增加 (减少) 时，在个别点 x_0 处，可以有 $f'(x_0) = 0$. 例如，函数 $y = x^3$ 在区间 $(-\infty, +\infty)$ 内是单调增加的，而 $y'(x) = 3x^2 \geq 0$，仅当 $x = 0$ 时，$y'(0) = 0$. 对此，有更一般性的结论：

在函数 $f(x)$ 的可导区间 I 内，若 $f'(x) \geq 0$ 或 $f'(x) \leq 0$ (等号仅在有限个点处成立)，则函数 $f(x)$ 在 I 内单调增加或单调减少.

根据定理 3.8，讨论一个函数的单调性，只需求出该函数的导数，再判别导数的符号即可. 为此，我们要把导数 $f'(x)$ 取正值和负值的区间进行划分. 当导数连续时，$f'(x)$ 取正值和负值的分界点上应有 $f'(x) = 0$. 因此，讨论函数单调性的步骤如下：

(1) 确定 $f(x)$ 的定义域；

(2) 求 $f'(x)$，并求出 $f(x)$ 单调区间的所有可能的分界点 [包括 $f(x)$ 的驻点、$f'(x)$ 不存在的点]，根据分界点把定义域分成相应的区间；

(3) 判断一阶导数 $f'(x)$ 在各区间内的符号，从而判断函数在各区间中的单调性.

例 3.29 讨论函数 $f(x) = 2x^3 - 9x^2 + 12x - 3$ 的单调区间.

解 首先，确定函数的定义域：该函数的定义域为 $(-\infty, +\infty)$.

其次，求导数并确定函数的驻点和导数不存在的点：

$$f'(x) = 6x^2 - 18x + 12 = 6(x-1)(x-2),$$

由 $f'(x) = 0$ 得驻点 $x_1 = 1, x_2 = 2$，该函数没有导数不存在的点.

最后，用找到的点划分连续区间并列表讨论，以判定函数的增减区间，如表 3.1 所示.

表 3.1

x	$(-\infty,1)$	1	$(1,2)$	2	$(2,+\infty)$
$f'(x)$	+	0	−	0	+
$f(x)$	↗		↘		↗

表 3.1 中，符号 "↗" 表示单调增加，符号 "↘" 表示单调减少. 由表 3.1 可知，函数的单调增加区间为 $(-\infty,1)$ 和 $(2,+\infty)$，单调减少区间为 $[1,2]$.

例 3.30 判断函数 $f(x) = \sqrt[3]{x}$ 的单调性.

解 函数 $f(x) = \sqrt[3]{x}$ 的定义域为 $(-\infty, +\infty)$，且

$$f'(x) = \frac{1}{3}x^{-\frac{2}{3}},$$

容易得到函数 $f(x) = \sqrt[3]{x}$ 在点 $x = 0$ 处导数不存在，并且点 $x = 0$ 把定义域分成两个部分区间：$(-\infty,0), [0,+\infty)$.

当 $x \in (-\infty,0)$ 时，$f'(x) > 0$，则函数 $f(x) = \sqrt[3]{x}$ 在 $(-\infty,0)$ 上单调增加.

当 $x \in (0,+\infty)$ 时，$f'(x) > 0$，则函数 $f(x) = \sqrt[3]{x}$ 在 $[0,+\infty)$ 上单调增加.

综上所述，可知函数 $f(x) = \sqrt[3]{x}$ 在 $(-\infty,+\infty)$ 上单调增加.

例 3.31 设 $f(x) = \begin{cases} -x^3, & x<0, \\ x\arctan x, & x\geq 0. \end{cases}$ 确定 $f(x)$ 的单调区间.

解 当 $x<0$ 时，$f'(x) = -3x^2 < 0$.

当 $x>0$ 时，$f'(x) = \arctan x + \dfrac{x}{1+x^2} > 0$.

所以 $f(x)$ 的单调增加区间为 $[0,+\infty)$，单调减少区间为 $(-\infty,0)$.

利用函数的单调性还可以证明一些不等式. 如果函数 $f(x)$ 在 $[a,b]$ 上连续，在 (a,b) 内可导，对一切 $x \in (a,b)$，有 $f'(x) > 0$，则推出 $f(x)$ 单调增加，所以有 $f(x) > f(a)$. 这就提供了证明不等式的依据.

例 3.32 证明：当 $x>0$ 时，$e^x > x+1$.

证明 设 $f(x) = e^x - x - 1$，则 $f(0) = 0$. 证明 $f(x) > f(0)$ 即可.

$f(x)$ 在 $[0,+\infty)$ 上连续，且当 $x>0$ 时，$f'(x) = e^x - 1 > 0$，所以函数 $f(x) = e^x - x - 1$ 在 $(0,+\infty)$ 上单调增加，即 $f(x) > f(0) = 0$.

所以当 $x>0$ 时，$f(x) = e^x - x - 1 > 0$，即 $e^x > x+1$.

3.4.2 函数的极值

1. 极值的定义

定义3.1 设 $f(x)$ 在点 x_0 的某邻域 $U(x_0,\delta)$ 内有定义，若 $U(x_0,\delta)$ 内所有异于 x_0 的点 x 都满足：

(1) $f(x) < f(x_0)$，则称 $f(x_0)$ 为函数 $f(x)$ 的极大值，x_0 称为极大值点；

(2) $f(x) > f(x_0)$，则称 $f(x_0)$ 为函数 $f(x)$ 的极小值，x_0 称为极小值点.

函数的极大值和极小值统称为函数的极值，使函数取得极值的点称为极值点.

由该定义可知，极大值和极小值都是局部概念，函数在某个区间上的极大值不一定大于极小值. 观察图3.7可知：点 x_1, x_2, x_4, x_5, x_6 为函数 $f(x)$ 的极值点，其中 x_1, x_4, x_6 为极小值点，x_2, x_5 为极大值点，但 $f(x_2) < f(x_6)$.

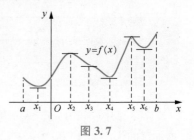

图3.7

由图3.7还可以发现：在极值点处，函数的导数为零（如 x_1, x_2, x_4, x_6）或者导数不存在（如 x_5）.

因此，对于函数极值，我们需要注意以下两点：

(1) 函数极值的概念是局部性的，在一个区间内，函数可能存在许多个极值，函数的极大值和极小值之间并无确定的大小关系；

(2) 由极值的定义知，函数的极值只能在区间的内部取得，不能在区间的端点上取得.

2. 极值的判别法

由定义3.1，再来观察图3.7，函数 $f(x)$ 在 x_1, x_4, x_6 取得极小值，在 x_2 取得极大值，曲线 $y=f(x)$ 在这4个点处都可作切线，且切线一定平行于 x 轴，因此有 $f'(x_1)=0, f'(x_4)=0, f'(x_6)=0$, $f'(x_2)=0$. 函数 $f(x)$ 在 x_5 处虽然也取得极大值，但曲线 $y=f(x)$ 在该点处不能作切线，函数在该点不可导. 由此，我们有下面的定理.

定理3.9（极值存在的必要条件） 若可导函数 $f(x)$ 在点 x_0 取得极值，则 $f'(x_0)=0$.

对于定理3.9，我们需要注意以下两点.

(1) 在 $f'(x_0)$ 存在时，$f'(x_0)=0$ 不是极值存在的充分条件，即函数的驻点不一定是函数的极值点. 例如，$x=0$ 是函数 $y=x^3$ 的驻点，但不是极值点.

(2) 函数在导数不存在的点处也可能取得极值. 例如，图3.7中函数 $f(x)$ 在点 x_5 处取得极大值；再如，$y=|x|$ 在 $x=0$ 处导数不存在，但函数在该点取得极小值 $y(0)=0$. 另外，导数存在的点也可能不是极值点，例如，$y=x^{\frac{1}{3}}$ 在 $x=0$ 处切线垂直于 x 轴，导数不存在，但 $x=0$ 不是函数的极值点.

把驻点和导数不存在的点统称为可能极值点. 为了找出极值点，首先要找出所有的可能极值点，然后判断它们是否是极值点.

从几何直观上容易理解，如果函数曲线通过某点时先增后减，则函数在该点处取得极大值；反之，如果先减后增，则函数在该点处取得极小值. 利用函数的单调性很容易得到判定函数极值点的方法，从而有下面的判定定理.

定理 3.10（极值存在的第一充分条件） 设函数 $f(x)$ 在点 x_0 处连续，在 $\mathring{U}(x_0,\delta)$ 内可导，如果满足：

(1) 当 $x_0-\delta<x<x_0$ 时，$f'(x)>0$，当 $x_0<x<x_0+\delta$ 时，$f'(x)<0$，则 $f(x)$ 在 x_0 处取得极大值；

(2) 当 $x_0-\delta<x<x_0$ 时，$f'(x)<0$，当 $x_0<x<x_0+\delta$ 时，$f'(x)>0$，则 $f(x)$ 在 x_0 处取得极小值；

(3) 当 x 在 x_0 点左右邻近取值时，$f'(x)$ 的符号不发生改变，则 $f(x)$ 在点 x_0 处不取得极值.

综合以上讨论，我们可按以下步骤来求函数的极值：

(1) 确定函数的连续区间（初等函数即为定义域）；

(2) 求导数 $f'(x)$ 并求出函数的驻点和导数不存在的点；

(3) 利用极值存在的第一充分条件依次判断这些点是否是函数的极值点；

(4) 求出各极值点处的函数值，即得 $f(x)$ 的全部极值.

例 3.33 求函数 $f(x)=(x-1)\sqrt[3]{x^2}$ 的极值.

解 函数 $f(x)$ 的定义域为 $(-\infty,+\infty)$.

$$f'(x)=\sqrt[3]{x^2}+\frac{2(x-1)}{3\sqrt[3]{x}}=\frac{5x-2}{3\sqrt[3]{x}}.$$

令 $f'(x)=0$，得驻点 $x=\dfrac{2}{5}$；当 $x=0$ 时，导数不存在.

列表讨论，如表 3.2 所示.

表 3.2

x	$(-\infty,0)$	0	$\left(0,\dfrac{2}{5}\right)$	$\dfrac{2}{5}$	$\left(\dfrac{2}{5},+\infty\right)$
$f'(x)$	$+$	不存在	$-$	0	$+$
$f(x)$	↗	极大值 0	↘	极小值 $-\dfrac{3}{25}\sqrt[3]{20}$	↗

所以函数 $f(x)$ 在 $x=0$ 处取得极大值 $f(0)=0$，在 $x=\dfrac{2}{5}$ 处取得极小值 $f\left(\dfrac{2}{5}\right)=-\dfrac{3}{25}\sqrt[3]{20}$.

当函数 $f(x)$ 在驻点的二阶导数存在且不为零时，也可判定函数的驻点是否为极值点，有以下定理.

定理 3.11（极值存在的第二充分条件） 设函数 $f(x)$ 在点 x_0 处二阶可导，并且 $f'(x_0)=0$，$f''(x_0)\neq0$，那么

(1) 若 $f''(x_0)<0$，则 $f(x_0)$ 是 $f(x)$ 的极大值；

(2) 若 $f''(x_0)>0$，则 $f(x_0)$ 是 $f(x)$ 的极小值.

注 (1) 定理 3.11 适用的范围比定理 3.10 要小，它只适用于驻点的判定，不能判定导数不存在的点是否为极值点，但对某些题目来讲，应用此定理可以使题目的解答更简捷.

(2) 当 $f'(x_0)=f''(x_0)=0$ 时，无法判别 $f(x_0)$ 是否为极值.

例如，函数 $f(x)=x^3$，有 $f'(0)=f''(0)=0$，但点 $x=0$ 不是极值点；函数 $f(x)=x^4$，有 $f'(0)=f''(0)=0$，点 $x=0$ 是极小值点.

例 3.34 求函数 $f(x)=x^2-\ln x^2$ 的极值.

解 函数 $f(x)$ 的定义域为 $(-\infty,0)\cup(0,+\infty)$.

因为

$$f'(x)=2x-\frac{2}{x}=\frac{2(x^2-1)}{x}, f''(x)=2+\frac{2}{x^2},$$

令 $f'(x)=0$，得驻点 $x_1=-1, x_2=1$，又 $f''(-1)=4>0, f''(1)=4>0$，由定理 3.11 知，$x_1=-1, x_2=1$ 都是极小值点，$f(-1)=1$ 和 $f(1)=1$ 都是函数 $f(x)$ 的极小值.

【即时提问 3.4】 判断函数的极值可利用极值存在的两个充分条件，何时用极值存在的第一充分条件，何时用极值存在的第二充分条件？

3.4.3 函数的最值

函数的极值和最值一般来说是不同的. 函数的极值总是在可能取得极值的点的邻域内讨论，是一个局部性的概念. 而函数的最大值和最小值问题是与函数的极值有关的整体性问题. 下面讨论怎样求函数的最大值和最小值.

1. 闭区间上函数的最值

设函数 $f(x)$ 在闭区间 $[a,b]$ 上连续，根据闭区间上连续函数的性质（最值定理），$f(x)$ 在 $[a,b]$ 上一定存在最值. 而且，如果函数的最值是在区间内部取得的话，那么其最值点也一定是函数的极值点；当然，函数的最值点也可能在区间的端点上取得.

因此，我们可以按照以下步骤求给定闭区间上函数的最值.

(1) 在给定区间上求出函数所有可能的极值点：驻点和导数不存在的点.

(2) 求出函数在所有驻点、导数不存在的点和区间端点的函数值.

(3) 比较这些函数值的大小，最大者即为函数在该区间上的最大值，最小者即为最小值.

例 3.35 求函数 $f(x)=x+\frac{3}{2}x^{\frac{2}{3}}$ 在区间 $\left[-8,\frac{1}{8}\right]$ 上的最大值与最小值.

解 $f'(x)=1+x^{-\frac{1}{3}}=\frac{\sqrt[3]{x}+1}{\sqrt[3]{x}}$.

令 $f'(x)=0$，在 $\left(-8,\frac{1}{8}\right)$ 内解得驻点 $x=-1$，另外有不可导点 $x=0$.

$$f(0)=0, f(-1)=\frac{1}{2}, f(-8)=-2, f\left(\frac{1}{8}\right)=\frac{1}{2},$$

比较后即知，函数 $f(x)$ 的最大值为 $f(-1)=f\left(\frac{1}{8}\right)=\frac{1}{2}$，函数 $f(x)$ 的最小值为 $f(-8)=-2$.

2. 实际应用中的最值

在生产实践和工程技术中，人们经常会遇到求在一定条件下，怎样才能使"成本最低""利润最高""原材料最省"等问题. 这类问题在数学上可以归结为建立一个目标函数，求这个函数的最大值或最小值问题.

对于实际问题，往往根据问题的性质就可以断定函数 $f(x)$ 在定义区间内部存在最大值或最小值. 理论上可以证明这样一个结论：在实际问题中，若函数 $f(x)$ 的定义域是开区间，且在此开区间内只有一个驻点 x_0，而最值又存在，则可以直接断定该驻点 x_0 就是最值点，$f(x_0)$ 即为相应的最值.

例 3.36（水槽设计问题） 有一块宽为 $2a$ 的长方形铁皮，如图 3.8 所示，将长所在的两个边缘向上折起，做成一个开口水槽，其横截面为矩形，问：横截面的高取何值时水槽的流量最大？（流量与横截面的面积成正比.）

图 3.8

解 设横截面的高为 x，根据题意得该水槽的横截面面积为

$$S(x) = 2x(a-x)\ (0<x<a).$$

$S'(x) = 2a-4x$，令 $S'(x)=0$，得 $S(x)$ 的唯一驻点 $x=\dfrac{a}{2}$.

因为铁皮的两边折得过大或过小，都会使横截面面积变小，这说明 $S(x)$ 一定存在最大值. 所以，唯一驻点 $x=\dfrac{a}{2}$ 即是最大值点，就是所要求的使水槽的流量最大的横截面的高.

例 3.37（用料最省问题） 要做一圆柱形无盖铁桶，要求铁桶的容积 V 是一定值，问：怎样设计才能使制造铁桶的用料最省？

解 如图 3.9 所示，设铁桶底面半径为 $x\ (x>0)$，高为 h. 由 $V=\pi x^2 h$，得 $h=\dfrac{V}{\pi x^2}$. 除去顶面的圆柱表面积为

$$S = \pi x^2 + 2\pi xh = \pi x^2 + 2\pi x\,\frac{V}{\pi x^2} = \pi x^2 + \frac{2V}{x}.$$

$$S' = 2\pi x - \frac{2V}{x^2} = \frac{2\pi x^3 - 2V}{x^2},$$

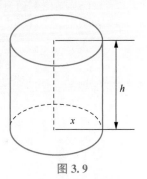

图 3.9

计算机可视化

令 $S'=0$，得唯一驻点 $x=\sqrt[3]{\dfrac{V}{\pi}}$.

由于在容积一定的情况下，铁桶用料一定存在最小值，所以求得的唯一驻点 $x=\sqrt[3]{\dfrac{V}{\pi}}$ 也是 S 的最小值点，此时 $h=\dfrac{V}{\pi x^2}=\sqrt[3]{\dfrac{V}{\pi}}$. 因此，只要铁桶底面半径和高都为 $\sqrt[3]{\dfrac{V}{\pi}}$，就会使制造铁桶的用料最省.

例 3.38（面积最大问题） 将一长为 $2L$ 的铁丝折成一个长方形，如何折才能使长方形的面积最大？

解 设长方形的长为 x，宽为 y，则其面积 $A=xy$.
由于 $2x+2y=2L$，所以 $y=L-x$. 代入上式，得

$$A = x(L-x)\ (0<x<L).$$

$$A'(x) = L-2x,$$

令 $A'(x)=0$，解得 $x=\dfrac{L}{2}$，这是 $A(x)$ 在 $(0,L)$ 内唯一的驻点，所以 $x=\dfrac{L}{2}$ 为 $A(x)$ 的最大值

点. $A(x)$ 的最大值为 $A\left(\dfrac{L}{2}\right)=\dfrac{L^2}{4}$，这时 $y=L-\dfrac{L}{2}=\dfrac{L}{2}$.

所以把该铁丝折成一个长、宽相等的正方形时面积最大.

同步习题3.4

1. 确定下列函数的单调区间：

$(1)\, y=2x^3-6x^2-18x-7$；

$(2)\, y=\dfrac{10}{4x^3-9x^2+6x}$；

$(3)\, y=\dfrac{e^x}{3+x}$；

$(4)\, y=x-\ln(1+x^2)$；

$(5)\, y=(x^2-1)^3+3$；

$(6)\, y=e^x-x-1$.

2. 证明：函数 $f(x)=\left(1+\dfrac{1}{x}\right)^x$ 在 $(0,+\infty)$ 上单调增加.

3. 证明：当 $x>0$ 时，$1+\dfrac{1}{2}x>\sqrt{1+x}$.

微课：同步习题3.4
基础题2

4. 求下列函数的极值：

$(1)\, y=x^3-3x$；

$(2)\, y=\dfrac{x^3}{(x-1)^2}$；

$(3)\, y=x\sin x+\cos x,\ x\in\left[-\dfrac{\pi}{4},\dfrac{3\pi}{4}\right]$；

$(4)\, y=\dfrac{e^x}{3+x}$；

$(5)\, y=(x^2-1)^3+3$.

5. a 为何值时，函数 $f(x)=a\sin x+\dfrac{1}{3}\sin 3x$ 在 $x=\dfrac{\pi}{3}$ 处取得极值？该极值是极大值还是极小值？并求此极值.

6. 求下列函数的最值：

$(1)\, y=2x^3-3x^2,\ x\in[-1,4]$；

$(2)\, y=x+\sqrt{1-x},\ x\in[-5,1]$；

$(3)\, y=2x(x-6)^2,\ x\in[-2,4]$；

$(4)\, y=\ln(1+x^2),\ x\in[-1,2]$；

$(5)\, y=x^3-6x^2+9x+7,\ x\in[-1,5]$；

$(6)\, y=(x^2-1)^{\frac{1}{3}}+1$.

7. 欲用长 6m 的木料加工一个"日"字形的窗框，问：它的长和宽分别为多少时，才能使窗框的面积最大？最大面积为多少？

8. 某车间靠墙壁要盖长方形小屋，现有存砖只够砌 20m 长的墙壁，问：应围成怎样的长方形，才能使这间小屋的面积最大？

9. 将边长为 a 的一块正方形铁皮，4 个角各截去一个大小相同的小正方形，然后将 4 个边折起做成一个无盖的方盒. 问：截掉的小正方形边长为多大时，所得方盒的容积最大？

10. 如图 3.10 所示，在一条河的同旁有甲、乙两城市，甲城市位于河岸边，乙城市离岸 40km，乙城市到岸的垂足与甲城市相距 50km. 两城市在此河边合建一水厂取水，从水厂到甲城市和乙城市的水管费用分别为每千米 3 万元和 5 万元，问：此水厂应设在河边的何处才能使水管费用最省？

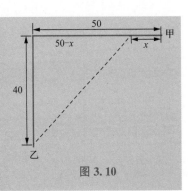

图 3.10

提高题

1. 在抛物线 $y=x^2$（第一象限部分）上求一点，使过该点的切线与直线 $y=0, x=8$ 相交所围成的三角形的面积为最大.

2. 证明：当 $x>1$ 时，$\ln x + \dfrac{4}{x+1} - 2 > 0$.

3. 设函数 $f(x)$ 在 $[0,+\infty)$ 上二阶可导，且 $f''(x)>0, f(0)=0$. 证明：函数 $F(x) = \dfrac{f(x)}{x}$ 在 $(0,+\infty)$ 上单调增加.

微课：同步习题 3.4 提高题 4

4. 设 $e < a < b$，证明：$a^b > b^a$.

5. 单调函数的导函数是否必为单调函数？研究例子：$f(x) = x + \sin x$.

6. 设函数 $f(x)$ 在 x_0 处有 n 阶导数，且 $f'(x_0) = f''(x_0) = \cdots = f^{(n-1)}(x_0) = 0, f^{(n)}(x_0) \neq 0$. 证明：（1）当 n 为奇数时，$f(x)$ 在 x_0 处不取极值；（2）当 n 为偶数时，$f(x_0)$ 在 x_0 处取极值，且当 $f^{(n)}(x_0) > 0$ 时，$f(x_0)$ 为极小值，当 $f^{(n)}(x_0) < 0$ 时，$f(x_0)$ 为极大值.

7. 利用上题的结论，讨论函数 $f(x) = e^x + e^{-x} + 2\cos x$ 的极值.

3.5 曲线的凹凸性及函数作图

3.5.1 曲线的凹凸性与拐点

在研究函数时，仅仅知道函数的单调性、极值和最值，还不足以确定一个函数的具体形状，即使都是单调增加的函数，曲线的弯曲方向也有可能不同，所以除了要了解函数的增减变化，还需要进一步研究曲线的弯曲方向，这样才能更准确地描述出函数的具体形态.

首先观察两条曲线，如图 3.11 所示.

两条曲线的明显区别：虽然它们都是单调增加的，但一个是凹的曲线弧，另一个是凸的曲线弧. 从几何直观分析，在图 3.11（a）中，连接曲线上任意两点的直线总位于这两点间曲线弧的上方；在图 3.11（b）中，连接曲线上任意两点的直线总位于这两点间曲线弧的下方. 因此，曲线的凹凸性可以用连接曲线弧上任意两点的弦的中点与曲线弧上相应点（即有相同横坐标的点）的位置关系来描述.

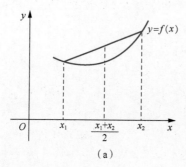
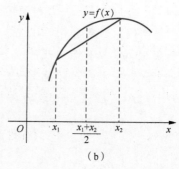

图 3.11

定义 3.2 设函数 $f(x)$ 在区间 I 上连续，如果对 I 上任意两点 x_1 和 x_2，总有

$$f\left(\frac{x_1+x_2}{2}\right) < \frac{f(x_1)+f(x_2)}{2},$$

则称 $f(x)$ 在区间 I 上的图形是凹的，如图 3.11(a)所示；如果总有

$$f\left(\frac{x_1+x_2}{2}\right) > \frac{f(x_1)+f(x_2)}{2},$$

则称 $f(x)$ 在区间 I 上的图形是凸的，如图 3.11(b)所示.

定义 3.3 设函数 $f(x)$ 在开区间 (a,b) 内可导，如果在该区间内 $f(x)$ 的曲线位于其上任一点切线的上方，则称该曲线在 (a,b) 内是凹的，区间 (a,b) 称为凹区间，如图 3.12(a)所示；反之，如果 $f(x)$ 的曲线位于其上任一点切线的下方，则称该曲线在 (a,b) 内是凸的，区间 (a,b) 称为凸区间，如图 3.12(b)所示. 曲线上凹凸区间的分界点称为曲线的拐点.

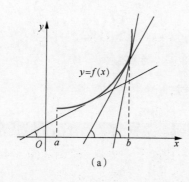
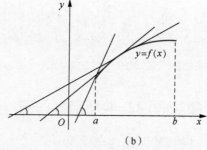

图 3.12

注 拐点是位于曲线上而不是坐标轴上的点，因此应表示为 $(x_0,f(x_0))$. 而 $x=x_0$ 仅是拐点的横坐标，若要表示拐点，必须算出相应的纵坐标 $f(x_0)$.

下面讨论曲线凹凸性的判定.

直观上看，凹曲线的切线斜率越变越大，而凸曲线的切线斜率越变越小，这种特征可以用函数的二阶导数来判定.

定理 3.12 设函数 $f(x)$ 在 $[a,b]$ 上连续，在 (a,b) 内二阶可导，那么

(1)若对 $\forall x \in (a,b)$，$f''(x) > 0$，则 $f(x)$ 在 $[a,b]$ 上的图形是凹的；

(2)若对 $\forall x \in (a,b)$，$f''(x) < 0$，则 $f(x)$ 在 $[a,b]$ 上的图形是凸的.

由于拐点是曲线凹凸性的分界点，由定理 3.12 可得拐点的左右近旁的 $f''(x)$ 必然异号.

【即时提问 3.5】曲线 $y=x^3$ 的拐点是什么？

综合以上讨论，我们可按以下步骤求曲线的凹凸区间和拐点：

（1）确定函数的连续区间（初等函数即为定义域）；

（2）求出函数的二阶导数，并解出二阶导数为零的点和二阶导数不存在的点，用这些点划分连续区间；

（3）依次判断每个区间上二阶导数的符号，利用定理 3.12，确定每个区间的凹凸性，并进一步求出拐点坐标.

例 3.39　判定曲线 $y=x\arctan x$ 的凹凸性.

解　定义域为 $(-\infty,+\infty)$，$y'=\arctan x+\dfrac{x}{1+x^2}$，$y''=\dfrac{2}{(1+x^2)^2}$.

所以对 $x\in\mathbf{R}$，$y''>0$，从而曲线是凹的.

例 3.40　求曲线 $y=x^4-4x^3+2x-5$ 的凹凸区间和拐点.

解　定义域为 $(-\infty,+\infty)$，$y'=4x^3-12x^2+2$，$y''=12x^2-24x=12x(x-2)$.

令 $y''=0$，解得 $x_1=0,x_2=2$.

列表讨论，如表 3.3 所示.

表 3.3

x	$(-\infty,0)$	0	$(0,2)$	2	$(2,+\infty)$
y''	+	0	−	0	+
y	凹的	拐点 $(0,-5)$	凸的	拐点 $(2,-17)$	凹的

故曲线的凹区间为 $(-\infty,0)$ 和 $(2,+\infty)$，凸区间为 $[0,2]$，拐点为 $(0,-5)$ 和 $(2,-17)$.

例 3.41　求曲线 $y=\sqrt[3]{x}$ 的拐点.

解　函数 $y=\sqrt[3]{x}$ 在 $(-\infty,+\infty)$ 内连续，当 $x\neq 0$ 时，

$$y'=\frac{1}{3\sqrt[3]{x^2}},\quad y''=-\frac{2}{9x\sqrt[3]{x^2}}.$$

当 $x=0$ 时，y'，y'' 均不存在. $x=0$ 把 $(-\infty,+\infty)$ 分成两个区间：$(-\infty,0)$ 和 $(0,+\infty)$.

在 $(-\infty,0)$ 内，$y''>0$，曲线是凹的；在 $(0,+\infty)$ 内，$y''<0$，曲线是凸的.

当 $x=0$ 时，$y=0$，故 $(0,0)$ 是曲线的一个拐点.

例 3.42　曲线 $y=x^4$ 是否有拐点？

解　$y'=4x^3$，$y''=12x^2$，显然，只有 $x=0$ 是方程 $y''=0$ 的根.

当 $x<0$ 或 $x>0$ 时，都有 $y''>0$，因此，点 $(0,0)$ 不是曲线的拐点. 曲线没有拐点，它在 $(-\infty,+\infty)$ 内是凹的.

微课：凹凸性与拐点拓展题

3.5.2　曲线的渐近线

利用函数的一阶和二阶导数，我们可以判定函数的单调性和曲线的凹凸性，从而对函数所表示的曲线的升降和弯曲情况有定性的认识. 但当函数的定义域为无穷区间或有无穷间断点时，

我们还需要了解曲线向无穷远处延伸的趋势，这就引出了曲线的渐近线的概念.

定义 3.4　如果曲线上的一点沿着曲线趋于无穷远时，该点与某条直线的距离趋于零，则称此直线为曲线的渐近线.

1. 水平渐近线

如果曲线 $y=f(x)$ 的定义域是无限区间，且有 $\lim\limits_{x\to-\infty}f(x)=b$ 或 $\lim\limits_{x\to+\infty}f(x)=b$，则直线 $y=b$ 为曲线 $y=f(x)$ 的渐近线，称为水平渐近线.

例 3.43　求反正切曲线 $y=\arctan x$ 的水平渐近线.

解　因为 $\lim\limits_{x\to+\infty}\arctan x=\dfrac{\pi}{2}$，$\lim\limits_{x\to-\infty}\arctan x=-\dfrac{\pi}{2}$，所以直线 $y=\pm\dfrac{\pi}{2}$ 是反正切曲线的两条水平渐近线.

例 3.44　求曲线 $y=\dfrac{1}{x-1}$ 的水平渐近线.

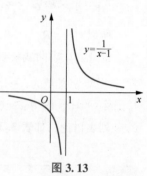

解　因为 $\lim\limits_{x\to\infty}\dfrac{1}{x-1}=0$，所以直线 $y=0$ 是曲线的一条水平渐近线，如图 3.13 所示.

2. 铅直渐近线

设曲线 $y=f(x)$ 在点 $x=a$ 的一个去心邻域(或左邻域，或右邻域)内有定义，如果 $\lim\limits_{x\to a^-}f(x)=\infty$ 或 $\lim\limits_{x\to a^+}f(x)=\infty$，则直线 $x=a$ 称为曲线 $y=f(x)$ 的铅直渐近线.

图 3.13

例 3.45　求曲线 $y=\dfrac{1}{x-1}$ 的铅直渐近线.

解　因为 $\lim\limits_{x\to1}\dfrac{1}{x-1}=\infty$，所以直线 $x=1$ 是曲线的一条铅直渐近线，如图 3.13 所示.

例 3.46　求曲线 $y=\tan x\left(|x|<\dfrac{\pi}{2}\right)$ 的渐近线.

解　对于正切函数 $y=\tan x\left(|x|<\dfrac{\pi}{2}\right)$，由于

$$\lim\limits_{x\to\frac{\pi}{2}^-}\tan x=+\infty,\ \lim\limits_{x\to\frac{\pi}{2}^+}\tan x=-\infty,$$

所以直线 $x=\dfrac{\pi}{2}$ 和 $x=-\dfrac{\pi}{2}$ 是曲线 $y=\tan x\left(|x|<\dfrac{\pi}{2}\right)$ 的两条铅直渐近线.

3. 斜渐近线

如果

$$\lim\limits_{x\to\infty}\dfrac{f(x)}{x}=k,\ \lim\limits_{x\to\infty}[f(x)-kx]=b,$$

则称直线 $y=kx+b$ 是曲线 $y=f(x)$ 的斜渐近线.

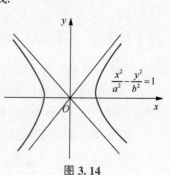

例如，双曲线 $\dfrac{x^2}{a^2}-\dfrac{y^2}{b^2}=1$ 有两条斜渐近线 $y=\pm\dfrac{b}{a}x$，如图 3.14 所示.

图 3.14

例 3.47 求曲线 $y=f(x)=x+\arctan x$ 的渐近线.

解 定义域为 $(-\infty,+\infty)$，无铅直渐近线和水平渐近线.

因为 $\lim\limits_{x\to+\infty}\dfrac{f(x)}{x}=\lim\limits_{x\to+\infty}\dfrac{x+\arctan x}{x}=1=k$, $\lim\limits_{x\to+\infty}[f(x)-kx]=\lim\limits_{x\to+\infty}(x+\arctan x-x)=\dfrac{\pi}{2}=b$，所以直线 $y=x+\dfrac{\pi}{2}$ 为一条斜渐近线.

又 $\lim\limits_{x\to-\infty}\dfrac{f(x)}{x}=\lim\limits_{x\to-\infty}\dfrac{x+\arctan x}{x}=1$, $\lim\limits_{x\to-\infty}[f(x)-kx]=\lim\limits_{x\to-\infty}(x+\arctan x-x)=-\dfrac{\pi}{2}$，所以直线 $y=x-\dfrac{\pi}{2}$ 也为一条斜渐近线.

故曲线 $y=x+\arctan x$ 有两条斜渐近线：$y=x\pm\dfrac{\pi}{2}$.

3.5.3 函数作图

描点法是描绘图形最基本的方法，它适用于某些简单函数图形的描绘. 对于稍复杂的函数，我们可以利用导数，对函数的单调性、极值及曲线的凹凸性、拐点和渐近线做充分的讨论，把握函数的主要特征；再加上函数的奇偶性、周期性及某些特殊点的补充，我们就可以掌握函数的形态并把函数的图形描绘得比较准确.

利用导数描绘函数图形的一般步骤如下：

(1)求出函数 $f(x)$ 的定义域，确定图形的范围；

(2)讨论函数的奇偶性和周期性，确定图形的对称性和周期性；

(3)计算函数的一阶导数 $f'(x)$ 和二阶导数 $f''(x)$；

(4)求间断点、驻点、不可导点和拐点，将这些点由小到大、从左到右插入定义域内，得到若干个部分区间；

(5)列表讨论函数在各个部分区间内的单调性、凹凸性、极值点和拐点；

(6)确定函数图形的渐近线，确定函数图形的变化趋势；

(7)求曲线上的一些特殊点，如与坐标轴的交点等，有时还要求出一些辅助点的函数值，然后根据步骤(5)中列出的表格描点绘图.

例 3.48 画出函数 $y=\mathrm{e}^{-x^2}$ 的图形.

解 这是一个在 $(-\infty,+\infty)$ 上连续的偶函数，它的图形是关于 y 轴对称的连续曲线.

$y'=-2x\mathrm{e}^{-x^2}$, $y''=2(2x^2-1)\mathrm{e}^{-x^2}$. 令 $y'=0$, 得 $x=0$；令 $y''=0$, 得 $x=-\dfrac{1}{\sqrt{2}}$ 和 $x=\dfrac{1}{\sqrt{2}}$. 函数无不可导点.

这些点将 $(-\infty,+\infty)$ 划分成 4 个部分区间：$\left(-\infty,-\dfrac{1}{\sqrt{2}}\right]$, $\left(-\dfrac{1}{\sqrt{2}},0\right)$, $\left[0,\dfrac{1}{\sqrt{2}}\right]$, $\left(\dfrac{1}{\sqrt{2}},+\infty\right)$.

在区间 $(-\infty,0)$ 上，$y'>0$, 函数单调增加；在区间 $(0,+\infty)$ 上，$y'<0$, 函数单调减少. 因此，$y\big|_{x=0}=1$ 为极大值.

在区间 $\left(\dfrac{1}{\sqrt{2}},+\infty\right)$ 上，$y''>0$, 曲线是凹的；在区间 $\left(0,\dfrac{1}{\sqrt{2}}\right)$ 上，$y''<0$, 曲线是凸的. 因此，点

$\left(\dfrac{1}{\sqrt{2}}, \mathrm{e}^{-\frac{1}{2}}\right)$ 是曲线的拐点. 由于曲线关于 y 轴对称，所以点 $\left(-\dfrac{1}{\sqrt{2}}, \mathrm{e}^{-\frac{1}{2}}\right)$ 也是曲线的拐点.

各部分区间内 y' 和 y'' 的符号以及曲线的升降、凹凸等如表 3.4 所示.

表 3.4

x	$\left(-\infty, -\dfrac{1}{\sqrt{2}}\right)$	$-\dfrac{1}{\sqrt{2}}$	$\left(-\dfrac{1}{\sqrt{2}}, 0\right)$	0	$\left(0, \dfrac{1}{\sqrt{2}}\right)$	$\dfrac{1}{\sqrt{2}}$	$\left(\dfrac{1}{\sqrt{2}}, +\infty\right)$
y'	+	+	+	0	−	−	−
y''	+	0	−	−	−	0	+
y	单调增加、凹的	$\mathrm{e}^{-\frac{1}{2}}$	单调增加、凸的	极大值	单调减少、凸的	$\mathrm{e}^{-\frac{1}{2}}$	单调减少、凹的

计算可得 $y\left(-\dfrac{1}{\sqrt{2}}\right)=\dfrac{1}{\sqrt{e}}, y(0)=1, y\left(\dfrac{1}{\sqrt{2}}\right)=\dfrac{1}{\sqrt{e}}$. $\lim\limits_{x\to\infty} y(x)=0$，所以有水平渐近线 $y=0$.

综上所述，可画出函数图形如图 3.15 所示.

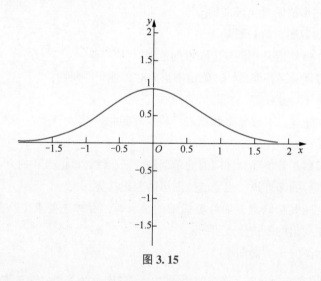

图 3.15

例 3.49 画出函数 $y=\dfrac{4(x+1)}{x^2}-2$ 的图形.

解 定义域为 $(-\infty, 0)\cup(0, +\infty)$，该函数为非奇非偶函数.

$$y'=-\dfrac{4(x+2)}{x^3}, \quad y''=\dfrac{8(x+3)}{x^4}.$$

令 $y'=0$，得驻点为 $x=-2$，$y\big|_{x=-2}=-3$.

令 $y''=0$，得 $x=-3$，$y\big|_{x=-3}=-\dfrac{26}{9}$.

在区间 $(-\infty, -2)$ 上，$y'<0$，函数单调减少；在区间 $(-2, 0)$ 上，$y'>0$，函数单调增加；在区

间 $(0,+\infty)$ 上，$y'<0$，函数单调减少. 故 $y\big|_{x=-2}=-3$ 为极小值. 由于函数在 $x=0$ 处间断，故此处无极值.

在区间 $(-\infty,-3)$ 上，$y''<0$，曲线是凸的；在区间 $(-3,0)$ 及 $(0,+\infty)$ 上，$y''>0$，曲线是凹的. 故点 $\left(-3,-\dfrac{26}{9}\right)$ 是曲线的拐点.

因为

$$\lim_{x\to\infty}\left[\frac{4(x+1)}{x^2}-2\right]=-2,\lim_{x\to 0}\left[\frac{4(x+1)}{x^2}-2\right]=\infty,$$

所以直线 $y=-2$ 是水平渐近线，直线 $x=0$ 是铅直渐近线.

综上所述，我们可列出函数在 $(-\infty,0)$ 和 $(0,+\infty)$ 上的性态，如表 3.5 所示.

表 3.5

x	$(-\infty,-3)$	-3	$(-3,-2)$	-2	$(-2,0)$	0	$(0,+\infty)$
y'	$-$	$-$	$-$	0	$+$	$\times$	$-$
y''	$-$	0	$+$	$+$	$+$	$\times$	$+$
y	单调减少、凸的	$-\dfrac{26}{9}$	单调减少、凹的	-3	单调增加、凹的	无定义	单调减少、凹的

描出点 $A(-1,-2)$, $B(1,6)$, $C(2,1)$, $D\left(3,-\dfrac{2}{9}\right)$，画出函数图形，如图 3.16 所示.

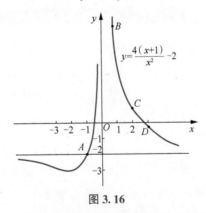

图 3.16

同步习题 3.5

1. 求下列曲线的拐点及凹凸区间：

(1) $y=x^3-5x^2+3x+5$;　　　　(2) $y=\ln(x^2+1)$;　　　　(3) $y=\dfrac{1}{4}x^{\frac{8}{3}}-x^{\frac{5}{3}}$;

(4) $y=\mathrm{e}^{-x^2}$;　　　　(5) $y=x^2+\dfrac{1}{x}$;　　　　(6) $y=x\mathrm{e}^{-x}$.

2. 试确定常数 a, b, c, d 的值，使曲线 $y = ax^3 + bx^2 + cx + d$ 过点 $(-2, 44)$，在 $x = -2$ 处有水平切线，且以点 $(1, -10)$ 为拐点.

3. 求下列曲线的渐近线：

(1) $y = \ln x$；

(2) $y = e^{-\frac{1}{x}}$；

(3) $y = \dfrac{e^x}{1+x}$；

(4) $y = \sqrt{x^2 - x + 1}$.

提高题

1. 函数 $y = 1 + \sin x$ 在区间 $(\pi, 2\pi)$ 内的图形是（　　　）.

A. 凹的　　　　　　　B. 凸的　　　　　　　C. 既是凹的又是凸的　　　D. 直线

2. 设 $y = f(x)$ 在 x_0 的某邻域内具有三阶连续导数，如果 $f''(x_0) = 0$，而 $f'''(x_0) \neq 0$，证明：$(x_0, f(x_0))$ 为 $y = f(x)$ 的拐点.

3. 画出下列函数的图形：

(1) $y = x^3 - x^2 - x + 1$；

(2) $y = \dfrac{1}{5}(x^4 - 6x^2 + 8x + 7)$.

3.6　弧微分与曲率

在社会生产实践中，人们常常要考虑曲线的弯曲程度. 如在进行公路、铁路的设计时，要研究线路中弯道的弯曲程度；大桥或者厂房构件中的钢梁在外力作用下会弯曲变形，弯曲到一定程度，就可能发生断裂，因此，在设计钢梁时，就必须考虑其弯曲程度. 在这一节里，我们将建立度量曲线弯曲程度的量，即曲率.

3.6.1　弧微分

作为曲率的预备知识，也是因第5章计算平面曲线弧长的需要，下面先介绍弧微分的概念.

设函数 $f(x)$ 在区间 (a, b) 内具有连续导数，则曲线 $y = f(x)$ 在 (a, b) 内的每一点处有能连续转动的切线，此时我们称曲线 $y = f(x)$ 为光滑曲线. 如图3.17所示，在曲线上取一固定点 $A(x_0, y_0)$，并规定依 x 增大的方向作为曲线的正向，对曲线上任一点 $M(x, y)$，规定有向弧段 $\overset{\frown}{AM}$ 的值 s 如下：s 的绝对值等于这段弧的长度，当 $\overset{\frown}{AM}$ 的方向与曲线的正向一致时 $s > 0$，相反时 $s < 0$. 显然，s 是 x 的函数，记为 $s = s(x)$，它是关于 x 的单调增加函数. 下面求函数 $s(x)$ 的微分.

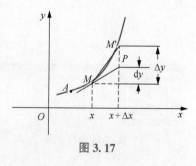

图3.17

设 $x \in (a, b)$，当自变量 x 有增量 Δx，且 $x + \Delta x \in (a, b)$ 时，区间 $[x, x + \Delta x]$ 上 $s(x)$ 所对应的增量为 Δs，则

$$\Delta s = s(x+\Delta x) - s(x) = \overparen{AM'} - \overparen{AM} = \overparen{MM'},$$

其中点 M, M' 的坐标为 $M(x,y)$, $M'(x+\Delta x, y+\Delta y)$.

于是

$$\left(\frac{\Delta s}{\Delta x}\right)^2 = \left(\frac{\overparen{MM'}}{\Delta x}\right)^2 = \left(\frac{\overparen{MM'}}{\overline{MM'}}\right)^2 \cdot \frac{\overline{MM'}^2}{(\Delta x)^2} = \left(\frac{\overparen{MM'}}{\overline{MM'}}\right)^2 \cdot \left[1 + \left(\frac{\Delta y}{\Delta x}\right)^2\right].$$

因为当 $\Delta x \to 0$ 时, $M' \to M$, 这时弧 $\overparen{MM'}$ 的长度与弦 $\overline{MM'}$ 的长度之比的极限为 1, 即

$$\lim_{\Delta x \to 0} \frac{\overparen{MM'}}{\overline{MM'}} = 1.$$

又 $\lim\limits_{\Delta x \to 0} \dfrac{\Delta y}{\Delta x} = y'$, 于是

$$\left(\frac{\mathrm{d}s}{\mathrm{d}x}\right)^2 = \lim_{\Delta x \to 0}\left(\frac{\Delta s}{\Delta x}\right)^2 = 1 + \left(\frac{\mathrm{d}y}{\mathrm{d}x}\right)^2,$$

因此得

$$\frac{\mathrm{d}s}{\mathrm{d}x} = \pm\sqrt{1+(y')^2}.$$

由于 $s = s(x)$ 是单调增加函数, 所以根号前取正号, 于是有

$$\frac{\mathrm{d}s}{\mathrm{d}x} = \sqrt{1+(y')^2},$$

或函数 $s(x)$ 关于 x 的微分为

$$\mathrm{d}s = \sqrt{1+(y')^2}\,\mathrm{d}x, \ \text{或者} \ \mathrm{d}s = \sqrt{(\mathrm{d}x)^2 + (\mathrm{d}y)^2}, \tag{3.7}$$

这就是弧微分公式.

由式(3.7)及图 3.17 可知, 弧微分的几何意义是: 弧微分 $\mathrm{d}s$ 等于图 3.17 中 $[x, x+\Delta x]$ 上所对应的切线段长, 即 $\mathrm{d}s = |\overline{MP}|$.

【即时提问 3.6】 设曲线方程为参数方程 $\begin{cases} x = x(t), \\ y = y(t), \end{cases}$ 其中 $x(t)$, $y(t)$ 具有一阶连续导数, 求其弧微分公式.

3.6.2 曲率

首先, 我们从几何上来观察如何用数量来刻画曲线的弯曲程度.

假设两段曲线弧 $\overparen{M_1M_2}$ 和 $\overparen{M_2M_3}$ 的长度相等. 如图 3.18(a) 所示, 观察可知随着曲线弧的弯曲程度不同, 它们的切线转过的角度 $\Delta\alpha_1$ 和 $\Delta\alpha_2$ 是不同的, 较平直的弧段 $\overparen{M_1M_2}$ 的切线转角 $\Delta\alpha_1$ 要比弯曲较厉害的弧段 $\overparen{M_2M_3}$ 的切线转角 $\Delta\alpha_2$ 小些. 这说明, 曲线的弯曲程度与其切线转角成正相关关系.

但是, 切线的转角还不能完全反映曲线的弯曲程度. 如图 3.18(b) 所示, 两曲线弧段的切线转过的角度相同, 而长度较短的弧段 $\overparen{NN'}$ 要比长度较长的弧段 $\overparen{MM'}$ 弯曲得厉害些. 这说明, 曲线的弯曲程度与弧段的长度成负相关关系.

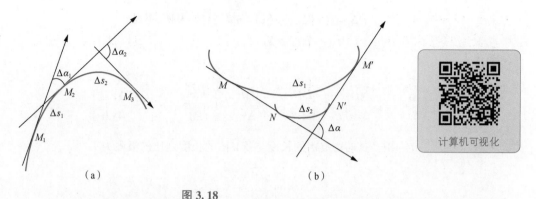

图 3.18

从以上分析可知, 我们应该考虑曲线弧上切线转角大小与对应弧长之比值, 也就是说, 不考虑弯曲方向, 曲线弧的弯曲程度可以用单位弧长上切线转过的角度 $\left|\dfrac{\Delta\alpha}{\Delta s}\right|$ 来描述. 这个比值叫作该弧段的平均曲率, 记作 $\overline{K}$, 即 $\overline{K}=\left|\dfrac{\Delta\alpha}{\Delta s}\right|$.

一般来说, 曲线上各处的弯曲程度是不同的. 平均曲率只能描述一段弧的平均弯曲程度, 不能描述曲线每一点处的弯曲程度, 借助于极限思想, 用类似于平均速度过渡到瞬时速度的方法, 如图 3.19 所示, 令 M' $\rightarrow M$, 则平均曲率的极限就可以刻画曲线在点 M 处的弯曲程度. 当点 $M'\rightarrow M$ 时, 即 $\Delta s\rightarrow 0$ 时, 若平均曲率的极限存在, 则称其为曲线在点 M 处的曲率, 记为 K.

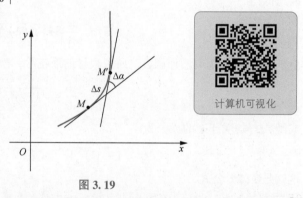

图 3.19

定义 3.5 若 $\lim\limits_{\Delta s\to 0}\left|\dfrac{\Delta\alpha}{\Delta s}\right|$ 存在, 则极限值称为曲线在点 M 处的曲率, 即

$$K=\lim_{\Delta s\to 0}\left|\frac{\Delta\alpha}{\Delta s}\right|=\left|\frac{\mathrm{d}\alpha}{\mathrm{d}s}\right|. \tag{3.8}$$

例 3.50 求直线 $y=ax+b$ 的曲率.

解 对于直线, 其切线与直线本身重合, 当点沿直线移动时, 切线转动的角度 $\Delta\alpha=0$, 故 $\dfrac{\Delta\alpha}{\Delta s}=0$, 从而平均曲率 $\overline{K}=0$, 曲率 $K=0$. 这说明直线上任一点处的曲率都等于零, 即直线不弯曲.

例 3.51 求半径为 R 的圆的曲率.

解 圆弧 $\widehat{MM'}$ 上切线的转角 $\Delta\alpha$ 等于圆心角 $\angle MOM'$, 如图 3.20 所示. 圆弧 $\widehat{MM'}$ 的长 $\Delta s=R\cdot\angle MOM'=R\Delta\alpha$, 于是

$$K=\lim_{\Delta s\to 0}\left|\frac{\Delta\alpha}{\Delta s}\right|=\lim_{\Delta s\to 0}\left|\frac{\Delta\alpha}{R\Delta\alpha}\right|=\frac{1}{R}.$$

这说明, 圆上各点处的曲率都等于半径 R 的倒数 $\dfrac{1}{R}$, 也就是说圆

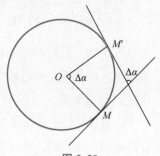

图 3.20

上各点处的弯曲程度是一样的，并且半径越小，曲率越大，圆弯曲得越厉害.

一般情况下，按曲率的定义来计算曲率是不方便的. 下面我们根据式(3.8)来推导曲率的计算公式.

设曲线方程为 $y=y(x)$，且 $y(x)$ 具有二阶导数. 因为

$$\tan\alpha=y',\ \alpha=\arctan y',\ \mathrm{d}\alpha=\frac{y''}{1+(y')^2}\mathrm{d}x,$$

又由式(3.7)知 $\mathrm{d}s=\sqrt{1+(y')^2}\,\mathrm{d}x$，所以

$$K=\left|\frac{\mathrm{d}\alpha}{\mathrm{d}s}\right|=\left|\frac{\dfrac{y''}{1+(y')^2}\mathrm{d}x}{\sqrt{1+(y')^2}\,\mathrm{d}x}\right|=\frac{|y''|}{(1+y'^2)^{\frac{3}{2}}}.$$

这就是曲线在一点处的曲率公式.

例 3.52 求曲线 $y=x^2-2x-1$ 在极小值点处的曲率.

🔑 **解** $y'=2x-2$，得驻点为 $x=1$. $y''=2$，$y''(1)>0$，所以 $x=1$ 为极小值点. $y'(1)=0$，从而

$$K\Big|_{x=1}=\frac{|y''(1)|}{\{1+[y'(1)]^2\}^{\frac{3}{2}}}=2.$$

3.6.3 曲率半径与曲率圆

设曲线 $y=f(x)$ 在点 $M(x,y)$ 处的曲率 $K\neq0$（即 $y''\neq0$），在点 M 处作曲线的法线，如图 3.21 所示，法线指向曲线凹的一侧. 在此侧的法线上取一点 D，使 $|\overrightarrow{MD}|=\dfrac{1}{K}=\rho$，以 D 为圆心、ρ 为半径作圆，称这个圆为曲线在点 M 处的曲率圆，它的半径 $\rho=\dfrac{1}{K}$，称为曲率半径，圆心 D 称为曲率中心.

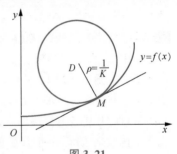

图 3.21

由上述定义可知：

(1)曲率圆与曲线在点 M 处有相同的切线与曲率，且在点 M 的邻近有相同的弯曲方向，从而曲率圆与曲线所对应的函数在点 M 有相同的函数值、一阶导数值和二阶导数值；

(2)在工程设计中，一般可用曲率圆在点 M 附近的一段弧来近似代替曲线弧.

例 3.53 在车床加工中，用圆柱形铣刀加工一个弧长不大的椭圆形工件，该段弧的中点为椭圆长轴的顶点，其方程为 $\dfrac{x^2}{40^2}+\dfrac{y^2}{50^2}=1$. 问：选用多大直径(单位：mm)的铣刀，可得较好的近似效果？

🔑 **解** 该段弧的中点坐标为 $(0,50)$. 用隐函数求导法，对方程 $\dfrac{x^2}{40^2}+\dfrac{y^2}{50^2}=1$ 两端同时关于 x 求导，得

$$\frac{x}{40^2}+\frac{yy'}{50^2}=0,\ \frac{1}{40^2}+\frac{yy''}{50^2}+\frac{(y')^2}{50^2}=0,$$

把 $x=0,y(0)=50$ 代入，得 $y'(0)=0,y''(0)=\dfrac{1}{32}$. 代入曲率公式得 $K=\dfrac{1}{32}$，则曲率半径为 $\rho=\dfrac{1}{K}=32$. 所以，选用直径为 64mm 的铣刀，可得较好的近似效果.

同步习题 3.6

基础题

1. 求 $y=\dfrac{4}{x}$ 在点 $(2,2)$ 处的曲率.

2. 求椭圆 $4x^2+y^2=4$ 在点 $(0,2)$ 处的曲率.

3. 计算等边双曲线 $xy=1$ 在点 $(1,1)$ 处的曲率.

4. 设工件内表面的截线为抛物线 $y=0.4x^2$, 现要用砂轮磨削其内表面, 问: 用多大直径的砂轮比较合适?

提高题

1. 求抛物线 $y=x^2$ 上各点处曲率的最大值.

2. 计算摆线 $\begin{cases} x=a(t-\sin t), \\ y=a(1-\cos t) \end{cases}$ $(a>0)$ 在 $t=\dfrac{\pi}{2}$ 时的曲率.

■ 3.7　用 MATLAB 求函数极值

本章中我们学习了用导数来研究函数的性质与图形, 进而更全面地认识函数. 下面我们一起来学习利用 MATLAB 求函数极值.

微课: 用 MATLAB 求函数极值

MATLAB 中没有直接的求极值的函数, 我们需要灵活运用 MATLAB 中现有的函数来求解. 一般步骤如下.

(1) 用 plot、fplot 或 ezplot 函数绘制函数 $f(x)$ 的图形, 判断极值点出现的范围 $[a,b]$.

(2) 使用 "fminbnd(f,a,b)" 求函数 $f(x)$ 在区间 $[a,b]$ 上的极小值点; 若有多个极小值点, 则分区间来求.

(3) 将函数 $f(x)$ 变为 $-f(x)$, 再次使用 fminbnd 函数求函数 $f(x)$ 在区间 $[a,b]$ 上的极大值点.

例 3.54　求函数 $f(x)=(x-4)\sqrt[3]{(x+1)^2}$ 的极值.

解　先画图. 在命令行窗口输入以下代码.

```
>> syms x
>> f ='((x+1)^2)^(1/3) * (x-4)'
>> fplot( f )
>> grid on
>> axis equal
```

运行结果如图 3.22 所示.

从图 3.22 可判断出函数 $f(x)$ 有一个极大值和一个极小值，区间可取为 $[-5,5]$．继续输入以下相关代码并运行．

```
>> [xmin,ymin]=fminbnd('((x+1)^2)^(1/3)*(x-4)',-5,5)
xmin =
    1.0000
ymin =
    -4.7622
>> [xmax,ymax]=fminbnd('-((x+1)^2)^(1/3)*(x-4)',-5,5)
xmax =
    -1.0000
ymax =
    0.0026
```

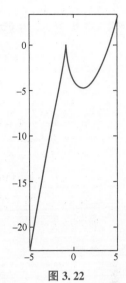

图 3.22

从运行结果可知，函数 $f(x)=(x-4)\sqrt[3]{(x+1)^2}$ 的极小值是 $f(1)=-4.762\,2$，极大值是 $f(-1)=-0.002\,6$．特别注意，程序算出 $f(-1)=-0.002\,6$，但实际上 $f(-1)=0$，这是因为函数 $f(x)$ 在 $x=-1$ 处不可导，且程序是通过离散化及插值法算的，所以有微小的误差．

注 如果已经给出函数极值所对应的区间，就不需要画图来确定区间了．

例 3.55 求函数 $f(x)=\ln(x^2+2)$ 在区间 $[-1,2]$ 上的极值．

解 在命令行窗口输入以下相关代码并运行．

```
>> syms x
>> f='log(x^2+2)'
f =
    'log(x^2+2)'
>> fminbnd(f,-1,2)
ans =
    9.4803e-06
>> [x1,y1]=fminbnd(f,-1,2)
x1 =
    9.4803e-06
y1 =
    0.6931
>> [x2,y2]=fminbnd('-log(x^2+2)',-1,2)
x2 =
    2.0000
y2 =
    -1.7917
```

从运行结果可知，函数 $f(x)=\ln(x^2+2)$ 在区间 $[-1,2]$ 上的极小值是 $0.693\,1$，极大值是 $1.791\,7$．

■ 第3章思维导图

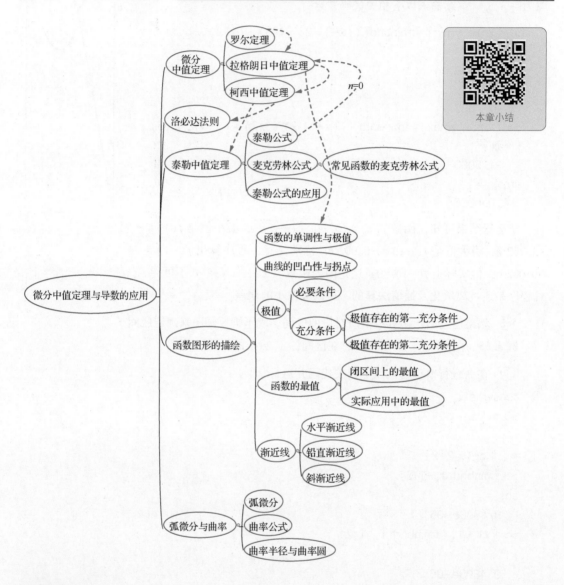

本章小结

中国数学学者

个人成就

数学家，中国科学院院士，曾任山东大学校长兼数学研究所所长. 潘承洞和潘承彪合著的《哥德巴赫猜想》一书，是"猜想"研究历史上第一部全面并且系统的学术专著. 潘承洞对 Bombieri 定理的发展作出了重要贡献. 为了最终解决哥德巴赫猜想，潘承洞提出了一个新的探索途径，其中的误差项简单明确，便于直接处理.

■　潘承洞

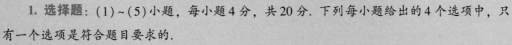

1. 选择题: (1)~(5)小题, 每小题 4 分, 共 20 分. 下列每小题给出的 4 个选项中, 只有一个选项是符合题目要求的.

(1) 极限 $\lim\limits_{x \to e} \dfrac{\ln x - 1}{x - e}$ 的值为 (　　).

A. 1　　　　　　　　B. e^{-1}　　　　　　　　C. e　　　　　　　　D. 0

(2) 若 $(x_0, f(x_0))$ 为连续曲线 $y = f(x)$ 上凹弧与凸弧的分界点, 则 (　　).

A. $(x_0, f(x_0))$ 必为曲线的拐点　　　　B. $x = x_0$ 必为 $f(x)$ 的驻点

C. $x = x_0$ 为 $f(x)$ 的极值点　　　　D. $x = x_0$ 必不是 $f(x)$ 的极值点

(3) 罗尔定理中的 3 个条件: $f(x)$ 在 $[a, b]$ 上连续, 在 (a, b) 内可导, $f(a) = f(b)$. 它们是 $f(x)$ 在 (a, b) 内至少存在一点 ξ, 使 $f'(\xi) = 0$ 的 (　　).

A. 必要条件　　　　　　　　B. 充分条件

C. 充分必要条件　　　　　　D. 既非充分又非必要条件

(4) 设函数 $f(x)$ 有二阶连续导数, 且 $f'(0) = 0$, $\lim\limits_{x \to 0} \dfrac{f''(x)}{|x|} = 1$, 则 (　　).

A. $f(0)$ 是 $f(x)$ 的极大值

B. $f(0)$ 是 $f(x)$ 的极小值

C. $(0, f(0))$ 是曲线 $y = f(x)$ 的拐点

D. $f(0)$ 不是 $f(x)$ 的极值, $(0, f(0))$ 也不是曲线 $y = f(x)$ 的拐点

(5) 曲线 $\begin{cases} x = 1 + 2\cos t, \\ y = 1 + 2\sin t \end{cases}$ 在 $t = \dfrac{\pi}{3}$ 处的曲率为 (　　).

A. 2　　　　　　B. $\sqrt{3}$　　　　　　C. $\dfrac{\sqrt{3}}{3}$　　　　　　D. $\dfrac{1}{2}$

2. 填空题: (6)~(10)小题, 每小题 4 分, 共 20 分.

(6) $\lim\limits_{x \to +\infty} \left(\sqrt{x + \sqrt{x}} - \sqrt{x - \sqrt{x}} \right) = $ _____.

(7) 设 $f(x) = (x-1)(x-2)(x-3)(x-4)(x-5)$, 则方程 $f'(x) = 0$ 在 $[2, 5]$ 内有 _____ 个实根.

(8) 抛物线 $y^2 = x$ 上点 _____ 与点 $(2, 0)$ 的距离最小.

(9) 设 $f(x)$ 在 (a, b) 中有二阶导数, 且在 (a, b) 中 $f''(x) > 0$, 则对任意 $x_1, x_2 \in (a, b)$, $\dfrac{f(x_1) + f(x_2)}{2}$ _____ $f\left(\dfrac{x_1 + x_2}{2} \right)$.

(10) 曲线 $y = x \ln \left(e + \dfrac{1}{x} \right)$ $(x > 0)$ 的渐近线方程是 _____.

3. **解答题**：(11)~(16)小题，每小题10分，共60分. 解答时应写出文字说明、证明过程或演算步骤.

(11)①求 $\lim\limits_{x \to 0} \dfrac{e^x - e^{\sin x}}{x^2 \ln(1+x)}$.

②求 $\lim\limits_{x \to \infty} \left(\dfrac{a_1^{\frac{1}{x}} + a_2^{\frac{1}{x}} + \cdots + a_n^{\frac{1}{x}}}{n} \right)^{nx}$（其中 $a_1, a_2, \cdots, a_n$ 均大于零）.

(12)设函数 $f(x)$ 在 $[0, b]$ 上连续，在 $(0, b)$ 内可导，且 $f(b) = 0$，证明存在一点 $\xi \in (0, b)$，使 $f(\xi) + \xi f'(\xi) = 0$.

(13)讨论函数 $y = 2x^3 - 3x^2 - 12x + 25$ 的单调区间、凹凸区间、极值、拐点，并将结果列表表示.

(14)讨论方程 $\ln x = ax$ 有几个实根，其中 $a > 0$.

(15)将 $f(x) = \dfrac{1+x^2}{1-x+x^2}$ 展开成带有佩亚诺型余项的4阶麦克劳林公式，并计算 $f^{(4)}(0)$.

(16)证明：$\dfrac{1}{2^{p-1}} \leqslant x^p + (1-x)^p \leqslant 1 (0 \leqslant x \leqslant 1, p > 1)$.

第3章总复习题·提高篇

1. **选择题**：(1)~(5)小题，每小题4分，共20分. 下列每小题给出的4个选项中，只有一个选项是符合题目要求的.

(1)(2019104)设函数 $f(x) = \begin{cases} x|x|, & x \leqslant 0, \\ x \ln x, & x > 0, \end{cases}$ 则 $x = 0$ 是 $f(x)$ 的(　　).

A. 可导点、极值点　　　　　　　B. 不可导点、极值点

C. 可导点、非极值点　　　　　　D. 不可导点、非极值点

(2)(2019204)曲线 $y = x\sin x + 2\cos x \left(-\dfrac{\pi}{2} < x < 2\pi \right)$ 的拐点是(　　).

A. $(0, 2)$　　　B. $(\pi, -2)$　　　C. $\left(\dfrac{\pi}{2}, \dfrac{\pi}{2} \right)$　　　D. $\left(\dfrac{3}{2}\pi, -\dfrac{3}{2}\pi \right)$

(3)(2008204)设 $f(x) = x^2(x-1)(x-2)$，则 $f'(x)$ 的零点个数为(　　).

A. 0　　　　　B. 1　　　　　C. 2　　　　　D. 3

(4)(2006104)设函数 $y = f(x)$ 具有二阶导数，且 $f'(x) > 0$，$f''(x) > 0$，Δx 为自变量 x 在点 x_0 处的增量，Δy 与 $\mathrm{d}y$ 分别为 $f(x)$ 在点 x_0 处对应的增量与微分，若 $\Delta x > 0$，则(　　).

A. $0 < \mathrm{d}y < \Delta y$　　B. $0 < \Delta y < \mathrm{d}y$　　C. $\Delta y < \mathrm{d}y < 0$　　D. $\mathrm{d}y < \Delta y < 0$

(5)(2001203)已知函数 $f(x)$ 在区间 $(1-\delta, 1+\delta)$ 内具有二阶导数，$f'(x)$ 严格单调减少，且 $f(1) = f'(1) = 1$，则(　　).

A. 在 $(1-\delta, 1)$ 和 $(1, 1+\delta)$ 内均有 $f(x) < x$

B. 在 $(1-\delta, 1)$ 和 $(1, 1+\delta)$ 内均有 $f(x) > x$

C. 在 $(1-\delta, 1)$ 内 $f(x) < x$，在 $(1, 1+\delta)$ 内 $f(x) > x$

D. 在 $(1-\delta, 1)$ 内 $f(x) > x$，在 $(1, 1+\delta)$ 内 $f(x) < x$

2. 填空题: (6)~(10)小题, 每小题 4 分, 共 20 分.

(6)(2018204)曲线 $y=x^2+2\ln x$ 在其拐点处的切线方程是_____.

(7)(2010304)若曲线 $y=x^3+ax^2+bx+1$ 有拐点 $(-1,0)$, 则 $b=$_____.

(8)(2009204)函数 $y=x^{2x}$ 在区间 $(0,1]$ 上的最小值为_____.

(9)(2017204)曲线 $y=x\left(1+\arcsin\dfrac{2}{x}\right)$ 的斜渐近线方程为_____.

(10)(2003204)$y=2^x$ 的麦克劳林公式中 x^n 项的系数是_____.

3. 解答题: (11)~(16)小题, 每小题 10 分, 共 60 分. 解答时应写出文字说明、证明过程或演算步骤.

(11)(2018210)已知常数 $k\geqslant\ln 2-1$, 证明: $(x-1)(x-\ln^2 x+2k\ln x-1)\geqslant 0$.

(12)(2017110,2017210)设函数 $f(x)$ 在区间 $[0,1]$ 上具有二阶导数, 且 $f(1)>0$, $\lim\limits_{x\to 0^+}\dfrac{f(x)}{x}<0$. 证明: ①方程 $f(x)=0$ 在区间 $(0,1)$ 内至少存在一个实根; ②方程 $f(x)f''(x)+[f'(x)]^2=0$ 在区间 $(0,1)$ 内至少存在两个不同的实根.

(13)(2013110,2013210)设奇函数 $f(x)$ 在区间 $[-1,1]$ 上具有二阶导数, 且 $f(1)=1$, 证明: ①存在 $\xi\in(0,1)$, 使 $f'(\xi)=1$; ②存在 $\eta\in(-1,1)$, 使 $f''(\eta)+f'(\eta)=1$.

微课: 第 3 章总复习题·提高篇(13)

(14)(2017110,2017210)已知函数 $y(x)$ 由方程 $x^3+y^3-3x+3y-2=0$ 确定, 求 $y(x)$ 的极值.

(15)(2021212)已知 $f(x)=\dfrac{x|x|}{1+x}$, 求曲线 $y=f(x)$ 的凹凸区间及渐近线.

(16)(2003409)设 $a>1$, $f(t)=a^t-at$ 在 $(-\infty,+\infty)$ 内的驻点为 $t(a)$. 问: a 为何值时, $t(a)$ 最小? 并求出最小值.

本章即时提问答案

本章同步习题答案

本章总复习题答案

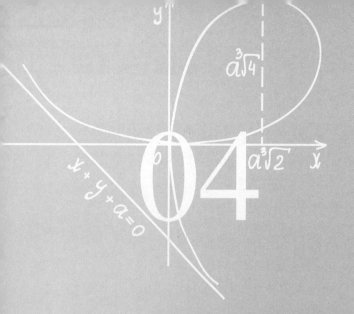

第 4 章

不定积分

17 世纪，牛顿和莱布尼茨建立了微积分基本公式，将微分和积分这两个表面上看互不相干的概念联系起来，推动了微积分学理论体系的发展和完善. 前面我们讨论了一元函数微分学，本章及下一章将讨论一元函数积分学，它主要包括两部分，即不定积分和定积分. 微分和积分是对立统一的，从运算的角度看，微分的逆运算就是不定积分. 本章主要介绍不定积分的基本概念与性质，以及求不定积分的几个重要方法：直接积分法、换元积分法和分部积分法.

本章导学

4.1 不定积分的概念与性质

在微分学中，我们已经讨论过实际应用中的变化率问题，即函数的导数. 但在科学、技术和经济等许多领域中，人们常常还需要解决相反的问题. 如已知质点做直线运动的路程随时间变化的规律为 $s = s(t)$，则瞬时变化率 $s'(t)$ 就是它的瞬时速度 $v = v(t)$. 但是若已知质点的瞬时速度 $v = v(t)$，求质点运动的路程随时间变化的规律 $s = s(t)$，也就是要求出函数 $s(t)$，使 $s'(t) = v(t)$. 从数学的角度来说，其实质就是已知一个函数的导函数，求该函数. 为解决此类问题，本节给出原函数与不定积分的概念，并介绍不定积分的性质、基本积分公式和直接积分法.

4.1.1 原函数

定义 4.1 设 $F(x)$，$f(x)$ 都是定义在区间 I 上的函数，若对任意 $x \in I$，有

$$F'(x) = f(x), \ \text{或} \ \mathrm{d}F(x) = f(x)\,\mathrm{d}x,$$

则称 $F(x)$ 是 $f(x)$ 在区间 I 上的一个原函数.

例如，因为 $(x^3)' = 3x^2$，所以 x^3 是 $3x^2$ 在 $(-\infty, +\infty)$ 内的一个原函数；因为 $(\sin x)' = \cos x$，所以 $\sin x$ 是 $\cos x$ 在 $(-\infty, +\infty)$ 内的一个原函数.

【即时提问 4.1】 如果一个函数存在原函数，原函数是唯一的吗？

不难发现，一个函数的原函数如果存在，则其原函数不止一个. 因此，对于原函数的研究，我们还要讨论以下两个问题.

(1) 一个函数在什么条件下存在原函数？

（2）如果一个函数存在原函数，其原函数有多少个？它们之间有怎样的关系？

关于这两个问题，有以下结论.

定理 4.1（原函数存在定理） 若函数 $f(x)$ 在区间 I 上连续，则 $f(x)$ 在该区间上一定存在原函数.

该定理的证明将在下一章给出.

一般地，若 $F(x)$ 是 $f(x)$ 在区间 I 上的一个原函数，即 $F'(x)=f(x)$，则

$$[F(x)+C]'=F'(x)=f(x)\,(C\ \text{为任意常数})，$$

即 $F(x)+C$ 也是 $f(x)$ 在区间 I 上的原函数. 因此，一个函数如果存在原函数，则其原函数有无穷多个. 另外，若 $G(x)$ 是 $f(x)$ 在区间 I 上的任意一个原函数，即

$$G'(x)=f(x)，$$

则有

$$[G(x)-F(x)]'=G'(x)-F'(x)=f(x)-f(x)\equiv 0，$$

由拉格朗日中值定理的推论知

$$G(x)-F(x)\equiv C，$$

即 $G(x)=F(x)+C$.

由此，得到第二个问题的结论，即下面的定理 4.2.

定理 4.2 设函数 $F(x)$ 是 $f(x)$ 在区间 I 上的一个原函数，那么 $f(x)$ 在区间 I 上的任意一个原函数可以表示为 $F(x)+C$，其中 C 是任意常数.

微课：定理 4.2 证明

4.1.2　不定积分的定义

定义 4.2 在区间 I 上，函数 $f(x)$ 的所有原函数的全体称为 $f(x)$ 在区间 I 上的不定积分，记作

$$\int f(x)\,\mathrm{d}x，$$

其中 $\int$ 称为积分号，$f(x)$ 称为被积函数，$f(x)\,\mathrm{d}x$ 称为被积表达式，x 称为积分变量.

由定理 4.2 知，

$$\int f(x)\,\mathrm{d}x=F(x)+C，$$

其中 $F(x)$ 是 $f(x)$ 的一个原函数，C 为任意常数（称为积分常数）.

例 4.1 求不定积分：（1）$\displaystyle\int x^2\,\mathrm{d}x$；（2）$\displaystyle\int\frac{1}{x}\,\mathrm{d}x$.

解 （1）因为 $\left(\dfrac{1}{3}x^3\right)'=x^2$，所以

$$\int x^2\,\mathrm{d}x=\frac{1}{3}x^3+C.$$

（2）被积函数 $\dfrac{1}{x}$ 的定义域为 $\{x\mid x\in\mathbf{R}\ \text{且}\ x\neq 0\}$.

当 $x>0$ 时，$(\ln x)'=\dfrac{1}{x}$，即 $\displaystyle\int\frac{1}{x}\,\mathrm{d}x=\ln x+C.$

当 $x<0$ 时，$[\ln(-x)]'=-\dfrac{1}{x}\cdot(-1)=\dfrac{1}{x}$，即 $\displaystyle\int\frac{1}{x}\,\mathrm{d}x=\ln(-x)+C.$

在不同区间上，$\dfrac{1}{x}$ 有两个不同的原函数，因此，上述积分是两个不同的积分. 但为了表达方便，我们往往把它们记成统一的形式，即

$$\int \frac{1}{x}\mathrm{d}x = \ln|x| + C.$$

由此例可以类似地推出其他幂函数的不定积分：$\displaystyle\int x^{\mu}\mathrm{d}x = \dfrac{1}{\mu+1}x^{\mu+1} + C\ (\mu \neq -1)$.

在实际问题中，往往要求满足某些特定条件的原函数，这时必须通过附加条件来确定常数 C.

例 4.2 若池塘结冰的速度由 $\dfrac{\mathrm{d}y}{\mathrm{d}t} = k\sqrt{t}$ 给出，其中 y 是自结冰起到时刻 t 冰的厚度，k 是正常数，求结冰厚度 y 关于时间 t 的函数.

解 由 $\dfrac{\mathrm{d}y}{\mathrm{d}t} = k\sqrt{t}$，求不定积分，得 $y(t) = \displaystyle\int k\sqrt{t}\,\mathrm{d}t = k\int \sqrt{t}\,\mathrm{d}t = \dfrac{2}{3}kt^{\frac{3}{2}} + C$.

由于 $t=0$ 时池塘开始结冰，此时冰的厚度为 0，即有 $y(0)=0$，代入上式，得 $C=0$，所以 $y(t) = \dfrac{2}{3}kt^{\frac{3}{2}}$.

4.1.3 不定积分的几何意义

通常把函数 $f(x)$ 在区间 I 上的原函数 $F(x)$ 的图形称为函数 $f(x)$ 的积分曲线. 即对于确定的常数 C，$F(x)+C$ 表示坐标平面上一条确定的积分曲线；当 C 取不同的值时，$F(x)+C$ 在几何上表示一族积分曲线. 由 $\displaystyle\int f(x)\,\mathrm{d}x = F(x)+C$ 可知，$f(x)$ 的不定积分是一族积分曲线，这些曲线都可以通过一条曲线向上或向下平移而得到，它们在具有相同横坐标的点处有互相平行的切线，如图 4.1 所示.

图 4.1

例 4.3 已知某曲线经过点 $(0,1)$，并且该曲线在任意一点处的切线的斜率等于该点横坐标的平方，求该曲线的方程.

解 由题意知，对所求曲线 $F(x)$ 有下式成立：

$$F'(x) = x^2.$$

因为 $\displaystyle\int x^2\,\mathrm{d}x = \dfrac{x^3}{3} + C$，所以 $F(x) = \dfrac{1}{3}x^3 + C$.

又曲线过点 $(0,1)$，即 $F(0)=1$，得 $C=1$.

因此，所求曲线的方程为 $F(x) = \dfrac{x^3}{3} + 1$.

计算机可视化

4.1.4 不定积分的性质

根据不定积分的定义，在不定积分存在的情况下，不定积分有以下性质.

性质 4.1 $(1)\left[\displaystyle\int f(x)\,\mathrm{d}x\right]' = f(x)$，或 $\mathrm{d}\left[\displaystyle\int f(x)\,\mathrm{d}x\right] = f(x)\,\mathrm{d}x$；

微课：性质 4.1 证明

（2）$\int F'(x)\,\mathrm{d}x = F(x) + C$，或 $\int \mathrm{d}F(x) = F(x) + C$.

由此可见，在不计积分常数的意义下，求不定积分运算与求微分运算互为逆运算.

性质 4.2 $\int kf(x)\,\mathrm{d}x = k\int f(x)\,\mathrm{d}x$（$k$ 为非零常数）.

由性质 4.2 可知，计算不定积分时，被积函数中非零的常数因子可以移到积分号的外面.

证明 由导数的性质知，

$$\left[k\int f(x)\,\mathrm{d}x\right]' = k\left[\int f(x)\,\mathrm{d}x\right]' = kf(x),$$

所以 $\int kf(x)\,\mathrm{d}x = k\int f(x)\,\mathrm{d}x$.

性质 4.3 $\int [f_1(x) \pm f_2(x)]\,\mathrm{d}x = \int f_1(x)\,\mathrm{d}x \pm \int f_2(x)\,\mathrm{d}x$.

即两个函数的和（或差）的不定积分等于它们不定积分的和（或差）.

性质 4.2 和性质 4.3 说明线性运算的不定积分等于不定积分的线性运算. 这个结论可以推广到有限多个函数的线性运算的不定积分.

例 4.4 距离地面 x_0 处，一质点以初速度 v_0 做铅直上抛运动，不计阻力，求它的运动规律.

解 所谓质点的运动规律，是指质点的位置关于时间 t 的函数关系，为表示质点的位置，取坐标轴如图 4.2 所示，把质点所在的铅直线取作坐标轴，指向朝上，坐标轴与地面的交点取作坐标轴原点. 设质点抛出时刻为 $t = 0$，当 $t = 0$ 时质点所在位置的坐标为 x_0，在时刻 t 质点的坐标为 x，$x = x(t)$ 就是所要求的函数.

由导数的物理意义知

$$\frac{\mathrm{d}x}{\mathrm{d}t} = v(t)$$

为质点在时刻 t 向上运动的速度［如果 $v(t) < 0$，那么运动方向实际朝下］.
又知

$$\frac{\mathrm{d}^2 x}{\mathrm{d}t^2} = \frac{\mathrm{d}v}{\mathrm{d}t} = a(t)$$

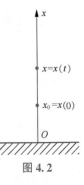

图 4.2

为质点在时刻 t 向上运动的加速度，按题意，有 $a(t) = -g$，即

$$\frac{\mathrm{d}v}{\mathrm{d}t} = -g, \quad 或\frac{\mathrm{d}^2 x}{\mathrm{d}t^2} = -g.$$

由 $\dfrac{\mathrm{d}v}{\mathrm{d}t} = -g$ 知，$v(t) = \int (-g)\,\mathrm{d}t = -gt + C_1$.

由 $v(0) = v_0$，得 $C_1 = v_0$，于是 $v(t) = -gt + v_0$.

由 $\dfrac{\mathrm{d}x}{\mathrm{d}t} = v(t)$ 知，$x(t) = \int v(t)\,\mathrm{d}t = \int (-gt + v_0)\,\mathrm{d}t = -\dfrac{1}{2}gt^2 + v_0 t + C_2$.

由 $x(0) = x_0$，得 $C_2 = x_0$. 于是，所求运动规律为

$$x = -\frac{1}{2}gt^2 + v_0 t + x_0, t \in [0, T].$$

其中，T 表示质点落地的时刻.

4.1.5 基本积分公式

利用积分与求导数(或微分)是互逆运算的关系，由基本导数公式或基本微分公式可以得到下列相应的基本积分公式.

(1) $\int k\mathrm{d}x = kx + C(k$ 为常数$)$.

(2) $\int x^{\mu}\mathrm{d}x = \dfrac{1}{\mu+1}x^{\mu+1} + C(\mu \neq -1)$.

(3) $\int \dfrac{1}{x}\mathrm{d}x = \ln|x| + C$.

(4) $\int a^x\mathrm{d}x = \dfrac{a^x}{\ln a} + C(a>0, a\neq 1)$.

(5) $\int \mathrm{e}^x\mathrm{d}x = \mathrm{e}^x + C$.

(6) $\int \sin x\mathrm{d}x = -\cos x + C$.

(7) $\int \cos x\mathrm{d}x = \sin x + C$.

(8) $\int \sec^2 x\mathrm{d}x = \tan x + C$.

(9) $\int \csc^2 x\mathrm{d}x = -\cot x + C$.

(10) $\int \sec x\tan x\mathrm{d}x = \sec x + C$.

(11) $\int \csc x\cot x\mathrm{d}x = -\csc x + C$.

(12) $\int \dfrac{1}{1+x^2}\mathrm{d}x = \arctan x + C = -\mathrm{arccot}\,x + C_1$.

(13) $\int \dfrac{1}{\sqrt{1-x^2}}\mathrm{d}x = \arcsin x + C = -\arccos x + C_1$.

以上 13 个基本积分公式是计算不定积分的基础，大家要牢记并熟练应用.

例 4.5　求不定积分 $\int \mathrm{e}^x 5^{-x}\mathrm{d}x$.

解　$\int \mathrm{e}^x 5^{-x}\mathrm{d}x = \int \left(\dfrac{\mathrm{e}}{5}\right)^x \mathrm{d}x = \dfrac{\left(\dfrac{\mathrm{e}}{5}\right)^x}{\ln\dfrac{\mathrm{e}}{5}} + C = \dfrac{5^{-x}\mathrm{e}^x}{1-\ln 5} + C$.

例 4.6　求不定积分 $\int \dfrac{1}{\sqrt{x\sqrt{x}}}\mathrm{d}x$.

解　$\int \dfrac{1}{\sqrt{x\sqrt{x}}}\mathrm{d}x = \int x^{-\frac{3}{4}}\mathrm{d}x = \dfrac{1}{1-\dfrac{3}{4}}x^{1-\frac{3}{4}} + C = 4x^{\frac{1}{4}} + C$.

下面利用不定积分的性质及基本积分公式，求一些简单初等函数的不定积分.

例 4.7　求不定积分 $\int \sqrt{x}(x^2-3)\mathrm{d}x$.

解　$\int \sqrt{x}(x^2-3)\mathrm{d}x = \int\left(x^{\frac{5}{2}} - 3x^{\frac{1}{2}}\right)\mathrm{d}x = \int x^{\frac{5}{2}}\mathrm{d}x - 3\int x^{\frac{1}{2}}\mathrm{d}x = \dfrac{2}{7}x^{\frac{7}{2}} - 2x^{\frac{3}{2}} + C$.

在分项积分后，每个不定积分的结果都含有任意常数，但由于任意常数之和仍是任意常数，因此在最后的结果中只写出一个任意常数就行了.

例 4.8　求不定积分 $\int \dfrac{(1-x)^2}{x}\mathrm{d}x$.

分析　基本积分公式中没有这样的分式的积分，我们可以先把被积函数进行恒等变形，拆分成基本积分公式中的函数的和差形式，再进行逐项积分.

(解) $\int \frac{(1-x)^2}{x}dx = \int \frac{1-2x+x^2}{x}dx = \int \left(\frac{1}{x}-2+x\right)dx = \int \frac{1}{x}dx -2\int dx +\int xdx = \ln|x|-2x+\frac{x^2}{2}+C.$

例 4.9 求不定积分 $\int \frac{1+x+x^2}{x(1+x^2)}dx.$

(解) $\int \frac{1+x+x^2}{x(1+x^2)}dx = \int \frac{(1+x^2)+x}{x(1+x^2)}dx = \int \frac{1}{x}dx +\int \frac{1}{1+x^2}dx = \ln|x|+\arctan x+C.$

例 4.10 求不定积分 $\int \frac{x^2}{1+x^2}dx.$

(解) $\int \frac{x^2}{1+x^2}dx = \int \frac{1+x^2-1}{1+x^2}dx = \int \left(1-\frac{1}{1+x^2}\right)dx = \int dx -\int \frac{1}{1+x^2}dx = x-\arctan x+C.$

(注) 对于有理分式，像本例这种不容易直接进行拆分的，可以根据分母的形式，对分子进行加减项，使分式能恒等变形成几个简单函数的和差形式，然后进行分项积分.

例 4.11 求不定积分 $\int \frac{x^4}{1+x^2}dx.$

(解) $\int \frac{x^4}{1+x^2}dx = \int \frac{x^4-1+1}{1+x^2}dx = \int \frac{(x^2+1)(x^2-1)+1}{1+x^2}dx$

$= \int \left(x^2-1+\frac{1}{1+x^2}\right)dx = \int x^2dx -\int dx +\int \frac{1}{1+x^2}dx$

$= \frac{1}{3}x^3 -x+\arctan x+C.$

例 4.12 求不定积分 $\int \tan^2 xdx.$

(解) $\int \tan^2 xdx = \int (\sec^2 x-1)dx = \int \sec^2 xdx -\int dx = \tan x-x+C.$

例 4.13 求不定积分 $\int \sin^2 \frac{x}{2}dx.$

分析 基本积分公式中没有正弦函数的高次幂的积分，因此，被积函数中出现这类三角函数时，我们一般要考虑先利用三角函数的降幂公式，然后求不定积分.

(解) $\int \sin^2 \frac{x}{2}dx = \int \frac{1-\cos x}{2}dx = \int \frac{1}{2}dx -\frac{1}{2}\int \cos xdx = \frac{1}{2}x-\frac{1}{2}\sin x+C.$

例 4.14 求不定积分 $\int \frac{dx}{\sin^2 x\cos^2 x}.$

(解) $\int \frac{dx}{\sin^2 x\cos^2 x} = \int \frac{\sin^2 x+\cos^2 x}{\sin^2 x\cos^2 x}dx = \int \frac{dx}{\cos^2 x}+\int \frac{dx}{\sin^2 x} = \tan x-\cot x+C.$

例 4.15 求不定积分 $\int \frac{1}{\sin^2 \frac{x}{2}\cos^2 \frac{x}{2}}dx.$

(解) $\int \frac{1}{\sin^2 \frac{x}{2}\cos^2 \frac{x}{2}}dx = \int \frac{1}{\left(\frac{1}{2}\sin x\right)^2}dx = 4\int \csc^2 xdx = -4\cot x+C.$

从以上这些例子可以看出，求不定积分时，有时要对被积函数进行恒等变形，利用不定积分的线性运算性质，转化为基本积分公式中存在的不定积分，从而求得不定积分，这种方法称为直接积分法.

例 4.16 设 $f'(x) = 2|x| + 3$，且 $f(2) = 15$，求 $f(x)$.

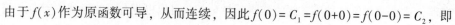

解 $f'(x) = \begin{cases} 2x+3, & x \geq 0, \\ -2x+3, & x < 0. \end{cases}$

而 $\int (2x+3) \mathrm{d}x = x^2 + 3x + C_1$，$\int (-2x+3) \mathrm{d}x = -x^2 + 3x + C_2$，所以

$$f(x) = \begin{cases} x^2 + 3x + C_1, & x \geq 0, \\ -x^2 + 3x + C_2, & x < 0. \end{cases}$$

由于 $f(x)$ 作为原函数可导，从而连续，因此 $f(0) = C_1 = f(0+0) = f(0-0) = C_2$，即

$$f(x) = \begin{cases} x^2 + 3x + C_1, & x \geq 0, \\ -x^2 + 3x + C_1, & x < 0. \end{cases}$$

而 $f(2) = 15$，所以 $f(2) = 2^2 + 3 \times 2 + C_1 = 15$，得 $C_1 = 5$. 因此，

$$f(x) = \begin{cases} x^2 + 3x + 5, & x \geq 0, \\ -x^2 + 3x + 5, & x < 0. \end{cases}$$

微课：例 4.16

同步习题 4.1

基础题

1. 若 $f(x)$ 的一个原函数是 $\cos x$，求：$(1) f'(x)$；$(2) \int f(x) \mathrm{d}x$.

2. 若 $\int f(x) \mathrm{d}x = \mathrm{e}^x (x^2 - 2x + 2) + C$，求 $f(x)$.

3. 设曲线 $y = f(x)$ 在点 (x, y) 处的切线斜率为 $3x^2$，且该曲线过点 $(0, -1)$，求 $f(x)$.

4. 若 e^{-x} 是函数 $f(x)$ 的一个原函数，求：$(1) \int f(x) \mathrm{d}x$；$(2) \int f'(x) \mathrm{d}x$；$(3) \int \mathrm{e}^x f'(x) \mathrm{d}x$.

5. 求下列不定积分：

$(1) \int x^5 \mathrm{d}x$；

$(2) \int x \sqrt[3]{x} \, \mathrm{d}x$；

$(3) \int (x^3 + 3^x) \mathrm{d}x$；

$(4) \int \dfrac{\mathrm{d}x}{x^2 \sqrt{x}}$；

$(5) \int \sqrt{\sqrt{\sqrt{x}}} \, \mathrm{d}x$；

$(6) \int \dfrac{x^3 + \sqrt{x^3} + 2}{\sqrt{x}} \mathrm{d}x$；

$(7) \int \mathrm{e}^{x+1} \mathrm{d}x$；

$(8) \int \dfrac{x-9}{\sqrt{x}+3} \mathrm{d}x$；

$(9) \int \dfrac{1}{x^2(1+x^2)} \mathrm{d}x$；

$(10) \int \sec x (\sec x - \tan x) \mathrm{d}x$；

$(11) \int \left(\dfrac{1}{\cos^2 x} - \dfrac{1}{\sin^2 x} \right) \mathrm{d}x$；

$(12) \int 3^x \mathrm{e}^{3x} \mathrm{d}x$；

(13) $\int \dfrac{2^{2x+1}-5^{x-1}}{10^x}\mathrm{d}x$; (14) $\int 2^x 3^{2x} 5^{3x}\mathrm{d}x$; (15) $\int\left(\dfrac{2}{\sqrt{1-x^2}}-\dfrac{3}{1+x^2}+\dfrac{1}{x}\right)\mathrm{d}x$;

(16) $\int \dfrac{4\sin^3 x-1}{\sin^2 x}\mathrm{d}x$.

提高题

求下列不定积分:

(1) $\int \dfrac{\sqrt{x^3}+1}{\sqrt{x}+1}\mathrm{d}x$; (2) $\int \dfrac{3x^4+3x^2+1}{x^2+1}\mathrm{d}x$; (3) $\int \dfrac{\mathrm{d}h}{\sqrt{2gh}}$;

(4) $\int \dfrac{x^6}{1+x^2}\mathrm{d}x$; (5) $\int \dfrac{1}{x^6+x^4}\mathrm{d}x$; (6) $\int (x^2+1)^2\mathrm{d}x$;

(7) $\int \cos^2 \dfrac{x}{2}\mathrm{d}x$; (8) $\int \dfrac{1}{1-\cos 2x}\mathrm{d}x$; (9) $\int \dfrac{\cos 2x}{\cos x-\sin x}\mathrm{d}x$;

(10) $\int\left(\sin\dfrac{\theta}{2}-\cos\dfrac{\theta}{2}\right)^2\mathrm{d}\theta$; (11) $\int \dfrac{1+\cos^2 x}{1+\cos 2x}\mathrm{d}x$; (12) $\int \dfrac{\cos 2x}{\cos^2 x\sin^2 x}\mathrm{d}x$;

(13) $\int \mathrm{e}^{-|x|}\mathrm{d}x$.

4.2 换元积分法

利用基本积分公式与不定积分的性质,所能计算的不定积分非常有限. 因此,我们有必要进一步研究不定积分的求法. 本节基于积分与微分互为逆运算,再利用复合函数的求导法则,研究不定积分的换元积分法(简称换元法). 利用这种方法(通过选择适当的变量代换)可以把某些不定积分化为基本积分公式中含有的积分.

换元积分法有两种,下面先介绍第一换元积分法.

4.2.1 第一换元积分法

设 $f(u)$ 具有原函数 $F(u)$,即 $F'(u)=f(u)$,于是 $\int f(u)\mathrm{d}u=F(u)+C$. 如果 u 是另一新变量 x 的函数 $u=\varphi(x)$,那么有 $F(u)=F[\varphi(x)]$. 假定函数 $\varphi(x)$ 是可导的,则根据复合函数的微分法则得
$$\mathrm{d}F[\varphi(x)]=f[\varphi(x)]\varphi'(x)\mathrm{d}x.$$
根据不定积分的定义得
$$\int f[\varphi(x)]\varphi'(x)\mathrm{d}x=F[\varphi(x)]+C=\left[\int f(u)\mathrm{d}u\right]_{u=\varphi(x)}.$$
于是有下述定理.

定理4.3(第一换元积分法) 设 $f(u)$ 有原函数 $F(u)$,且 $u=\varphi(x)$ 是可导函数,则
$$\int f[\varphi(x)]\varphi'(x)\mathrm{d}x=F[\varphi(x)]+C, \tag{4.1}$$
该公式称为第一换元公式.

一般地,若求不定积分 $\int g(x)\mathrm{d}x$,如果被积函数 $g(x)$ 可以写成 $f[\varphi(x)]\varphi'(x)$,即可用此

方法解决，过程如下：

$$\int g(x)\mathrm{d}x = \int f[\varphi(x)]\mathrm{d}\varphi(x) \xrightarrow{\varphi(x)=u} \int f(u)\mathrm{d}u = F(u)+C \xrightarrow{u=\varphi(x)} F[\varphi(x)]+C.$$

上述求不定积分的方法称为第一换元积分法，它是复合函数微分法的逆运算。上式中由 $\varphi'(x)\mathrm{d}x$ 凑成微分 $\mathrm{d}\varphi(x)$ 是关键的一步，因此，第一换元积分法又称为凑微分法。要掌握此方法，大家必须能灵活运用微分（或导数）公式及基本积分公式。

例 4.17 求 $\int \sin 2x\mathrm{d}x$.

解 被积函数中的 $\sin 2x$ 显然是一个复合函数，可看作 $\sin u, u=2x$，将"$\mathrm{d}x$"凑成 $\dfrac{1}{2}\mathrm{d}(2x)=\dfrac{1}{2}\mathrm{d}u$，于是有

$$\int \sin 2x\mathrm{d}x = \frac{1}{2}\int \sin 2x \cdot (2x)'\mathrm{d}x = \frac{1}{2}\int \sin 2x\mathrm{d}(2x)$$

$$= \frac{1}{2}\int \sin u\mathrm{d}u = -\frac{1}{2}\cos u+C = -\frac{1}{2}\cos 2x+C,$$

所以 $\int \sin 2x\mathrm{d}x = -\dfrac{1}{2}\cos 2x+C$.

例 4.18 求 $\int (2+3x)^2\mathrm{d}x$.

解 被积函数中存在复合函数 $(2+3x)^2$，令 $u=2+3x$，则 $\mathrm{d}u=3\mathrm{d}x$，于是得

$$\int (2+3x)^2\mathrm{d}x = \frac{1}{3}\int (2+3x)^2 \cdot (2+3x)'\mathrm{d}x = \frac{1}{3}\int (2+3x)^2\mathrm{d}(2+3x)$$

$$= \frac{1}{3}\int u^2\mathrm{d}u = \frac{1}{9}u^3+C = \frac{1}{9}(2+3x)^3+C,$$

所以 $\int (2+3x)^2\mathrm{d}x = \dfrac{1}{9}(2+3x)^3+C$.

大家对凑微分比较熟练后，就可以不用写出中间变量 u，而直接求解。

例 4.19 求 $\int x\sqrt{4-x^2}\,\mathrm{d}x$.

解 $\int x\sqrt{4-x^2}\,\mathrm{d}x = -\dfrac{1}{2}\int \sqrt{4-x^2}\,(4-x^2)'\mathrm{d}x = -\dfrac{1}{2}\int \sqrt{4-x^2}\,\mathrm{d}(4-x^2) = -\dfrac{1}{3}(4-x^2)^{\frac{3}{2}}+C$.

例 4.20 求 $\int \dfrac{\cos\sqrt{x}}{\sqrt{x}}\mathrm{d}x$.

解 $\int \dfrac{\cos\sqrt{x}}{\sqrt{x}}\mathrm{d}x = \int \cos\sqrt{x} \cdot \dfrac{1}{\sqrt{x}}\mathrm{d}x = 2\int \cos\sqrt{x} \cdot (\sqrt{x})'\mathrm{d}x = 2\int \cos\sqrt{x}\,\mathrm{d}\sqrt{x} = 2\sin\sqrt{x}+C$.

例 4.21 求 $\int \tan x\mathrm{d}x$.

解 $\int \tan x\mathrm{d}x = \int \dfrac{\sin x}{\cos x}\mathrm{d}x = -\int \dfrac{1}{\cos x} \cdot (\cos x)'\mathrm{d}x = -\int \dfrac{1}{\cos x}\mathrm{d}(\cos x) = -\ln|\cos x|+C = \ln|\sec x|+C$.

类似可得 $\int \cot x \mathrm{d}x = \ln|\sin x| + C = -\ln|\csc x| + C$.

例 4.22 求 $\int \dfrac{4x+6}{x^2+3x-4}\mathrm{d}x$.

解 $\int \dfrac{4x+6}{x^2+3x-4}\mathrm{d}x = 2\int \dfrac{2x+3}{x^2+3x-4}\mathrm{d}x = 2\int \dfrac{1}{x^2+3x-4}\mathrm{d}(x^2+3x-4) = 2\ln|x^2+3x-4| + C$.

例 4.23 求 $\int \dfrac{1}{a^2+x^2}\mathrm{d}x\,(a>0)$.

解 $\int \dfrac{1}{a^2+x^2}\mathrm{d}x = \int \dfrac{1}{a^2}\dfrac{1}{1+\left(\dfrac{x}{a}\right)^2}\mathrm{d}x = \dfrac{1}{a}\int \dfrac{1}{1+\left(\dfrac{x}{a}\right)^2}\mathrm{d}\left(\dfrac{x}{a}\right) = \dfrac{1}{a}\arctan\dfrac{x}{a} + C$.

类似可得 $\int \dfrac{1}{\sqrt{a^2-x^2}}\mathrm{d}x = \arcsin\dfrac{x}{a} + C\,(a>0)$.

例 4.24 求 $\int \dfrac{1}{a^2-x^2}\mathrm{d}x\,(a>0)$.

解 $\int \dfrac{1}{a^2-x^2}\mathrm{d}x = \int \dfrac{1}{(a+x)(a-x)}\mathrm{d}x = \dfrac{1}{2a}\int\left(\dfrac{1}{a-x}+\dfrac{1}{a+x}\right)\mathrm{d}x$

$\qquad = \dfrac{1}{2a}(-\ln|a-x|+\ln|a+x|) + C = \dfrac{1}{2a}\ln\left|\dfrac{a+x}{a-x}\right| + C$.

类似可得 $\int \dfrac{1}{x^2-a^2}\mathrm{d}x = \dfrac{1}{2a}\ln\left|\dfrac{a-x}{a+x}\right| + C$.

例 4.25 求 $\int \csc x \mathrm{d}x$.

解 $\int \csc x \mathrm{d}x = \int \dfrac{1}{\sin x}\mathrm{d}x = \int \dfrac{1}{\sin^2 x}\sin x \mathrm{d}x = -\int \dfrac{1}{1-\cos^2 x}\mathrm{d}\cos x$,

微课：例 4.25

利用例 4.24 的结论，得

$$\text{原式} = \dfrac{1}{2}\ln\left|\dfrac{1-\cos x}{1+\cos x}\right| + C = \dfrac{1}{2}\ln\left|\dfrac{(1-\cos x)^2}{1-\cos^2 x}\right| + C$$

$$= \ln\left|\dfrac{1-\cos x}{\sin x}\right| + C = \ln|\csc x - \cot x| + C.$$

类似可得 $\int \sec x \mathrm{d}x = \ln|\sec x + \tan x| + C$.

正割函数、余割函数的积分也可用以下方法求出.

$$\int \csc x \mathrm{d}x = \int \dfrac{1}{\sin x}\mathrm{d}x = \int \dfrac{1}{2\sin\dfrac{x}{2}\cos\dfrac{x}{2}}\mathrm{d}x = \int \dfrac{\mathrm{d}\left(\dfrac{x}{2}\right)}{\tan\dfrac{x}{2}\cos^2\dfrac{x}{2}}$$

$$= \int \dfrac{\mathrm{d}\left(\tan\dfrac{x}{2}\right)}{\tan\dfrac{x}{2}} = \ln\left|\tan\dfrac{x}{2}\right| + C = \ln|\csc x - \cot x| + C.$$

$$\int \sec x \mathrm{d}x = \int \csc\left(x+\frac{\pi}{2}\right)\mathrm{d}\left(x+\frac{\pi}{2}\right) = \ln\left|\csc\left(x+\frac{\pi}{2}\right) - \cot\left(x+\frac{\pi}{2}\right)\right| + C$$

$$= \ln|\sec x + \tan x| + C.$$

例 4.26　求 $\int \cos^2 x \mathrm{d}x$.

解　$\displaystyle\int \cos^2 x \mathrm{d}x = \int \frac{1+\cos 2x}{2}\mathrm{d}x = \frac{1}{2}\int \mathrm{d}x + \frac{1}{4}\int \cos 2x \mathrm{d}(2x) = \frac{x}{2} + \frac{\sin 2x}{4} + C.$

例 4.27　求 $\int \sin^3 x \mathrm{d}x$.

解　$\displaystyle\int \sin^3 x \mathrm{d}x = \int \sin^2 x \sin x \mathrm{d}x = -\int (1-\cos^2 x)\mathrm{d}(\cos x) = -\cos x + \frac{1}{3}\cos^3 x + C.$

例 4.28　求 $\int \cos^3 x \sin^5 x \mathrm{d}x$.

解　$\displaystyle\int \cos^3 x \sin^5 x \mathrm{d}x = \int \cos^2 x \sin^5 x \mathrm{d}\sin x = \int (1-\sin^2 x)\sin^5 x \mathrm{d}(\sin x)$

$$= \int \sin^5 x \mathrm{d}(\sin x) - \int \sin^7 x \mathrm{d}(\sin x) = \frac{1}{6}\sin^6 x - \frac{1}{8}\sin^8 x + C.$$

例 4.29　求 $\int \sin x \sin 3x \mathrm{d}x$.

解　利用附录 I 中的三角函数积化和差公式得

$$\int \sin x \sin 3x \mathrm{d}x = \frac{1}{2}\int (\cos 2x - \cos 4x)\mathrm{d}x = \frac{1}{2}\left(\int \cos 2x \mathrm{d}x - \int \cos 4x \mathrm{d}x\right) = \frac{1}{8}(2\sin 2x - \sin 4x) + C.$$

例 4.30　求 $\int \tan^3 x \sec x \mathrm{d}x$.

解　$\displaystyle\int \tan^3 x \sec x \mathrm{d}x = \int \tan^2 x(\sec x \tan x)\mathrm{d}x = \int(\sec^2 x - 1)\mathrm{d}(\sec x) = \frac{1}{3}\sec^3 x - \sec x + C.$

从上面的例子可以看出，式(4.1)在求不定积分中起着重要的作用，就像复合函数的求导法则在微分学中的作用一样. 但利用式(4.1)求不定积分，一般比利用复合函数的求导法则求函数的导数困难些，除了需要熟知一些函数的微分形式，还需要一定的技巧，只有通过多做练习不断总结规律，才能运用自如. 为了便于大家使用，特将一些常用的通过凑微分求解的积分形式归纳如下：

(1) $\displaystyle\int f(au+b)\mathrm{d}u = \frac{1}{a}\int f(au+b)\mathrm{d}(au+b), a \neq 0;$

(2) $\displaystyle\int f(au^n+b)u^{n-1}\mathrm{d}u = \frac{1}{na}\int f(au^n+b)\mathrm{d}(au^n+b), a \neq 0, n \neq 0;$

(3) $\displaystyle\int f(a^u+b)a^u\mathrm{d}u = \frac{1}{\ln a}\int f(a^u+b)\mathrm{d}(a^u+b), a > 0, a \neq 1;$

(4) $\displaystyle\int f(\sqrt{u})\frac{1}{\sqrt{u}}\mathrm{d}u = 2\int f(\sqrt{u})\mathrm{d}\sqrt{u};$

(5) $\displaystyle\int f\left(\frac{1}{u}\right)\frac{1}{u^2}\mathrm{d}u = -\int f\left(\frac{1}{u}\right)\mathrm{d}\left(\frac{1}{u}\right);$

(6) $\displaystyle\int f(\ln u)\frac{1}{u}\mathrm{d}u = \int f(\ln u)\mathrm{d}(\ln u);$

(7) $\int f(\sin u)\cos u\,\mathrm{d}u = \int f(\sin u)\,\mathrm{d}(\sin u)$；

(8) $\int f(\cos u)\sin u\,\mathrm{d}u = -\int f(\cos u)\,\mathrm{d}(\cos u)$；

(9) $\int f(\tan u)\sec^2 u\,\mathrm{d}u = \int f(\tan u)\,\mathrm{d}(\tan u)$；

(10) $\int f(\arcsin u)\dfrac{1}{\sqrt{1-u^2}}\mathrm{d}u = \int f(\arcsin u)\,\mathrm{d}(\arcsin u)$；

(11) $\int f\left(\arctan\dfrac{u}{a}\right)\dfrac{1}{a^2+u^2}\mathrm{d}u = \dfrac{1}{a}\int f\left(\arctan\dfrac{u}{a}\right)\mathrm{d}\left(\arctan\dfrac{u}{a}\right),\ a>0$；

(12) $\int\dfrac{f'(u)}{f(u)}\mathrm{d}u = \ln|f(u)|+C$.

利用第一换元积分法(凑微分法)求不定积分,是求复合函数微分的逆过程,即为了求不定积分,要先用微分公式凑出微分,再用积分公式得出结果,当然难度要大一些,其灵活性、技巧性都较强. 下面再举一些例子,以开拓大家的思路.

例 4.31 求 $\displaystyle\int\dfrac{1}{1+\mathrm{e}^x}\mathrm{d}x$.

解 $\displaystyle\int\dfrac{1}{1+\mathrm{e}^x}\mathrm{d}x = \int\dfrac{1+\mathrm{e}^x-\mathrm{e}^x}{1+\mathrm{e}^x}\mathrm{d}x = \int\mathrm{d}x - \int\dfrac{1}{1+\mathrm{e}^x}\mathrm{d}(\mathrm{e}^x+1) = x - \ln(1+\mathrm{e}^x)+C$.

例 4.32 求 $\displaystyle\int\dfrac{\arctan\sqrt{x}}{\sqrt{x}\,(1+x)}\mathrm{d}x$.

解 $\displaystyle\int\dfrac{\arctan\sqrt{x}}{\sqrt{x}\,(1+x)}\mathrm{d}x = 2\int\dfrac{\arctan\sqrt{x}}{1+(\sqrt{x})^2}\mathrm{d}\sqrt{x} = 2\int\arctan\sqrt{x}\,\mathrm{d}(\arctan\sqrt{x}) = (\arctan\sqrt{x})^2+C$.

例 4.33 求 $\displaystyle\int\dfrac{x+1}{x^2-2x+3}\mathrm{d}x$.

解 $\displaystyle\int\dfrac{x+1}{x^2-2x+3}\mathrm{d}x = \dfrac{1}{2}\int\dfrac{2x-2}{x^2-2x+3}\mathrm{d}x + \int\dfrac{2}{x^2-2x+3}\mathrm{d}x$

$$= \dfrac{1}{2}\int\dfrac{\mathrm{d}(x^2-2x+3)}{x^2-2x+3} + 2\int\dfrac{\mathrm{d}(x-1)}{(x-1)^2+2} = \dfrac{1}{2}\ln(x^2-2x+3) + \sqrt{2}\arctan\dfrac{x-1}{\sqrt{2}}+C.$$

例 4.34 求积分：(1) $\displaystyle\int xf(x^2)f'(x^2)\,\mathrm{d}x$；(2) $\displaystyle\int\dfrac{f'(\ln x)}{x}\mathrm{d}x$.

解 (1) 设 $u=x^2$,则

$$\int xf(x^2)f'(x^2)\,\mathrm{d}x = \dfrac{1}{2}\int f(x^2)f'(x^2)\,\mathrm{d}x^2 = \dfrac{1}{2}\int f(u)f'(u)\,\mathrm{d}u = \dfrac{1}{2}\int f(u)\,\mathrm{d}f(u)$$

$$= \dfrac{1}{4}f^2(u)+C = \dfrac{1}{4}f^2(x^2)+C.$$

(2) 设 $v=\ln x$,则

$$\int\dfrac{f'(\ln x)}{x}\mathrm{d}x = \int f'(\ln x)(\ln x)'\,\mathrm{d}x = \int f'(\ln x)\,\mathrm{d}(\ln x) = \int f'(v)\,\mathrm{d}v = f(v)+C = f(\ln x)+C.$$

4.2.2 第二换元积分法

第一换元积分法是把被积表达式中的原积分变量 x 的某一函数 $\varphi(x)$ 换为新变量 u，从而将积分 $\int f[\varphi(x)]\varphi'(x)\mathrm{d}x$ 化为积分 $\int f(u)\mathrm{d}u$ 来计算. 对于某些积分，将积分变量 x 设为函数 $\psi(t)$，从而将积分 $\int f(x)\mathrm{d}x$ 化为积分 $\int f[\psi(t)]\psi'(t)\mathrm{d}t$ 来计算比较简单. 这就是第二换元积分法.

定理 4.4（第二换元积分法） 设 $x=\psi(t)$ 是单调可导函数，且 $\psi'(t)\neq0$，又设 $f[\psi(t)]\psi'(t)$ 的一个原函数为 $\Phi(t)$，则

$$\int f(x)\mathrm{d}x=\Phi[\psi^{-1}(x)]+C,\qquad(4.2)$$

该公式称为第二换元公式.

证明 由预设知，$x=\psi(t)$ 有单调可导的反函数 $t=\psi^{-1}(x)$，由复合函数和反函数求导公式得

$$\frac{\mathrm{d}}{\mathrm{d}x}\Phi[\psi^{-1}(x)]=\frac{\mathrm{d}\Phi}{\mathrm{d}t}\cdot\frac{\mathrm{d}t}{\mathrm{d}x}=f[\psi(t)]\psi'(t)\cdot\frac{1}{\psi'(t)}=f[\psi(t)]=f(x),$$

这表明 $\Phi[\psi^{-1}(x)]$ 是 $f(x)$ 的一个原函数，所以

$$\int f(x)\mathrm{d}x=\Phi[\psi^{-1}(x)]+C.$$

一般地，求积分 $\int f(x)\mathrm{d}x$ 时，如果设 $x=\psi(t)$，且 $x=\psi(t)$ 满足定理 4.4 的条件，则根据第二换元公式 [式 (4.2)] 求积分的过程如下：

$$\int f(x)\mathrm{d}x\xrightarrow{x=\psi(t)}\int f[\psi(t)]\psi'(t)\mathrm{d}t=\Phi(t)+C\xrightarrow{t=\psi^{-1}(x)}\Phi[\psi^{-1}(x)]+C.$$

两种换元积分法都用到了换元的过程，换元后最后都需要还原为原变量的函数. 第二换元积分法经常用于被积函数中出现根式且无法用直接积分法和第一换元积分法计算的情况.

例 4.35 求 $\int\dfrac{1}{1+\sqrt{x}}\mathrm{d}x$.

解 令 $\sqrt{x}=t$，则 $x=t^2,\mathrm{d}x=2t\mathrm{d}t$，于是

$$\int\frac{1}{1+\sqrt{x}}\mathrm{d}x=\int\frac{1}{1+t}\cdot2t\mathrm{d}t=2\int\frac{t}{1+t}\mathrm{d}t=2\int\left(1-\frac{1}{1+t}\right)\mathrm{d}t$$

$$=2(t-\ln|t+1|)+C=2\sqrt{x}-2\ln(\sqrt{x}+1)+C.$$

例 4.36 求 $\int\dfrac{1}{\sqrt{x}+\sqrt[4]{x}}\mathrm{d}x$.

解 令 $x=t^4$，则 $\mathrm{d}x=4t^3\mathrm{d}t$，于是

$$\int\frac{1}{\sqrt{x}+\sqrt[4]{x}}\mathrm{d}x=\int\frac{4t^3}{t^2+t}\mathrm{d}t=4\int\frac{t^2}{t+1}\mathrm{d}t=4\int\frac{(t^2-1)+1}{t+1}\mathrm{d}t$$

$$=4\int(t-1)\mathrm{d}t+4\int\frac{1}{t+1}\mathrm{d}t=2t^2-4t+4\ln|t+1|+C$$

$$=2\sqrt{x}-4\sqrt[4]{x}+4\ln(\sqrt[4]{x}+1)+C.$$

微课：例 4.36

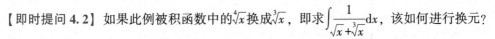

【即时提问 4.2】如果此例被积函数中的 $\sqrt[4]{x}$ 换成 $\sqrt[3]{x}$，即求 $\int \dfrac{1}{\sqrt{x}+\sqrt[3]{x}}\mathrm{d}x$，该如何进行换元?

例 4.37 求 $\int \dfrac{x}{\sqrt{x-3}}\mathrm{d}x$.

解 令 $t=\sqrt{x-3}$，则 $x=t^2+3\,(t>0)$，$\mathrm{d}x=2t\mathrm{d}t$，于是

$$\int \frac{x}{\sqrt{x-3}}\mathrm{d}x = \int \frac{t^2+3}{t}\cdot 2t\mathrm{d}t = 2\int(t^2+3)\mathrm{d}t$$

$$= 2\left(\frac{t^3}{3}+3t\right)+C = \frac{2}{3}(x+6)(x-3)^{\frac{1}{2}}+C.$$

例 4.38 求 $\int \sqrt{a^2-x^2}\,\mathrm{d}x\,(a>0)$.

解 令 $x=a\sin t\left(-\dfrac{\pi}{2}\leqslant t\leqslant \dfrac{\pi}{2}\right)$，则 $t=\arcsin\dfrac{x}{a}$，$\mathrm{d}x=a\cos t\mathrm{d}t$，于是

$$\int \sqrt{a^2-x^2}\,\mathrm{d}x = \int a\cos t\cdot a\cos t\mathrm{d}t = a^2\int \cos^2 t\mathrm{d}t = a^2\int \frac{1+\cos 2t}{2}\mathrm{d}t$$

$$= a^2\left(\frac{t}{2}+\frac{\sin 2t}{4}\right)+C = \frac{a^2}{2}(t+\sin t\cos t)+C.$$

为了将上式结果还原为原来的变量，引入一辅助直角三角形，如图 4.3 所示.

因为 $x=a\sin t$，所以 $\sin t=\dfrac{x}{a}$，$\cos t=\dfrac{\sqrt{a^2-x^2}}{a}$，从而

$$\int \sqrt{a^2-x^2}\,\mathrm{d}x = \frac{a^2}{2}\arcsin\frac{x}{a}+\frac{x}{2}\sqrt{a^2-x^2}+C.$$

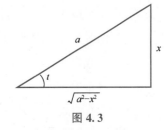

图 4.3

例 4.39 求 $\int \dfrac{1}{\sqrt{a^2+x^2}}\mathrm{d}x\,(a>0)$.

解 类似例 4.38 的解法，令 $x=a\tan t\left(-\dfrac{\pi}{2}<t<\dfrac{\pi}{2}\right)$，则 $t=\arctan\dfrac{x}{a}$，$\mathrm{d}x=a\sec^2 t\mathrm{d}t$，于是

$$\int \frac{1}{\sqrt{a^2+x^2}}\mathrm{d}x = \int \frac{a\sec^2 t}{a\sec t}\mathrm{d}t = \int \sec t\mathrm{d}t = \ln|\sec t+\tan t|+C_1.$$

作辅助直角三角形，如图 4.4 所示，$x=a\tan t$，$\tan t=\dfrac{x}{a}$，$\sec t=\dfrac{1}{\cos t}=\dfrac{\sqrt{a^2+x^2}}{a}$，于是

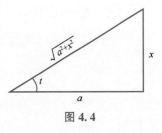

图 4.4

$$\int \frac{1}{\sqrt{a^2+x^2}}\mathrm{d}x = \ln\left|\frac{\sqrt{a^2+x^2}}{a}+\frac{x}{a}\right|+C_1$$

$$= \ln(x+\sqrt{a^2+x^2})+C\,(C=C_1-\ln a).$$

例 4.40 求 $\int \dfrac{1}{\sqrt{x^2-a^2}}\mathrm{d}x\,(a>0)$.

解 被积函数的定义域为 $(-\infty,-a)\cup(a,+\infty)$，在两个区间内分别求不定积分.

当 $x>a$ 时，令 $x=a\sec t\left(0<t<\dfrac{\pi}{2}\right)$，则 $\mathrm{d}x=a\sec t\cdot\tan t\mathrm{d}t$，

于是

$$\text{原式}=\int\frac{a\sec t\cdot\tan t\mathrm{d}t}{a\tan t}=\int\sec t\mathrm{d}t=\ln\left|\sec t+\tan t\right|+C_1.$$

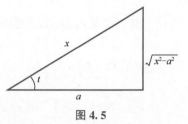

图 4.5

作辅助直角三角形，如图 4.5 所示，由 $x=a\sec t$，得

$$\int\frac{1}{\sqrt{x^2-a^2}}\mathrm{d}x=\ln\left|\frac{x}{a}+\frac{\sqrt{x^2-a^2}}{a}\right|+C_1$$

$$=\ln\left|x+\sqrt{x^2-a^2}\right|+C\,(C=C_1-\ln a).$$

同理，当 $x<-a$ 时，令 $x=-u$，那么 $u>a$，由上一步结果，有

$$\int\frac{1}{\sqrt{x^2-a^2}}\mathrm{d}x=-\int\frac{1}{\sqrt{u^2-a^2}}\mathrm{d}u=-\ln\left|u+\sqrt{u^2-a^2}\right|+C_1$$

$$=-\ln\left|-x+\sqrt{x^2-a^2}\right|+C_1=\ln\left|x+\sqrt{x^2-a^2}\right|+C\,(C=C_1-2\ln a).$$

所以

$$\int\frac{1}{\sqrt{x^2-a^2}}\mathrm{d}x=\ln\left|x+\sqrt{x^2-a^2}\right|+C.$$

上述这些例题都是利用第二换元积分法处理被积函数中有根式的问题，通过变量代换实现有理化. 现将被积函数中含有根式的不定积分换元归纳如下：

(1)含有根式 $\sqrt[n]{ax+b}$ 时，令 $\sqrt[n]{ax+b}=t$；

(2)同时含有根式 $\sqrt[m_1]{x}$ 和根式 $\sqrt[m_2]{x}$ $(m_1,m_2\in\mathbf{N}^+)$ 时，令 $x=t^m$，其中 m 是 m_1,m_2 的最小公倍数；

(3)含有根式 $\sqrt{a^2-x^2}$ $(a>0)$ 时，令 $x=a\sin t$；

(4)含有根式 $\sqrt{a^2+x^2}$ $(a>0)$ 时，令 $x=a\tan t$；

(5)含有根式 $\sqrt{x^2-a^2}$ $(a>0)$ 时，令 $x=a\sec t$.

方法(3)(4)(5)称为三角代换. 另外，当被积函数的分母的最高次数比分子的最高次数大1时，还经常用倒代换.

例 4.41 求 $\displaystyle\int\frac{\sqrt{a^2-x^2}}{x^4}\mathrm{d}x\,(x>0)$.

解 本例除了用三角代换求解，还可以用倒代换.

设 $x=\dfrac{1}{t}\,(t>0)$，则 $\mathrm{d}x=-\dfrac{1}{t^2}\mathrm{d}t$，于是

$$\int\frac{\sqrt{a^2-x^2}}{x^4}\mathrm{d}x=\int\frac{\sqrt{a^2-\dfrac{1}{t^2}}}{\dfrac{1}{t^4}}\left(-\frac{1}{t^2}\right)\mathrm{d}t=-\int t\sqrt{a^2t^2-1}\,\mathrm{d}t$$

$$=-\frac{1}{2a^2}\int\sqrt{a^2t^2-1}\,\mathrm{d}(a^2t^2-1)=-\frac{1}{3a^2}(a^2t^2-1)^{\frac{3}{2}}+C$$

$$=-\frac{(a^2-x^2)^{\frac{3}{2}}}{3a^2x^3}+C.$$

例 4.42 求 $\int \dfrac{1}{\sqrt{1+x+x^2}}dx$.

解 $\int \dfrac{1}{\sqrt{1+x+x^2}}dx = \int \dfrac{d\left(x+\dfrac{1}{2}\right)}{\sqrt{\left(x+\dfrac{1}{2}\right)^2 + \left(\dfrac{\sqrt{3}}{2}\right)^2}} = \ln\left(x+\dfrac{1}{2}+\sqrt{1+x+x^2}\right)+C.$

例 4.43 求 $\int \dfrac{1}{\sqrt{1+x-x^2}}dx$.

解 $\int \dfrac{1}{\sqrt{1+x-x^2}}dx = \int \dfrac{d\left(x-\dfrac{1}{2}\right)}{\sqrt{\left(\dfrac{\sqrt{5}}{2}\right)^2 - \left(x-\dfrac{1}{2}\right)^2}} = \arcsin\dfrac{2x-1}{\sqrt{5}}+C.$

求不定积分时, 要分析被积函数的具体情况, 选取尽可能简单的代换. 另外, 上面的例题中, 有几个积分是以后会经常用到的, 将这些积分作为公式记住会给计算不定积分带来方便. 所以, 在基本积分公式中, 再添加以下常用的积分公式(其中常数 $a>0$).

(1) $\int \dfrac{1}{\sqrt{a^2-x^2}}dx = \arcsin\dfrac{x}{a}+C.$

(2) $\int \dfrac{1}{a^2+x^2}dx = \dfrac{1}{a}\arctan\dfrac{x}{a}+C.$

(3) $\int \dfrac{1}{a^2-x^2}dx = \dfrac{1}{2a}\ln\left|\dfrac{a+x}{a-x}\right|+C.$

(4) $\int \tan x\, dx = -\ln|\cos x|+C = \ln|\sec x|+C.$

(5) $\int \cot x\, dx = \ln|\sin x|+C = -\ln|\csc x|+C.$

(6) $\int \sec x\, dx = \ln|\sec x+\tan x|+C.$

(7) $\int \csc x\, dx = \ln|\csc x-\cot x|+C.$

(8) $\int \dfrac{1}{\sqrt{x^2\pm a^2}}dx = \ln\left|x+\sqrt{x^2\pm a^2}\right|+C.$

(9) $\int \sqrt{a^2-x^2}\, dx = \dfrac{a^2}{2}\arcsin\dfrac{x}{a}+\dfrac{x}{2}\sqrt{a^2-x^2}+C.$

同步习题 4.2

 基础题

1. 在下列等式右边的横线上填入适当的系数, 使等式成立:

(1) $dx = $ _____ $d(7x-5)$;

(2) $e^{5x}dx = $ _____ $d(e^{5x})$;

(3) $\dfrac{1}{x^2}dx = $ _____ $d\left(\dfrac{1}{x}\right)$;

(4) $\dfrac{1}{\sqrt{x}}dx = $ _____ $d(5\sqrt{x})$;

(5) $\dfrac{1}{x}dx = $ _____ $d(3-7\ln|x|)$;

(6) $\dfrac{1}{\sqrt{1-x^2}}dx = $ _____ $d(1-\arcsin x)$;

$(7)\sin\dfrac{5}{7}x\mathrm{d}x=\underline{\qquad}\mathrm{d}\left(\cos\dfrac{5}{7}x\right)$; $(8)\dfrac{x}{\sqrt{1+x^2}}\mathrm{d}x=\underline{\qquad}\mathrm{d}\left(2\sqrt{1+x^2}\right)$.

2. 用第一换元积分法计算下列不定积分:

$(1)\displaystyle\int(2x-3)^8\mathrm{d}x$; $(2)\displaystyle\int\dfrac{1}{\sqrt{x+1}}\mathrm{d}x$; $(3)\displaystyle\int\cos(1+2x)\mathrm{d}x$;

$(4)\displaystyle\int\mathrm{e}^{-x}\mathrm{d}x$; $(5)\displaystyle\int\dfrac{\mathrm{e}^{\frac{1}{x}}}{x^2}\mathrm{d}x$; $(6)\displaystyle\int\dfrac{1}{\sqrt{x}}\sin\sqrt{x}\,\mathrm{d}x$;

$(7)\displaystyle\int\dfrac{1}{x\ln x}\mathrm{d}x$; $(8)\displaystyle\int\dfrac{\ln^2 x}{x}\mathrm{d}x$; $(9)\displaystyle\int\dfrac{\mathrm{e}^x}{\mathrm{e}^x-1}\mathrm{d}x$;

$(10)\displaystyle\int\dfrac{1}{4+9x^2}\mathrm{d}x$; $(11)\displaystyle\int\dfrac{x^3}{4-x^4}\mathrm{d}x$; $(12)\displaystyle\int\dfrac{\sin x\cos x}{1+\sin^2 x}\mathrm{d}x$.

3. 用第二换元积分法计算下列不定积分:

$(1)\displaystyle\int x\sqrt{x-3}\,\mathrm{d}x$; $(2)\displaystyle\int\dfrac{\sqrt{x}}{2(1+x)}\mathrm{d}x$; $(3)\displaystyle\int\dfrac{1}{1-\sqrt{2x+1}}\mathrm{d}x$;

$(4)\displaystyle\int\dfrac{\sqrt{x^2-9}}{x}\mathrm{d}x$; $(5)\displaystyle\int\dfrac{1}{x^2\sqrt{4+x^2}}\mathrm{d}x$; $(6)\displaystyle\int\dfrac{\sqrt{x^2-1}}{2x^2}\mathrm{d}x$;

$(7)\displaystyle\int\dfrac{1}{x\sqrt{9-x^2}}\mathrm{d}x$; $(8)\displaystyle\int\dfrac{1}{\sqrt{\mathrm{e}^x+1}}\mathrm{d}x$.

微课:同步习题4.2
基础题3(7)

提高题

选择适当的方法求解下列不定积分:

$(1)\displaystyle\int\dfrac{1}{\sqrt{16-9x^2}}\mathrm{d}x$; $(2)\displaystyle\int\dfrac{1}{x^2+2x+2}\mathrm{d}x$; $(3)\displaystyle\int\dfrac{1}{x^2+2x-3}\mathrm{d}x$;

$(4)\displaystyle\int\dfrac{1}{x^2+3x+2}\mathrm{d}x$; $(5)\displaystyle\int a^{\sin x}\cos x\mathrm{d}x\,(a>0,a\neq 1)$; $(6)\displaystyle\int\dfrac{x-\arctan x}{1+x^2}\mathrm{d}x$;

$(7)\displaystyle\int\sin x\cos^3 x\mathrm{d}x$; $(8)\displaystyle\int\sin^2 x\mathrm{d}x$; $(9)\displaystyle\int\cos^3 x\mathrm{d}x$;

$(10)\displaystyle\int\dfrac{1}{x(1+2\ln x)}\mathrm{d}x$; $(11)\displaystyle\int\dfrac{\mathrm{d}x}{\sqrt{2x-3}+1}$; $(12)\displaystyle\int\dfrac{\mathrm{d}x}{\sqrt{x}+\sqrt[3]{x^2}}$;

$(13)\displaystyle\int(1-x^2)^{-\frac{3}{2}}\mathrm{d}x$; $(14)\displaystyle\int\dfrac{\mathrm{d}x}{(a^2+x^2)^{\frac{3}{2}}}\,(a>0)$; $(15)\displaystyle\int\dfrac{x^2}{\sqrt{1-x^2}}\mathrm{d}x$;

$(16)\displaystyle\int\dfrac{1}{\sqrt{(x^2+1)^3}}\mathrm{d}x$; $(17)\displaystyle\int\dfrac{1}{x+\sqrt{1-x^2}}\mathrm{d}x$; $(18)\displaystyle\int\dfrac{x^3+1}{(x^2+1)^2}\mathrm{d}x$;

$(19)\displaystyle\int\sin 2x\cos 3x\mathrm{d}x$; $(20)\displaystyle\int\tan^3 x\sec x\mathrm{d}x$; $(21)\displaystyle\int\dfrac{1+\ln x}{(x\ln x)^2}\mathrm{d}x$;

$(22) \int \dfrac{5x+6}{x^2+x+1}\mathrm{d}x;$ $(23) \int \dfrac{\sqrt{1+\cos x}}{\sin x}\mathrm{d}x;$ $(24) \int \dfrac{1}{(x+2)\sqrt{x+1}}\mathrm{d}x;$

$(25) \int \dfrac{1}{1+\sqrt{1-x^2}}\mathrm{d}x;$ $(26) \int \dfrac{1}{\sqrt{x(1-x)}}\mathrm{d}x;$ $(27) \int \dfrac{1}{1+\sqrt[3]{x+2}}\mathrm{d}x;$

$(28) \int \dfrac{1}{x^2\sqrt{1+x^2}}\mathrm{d}x.$

■ 4.3 分部积分法

用直接积分法和换元积分法能求解被积函数为某些特定形式的不定积分, 但如果遇到被积函数为相对简单的不同函数的乘积时, 形如 $\int x\sin x\mathrm{d}x, \int x^2\mathrm{e}^x\mathrm{d}x$ 的不定积分, 用直接积分法和换元积分法并不是十分有效, 此时就需要用到计算不定积分的另外一种方法: 分部积分法. 它本质上来源于两个函数乘积的求导法则.

设函数 $u=u(x)$ 及 $v=v(x)$ 具有连续的导数, 两个函数乘积的导数公式为
$$[u(x)v(x)]'=u'(x)v(x)+u(x)v'(x),$$
移项, 得
$$u(x)v'(x)=[u(x)v(x)]'-u'(x)v(x),$$
对上式两边求不定积分, 即有下述定理.

定理 4.5 设 $u=u(x),v=v(x)$ 在区间 I 上都有连续的导数, 则有
$$\int u(x)v'(x)\,\mathrm{d}x=u(x)v(x)-\int u'(x)v(x)\,\mathrm{d}x,$$
简记为
$$\int uv'\mathrm{d}x=uv-\int u'v\mathrm{d}x,$$
或
$$\int u\mathrm{d}v=uv-\int v\mathrm{d}u.$$

微课: 定理 4.5

上述公式称为**分部积分公式**, 其实质是求函数乘积的导数的逆过程. 如果求 $\int uv'\mathrm{d}x$ 有困难, 而求 $\int u'v\mathrm{d}x$ 比较容易, 分部积分公式就可以起到化难为易的转化作用.

分部积分法应用的基本步骤可归纳为
$$\int f(x)\,\mathrm{d}x=\int uv'\mathrm{d}x=\int u\mathrm{d}v=uv-\int v\mathrm{d}u=uv-\int u'v\mathrm{d}x.$$
分部积分法的关键在于适当地选择 u 和 $\mathrm{d}v$. 选取 u 和 $\mathrm{d}v$ 一般要考虑下面两点:

(1) 由 $v'(x)\mathrm{d}x$ 要容易求得 v;   (2) $\int v\mathrm{d}u$ 要比 $\int u\mathrm{d}v$ 容易积分.

例 4. 44 求 $\int x\cos x\mathrm{d}x$.

解 若选取 $u=x,\mathrm{d}v=\cos x\mathrm{d}x$，那么 $\mathrm{d}u=\mathrm{d}x,v=\sin x$，代入分部积分公式得

$$\int x\cos x\mathrm{d}x=x\sin x-\int\sin x\mathrm{d}x,$$

而 $\int v\mathrm{d}u=\int\sin x\mathrm{d}x$ 容易积出，所以 $\int x\cos x\mathrm{d}x=x\sin x+\cos x+C.$

注 若设 $u=\cos x,\mathrm{d}v=x\mathrm{d}x$，那么 $\mathrm{d}u=-\sin x\mathrm{d}x,v=\dfrac{x^2}{2}$. 于是得 $\int x\cos x\mathrm{d}x=\dfrac{x^2}{2}\cos x+\int\dfrac{x^2}{2}\sin x\mathrm{d}x$，该式右端的积分比原积分更不容易求. 由此可见，在利用分部积分法求不定积分时，如果 u 和 v 的选取不合适，就很难求出结果.

例 4. 45 求 $\int x\mathrm{e}^x\mathrm{d}x$.

解 令 $u=x,\mathrm{d}v=\mathrm{e}^x\mathrm{d}x$，则 $v=\mathrm{e}^x$，所以

$$\int x\mathrm{e}^x\mathrm{d}x=\int x\mathrm{d}(\mathrm{e}^x)=x\mathrm{e}^x-\int\mathrm{e}^x\mathrm{d}x=x\mathrm{e}^x-\mathrm{e}^x+C.$$

例 4. 46 求 $\int x^2\cos x\mathrm{d}x$.

解 $\int x^2\cos x\mathrm{d}x=\int x^2\mathrm{d}\sin x=x^2\sin x-\int\sin x\mathrm{d}x^2=x^2\sin x-2\int x\sin x\mathrm{d}x,$

对 $\int x\sin x\mathrm{d}x$ 继续运用分部积分法，得

$$\int x\sin x\mathrm{d}x=-\int x\mathrm{d}\cos x=-x\cos x+\int\cos x\mathrm{d}x=-x\cos x+\sin x+C_1,$$

于是

$$\int x^2\cos x\mathrm{d}x=x^2\sin x+2x\cos x-2\sin x+C.$$

注 如果被积函数是幂函数与正（余）弦函数或指数函数的乘积，可用分部积分法，选幂函数为 u，正（余）弦函数或指数函数选作 v'，并可以多次使用分部积分法.

例 4. 47 求 $\int x\ln x\mathrm{d}x$.

解 令 $u=\ln x,\mathrm{d}v=x\mathrm{d}x=\mathrm{d}\left(\dfrac{x^2}{2}\right)$，则 $v=\dfrac{1}{2}x^2$，所以

$$\int x\ln x\mathrm{d}x=\int\ln x\mathrm{d}\left(\dfrac{x^2}{2}\right)=\dfrac{1}{2}x^2\ln x-\dfrac{1}{2}\int x^2\mathrm{d}(\ln x)=\dfrac{x^2}{2}\ln x-\dfrac{1}{2}\int x^2\cdot\dfrac{1}{x}\mathrm{d}x$$

$$=\dfrac{1}{2}x^2\ln x-\dfrac{1}{2}\cdot\dfrac{x^2}{2}+C=\dfrac{1}{2}x^2\ln x-\dfrac{x^2}{4}+C.$$

在熟练掌握分部积分法后，可不必写出 $u(x),v(x)$ 的选取过程，而直接利用公式去求解.

例 4. 48 求 $\int x\arctan x\mathrm{d}x$.

解 $\int x\arctan x\mathrm{d}x=\int\arctan x\mathrm{d}\left(\dfrac{x^2}{2}\right)=\dfrac{x^2}{2}\arctan x-\dfrac{1}{2}\int x^2\mathrm{d}(\arctan x)$

$$= \frac{x^2}{2}\arctan x - \frac{1}{2}\int \frac{x^2}{1+x^2}dx = \frac{x^2}{2}\arctan x - \frac{1}{2}\int \left(1 - \frac{1}{1+x^2}\right)dx$$

$$= \frac{1}{2}x^2\arctan x - \frac{1}{2}(x - \arctan x) + C.$$

注 如果被积函数是幂函数与反三角函数或对数函数的乘积，可用分部积分法，并选反三角函数或对数函数为 u，幂函数选作 v'。

例 4.49 求 $\int \arcsin x \, dx$.

解 $\int \arcsin x \, dx = x\arcsin x - \int x \, d(\arcsin x) = x\arcsin x - \int \frac{x}{\sqrt{1-x^2}}dx$

$$= x\arcsin x + \frac{1}{2}\int \frac{1}{\sqrt{1-x^2}}d(1-x^2) = x\arcsin x + \sqrt{1-x^2} + C.$$

例 4.49 中被积函数是单个函数，且不能用积分公式直接积分，考虑运用分部积分法，将被积函数视为分部积分公式中的 u，将 dx 视为 dv，直接利用分部积分公式求解.

【即时提问 4.3】 哪几类函数，作为单个函数的被积函数时，可以直接利用分部积分法求不定积分？

例 4.50 求 $\int e^x \cos x \, dx$.

解 令 $I = \int e^x \cos x \, dx$，则有

微课：例 4.50

$$I = \int \cos x \, d(e^x) = e^x\cos x - \int e^x d(\cos x) = e^x\cos x + \int e^x\sin x \, dx = e^x\cos x + \int \sin x \, de^x$$

$$= e^x\cos x + e^x\sin x - \int e^x d(\sin x) = e^x\cos x + e^x\sin x - I,$$

得

$$2I = e^x\cos x + e^x\sin x + C_1,$$

从而

$$\int e^x \cos x \, dx = \frac{1}{2}e^x(\cos x + \sin x) + C.$$

被积函数为指数函数与三角函数乘积的不定积分，多次应用分部积分法后得到一个关于所求积分的方程(产生循环的结果)，通过求解方程得到不定积分. 这一方法称为"循环积分法". 需要注意的是，多次使用分部积分法时，u 和 v' 的选取类型要与第一次的保持一致，否则将回到原积分；求解方程得到不定积分后一定要加上积分常数.

求一个不定积分时可能需要几种方法结合使用，大家要灵活处理.

例 4.51 求 $\int \sin\sqrt{x}\, dx$.

解 设 $\sqrt{x} = t$，即 $x = t^2$，则 $dx = d(t^2) = 2t\,dt$，从而

$$\int \sin\sqrt{x}\, dx = 2\int t\sin t \, dt = -2\int t \, d(\cos t) = -2t\cos t + 2\int \cos t \, dt$$

$$= -2t\cos t + 2\sin t + C = -2\sqrt{x}\cos\sqrt{x} + 2\sin\sqrt{x} + C.$$

例 4.52 求不定积分 $I_n = \int \dfrac{1}{(t^2+a^2)^n} \mathrm{d}t$ $(n=1,2,\cdots)$.

解 当 $n=1$ 时，根据基本积分公式可得

$$I_1 = \int \frac{1}{t^2+a^2}\mathrm{d}t = \frac{1}{a}\arctan\frac{t}{a}+C.$$

当 $n>1$ 时，直接利用分部积分法得

$$I_n = \int \frac{1}{(t^2+a^2)^n}\mathrm{d}t = \frac{t}{(t^2+a^2)^n}+2n\int \frac{t^2}{(t^2+a^2)^{n+1}}\mathrm{d}t$$

$$= \frac{t}{(t^2+a^2)^n}+2n\int\left[\frac{1}{(t^2+a^2)^n}-\frac{a^2}{(t^2+a^2)^{n+1}}\right]\mathrm{d}t$$

$$= \frac{t}{(t^2+a^2)^n}+2n\int \frac{1}{(t^2+a^2)^n}\mathrm{d}t-2na^2\int \frac{1}{(t^2+a^2)^{n+1}}\mathrm{d}t,$$

即

$$I_n = \frac{t}{(t^2+a^2)^n}+2nI_n-2na^2I_{n+1},$$

于是

$$I_{n+1} = \frac{1}{2na^2}\left[\frac{t}{(t^2+a^2)^n}+(2n-1)I_n\right],$$

从而

$$I_n = \frac{1}{2(n-1)a^2}\left[\frac{t}{(t^2+a^2)^{n-1}}+(2n-3)I_{n-1}\right].$$

根据此递推公式，由 I_1 开始可计算出 $I_n(n>1)$. 比如，当 $n=2$ 时，得

$$I_2 = \frac{1}{2a^2}\left(\frac{t}{t^2+a^2}+\frac{1}{a}\arctan\frac{t}{a}\right)+C.$$

同步习题 4.3

基础题

求下列不定积分：

(1) $\displaystyle\int x\cos 5x\,\mathrm{d}x$;　　　　　　(2) $\displaystyle\int x\mathrm{e}^{-4x}\,\mathrm{d}x$;　　　　　　(3) $\displaystyle\int x^2\mathrm{e}^x\,\mathrm{d}x$;

(4) $\displaystyle\int x^3\ln x\,\mathrm{d}x$;　　　　　　(5) $\displaystyle\int \ln x\,\mathrm{d}x$;　　　　　　(6) $\displaystyle\int \arctan x\,\mathrm{d}x$;

(7) $\displaystyle\int \mathrm{e}^x\sin x\,\mathrm{d}x$;　　　　　　(8) $\displaystyle\int \ln(x^2+1)\,\mathrm{d}x$;　　　　　　(9) $\displaystyle\int \cos\sqrt{x}\,\mathrm{d}x$;

(10) $\displaystyle\int \mathrm{e}^{\sqrt{x}}\,\mathrm{d}x$;　　　　　　(11) $\displaystyle\int \ln^2 x\,\mathrm{d}x$;　　　　　　(12) $\displaystyle\int x\sin x\cos x\,\mathrm{d}x$;

(13) $\displaystyle\int x^2\cos^2\frac{x}{2}\,\mathrm{d}x$;　　　　　　(14) $\displaystyle\int x\ln(x-1)\,\mathrm{d}x$.

求下列不定积分:

$(1) \int (x^2-1)\sin 2x \mathrm{d}x$; $\qquad$ $(2) \int \dfrac{\ln^3 x}{x^2}\mathrm{d}x$; $\qquad$ $(3) \int e^{\sqrt[3]{x}}\mathrm{d}x$;

$(4) \int \cos(\ln x)\mathrm{d}x$; $\qquad$ $(5) \int x\ln^2 x\mathrm{d}x$; $\qquad$ $(6) \int e^{\sqrt{3x+9}}\mathrm{d}x$;

$(7) \int (\arcsin x)^2\mathrm{d}x$; $\qquad$ $(8) \int \dfrac{\ln x}{(1+x^2)^{\frac{3}{2}}}\mathrm{d}x$; $\qquad$ $(9) \int \dfrac{x^3\arccos x}{\sqrt{1-x^2}}\mathrm{d}x$;

$(10) \int x\tan^2 x \mathrm{d}x$; $\qquad$ $(11) \int \dfrac{xe^x}{\sqrt{1+e^x}}\mathrm{d}x$; $\qquad$ $(12) \int \dfrac{xe^{2x}}{\sqrt{e^{2x}-1}}\mathrm{d}x$.

4.4 有理函数与三角函数有理式的积分

前面几节介绍了计算不定积分的 3 种基本积分法——直接积分法、换元积分法和分部积分法，本节将简要介绍有理函数的积分和三角函数有理式的积分.

4.4.1 有理函数的积分

1. 有理函数的相关概念

两个多项式函数的商 $\dfrac{P(x)}{Q(x)}$ 称为有理函数，也称为有理分式. 有理分式的一般表达式为

$$\frac{P(x)}{Q(x)} = \frac{a_0 x^n + a_1 x^{n-1} + \cdots + a_{n-1}x + a_n}{b_0 x^m + b_1 x^{m-1} + \cdots + b_{m-1}x + b_m},$$

其中 m,n 为正整数，$a_0,a_1,\cdots,a_n$ 及 $b_0,b_1,\cdots,b_m$ 都是实数，并且 $a_0 \neq 0, b_0 \neq 0$.

在有理分式中，当 $n<m$ 时，称之为真分式；当 $n \geq m$ 时，称之为假分式. 根据多项式的除法，任意一个假分式都可以化为一个多项式和一个真分式的和. 例如，

$$\frac{2x^3 - x^2 + 2}{x-1} = 2x^2 + x + 1 + \frac{3}{x-1}.$$

因此，有理函数的积分可以转化为多项式或真分式的积分. 多项式的积分比较简单，所以我们只需要讨论真分式的积分.

2. 真分式的积分

要求解真分式 $\dfrac{P(x)}{Q(x)}$ 的积分，需要用到代数学中的两个结论：

(1)任一多项式在实数范围内都可分解为一次因式和二次质因式的乘积；

(2)分母 $Q(x)$ 在实数范围内能分解成如下形式：

$$Q(x) = b_0(x-a)^{\alpha}\cdots(x-b)^{\beta}(x^2+px+q)^{\lambda}\cdots(x^2+rx+s)^{\mu}.$$

其中，$p^2-4q<0,\cdots,r^2-4s<0$.

真分式 $\dfrac{P(x)}{Q(x)}$ 可以分解为如下最简分式的和：

$$\frac{P(x)}{Q(x)} = \frac{A_1}{x-a} + \frac{A_2}{(x-a)^2} + \cdots + \frac{A_\alpha}{(x-a)^\alpha} + \cdots + \frac{B_1}{x-b} + \frac{B_2}{(x-b)^2} + \cdots +$$

$$\frac{B_\beta}{(x-b)^\beta} + \frac{M_1 x + N_1}{x^2 + px + q} + \frac{M_2 x + N_2}{(x^2 + px + q)^2} + \cdots + \frac{M_\lambda x + N_\lambda}{(x^2 + px + q)^\lambda} + \cdots + \qquad (4.3)$$

$$\frac{R_1 x + S_1}{x^2 + rx + s} + \frac{R_2 x + S_2}{(x^2 + rx + s)^2} + \cdots + \frac{R_\mu x + S_\mu}{(x^2 + rx + s)^\mu}.$$

其中, $A_1, \cdots, A_\alpha, \cdots, B_1, \cdots, B_\beta, M_1, \cdots, M_\lambda, N_1, \cdots, N_\lambda, \cdots, R_1, \cdots, R_\mu, S_1, \cdots, S_\mu$ 等为待定常数, 利用待定系数法可以将所有的系数确定. 若不计求和次序, 则分解式[式(4.3)]是唯一的.

假设真分式能够分解成如式(4.3)的分解式, 则真分式的积分最终归结为以下两种部分分式的积分:

(1) $\int \dfrac{A}{(x-a)^n} \mathrm{d}x$;　　　(2) $\int \dfrac{Mx+N}{(x^2+px+q)^n} \mathrm{d}x$. (其中, $n \in \mathbf{N}^+, p^2 - 4q < 0$.)

对于(1)中部分分式的积分, 将 $\mathrm{d}x$ 凑成 $\mathrm{d}(x-a)$, 然后利用换元和基本积分公式直接可以求出. 下面我们重点讨论(2)中部分分式的积分.

若 $n=1$, 则(2)中部分分式变为 $\int \dfrac{Mx+N}{x^2+px+q} \mathrm{d}x$, 将被积函数的分母配方得

$$x^2 + px + q = \left(x + \frac{p}{2}\right)^2 + q - \frac{p^2}{4}.$$

令 $x + \dfrac{p}{2} = t$, 将 $x = t - \dfrac{p}{2}$ 代入被积函数, 则被积函数变形为

$$\frac{Mx+N}{x^2+px+q} = \frac{Mt + N - \dfrac{Mp}{2}}{t^2 + q - \dfrac{p^2}{4}},$$

记 $a^2 = q - \dfrac{p^2}{4}, b = N - \dfrac{Mp}{2}$, 则有

$$\int \frac{Mx+N}{x^2+px+q} \mathrm{d}x = \int \frac{Mt+b}{t^2+a^2} \mathrm{d}t = \int \frac{Mt}{t^2+a^2} \mathrm{d}t + \int \frac{b}{t^2+a^2} \mathrm{d}t = \frac{M}{2} \ln|x^2+px+q| + \frac{b}{a} \arctan \frac{x+\dfrac{p}{2}}{a} + C.$$

若 $n>1$, 借助上述记法, 则有

$$\int \frac{Mx+N}{(x^2+px+q)^n} \mathrm{d}x = \int \frac{Mt}{(t^2+a^2)^n} \mathrm{d}t + \int \frac{b}{(t^2+a^2)^n} \mathrm{d}t = -\frac{M}{2(n-1)(t^2+a^2)^{n-1}} + b \int \frac{1}{(t^2+a^2)^n} \mathrm{d}t.$$

上式最后一个不定积分 $\int \dfrac{1}{(t^2+a^2)^n} \mathrm{d}t$, 在例4.52中利用分部积分法已给出结论.

例 4.53 求 $\int \dfrac{x+3}{x^2-5x+6} \mathrm{d}x$.

解 被积函数 $\dfrac{x+3}{x^2-5x+6}$ 是真分式, 可分解为最简分式之和, 即有

$$\frac{x+3}{x^2-5x+6} = \frac{x+3}{(x-2)(x-3)} = \frac{A_1}{x-2} + \frac{A_2}{x-3},$$

其中 A_1, A_2 为待定系数，可以按照以下方法求出待定系数.

在分解式两端消去分母得

$$x+3=A_1(x-3)+A_2(x-2)=(A_1+A_2)x+(-3A_1-2A_2),$$

比较 x 的同次幂的系数，得

$$\begin{cases} A_1+A_2=1, \\ -3A_1-2A_2=3, \end{cases}$$

解得 $A_1=-5, A_2=6$，从而 $\dfrac{x+3}{x^2-5x+6}=\dfrac{-5}{x-2}+\dfrac{6}{x-3}$. 所以

$$\int \frac{x+3}{x^2-5x+6}dx=\int \frac{-5}{x-2}dx+\int \frac{6}{x-3}dx=-5\ln|x-2|+6\ln|x-3|+C.$$

例 4.54 求 $\displaystyle\int \frac{1}{(x^2+1)(x+1)^2}dx$.

解 被积函数的分母含有 $(x+1)^2$ 和二次质因式 x^2+1，按照式(4.3)的分解公式，得

$$\frac{1}{(x^2+1)(x+1)^2}=\frac{A_1 x+A_2}{x^2+1}+\frac{A_3}{(x+1)^2}+\frac{A_4}{x+1},$$

两端去分母得 $1=(A_1 x+A_2)(x+1)^2+A_3(x^2+1)+A_4(x+1)(x^2+1)$.

等式右端合并同类项后，比较 x 的同次幂的系数，得

$$\begin{cases} A_1+A_4=0, \\ 2A_1+A_2+A_3+A_4=0, \\ A_1+2A_2+A_4=0, \\ A_2+A_3+A_4=1, \end{cases}$$

解得 $A_1=-\dfrac{1}{2}, A_2=0, A_3=\dfrac{1}{2}, A_4=\dfrac{1}{2}$.

所以

$$\int \frac{1}{(x^2+1)(x+1)^2}dx=-\frac{1}{2}\int \frac{x}{x^2+1}dx+\frac{1}{2}\int \frac{1}{(x+1)^2}dx+\frac{1}{2}\int \frac{1}{x+1}dx$$

$$=-\frac{1}{4}\ln(x^2+1)-\frac{1}{2(x+1)}+\frac{1}{2}\ln|x+1|+C.$$

例 4.55 求 $\displaystyle\int \frac{2x+1}{x^3-2x^2+x}dx$.

解 先将被积函数分解成最简分式之和，得

$$\frac{2x+1}{x^3-2x^2+x}=\frac{2x+1}{x(x-1)^2}=\frac{A}{x}+\frac{B}{x-1}+\frac{D}{(x-1)^2},$$

通分得 $2x+1=A(x-1)^2+Bx(x-1)+Dx$，分别取 $x=0,1,2$，可求得 $A=1, B=-1, D=3$. 于是

$$\int \frac{2x+1}{x^3-2x^2+x}dx=\int \left[\frac{1}{x}-\frac{1}{x-1}+\frac{3}{(x-1)^2}\right]dx=\ln|x|-\ln|x-1|-\frac{3}{x-1}+C=\ln\left|\frac{x}{x-1}\right|-\frac{3}{x-1}+C.$$

例 4.56 求 $\int \dfrac{x+4}{x^3+2x-3}\mathrm{d}x$.

解 先将被积函数分解成最简分式之和，得

$$\frac{x+4}{x^3+2x-3}=\frac{x+4}{(x-1)(x^2+x+3)}=\frac{A}{x-1}+\frac{Bx+D}{x^2+x+3},$$

两端去分母，得 $x+4=A(x^2+x+3)+(Bx+D)(x-1)$.

分别取 $x=0,1,2$，可求得 $A=1,B=-1,D=-1$. 于是

$$\int\frac{x+4}{x^3+2x-3}\mathrm{d}x=\int\left(\frac{1}{x-1}+\frac{-x-1}{x^2+x+3}\right)\mathrm{d}x=\int\frac{1}{x-1}\mathrm{d}x-\int\frac{\dfrac{1}{2}(2x+1)+\dfrac{1}{2}}{x^2+x+3}\mathrm{d}x$$

$$=\int\frac{1}{x-1}\mathrm{d}(x-1)-\frac{1}{2}\int\frac{1}{x^2+x+3}\mathrm{d}(x^2+x+3)-\frac{1}{2}\int\frac{1}{\left(x+\dfrac{1}{2}\right)^2+\dfrac{11}{4}}\mathrm{d}\left(x+\frac{1}{2}\right)$$

$$=\ln|x-1|-\frac{1}{2}\ln(x^2+x+3)-\frac{1}{\sqrt{11}}\arctan\frac{2x+1}{\sqrt{11}}+C.$$

以上将有理真分式函数分解为简单分式之和求其积分的方法称为待定系数法. 确定最简分式分子中的待定常数，例 4.53 和例 4.54 所用的方法称为比较系数法；例 4.55 和例 4.56 采用了对 x 取特殊值的方法，称为特殊值法.

对于某些特殊有理函数的积分，有时利用其他技巧，积分会更简单.

例 4.57 求 $\int\dfrac{x^3}{(x-1)^{10}}\mathrm{d}x$.

解 $\displaystyle\int\frac{x^3}{(x-1)^{10}}\mathrm{d}x\xlongequal{x-1=t}\int\frac{(t+1)^3}{t^{10}}\mathrm{d}t=\int(t^{-7}+3t^{-8}+3t^{-9}+t^{-10})\mathrm{d}t=-\frac{1}{6t^6}-\frac{3}{7t^7}-\frac{3}{8t^8}-\frac{1}{9t^9}+C$

$$=-\frac{1}{6(x-1)^6}-\frac{3}{7(x-1)^7}-\frac{3}{8(x-1)^8}-\frac{1}{9(x-1)^9}+C.$$

例 4.58 求 $\int\dfrac{\mathrm{d}x}{x^8(1+x^2)}$.

解 $\displaystyle\int\frac{\mathrm{d}x}{x^8(1+x^2)}\xlongequal{x=\frac{1}{t}}-\int\frac{t^8\mathrm{d}t}{1+t^2}=-\int\left(t^6-t^4+t^2-1+\frac{1}{1+t^2}\right)\mathrm{d}t$

$$=-\frac{t^7}{7}+\frac{t^5}{5}-\frac{t^3}{3}+t-\arctan t+C$$

$$=-\frac{1}{7x^7}+\frac{1}{5x^5}-\frac{1}{3x^3}+\frac{1}{x}-\arctan\frac{1}{x}+C.$$

4.4.2 三角函数有理式的积分

所谓三角函数有理式，是指由 $\sin x,\cos x$ 与常数经过有限次四则运算后形成的函数，记作 $R(\sin x,\cos x)$.

三角函数有理式的积分 $\int R(\sin x,\cos x)\mathrm{d}x$ 常见的特殊情形有以下 3 种.

（1）若 $R(\sin x,\cos x)$ 满足条件 $R(-\sin x,\cos x)=-R(\sin x,\cos x)$，则令 $\cos x=t$.

（2）若 $R(\sin x,\cos x)$ 满足条件 $R(\sin x,-\cos x)=-R(\sin x,\cos x)$，则令 $\sin x=t$.

（3）若 $R(\sin x,\cos x)$ 满足条件 $R(-\sin x,-\cos x)=R(\sin x,\cos x)$，则令 $\tan x=t$.

例 4.59 求 $\displaystyle\int\frac{\sin^3 x}{\cos^4 x}\mathrm{d}x$.

解 本例中 $R(\sin x,\cos x)=\dfrac{\sin^3 x}{\cos^4 x}$，显然有 $R(-\sin x,\cos x)=-R(\sin x,\cos x)$，令 $\cos x=t$，则

$$\int\frac{\sin^3 x}{\cos^4 x}\mathrm{d}x=-\int\frac{1-t^2}{t^4}\mathrm{d}t=\int\left(\frac{1}{t^2}-\frac{1}{t^4}\right)\mathrm{d}t$$

$$=-\frac{1}{t}+\frac{1}{3t^3}+C=-\frac{1}{\cos x}+\frac{1}{3\cos^3 x}+C.$$

例 4.60 求 $\displaystyle\int\frac{\cos^3 x}{\sin^2 x}\mathrm{d}x$.

解 本例中 $R(\sin x,\cos x)=\dfrac{\cos^3 x}{\sin^2 x}$，显然有 $R(\sin x,-\cos x)=-R(\sin x,\cos x)$，令 $\sin x=t$，则

$$\int\frac{\cos^3 x}{\sin^2 x}\mathrm{d}x=\int\frac{1-t^2}{t^2}\mathrm{d}t=\int\left(\frac{1}{t^2}-1\right)\mathrm{d}t$$

$$=-\frac{1}{t}-t+C=-\frac{1}{\sin x}-\sin x+C.$$

例 4.61 求 $\displaystyle\int\frac{1}{\sin^4 x\cos^2 x}\mathrm{d}x$.

解 本例中 $R(\sin x,\cos x)=\dfrac{1}{\sin^4 x\cos^2 x}$，显然有 $R(-\sin x,-\cos x)=R(\sin x,\cos x)$，令 $\tan x=t$，则

$$\int\frac{1}{\sin^4 x\cos^2 x}\mathrm{d}x=\int\frac{1}{\tan^4 x\cos^6 x}\mathrm{d}x=\int\frac{\sec^6 x}{\tan^4 x}\mathrm{d}x=\int\frac{\sec^4 x}{\tan^4 x}\mathrm{d}(\tan x)$$

$$=\int\frac{(1+t^2)^2}{t^4}\mathrm{d}t=-\frac{1}{3t^3}-\frac{2}{t}+t+C=-\frac{1}{3}\cot^3 x-2\cot x+\tan x+C.$$

在某些特殊情况下，可以不用变换，而利用三角公式将所求的不定积分转化成容易积分的形式. 因此，若能熟练掌握一些三角公式，则对求不定积分有很大帮助. 例如，对于积分

$$\int\sin mx\cos nx\,\mathrm{d}x,\ \int\sin mx\sin nx\,\mathrm{d}x,\ \int\cos mx\cos nx\,\mathrm{d}x,$$

通过积化和差公式

$$\sin x\cos y=\frac{1}{2}\left[\sin(x+y)+\sin(x-y)\right],$$

$$\sin x\sin y=\frac{1}{2}\left[\cos(x-y)-\cos(x+y)\right],$$

$$\cos x\cos y=\frac{1}{2}\left[\cos(x+y)+\cos(x-y)\right]$$

即可求解.

通过降幂公式 $\sin^2 x=\dfrac{1-\cos 2x}{2},\cos^2 x=\dfrac{1+\cos 2x}{2}$，可以较快地求出下面的积分.

例 4.62 $\int \cos^4 x\mathrm{d}x.$

解 $\int \cos^4 x\mathrm{d}x=\int\left(\dfrac{1+\cos 2x}{2}\right)^2\mathrm{d}x=\dfrac{1}{4}\int(1+2\cos 2x+\cos^2 2x)\mathrm{d}x$

$=\dfrac{1}{4}\int\left(1+2\cos 2x+\dfrac{1+\cos 4x}{2}\right)\mathrm{d}x$

$=\dfrac{3}{8}x+\dfrac{1}{4}\sin 2x+\dfrac{1}{32}\sin 4x+C.$

如果遇到的不是以上特殊情况，则可以考虑万能代换：令 $\tan\dfrac{x}{2}=t$，则

$$\int R(\sin x,\cos x)\mathrm{d}x=\int R\left(\dfrac{2t}{1+t^2},\dfrac{1-t^2}{1+t^2}\right)\cdot\dfrac{2}{1+t^2}\mathrm{d}t.$$

例 4.63 求 $\int\dfrac{1}{2+\cos x}\mathrm{d}x.$

解 令 $u=\tan\dfrac{x}{2}$，则 $\cos x=\dfrac{1-u^2}{1+u^2},\mathrm{d}x=\dfrac{2}{1+u^2}\mathrm{d}u$，于是

$$\int\dfrac{1}{2+\cos x}\mathrm{d}x=\int\dfrac{1}{2+\dfrac{1-u^2}{1+u^2}}\cdot\dfrac{2}{1+u^2}\mathrm{d}u$$

$$=\int\dfrac{2}{3+u^2}\mathrm{d}u=\dfrac{2}{\sqrt 3}\arctan\dfrac{u}{\sqrt 3}+C$$

$$=\dfrac{2}{\sqrt 3}\arctan\dfrac{\tan\dfrac{x}{2}}{\sqrt 3}+C.$$

例 4.64 求 $\int\dfrac{1+\sin x}{\sin x(1+\cos x)}\mathrm{d}x.$

解 令 $u=\tan\dfrac{x}{2}$，则 $\sin x=\dfrac{2u}{1+u^2},\cos x=\dfrac{1-u^2}{1+u^2},\mathrm{d}x=\dfrac{2}{1+u^2}\mathrm{d}u$，于是

$$\int\dfrac{1+\sin x}{\sin x(1+\cos x)}\mathrm{d}x=\int\dfrac{1+\dfrac{2u}{1+u^2}}{\dfrac{2u}{1+u^2}\left(1+\dfrac{1-u^2}{1+u^2}\right)}\cdot\dfrac{2}{1+u^2}\mathrm{d}u=\dfrac{1}{2}\int\left(u+2+\dfrac{1}{u}\right)\mathrm{d}u$$

$$=\dfrac{1}{2}\left(\dfrac{u^2}{2}+2u+\ln|u|\right)+C=\dfrac{1}{4}\tan^2\dfrac{x}{2}+\tan\dfrac{x}{2}+\dfrac{1}{2}\ln\left|\tan\dfrac{x}{2}\right|+C.$$

例 4.65 求 $\int\dfrac{1}{\sin^4 x}\mathrm{d}x.$

解 令 $u=\tan\dfrac{x}{2}$，则 $\sin x=\dfrac{2u}{1+u^2},\mathrm{d}x=\dfrac{2}{1+u^2}\mathrm{d}u$，于是

$$\int \frac{1}{\sin^4 x}dx = \int \frac{1}{\left(\dfrac{2u}{1+u^2}\right)^4} \cdot \frac{2}{1+u^2}du = \int \frac{1+3u^2+3u^4+u^6}{8u^4}du = \frac{1}{8}\left(-\frac{1}{3u^3}-\frac{3}{u}+3u+\frac{u^3}{3}\right)+C$$

$$= -\frac{1}{24\left(\tan\dfrac{x}{2}\right)^3} - \frac{3}{8\tan\dfrac{x}{2}} + \frac{3}{8}\tan\frac{x}{2} + \frac{1}{24}\left(\tan\frac{x}{2}\right)^3 + C.$$

【即时提问 4.4】还有没有其他更简单的方法能够求解例 4.65 中的不定积分？尝试用三角函数的其他变形方法求解.

虽然运用万能代换能够将三角函数有理式的积分转化为有理函数的积分，但有时会导致复杂的运算. 因此，在某些特殊情形下，计算三角函数有理式的积分时，可以先考虑用其他积分方法是否能够计算出来.

最后需要指出的是，虽然理论上可以证明初等函数在其定义区间内都有原函数，但是其原函数不一定都是初等函数，有些函数的不定积分不能用初等函数表示. 例如，

$$\int e^{x^2}dx, \int e^{\frac{1}{x}}dx, \int \frac{e^x}{x}dx, \int \frac{\sin x}{x}dx, \int \sin\frac{1}{x}dx, \int \sin x^2 dx, \int \frac{1}{\ln x}dx,$$

这些积分形式上很简单，但已经证明是积不出来的.

延伸微课

同步习题 4.4

基础题

求下列不定积分：

(1) $\displaystyle\int \frac{x^3}{x+3}dx$；

(2) $\displaystyle\int \frac{x^5+x^4-8}{x^3-x}dx$；

(3) $\displaystyle\int \frac{3}{x^3+1}dx$；

(4) $\displaystyle\int \frac{x}{(x+2)(x+3)^2}dx$；

(5) $\displaystyle\int \frac{x+1}{(x-1)^3}dx$；

(6) $\displaystyle\int \frac{1}{(x^2+1)(x^2+x+1)}dx$；

(7) $\displaystyle\int \frac{1}{x^4+1}dx$；

(8) $\displaystyle\int \frac{-x^2-2}{(x^2+x+1)^2}dx$；

(9) $\displaystyle\int \frac{2x+3}{x^2+3x-10}dx$；

(10) $\displaystyle\int \frac{2x^3+2x^2+5x+5}{x^4+5x^2+4}dx$.

微课：同步习题 4.4
基础题(7)

提高题

求下列不定积分：

(1) $\displaystyle\int \frac{1}{3+\sin x}dx$；

(2) $\displaystyle\int \frac{1}{1+\sin x+\cos x}dx$；

(3) $\displaystyle\int \frac{1}{3+\sin^2 x}dx$；

(4) $\displaystyle\int \frac{1}{2\sin x-\cos x+5}dx$.

4.5 用 MATLAB 求不定积分

通过本章前面内容的学习，我们了解了不定积分的定义和求解方法. 在传统的微积分学习过程中，求解不定积分需要熟练掌握和运用各种不同的积分方法，这就在一定程度上限制了积分问题的解决. 本节将介绍基于 MATLAB 的积分问题的客观求解方法.

微课：用 MATLAB 求不定积分

在 MATLAB 中，用于求函数 $f(x)$ 的不定积分的是"int(f)"，它表示求函数 $f(x)$ 关于变量 x 的不定积分. x 为默认变量，所以不必标出. 如果函数 $f(x)$ 中有多个字母，则需要标出积分变量，形式是"int(f,x)".

注 MATLAB 中不定积分的计算结果仅仅是被积函数的一个原函数，而不定积分的结果为被积函数的全体原函数，是一组函数，故最终结果中要加上常数 C.

例 4.66 求不定积分 $\displaystyle\int \frac{x+1}{\sqrt[3]{3x+1}}\mathrm{d}x$.

解 在命令行窗口输入以下相关代码并运行.

```
>> syms x
>> f=(x+1)/(3*x+1)^(1/3);
>> y=int(f)
y =
 ((3*x + 1)^(2/3)*(3*x + 6))/15
```

故 $\displaystyle\int \frac{x+1}{\sqrt[3]{3x+1}}\mathrm{d}x = \frac{(3x+6)\sqrt[3]{(3x+1)^2}}{15}+C.$

例 4.67 用 MATLAB 求例 4.38 中的不定积分 $\displaystyle\int \sqrt{a^2-x^2}\,\mathrm{d}x\,(a>0).$

解 在例 4.38 的求解中，运用三角代换已经给出解，下面用 MATLAB 求解.
在命令行窗口输入以下相关代码并运行.

```
>> syms a x
>> assume(a>0)
>> f = (a*a-x*x)^(1/2)
f =
    (a^2-x^2)^(1/2)
>> int(f,x)
ans =
 (a^2*asin(x/a))/2+ (x*(a^2 - x^2)^(1/2))/2
```

故 $\displaystyle\int \sqrt{a^2-x^2}\,\mathrm{d}x = \frac{a^2}{2}\arcsin\frac{x}{a}+\frac{x\sqrt{a^2-x^2}}{2}+C.$ 输出结果与例 4.38 的求解结果完全一致.

第 4 章思维导图

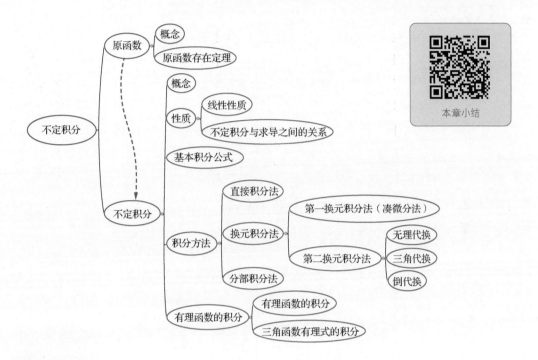

本章小结

中国数学学者

个人成就

西安交通大学教授,西安数学与数学技术研究院院长,中国科学院院士.徐宗本主要从事智能信息处理、机器学习、数据建模基础理论研究,以及Banach空间几何理论与智能信息处理的数学基础方面的教学与研究工作.

徐宗本

第 4 章总复习题 · 基础篇

1. 选择题:(1)~(5)小题,每小题4分,共20分. 下列每小题给出的4个选项中,只有一个选项是符合题目要求的.

(1)下列等式中正确的是(　　　).

A. $\int f'(x)\,\mathrm{d}x = f(x)$

B. $\int \mathrm{d}f(x)\,\mathrm{d}x = f(x)$

C. $\dfrac{\mathrm{d}}{\mathrm{d}x}\int f(x)\,\mathrm{d}x = f(x)$

D. $\mathrm{d}\int f(x)\,\mathrm{d}x = f(x)$

(2)若 $f'(x^2) = \dfrac{1}{x} + \sin(x^2)\ (x>0)$,则 $f(x) = ($　　　$)$.

A. $2x-\cos x^2+C$ B. $\ln|x|-\cos x+C$

C. $2\sqrt{x}-\cos x+C$ D. $\dfrac{1}{\sqrt{x}}-\cos x+C$

(3) 设函数 $f(x)$ 的导函数是 $\cos x$，则 $f(x)$ 的一个原函数应为(　　).

A. $1+\sin x$ B. $1-\sin x$ C. $1+\cos x$ D. $1-\cos x$

(4) 已知 $F'(x)=\dfrac{1}{\sqrt{x^2+a^2}}$，则函数 $F(x)$ 可能是(　　).

A. $\dfrac{1}{2a}\ln\left|\dfrac{x+a}{x-a}\right|$ B. $\dfrac{1}{a}\arctan\dfrac{x}{a}$

C. $\arcsin\dfrac{x}{a}$ D. $\ln\left|x+\sqrt{x^2+a^2}\right|$

(5) 已知 $\int f(x)\,\mathrm{d}x=F(x)+C$，则 $\int f\left(\dfrac{x}{2}+1\right)\mathrm{d}x=(\quad)$.

A. $2F(x)+C$ B. $F\left(\dfrac{x}{2}\right)+C$ C. $F\left(\dfrac{x}{2}+1\right)+C$ D. $2F\left(\dfrac{x}{2}+1\right)+C$

2. 填空题: (6)~(10)小题，每小题4分，共20分.

(6) 已知 $f(x)=\dfrac{1}{1+x^2}$，则 $\int xf'(x)\,\mathrm{d}x=$ _____.

(7) 不定积分 $\int f(x)f'(x)\,\mathrm{d}x=$ _____.

(8) 设 $\int xf(x)\,\mathrm{d}x=\arcsin x+C$，则 $\int\dfrac{1}{f(x)}\mathrm{d}x=$ _____.

(9) $\int\dfrac{1+x+x^2}{x(1+x^2)}\mathrm{d}x=$ _____.

(10) 如果 $f(x)=\mathrm{e}^{-x}$，则 $\int\dfrac{f'(\ln x)}{x}\mathrm{d}x=$ _____.

3. 解答题: (11)~(16)小题，每小题10分，共60分. 解答时应写出文字说明、证明过程或演算步骤.

(11) $\int\dfrac{x^2\,\mathrm{d}x}{\sqrt{1-x^2}}$.   (12) $\int\mathrm{e}^{2x}\cos 2x\,\mathrm{d}x$.   (13) $\int\sqrt{\dfrac{\arcsin x}{1-x^2}}\,\mathrm{d}x$.

(14) $\int\dfrac{\cos x}{1+\cos x}\mathrm{d}x$.   (15) $\int\dfrac{\mathrm{d}x}{x\sqrt{4-x^2}}$.   (16) $\int x^2\arctan x\,\mathrm{d}x$.

第4章总复习题·提高篇

1. 填空题: (1)~(5)小题，每小题4分，共20分.

(1) (2004104) 已知 $f'(\mathrm{e}^x)=x\mathrm{e}^{-x}$ 且 $f(1)=0$，则 $f(x)=$ _____.

(2) (2016104,2016204 改编) 已知函数 $f(x)=\begin{cases}2(x-1)，&x<1,\\ \ln x，&x\geqslant 1,\end{cases}$ $F(x)$ 为 $f(x)$ 的原函数，且 $F(0)=0$，则 $F(x)=$ _____.

(3)（2002403）已知 $f(x)$ 的一个原函数为 $\ln^2 x$，则 $\int xf'(x)\mathrm{d}x=$ _____.

(4)（2018304）$\int \mathrm{e}^x \arcsin\sqrt{1-\mathrm{e}^{2x}}\,\mathrm{d}x=$ _____.

(5)（2000403）$\int \dfrac{\arcsin\sqrt{x}}{\sqrt{x}}\mathrm{d}x=$ _____.

微课：第 4 章总复习题·提高篇（3）

2. 解答题：(6)~(15)小题，每小题 8 分，共 80 分. 解答时应写出文字说明、证明过程或演算步骤.

(6)（2019210）求不定积分 $\displaystyle\int \dfrac{3x+6}{(x-1)^2(x^2+x+1)}\mathrm{d}x.$

(7)（2018110,2018210）求不定积分 $\displaystyle\int \mathrm{e}^{2x}\arctan\sqrt{\mathrm{e}^x-1}\,\mathrm{d}x.$

(8)（2002306,2002406）设 $f(\sin^2 x)=\dfrac{x}{\sin x}$，求 $\displaystyle\int \dfrac{\sqrt{x}}{\sqrt{1-x}}f(x)\mathrm{d}x.$

(9)（2003209）计算不定积分 $\displaystyle\int \dfrac{x\mathrm{e}^{\arctan x}}{(1+x^2)^{\frac{3}{2}}}\mathrm{d}x.$

微课：第 4 章总复习题·提高篇（9）

(10)（2011310）求不定积分 $\displaystyle\int \dfrac{\arcsin\sqrt{x}+\ln x}{\sqrt{x}}\mathrm{d}x.$

(11)（2000205）设 $f(\ln x)=\dfrac{\ln(1+x)}{x}$，计算 $\displaystyle\int f(x)\mathrm{d}x.$

(12)（2009210,2009310）计算不定积分 $\displaystyle\int \ln\left(1+\sqrt{\dfrac{1+x}{x}}\right)\mathrm{d}x\,(x>0).$

(13)（2001206）求 $\displaystyle\int \dfrac{\mathrm{d}x}{(2x^2+1)\sqrt{x^2+1}}.$

(14)（2001106）求 $\displaystyle\int \dfrac{\arctan \mathrm{e}^x}{\mathrm{e}^{2x}}\mathrm{d}x.$

(15)（2023205,2023305 改编）函数 $f(x)=\begin{cases}\dfrac{1}{\sqrt{1+x^2}}, & x\leqslant 0,\\[2mm] (x+1)\cos x, & x>0\end{cases}$ 的一个原函数为 $F(x)$，且 $F(0)=1$，求 $F(x).$

本章即时提问答案

本章同步习题答案

本章总复习题答案

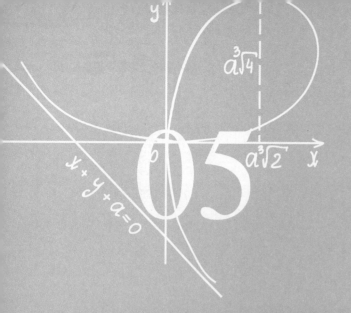

第 5 章
定积分及其应用

微积分理论建立和完善的过程，也是促进人类文明和社会进步的过程. 而生产力的发展、工程科技中的技术难题——对求积问题的研究（如求曲线弧的弧长、求曲线所围区域的面积、求曲面所围空间区域的体积、求物体的重心等），最终导致了积分学的另一个分支——定积分的产生和完善，"穷竭法"在其研究中起到了至关重要的作用. 本章先从实际问题引入定积分的概念，然后讨论它的性质与计算方法，以及如何运用微元法建立各种实际问题的定积分模型，从而解决几何学和物理学中的相关问题. 此外，本章还将介绍定积分的推广——反常积分.

本章导学

■ 5.1 定积分的概念与性质

定积分是高等数学的重要概念之一，它是从几何学、物理学等学科的某些具体问题中抽象出来的，因而在各个领域中具有广泛的应用. 本节将介绍定积分的概念、几何意义与性质，为了便于大家理解，下面先从两个实际问题讲起.

5.1.1 两个实际问题

引例 1 曲边梯形的面积问题

设函数 $f(x)$ 在区间 $[a,b]$ 上非负且连续，由曲线 $y=f(x)$ 和直线 $x=a$，$x=b$ 及 x 轴所围成的图形称为曲边梯形，如图 5.1 所示.

现在分析如何计算曲边梯形的面积 A. 由于曲边梯形的高度 $f(x)$ 在它底边所在区间 $[a,b]$ 上是变化的，因而不能直接用矩形的面积公式来计算面积 A. 但由 $f(x)$ 的连续性知，在底边很小时，可以用矩形的面积近似代替曲边梯形的面积. 因此，当把整个曲边梯形分割成一些底边很小的小曲边梯形时，就可以用这些小矩形的面积之和来近似代替所求的曲边梯形的面积. 根据以上分析，我们可以按以下步骤来计算曲边梯形的面积 A.

微课：曲边梯形的面积

（1）分割

在区间 $[a,b]$ 中任意插入 $n-1$ 个分点，即

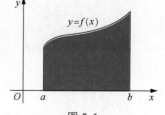

图 5.1

$$a=x_0<x_1<\cdots<x_{n-1}<x_n=b,$$

将区间 $[a,b]$ 分成 n 个小区间 $[x_{i-1},x_i]$, 记

$$\Delta x_i=x_i-x_{i-1}(i=1,2,\cdots,n).$$

过每个分点作直线 $x=x_i(i=1,2,\cdots,n-1)$, 这样, 整个曲边梯形被分割成了 n 个小的曲边梯形, 如图 5.2 所示. 每个小曲边梯形的面积记为 ΔA_i.

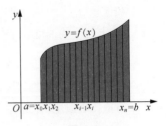

图 5.2

(2) 近似

任取小区间 $[x_{i-1},x_i]$, 在其中任取一点 ξ_i, 以 $f(\xi_i)$ 为高, 以 Δx_i 为宽, 作小矩形, 如图 5.3 所示. 小矩形的面积为 $f(\xi_i)\Delta x_i$, 用该结果近似代替 $[x_{i-1},x_i]$ 上的小曲边梯形的面积 ΔA_i, 即

$$\Delta A_i\approx f(\xi_i)\Delta x_i.$$

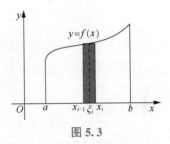

图 5.3

(3) 求和

对所有的小矩形面积求和: $\sum_{i=1}^{n}f(\xi_i)\Delta x_i$.

得到整个曲边梯形面积 A 的近似值, 即

$$A\approx \sum_{i=1}^{n}f(\xi_i)\Delta x_i,$$

如图 5.4 所示.

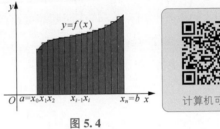

计算机可视化

图 5.4

(4) 取极限

将区间无限分割, 分得越细, 误差越小. 设 λ 是 $\Delta x_i(i=1,2,\cdots,n)$ 中长度最大的一个, 即 $\lambda=\max\limits_{1\leqslant i\leqslant n}\{\Delta x_i\}$. 当 $\lambda\to 0$ 时, 可求得曲边梯形的面积为

$$A=\lim_{\lambda\to 0}\sum_{i=1}^{n}f(\xi_i)\Delta x_i.$$

引例 2 变速直线运动路程问题

设有一质点沿某直线做变速直线运动, 其速度随时间变化的规律是 $v=v(t)$, 求该质点在 $t=a$ 到 $t=b$ 这段时间间隔内走过的路程 s.

匀速直线运动的路程可用公式"路程＝速度×时间"来计算. 现在速度随时间变化, 因而不能用该公式来计算路程. 但由于速度是连续变化的, 即在很短的时间间隔内变化不大, 因此, 我们也可以采取与引例 1 类似的方法, 对时间间隔 $[a,b]$ 进行分割, 在每个时间间隔内用匀速近似变速, 求和得整个路程的近似值, 然后用求极限的方法由近似值获得所求量的精确值. 具体步骤如下.

(1) 分割

将时间间隔 $[a,b]$ 任意分成 n 段, 即

$$a=t_0<t_1<\cdots<t_{n-1}<t_n=b,$$

用 $\Delta t_i=t_i-t_{i-1}(i=1,2,\cdots,n)$ 表示第 i 段时间, 并将各段时间内质点所走过的路程记为 $\Delta s_i(i=1,2,\cdots,n)$.

（2）近似

在区间 $[t_{i-1}, t_i]$ 内任取一个时刻 ζ_i，当时间间隔很小时，我们可以用 ζ_i 时刻的速度作为 $[t_{i-1}, t_i]$ 上的平均速度，于是这段时间内质点所走过的路程可以用 $v(\zeta_i)\Delta t_i$ 近似，即

$$\Delta s_i \approx v(\zeta_i)\Delta t_i.$$

（3）求和

将每一小段上的近似路程求和，得 $\sum_{i=1}^{n} v(\zeta_i)\Delta t_i$，并可得整个路程 s 的近似值，即

$$s \approx \sum_{i=1}^{n} v(\zeta_i)\Delta t_i.$$

（4）取极限

用 λ 表示 n 个时间段中最长的一段，即 $\lambda = \max\limits_{1 \le i \le n}\{\Delta t_i\}$. 当 λ 趋于零时，该质点在 $t=a$ 到 $t=b$ 这段时间间隔内走过的路程 s 为

$$s = \lim_{\lambda \to 0} \sum_{i=1}^{n} v(\zeta_i)\Delta t_i.$$

以上两个引例虽然属于不同学科，具有不同的含义，但在解决问题的过程中用到了相同的思想和方法，都是通过"分割、近似、求和、取极限"这 4 个步骤，将所求的量归结为求一种特定结构和式的极限. 实际上，许多问题都可以归结为这种求和式的极限问题，将这种思想抽象化，即可得到定积分的概念.

5.1.2　定积分的定义

定义 5.1　设函数 $f(x)$ 在区间 $[a,b]$ 上有界，在 $[a,b]$ 内任意插入 $n-1$ 个分点

$$a = x_0 < x_1 < \cdots < x_{n-1} < x_n = b,$$

将区间 $[a,b]$ 分成 n 个小区间 $[x_{i-1}, x_i]$（$i=1,2,\cdots,n$），每个小区间的长度记为 $\Delta x_i = x_i - x_{i-1}$（$i=1,2,\cdots,n$），在每个小区间上任取一点 $\xi_i \in [x_{i-1}, x_i]$，作乘积 $f(\xi_i)\Delta x_i$，再求和

$$\sum_{i=1}^{n} f(\xi_i)\Delta x_i,$$

记 $\lambda = \max\limits_{1 \le i \le n}\{\Delta x_i\}$. 若 $\lim\limits_{\lambda \to 0} \sum\limits_{i=1}^{n} f(\xi_i)\Delta x_i$ 存在，且极限值与区间 $[a,b]$ 的分法及点 ξ_i 的选取都无关，则称函数 $f(x)$ 在区间 $[a,b]$ 上可积，此极限值为函数 $f(x)$ 在区间 $[a,b]$ 上的定积分，记作

$$\int_a^b f(x)\,\mathrm{d}x,$$

即

$$\int_a^b f(x)\,\mathrm{d}x = \lim_{\lambda \to 0} \sum_{i=1}^{n} f(\xi_i)\Delta x_i,$$

其中 $f(x)$ 称为被积函数，x 称为积分变量，$f(x)\mathrm{d}x$ 称为被积表达式，$[a,b]$ 称为积分区间，a 称为积分下限，b 称为积分上限，$\sum\limits_{i=1}^{n} f(\xi_i)\Delta x_i$ 称为 $f(x)$ 在 $[a,b]$ 上的积分和.

【即时提问 5.1】根据此定义，前面两个引例中研究的曲边梯形的面积和变速直线运动的路程用定积分可以分别怎样表示？

延伸微课

注 （1）定积分 $\int_a^b f(x)\mathrm{d}x$ 是一个数值，它只与被积函数 $f(x)$ 和积分区间 $[a,b]$ 有关，而与积分变量的符号无关，即

$$\int_a^b f(x)\mathrm{d}x = \int_a^b f(t)\mathrm{d}t = \int_a^b f(u)\mathrm{d}u.$$

（2）定积分存在与区间的分法和每个小区间内 ξ_i 的选取无关.

对于定积分，我们自然要问：函数满足什么条件时是可积的？这个问题我们不做深入探讨，这里只给出定积分存在的两个充分条件.

定理 5.1 （1）若函数 $f(x)$ 在闭区间 $[a,b]$ 上连续，则 $f(x)$ 在闭区间 $[a,b]$ 上可积.

（2）若函数 $f(x)$ 在闭区间 $[a,b]$ 上除有限个第一类间断点外处处连续，则 $f(x)$ 在闭区间 $[a,b]$ 上可积.

按照定积分的定义，记号 $\int_a^b f(x)\mathrm{d}x$ 中的 a,b 应满足关系 $a<b$，为了研究的方便，我们规定：

（1）当 $a=b$ 时，$\int_a^b f(x)\mathrm{d}x = 0$；

（2）当 $a>b$ 时，$\int_a^b f(x)\mathrm{d}x = -\int_b^a f(x)\mathrm{d}x.$

5.1.3 定积分的几何意义

当 $f(x)$ 在 $[a,b]$ 上非负时，即为引例 1 的情形，则定积分 $\int_a^b f(x)\mathrm{d}x$ 表示的是曲线 $y=f(x)$ 和直线 $x=a,x=b$ 及 x 轴所围成的曲边梯形的面积.

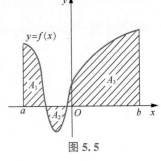

图 5.5

当 $f(x)$ 在 $[a,b]$ 上非正时，定积分 $\int_a^b f(x)\mathrm{d}x$ 的值是一个负值，这时我们可以将其理解为由曲线 $y=f(x)$ 和直线 $x=a,x=b$ 及 x 轴所围成的曲边梯形（在 x 轴的下方）的面积的相反数.

当 $f(x)$ 在区间 $[a,b]$ 上有正有负时，定积分 $\int_a^b f(x)\mathrm{d}x$ 表示由曲线 $y=f(x)$ 和直线 $x=a,x=b$ 及 x 轴所围成的图形各部分面积的代数和. 例如，如图 5.5 所示，有

$$\int_a^b f(x)\mathrm{d}x = A_1 - A_2 + A_3.$$

特别地，当 $f(x)=1$ 时，有

$$\int_a^b \mathrm{d}x = b-a.$$

例 5.1 计算定积分 $\int_0^1 \sqrt{1-x^2}\,\mathrm{d}x.$

解 由定积分的几何意义，知 $\int_0^1 \sqrt{1-x^2}\,\mathrm{d}x$ 在数值上等于由曲线 $y=\sqrt{1-x^2}$ 和直线 $x=0,x=1$ 及 x 轴所围成的图形的面积 A，即单位圆面积的 $\dfrac{1}{4}$，可得 $A=\dfrac{\pi}{4}$，如图 5.6 所示. 故

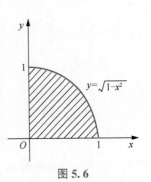

图 5.6

$$\int_0^1 \sqrt{1-x^2}\,\mathrm{d}x = \frac{\pi}{4}.$$

例 5.2 用定义求定积分 $\int_0^1 x^2 \mathrm{d}x$.

解 因为 $y = x^2$ 在区间 $[0,1]$ 上连续，所以可积．为计算方便，我们将区间 $[0,1]$ 分成 n 等份，如图 5.7 所示，并且取每一个小区间的右端点的值为 ξ_i，即 $\xi_i = \dfrac{i}{n}(i=1,2,\cdots,n)$，则 $\Delta x_i = \dfrac{1}{n}$，而

$$f(\xi_i) = \xi_i^2 = \left(\frac{i}{n}\right)^2.$$

作乘积

$$f(\xi_i)\Delta x_i = \left(\frac{i}{n}\right)^2 \frac{1}{n} = \frac{i^2}{n^3},$$

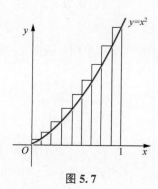

图 5.7

于是积分和为

$$\sum_{i=1}^n f(\xi_i)\Delta x_i = \sum_{i=1}^n \frac{i^2}{n^3} = \frac{1}{n^3}(1^2+2^2+\cdots+n^2)$$

$$= \frac{1}{n^3}\cdot\frac{1}{6}n(n+1)(2n+1)$$

$$= \frac{1}{6}\left(1+\frac{1}{n}\right)\left(2+\frac{1}{n}\right).$$

由于 $\lambda \to 0$ 与 $n \to \infty$ 是等价的，所以，对上式取极限，得定积分为

$$\int_0^1 x^2 \mathrm{d}x = \lim_{\lambda \to 0}\sum_{i=1}^n f(\xi_i)\Delta x_i$$

$$= \lim_{n \to \infty}\frac{1}{6}\left(1+\frac{1}{n}\right)\left(2+\frac{1}{n}\right)$$

$$= \frac{1}{3}.$$

5.1.4　定积分的性质

以下性质中假设函数均在给定区间上可积.

性质 5.1 $\displaystyle\int_a^b [f(x) \pm g(x)] \mathrm{d}x = \int_a^b f(x)\mathrm{d}x \pm \int_a^b g(x)\mathrm{d}x.$

此性质还可以推广到任意有限个函数和与差的情况，即

$$\int_a^b [f_1(x) \pm f_2(x) \pm \cdots \pm f_n(x)] \mathrm{d}x = \int_a^b f_1(x)\mathrm{d}x \pm \int_a^b f_2(x)\mathrm{d}x \pm \cdots \pm \int_a^b f_n(x)\mathrm{d}x.$$

性质 5.2 $\displaystyle\int_a^b kf(x)\mathrm{d}x = k\int_a^b f(x)\mathrm{d}x\,(k\ 是常数).$

性质 5.1 和性质 5.2 可直接由定积分的定义得到，这两个性质称为定积分的**线性性质**.

性质 5.3（区间可加性）设 a,b,c 是 3 个任意的实数，则

$$\int_a^b f(x)\mathrm{d}x = \int_a^c f(x)\mathrm{d}x + \int_c^b f(x)\mathrm{d}x.$$

以 $f(x) \geqslant 0$ 为例.

当 $a<c<b$ 时，如图 5.8 所示，显然

$$\int_a^b f(x)\,\mathrm{d}x = \int_a^c f(x)\,\mathrm{d}x + \int_c^b f(x)\,\mathrm{d}x.$$

当 $c<a<b$ 时，如图 5.9 所示，有

$$\int_a^b f(x)\,\mathrm{d}x = \int_c^b f(x)\,\mathrm{d}x - \int_c^a f(x)\,\mathrm{d}x = \int_a^c f(x)\,\mathrm{d}x + \int_c^b f(x)\,\mathrm{d}x.$$

总之，不管 a,b,c 的大小关系如何，性质 5.3 恒成立.

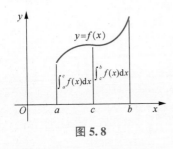

图 5.8

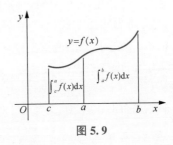

图 5.9

性质 5.4(保序性) 若在区间 $[a,b]$ 上有 $f(x)\geqslant 0$，则

$$\int_a^b f(x)\,\mathrm{d}x \geqslant 0.$$

推论 1 若在区间 $[a,b]$ 上有 $f(x)\leqslant g(x)$，则

$$\int_a^b f(x)\,\mathrm{d}x \leqslant \int_a^b g(x)\,\mathrm{d}x.$$

推论 2 若 $f(x)$ 在区间 $[a,b]$ 上可积，则 $|f(x)|$ 在区间 $[a,b]$ 上可积，且

$$\left| \int_a^b f(x)\,\mathrm{d}x \right| \leqslant \int_a^b |f(x)|\,\mathrm{d}x.$$

性质 5.5(估值定理) 设 M 和 m 分别是函数 $f(x)$ 在区间 $[a,b]$ 上的最大值和最小值，则

$$m(b-a) \leqslant \int_a^b f(x)\,\mathrm{d}x \leqslant M(b-a).$$

性质 5.6(定积分中值定理) 设函数 $f(x)$ 在区间 $[a,b]$ 上连续，则在区间 $[a,b]$ 上至少存在一点 ξ，使

$$\int_a^b f(x)\,\mathrm{d}x = f(\xi)(b-a).$$

证明 因为 $f(x)$ 在区间 $[a,b]$ 上连续，所以 $f(x)$ 在区间 $[a,b]$ 上一定存在最大值 M 和最小值 m，由性质 5.5，得

$$m(b-a) \leqslant \int_a^b f(x)\,\mathrm{d}x \leqslant M(b-a),$$

即

$$m \leqslant \frac{1}{b-a}\int_a^b f(x)\,\mathrm{d}x \leqslant M.$$

微课：定积分中值定理

由闭区间上连续函数的介值定理知，在区间 $[a,b]$ 上至少存在一点 ξ，使

$$f(\xi) = \frac{1}{b-a}\int_a^b f(x)\,\mathrm{d}x,$$

即

$$\int_a^b f(x)\,\mathrm{d}x = f(\xi)(b-a).$$

以 $f(x) \geqslant 0$ 为例,从几何上理解,性质 5.6 说明在由直线 $x=a,x=b$ 和曲线 $y=f(x)$ 及 x 轴所围成的曲边梯形的底边上,至少可以找到一个点 ξ,使曲边梯形的面积等于与曲边梯形同底且高为 $f(\xi)$ 的一个矩形的面积,如图 5.10 所示.

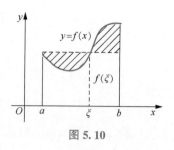

图 5.10

这里,数值 $\dfrac{1}{b-a}\displaystyle\int_a^b f(x)\mathrm{d}x$ 称为连续函数 $f(x)$ 在区间 $[a,b]$ 上的平均值. $f(\xi)$ 表示图中曲边梯形的平均高度. 定积分中值定理对于解决平均速度、平均电流等问题很有帮助.

例 5.3 不计算定积分的值,比较下列定积分的大小.

(1) $\displaystyle\int_0^1 x^2\mathrm{d}x$ 与 $\displaystyle\int_0^1 x^3\mathrm{d}x$. (2) $\displaystyle\int_e^4 \ln x\mathrm{d}x$ 与 $\displaystyle\int_e^4 \ln^2 x\mathrm{d}x$.

解 (1) 在区间 $[0,1]$ 内,$x^2 \geqslant x^3$,由性质 5.4 的推论 1 得

$$\int_0^1 x^2\mathrm{d}x \geqslant \int_0^1 x^3\mathrm{d}x.$$

(2) 在区间 $[e,4]$ 内,$\ln x \geqslant 1$,因此 $\ln x \leqslant \ln^2 x$. 由性质 5.4 的推论 1 得

$$\int_e^4 \ln x\mathrm{d}x \leqslant \int_e^4 \ln^2 x\mathrm{d}x.$$

例 5.4 估计定积分 $\displaystyle\int_0^{\frac{\pi}{2}} e^{\sin x}\mathrm{d}x$ 的值.

解 在区间 $\left[0,\dfrac{\pi}{2}\right]$ 内,$0 \leqslant \sin x \leqslant 1$,所以 $1 \leqslant e^{\sin x} \leqslant e$. 由性质 5.5 可知

$$\frac{\pi}{2} \leqslant \int_0^{\frac{\pi}{2}} e^{\sin x}\mathrm{d}x \leqslant \frac{\pi}{2}e.$$

同步习题 5.1

基础题

1. 利用定积分的几何意义,求下列定积分的值:

(1) $\displaystyle\int_0^R \sqrt{R^2-x^2}\,\mathrm{d}x$; (2) $\displaystyle\int_0^1 (x+1)\mathrm{d}x$; (3) $\displaystyle\int_{-\pi}^{\pi} \sin x\mathrm{d}x$.

2. 不计算定积分,比较下列定积分的大小(在横线上填"$\geqslant$"或"$\leqslant$"):

(1) $\displaystyle\int_1^2 x^2\mathrm{d}x$ _____ $\displaystyle\int_1^2 x^3\mathrm{d}x$; (2) $\displaystyle\int_4^3 \ln^2 x\mathrm{d}x$ _____ $\displaystyle\int_4^3 \ln^3 x\mathrm{d}x$;

(3) $\displaystyle\int_0^1 \sin x\mathrm{d}x$ _____ $\displaystyle\int_0^1 \sin^2 x\mathrm{d}x$; (4) $\displaystyle\int_0^1 e^x\mathrm{d}x$ _____ $\displaystyle\int_0^1 e^{2x}\mathrm{d}x$.

3. 不计算定积分,估计下列各定积分的值:

(1) $\displaystyle\int_{-1}^1 (x^2+1)\mathrm{d}x$; (2) $\displaystyle\int_{\frac{\pi}{4}}^{\frac{5}{4}\pi} (1+\sin^2 x)\mathrm{d}x$.

1. 设 $a<b$，问：a,b 取什么值时，定积分 $\int_a^b (x-x^2)\mathrm{d}x$ 取得最大值？

2. 设 $I_1 = \int_0^{\frac{\pi}{4}} x\mathrm{d}x, I_2 = \int_0^{\frac{\pi}{4}} \sqrt{x}\,\mathrm{d}x, I_3 = \int_0^{\frac{\pi}{4}} \sin x\mathrm{d}x$，比较 I_1, I_2, I_3 的大小.

3. 将极限 $\lim\limits_{n\to\infty}\ln\sqrt[n]{\left(1+\dfrac{1}{n}\right)^2\left(1+\dfrac{2}{n}\right)^2\cdots\left(1+\dfrac{n}{n}\right)^2}$ 用定积分表示.

5.2 微积分基本公式

用定积分的定义来计算定积分是非常复杂的，有时甚至是不可能的. 为了让定积分这个求总量的数学模型能得到实际应用，我们必须寻找简便有效的计算定积分的方法，为此我们需要进一步探究定积分的性质. 本节将介绍两个重要的定理，通过它们建立定积分与不定积分的关系，从而给出一个解决定积分计算问题的十分有效的方法.

5.2.1 积分上限函数

设 $f(x)$ 在区间 $[a,b]$ 上连续，则对任意 $x\in[a,b]$，有 $f(x)$ 在 $[a,x]$ 上连续，因此，$f(x)$ 在 $[a,x]$ 上可积，即定积分 $\int_a^x f(x)\mathrm{d}x$ 存在，如图 5.11 所示. 这里，x 既表示定积分上限，又表示积分变量. 由于定积分与积分变量的记法无关，为将积分变量与积分上限区分开，

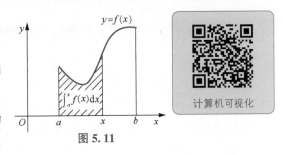

图 5.11

我们可以把积分变量改用其他符号，将该定积分改写为 $\int_a^x f(t)\mathrm{d}t$. 显然，该定积分的值由积分上限 x 在区间 $[a,b]$ 上的取值决定，因此，积分 $\int_a^x f(t)\mathrm{d}t$ 定义了一个在区间 $[a,b]$ 上的函数，称为积分上限函数，记作

$$\Phi(x) = \int_a^x f(t)\mathrm{d}t, x\in[a,b].$$

积分上限函数具有一个重要性质（见定理 5.2），此性质在推导微积分基本公式中具有非常重要的作用.

定理 5.2 设 $f(x)$ 在区间 $[a,b]$ 上连续，则积分上限函数 $\Phi(x) = \int_a^x f(t)\mathrm{d}t$ 在区间 $[a,b]$ 上可导，且

$$\Phi'(x) = \left[\int_a^x f(t)\mathrm{d}t\right]' = f(x), x\in[a,b].$$

证明 设 x 是区间 $[a,b]$ 上的任意一点，自变量在 x 处的增量为 Δx，且 $x+\Delta x\in[a,b]$，所对应的函数值的增量为 $\Delta\Phi$，则

微课：定理 5.2 证明

$$\Delta\Phi = \Phi(x+\Delta x) - \Phi(x) = \int_a^{x+\Delta x} f(t)\,dt - \int_a^x f(t)\,dt = \int_x^{x+\Delta x} f(t)\,dt.$$

由定积分中值定理知，存在 ξ 介于 x 与 $x+\Delta x$ 之间，使

$$\Delta\Phi = f(\xi)\Delta x.$$

由于 $\Delta x \to 0$ 时 $\xi \to x$，再由导数的定义及函数 $f(x)$ 的连续性，得

$$\lim_{\Delta x \to 0} \frac{\Delta\Phi}{\Delta x} = \lim_{\Delta x \to 0} f(\xi) = \lim_{\xi \to x} f(\xi) = f(x),$$

即

$$\Phi'(x) = f(x).$$

上述定理表明，积分上限函数 $\Phi(x) = \int_a^x f(t)\,dt$ 就是函数 $f(x)$ 的一个原函数，即连续函数一定存在原函数，从而给出了定理 4.1 的证明. 定理 5.2 用积分上限函数表达了函数的原函数，初步揭示了积分学中定积分与原函数之间的联系，进而我们就有可能通过原函数来计算定积分.

例 5.5 求下列函数的导数：

$$(1)\, F(x) = \int_0^x (t^2+1)\,dt; \qquad\qquad (2)\, F(x) = \int_x^2 \frac{\sin t}{t^2+1}\,dt.$$

解 $(1)\, F'(x) = \left[\int_0^x (t^2+1)\,dt\right]' = x^2+1;$

$(2)\, F'(x) = \left(\int_x^2 \frac{\sin t}{t^2+1}\,dt\right)' = \left(-\int_2^x \frac{\sin t}{t^2+1}\,dt\right)' = -\frac{\sin x}{x^2+1}.$

例 5.6 求极限 $\lim\limits_{x\to 0} \dfrac{\displaystyle\int_0^x t\cos t\,dt}{1-\cos x}$.

解 当 $x \to 0$ 时，分子、分母同时趋于零，这是一个"$\dfrac{0}{0}$"型未定式. 由洛必达法则得

$$\lim_{x\to 0} \frac{\displaystyle\int_0^x t\cos t\,dt}{1-\cos x} = \lim_{x\to 0} \frac{x\cos x}{\sin x} = \lim_{x\to 0}\left(\frac{x}{\sin x}\cdot\cos x\right) = 1.$$

如果 $f(x)$ 连续，$\varphi(x)$ 可导，可令 $\varphi(x) = u$，则函数 $\int_a^{\varphi(x)} f(t)\,dt$ 可以看成由 $\int_a^u f(t)\,dt$ 和 $u = \varphi(x)$ 复合而成的函数，根据定理 5.2 和复合函数求导法则，得

$$\left[\int_a^{\varphi(x)} f(t)\,dt\right]' = f[\varphi(x)]\cdot\varphi'(x).$$

同理，如果 $\varphi(x), \psi(x)$ 均可导，则

$$\left[\int_{\psi(x)}^{\varphi(x)} f(t)\,dt\right]' = f[\varphi(x)]\cdot\varphi'(x) - f[\psi(x)]\cdot\psi'(x).$$

例 5.7 求积分上限函数 $F(x) = \int_0^{x^2} \sin(t^2+1)\,dt$ 的导数.

解 $F'(x) = \left[\int_0^{x^2} \sin(t^2+1)\,dt\right]' = \sin(x^4+1)\cdot 2x = 2x\sin(x^4+1).$

5.2.2 微积分基本公式

定理 5.3 设函数 $f(x)$ 在区间 $[a,b]$ 上连续，且 $F(x)$ 是 $f(x)$ 在该区间上的一个原函数，则

$$\int_a^b f(x)\,dx = F(b)-F(a).$$

证明 已知 $F(x)$ 是连续函数 $f(x)$ 的一个原函数，又由定理 5.2 知，$\int_a^x f(t)\,dt$ 也是 $f(x)$ 的一个原函数，于是，由原函数的性质可知，存在常数 C，使

微课：牛顿-莱布尼茨
公式证明

$$F(x) = \int_a^x f(t)\,dt + C, x \in [a,b].$$

令 $x=a$，得 $F(a)=C$，再令 $x=b$，得 $F(b)=\int_a^b f(t)\,dt + C$，所以

$$\int_a^b f(x)\,dx = F(b)-F(a).$$

注 (1) 上式称为微积分基本公式，也称为牛顿-莱布尼茨公式. 它揭示了定积分与被积函数的原函数(或不定积分)之间的关系，同时给出了求定积分的简单而有效的方法：将求极限转化为求原函数. 因此，只要找到被积函数的一个原函数，就可解决定积分的计算问题.

(2) 通常将 $F(b)-F(a)$ 简记为 $F(x)\big|_a^b$.

例 5.8 求定积分：(1) $\int_{-1}^{\sqrt{3}} \dfrac{dx}{1+x^2}$；(2) $\int_4^9 \sqrt{x}(1+\sqrt{x})\,dx$.

解 (1) $\int_{-1}^{\sqrt{3}} \dfrac{dx}{1+x^2} = \arctan x\,\big|_{-1}^{\sqrt{3}} = \arctan\sqrt{3} - \arctan(-1) = \dfrac{\pi}{3} - \left(-\dfrac{\pi}{4}\right) = \dfrac{7}{12}\pi.$

(2) $\int_4^9 \sqrt{x}(1+\sqrt{x})\,dx = \int_4^9 (\sqrt{x}+x)\,dx = \left(\dfrac{2}{3}x^{\frac{3}{2}} + \dfrac{1}{2}x^2\right)\bigg|_4^9 = \dfrac{271}{6}.$

例 5.9 求定积分 $\int_{-2}^1 |1+x|\,dx.$

解 因为 $|1+x| = \begin{cases} -1-x, & -2 \leq x \leq -1, \\ 1+x, & -1 < x \leq 1, \end{cases}$ 所以

$$\int_{-2}^1 |1+x|\,dx = \int_{-2}^{-1}(-1-x)\,dx + \int_{-1}^1 (1+x)\,dx$$

$$= \left(-x-\dfrac{x^2}{2}\right)\bigg|_{-2}^{-1} + \left(x+\dfrac{x^2}{2}\right)\bigg|_{-1}^1 = \dfrac{1}{2} + 2 = \dfrac{5}{2}.$$

例 5.10 设 $f(x) = \begin{cases} 2x+1, & x \leq 2, \\ 1+x^2, & 2 < x \leq 4. \end{cases}$ 求 $k(-2<k<2)$ 的值，使 $\int_k^3 f(x)\,dx = \dfrac{40}{3}.$

解 由定积分关于积分区间的可加性，得

$$\int_k^3 f(x)\,dx = \int_k^2 (2x+1)\,dx + \int_2^3 (1+x^2)\,dx = (x^2+x)\,\big|_k^2 + \left(x+\dfrac{x^3}{3}\right)\bigg|_2^3$$

$$= 6-(k^2+k) + \dfrac{22}{3} = \dfrac{40}{3} - (k^2+k),$$

即 $\dfrac{40}{3} - (k^2+k) = \dfrac{40}{3}$，于是有 $k^2+k=0$，解得 $k=-1$ 或 $k=0$.

例5.11 一辆汽车正以 10m/s 的速度匀速直线行驶，突然发现一障碍物，于是以 -1m/s^2 的加速度减速，求汽车从开始减速到完全停止所行驶的路程.

解 设汽车的速度为 $v(t)$，则加速度 $a=v'(t)=-1$，两边积分，得 $\int v'(t)\mathrm{d}t=\int(-1)\mathrm{d}t$，故 $v(t)=-t+C$. 将 $v(0)=10$ 代入，得 $C=10$，所以 $v(t)=10-t$(m/s).

当汽车速度为零时汽车停下，解 $v(t)=10-t=0$，得汽车的刹车时间为 $t=10$(s). 再由速度与路程之间的关系，得

$$s=\int_0^{10}v(t)\mathrm{d}t=\int_0^{10}(10-t)\mathrm{d}t=\left(10t-\frac{1}{2}t^2\right)\Big|_0^{10}=50(\mathrm{m}),$$

即汽车从开始减速到完全停止所行驶的路程为 50m.

5.2.3 定积分的换元积分法

由微积分基本公式可知，计算定积分的关键是先求被积函数的一个原函数，再求原函数在上、下限处的函数值的差值. 这是计算定积分的基本方法. 在不定积分的研究中，用换元积分法和分部积分法可以求出一些函数的原函数. 因此，在一定条件下，我们也可以用换元积分法和分部积分法来计算定积分.

定理5.4 如果函数 $f(x)$ 在区间 $[a,b]$ 上连续，函数 $x=\varphi(t)$ 满足条件

(1) 当 $t\in[\alpha,\beta]$（或 $[\beta,\alpha]$）时，$a\leqslant\varphi(t)\leqslant b$，

(2) $\varphi(t)$ 在区间 $[\alpha,\beta]$（或 $[\beta,\alpha]$）上有连续的导数，

(3) $\varphi(\alpha)=a,\varphi(\beta)=b$，

则有定积分换元公式

$$\int_a^b f(x)\mathrm{d}x=\int_\alpha^\beta f[\varphi(t)]\varphi'(t)\mathrm{d}t.$$

注 (1) 定理5.4 中的公式从左往右相当于不定积分中的第二换元积分法，从右往左相当于不定积分中的第一换元积分法（此时可以不换元，而直接凑微分）.

(2) 与不定积分的换元积分法不同，定积分在换元后不需要回代，只要把最终的数值计算出来即可.

(3) 采用换元积分法计算定积分时，如果换元，一定换限；不换元就不换限.

例5.12 求定积分 $\int_0^1\dfrac{x}{1+x^2}\mathrm{d}x$.

解 $\int_0^1\dfrac{x}{1+x^2}\mathrm{d}x=\dfrac{1}{2}\int_0^1\dfrac{1}{1+x^2}(1+x^2)'\mathrm{d}x=\dfrac{1}{2}\int_0^1\dfrac{1}{1+x^2}\mathrm{d}(1+x^2)$.

设 $t=1+x^2$，当 $x=0$ 时，$t=1$；当 $x=1$ 时，$t=2$. 于是

$$\int_0^1\frac{x}{1+x^2}\mathrm{d}x=\frac{1}{2}\int_1^2\frac{1}{t}\mathrm{d}t=\frac{1}{2}\ln t\,\Big|_1^2=\frac{1}{2}\ln2.$$

这类题目用第一换元积分法，也可以不写出新的积分变量. 若不写出新的积分变量，也就无须换限. 本例可写成

$$\int_0^1\frac{x}{1+x^2}\mathrm{d}x=\frac{1}{2}\int_0^1\frac{1}{1+x^2}\mathrm{d}(1+x^2)=\frac{1}{2}\ln(1+x^2)\,\Big|_0^1=\frac{1}{2}\ln2.$$

例 5.13 求定积分 $\int_2^4 \dfrac{\mathrm{d}x}{x\sqrt{x-1}}$.

解 设 $t=\sqrt{x-1}$，则 $x=1+t^2$，$\mathrm{d}x=2t\mathrm{d}t$. 当 $x=2$ 时，$t=1$；当 $x=4$ 时，$t=\sqrt{3}$. 于是

$$\int_2^4 \frac{\mathrm{d}x}{x\sqrt{x-1}}=\int_1^{\sqrt{3}}\frac{2t\mathrm{d}t}{t(1+t^2)}=2\int_1^{\sqrt{3}}\frac{1}{1+t^2}\mathrm{d}t=2\arctan t\,\Big|_1^{\sqrt{3}}=\frac{\pi}{6}.$$

【**即时提问 5.2**】通过上述两个例题，你能得出不定积分的换元积分法与定积分的换元积分法有哪些区别?

例 5.14 证明：$\int_0^1 x^m(1-x)^n\mathrm{d}x=\int_0^1 x^n(1-x)^m\mathrm{d}x.$

证明 对等式左边 $\int_0^1 x^m(1-x)^n\mathrm{d}x$ 中的变量 x 做替换 $x=1-t$，则 $\mathrm{d}x=-\mathrm{d}t$. 当 $x=0$ 时，$t=1$；当 $x=1$ 时，$t=0$. 于是

$$\int_0^1 x^m(1-x)^n\mathrm{d}x=\int_1^0(1-t)^m t^n(-1)\mathrm{d}t=\int_0^1(1-t)^m t^n\mathrm{d}t=\int_0^1 x^n(1-x)^m\mathrm{d}x,$$

原式成立.

例 5.15 求定积分 $\int_0^\pi\sqrt{\sin x-\sin^3 x}\,\mathrm{d}x$.

解 $\sqrt{\sin x-\sin^3 x}=\sqrt{\sin x\cos^2 x}=|\cos x|\sqrt{\sin x}$，在 $\left[0,\dfrac{\pi}{2}\right]$ 上，$|\cos x|=\cos x$；在 $\left[\dfrac{\pi}{2},\pi\right]$ 上，$|\cos x|=-\cos x$. 于是

$$\int_0^\pi\sqrt{\sin x-\sin^3 x}\,\mathrm{d}x=\int_0^\pi|\cos x|\sqrt{\sin x}\,\mathrm{d}x=\int_0^{\frac{\pi}{2}}\sqrt{\sin x}\,\mathrm{d}(\sin x)-\int_{\frac{\pi}{2}}^\pi\sqrt{\sin x}\,\mathrm{d}(\sin x)$$

$$=\frac{2}{3}\sin^{\frac{3}{2}}x\,\Big|_0^{\frac{\pi}{2}}-\frac{2}{3}\sin^{\frac{3}{2}}x\,\Big|_{\frac{\pi}{2}}^\pi=\frac{2}{3}(1-0)-\frac{2}{3}(0-1)=\frac{4}{3}.$$

例 5.16 设 $f(x)$ 在 $[0,1]$ 上连续，证明：

(1) $\int_0^{\frac{\pi}{2}}f(\sin x)\mathrm{d}x=\int_0^{\frac{\pi}{2}}f(\cos x)\mathrm{d}x$；

(2) $\int_0^\pi xf(\sin x)\mathrm{d}x=\dfrac{\pi}{2}\int_0^\pi f(\sin x)\mathrm{d}x$，并由此计算 $\int_0^\pi\dfrac{x\sin x}{1+\cos^2 x}\mathrm{d}x$.

证明 (1) 令 $x=\dfrac{\pi}{2}-t$，则 $\mathrm{d}x=-\mathrm{d}t$，且当 $x=0$ 时，$t=\dfrac{\pi}{2}$，当 $x=\dfrac{\pi}{2}$ 时，$t=0$. 于是

$$\int_0^{\frac{\pi}{2}}f(\sin x)\mathrm{d}x=-\int_{\frac{\pi}{2}}^0 f\left[\sin\left(\frac{\pi}{2}-t\right)\right]\mathrm{d}t=\int_0^{\frac{\pi}{2}}f(\cos t)\mathrm{d}t=\int_0^{\frac{\pi}{2}}f(\cos x)\mathrm{d}x.$$

(2) 令 $x=\pi-t$，则 $\mathrm{d}x=-\mathrm{d}t$，且当 $x=0$ 时，$t=\pi$，当 $x=\pi$ 时，$t=0$. 于是

$$\int_0^\pi xf(\sin x)\mathrm{d}x=-\int_\pi^0(\pi-t)f[\sin(\pi-t)]\mathrm{d}t=\int_0^\pi(\pi-t)f(\sin t)\mathrm{d}t$$

$$=\pi\int_0^\pi f(\sin t)\mathrm{d}t-\int_0^\pi tf(\sin t)\mathrm{d}t$$

$$=\pi\int_0^\pi f(\sin x)\mathrm{d}x-\int_0^\pi xf(\sin x)\mathrm{d}x,$$

所以

$$\int_0^\pi x f(\sin x)\,dx = \frac{\pi}{2}\int_0^\pi f(\sin x)\,dx.$$

利用上述结论，可得

$$\int_0^\pi \frac{x\sin x}{1+\cos^2 x}dx = \frac{\pi}{2}\int_0^\pi \frac{\sin x}{1+\cos^2 x}dx = -\frac{\pi}{2}\int_0^\pi \frac{1}{1+\cos^2 x}d(\cos x)$$

$$= -\frac{\pi}{2}\big[\arctan(\cos x)\big]\Big|_0^\pi = -\frac{\pi}{2}\Big(-\frac{\pi}{4}-\frac{\pi}{4}\Big) = \frac{\pi^2}{4}.$$

例 5.17 设 $f(x)$ 是连续的周期函数，周期为 T，证明：对任意的 $a\in\mathbf{R}$，有

$$\int_a^{a+T} f(x)\,dx = \int_0^T f(x)\,dx.$$

证明
$$\int_a^{a+T} f(x)\,dx = \int_a^0 f(x)\,dx + \int_0^T f(x)\,dx + \int_T^{a+T} f(x)\,dx,$$

对于积分 $\int_T^{a+T} f(x)\,dx$，令 $x=T+u$，则 $dx=du$，且当 $x=T$ 时，$u=0$，当 $x=a+T$ 时，$u=a$. 于是

$$\int_T^{a+T} f(x)\,dx = \int_0^a f(T+u)\,du = \int_0^a f(u)\,du = \int_0^a f(x)\,dx,$$

所以

$$\int_a^{a+T} f(x)\,dx = \int_a^0 f(x)\,dx + \int_0^T f(x)\,dx + \int_T^{a+T} f(x)\,dx$$

$$= \int_a^0 f(x)\,dx + \int_0^T f(x)\,dx + \int_0^a f(x)\,dx = \int_0^T f(x)\,dx.$$

例 5.18 设 $f(x)$ 在区间 $[-a,a]\,(a>0)$ 上连续，证明：

(1) $\int_{-a}^a f(x)\,dx = \int_0^a [f(x)+f(-x)]\,dx$；

(2) $\int_{-a}^a f(x)\,dx = \begin{cases} 0, & f(x)\ \text{是奇函数}, \\ 2\int_0^a f(x)\,dx, & f(x)\ \text{是偶函数}. \end{cases}$

证明 (1)因为 $f(x)$ 在 $[-a,a]$ 上连续，所以 $\int_{-a}^a f(x)\,dx$ 存在. 由定积分关于积分区间的可加性，得

$$\int_{-a}^a f(x)\,dx = \int_{-a}^0 f(x)\,dx + \int_0^a f(x)\,dx.$$

对上式中的 $\int_{-a}^0 f(x)\,dx$，设 $x=-t$，则 $dx=-dt$. 当 $x=-a$ 时，$t=a$；当 $x=0$ 时，$t=0$. 于是

$$\int_{-a}^0 f(x)\,dx = -\int_a^0 f(-t)\,dt = \int_0^a f(-t)\,dt = \int_0^a f(-x)\,dx,$$

所以 $\int_{-a}^a f(x)\,dx = \int_0^a [f(x)+f(-x)]\,dx.$

(2)当 $f(x)$ 是奇函数时，有 $f(-x)=-f(x)$，于是

$$\int_{-a}^a f(x)\,dx = \int_0^a [f(x)+f(-x)]\,dx = 0.$$

当 $f(x)$ 是偶函数时，有 $f(-x)=f(x)$，于是

$$\int_{-a}^{a} f(x)\,dx = \int_{0}^{a} \big[f(x)+f(-x) \big]\,dx = 2\int_{0}^{a} f(x)\,dx.$$

综上可知，原式成立.

本例(2)中的结论，我们可从定积分的几何意义上加以理解，如图 5.12 所示. 同时，本例的结论也可当作公式来用，以简化定积分的计算.

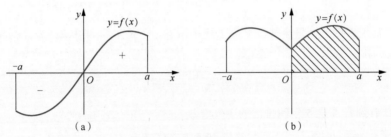

图 5.12

例 5.19 计算定积分：(1) $\displaystyle\int_{-1}^{1} \frac{\cos x}{1+e^{x}}dx$；(2) $\displaystyle\int_{-1}^{1} \frac{x^{2}+\sin x}{1+x^{2}}dx$.

解 (1) 根据例 5.18(1) 的结论，有

$$\int_{-1}^{1} \frac{\cos x}{1+e^{x}}dx = \int_{0}^{1} \left[\frac{\cos x}{1+e^{x}} + \frac{\cos(-x)}{1+e^{-x}} \right]dx = \int_{0}^{1} \cos x\,dx = \sin x \Big|_{0}^{1} = \sin 1.$$

(2) $\dfrac{x^{2}+\sin x}{1+x^{2}} = \dfrac{x^{2}}{1+x^{2}} + \dfrac{\sin x}{1+x^{2}}$，其中前者是 $[-1,1]$ 上的偶函数，后者是 $[-1,1]$ 上的奇函数. 于是

$$\int_{-1}^{1} \frac{x^{2}+\sin x}{1+x^{2}}dx = \int_{-1}^{1} \left(\frac{x^{2}}{1+x^{2}} + \frac{\sin x}{1+x^{2}} \right)dx = \int_{-1}^{1} \frac{x^{2}}{1+x^{2}}dx + 0$$

$$= 2\int_{0}^{1} \frac{x^{2}}{1+x^{2}}dx = 2\int_{0}^{1} \left(1 - \frac{1}{1+x^{2}} \right)dx = 2(x - \arctan x) \Big|_{0}^{1}$$

$$= 2 - \frac{\pi}{2}.$$

5.2.4 定积分的分部积分法

定理 5.5 设 $u(x), v(x)$ 在 $[a,b]$ 上具有连续的导数，则

$$\int_{a}^{b} u(x)v'(x)\,dx = [u(x)v(x)] \Big|_{a}^{b} - \int_{a}^{b} u'(x)v(x)\,dx,$$

简记为

$$\int_{a}^{b} u\,dv = (uv) \Big|_{a}^{b} - \int_{a}^{b} v\,du,$$

这就是定积分的分部积分公式.

例 5.20 求定积分 $\displaystyle\int_{0}^{1} xe^{2x}dx$.

解 $\displaystyle\int_{0}^{1} xe^{2x}dx = \frac{1}{2}\int_{0}^{1} x\,d(e^{2x}) = \frac{1}{2}(xe^{2x}) \Big|_{0}^{1} - \frac{1}{2}\int_{0}^{1} e^{2x}dx = \frac{e^{2}}{2} - \frac{1}{4}e^{2x} \Big|_{0}^{1} = \frac{e^{2}}{2} - \frac{1}{4}(e^{2}-1) = \frac{1}{4}(e^{2}+1).$

例 5. 21 求定积分 $\int_0^1 x\arctan x\mathrm{d}x$.

解 $\int_0^1 x\arctan x\mathrm{d}x = \int_0^1 \arctan x\mathrm{d}\left(\dfrac{x^2}{2}\right) = \left(\dfrac{x^2}{2}\arctan x\right)\Big|_0^1 - \int_0^1 \dfrac{x^2}{2}\cdot\dfrac{1}{1+x^2}\mathrm{d}x$

$\qquad\qquad = \dfrac{\pi}{8} - \dfrac{1}{2}\int_0^1\left(1-\dfrac{1}{1+x^2}\right)\mathrm{d}x = \dfrac{\pi}{8} - \dfrac{1}{2}(x-\arctan x)\Big|_0^1$

$\qquad\qquad = \dfrac{\pi}{4} - \dfrac{1}{2}.$

例 5. 22 某工厂排出大量废气，造成了严重污染，于是工厂通过减产来控制废气的排放量，若第 t 年废气的排放量为

$$C(t) = \dfrac{20\ln(t+1)}{(t+1)^2},$$

求该工厂在 $t=0$ 到 $t=5$ 这 5 年间排出的废气总量.

解 该工厂在 $t=0$ 到 $t=5$ 这 5 年间排出的废气总量为

$$\int_0^5 \dfrac{20\ln(t+1)}{(t+1)^2}\mathrm{d}t = 20\int_0^5 \ln(t+1)\mathrm{d}\left(-\dfrac{1}{t+1}\right)$$

$$= 20\left\{\left[-\dfrac{1}{t+1}\ln(t+1)\right]\Big|_0^5 + \int_0^5\dfrac{1}{t+1}\mathrm{d}[\ln(t+1)]\right\}$$

$$= -\dfrac{20}{6}\ln6 - 20\dfrac{1}{t+1}\Big|_0^5$$

$$= -\dfrac{20}{6}\ln6 - \dfrac{20}{6} + 20 \approx 10.69.$$

例 5. 23 求定积分 $I_n = \int_0^{\frac{\pi}{2}} \sin^n x\mathrm{d}x$（$n$ 为非负整数），并用所求结果计算 $\int_0^1 x^3\sqrt{1-x^2}\mathrm{d}x$.

解 （1）对于定积分 $I_n = \int_0^{\frac{\pi}{2}} \sin^n x\mathrm{d}x$，当 $n=0$ 时，$I_0 = \int_0^{\frac{\pi}{2}}\mathrm{d}x = \dfrac{\pi}{2}$；当 $n=$

微课：例 5.23

1 时，$I_1 = \int_0^{\frac{\pi}{2}} \sin x\mathrm{d}x = -\cos x\Big|_0^{\frac{\pi}{2}} = 1$；当 $n\geq2$ 时，利用分部积分公式，得

$$I_n = \int_0^{\frac{\pi}{2}} \sin^n x\mathrm{d}x = \int_0^{\frac{\pi}{2}} \sin^{n-1}x\sin x\mathrm{d}x = -\int_0^{\frac{\pi}{2}} \sin^{n-1}x\mathrm{d}(\cos x)$$

$$= -(\sin^{n-1}x\cos x)\Big|_0^{\frac{\pi}{2}} + \int_0^{\frac{\pi}{2}} \cos x\mathrm{d}(\sin^{n-1}x) = (n-1)\int_0^{\frac{\pi}{2}} \cos x\sin^{n-2}x\cos x\mathrm{d}x$$

$$= (n-1)\int_0^{\frac{\pi}{2}} \cos^2 x\sin^{n-2}x\mathrm{d}x = (n-1)\int_0^{\frac{\pi}{2}} (1-\sin^2 x)\sin^{n-2}x\mathrm{d}x$$

$$= (n-1)\int_0^{\frac{\pi}{2}} (\sin^{n-2}x - \sin^n x)\mathrm{d}x,$$

即

$$I_n = (n-1)I_{n-2} - (n-1)I_n,$$

所以

$$I_n = \dfrac{n-1}{n}I_{n-2}.$$

利用上面的递推公式，并重复应用它，可得到

$$I_{n-2}=\frac{n-3}{n-2}I_{n-4},I_{n-4}=\frac{n-5}{n-4}I_{n-6},\cdots,$$

当 n 是奇数时，最后一项是 $I_1=1$；当 n 是偶数时，最后一项是 $I_0=\frac{\pi}{2}$. 于是

$$I_n=\int_0^{\frac{\pi}{2}}\sin^n x dx=\begin{cases}\dfrac{n-1}{n}\cdot\dfrac{n-3}{n-2}\cdot\cdots\cdot\dfrac{3}{4}\cdot\dfrac{1}{2}\cdot\dfrac{\pi}{2}=\dfrac{(n-1)!!}{n!!}\cdot\dfrac{\pi}{2},\ n\text{ 是正偶数},\\[3mm]\dfrac{n-1}{n}\cdot\dfrac{n-3}{n-2}\cdot\cdots\cdot\dfrac{4}{5}\cdot\dfrac{2}{3}\cdot 1=\dfrac{(n-1)!!}{n!!},\qquad n\text{ 是大于 1 的正奇数}.\end{cases}$$

这里，当 n 为正偶数时，$n!!$ 表示所有不大于 n 的正偶数的连乘积；当 n 为正奇数时，$n!!$ 表示所有不大于 n 的正奇数的连乘积.

(2) $\int_0^1 x^3\sqrt{1-x^2}dx\xrightarrow{x=\sin t}\int_0^{\frac{\pi}{2}}\sin^3 t\cos t d(\sin t)=\int_0^{\frac{\pi}{2}}\sin^3 t\cos^2 t dt$

$$=\int_0^{\frac{\pi}{2}}\sin^3 t(1-\sin^2 t)dt=I_3-I_5=\frac{2!!}{3!!}-\frac{4!!}{5!!}=\frac{2}{3}\times 1-\frac{4}{5}\times\frac{2}{3}\times 1=\frac{2}{15}.$$

例 5.24 计算 $\int_0^{4\pi}\sin^8 x dx$.

解 $\int_0^{4\pi}\sin^8 x dx=4\int_0^{\pi}\sin^8 x dx=4\int_{-\frac{\pi}{2}}^{\frac{\pi}{2}}\sin^8 x dx=8\int_0^{\frac{\pi}{2}}\sin^8 x dx=8\times\frac{7}{8}\times\frac{5}{6}\times\frac{3}{4}\times\frac{1}{2}\times\frac{\pi}{2}=\frac{35}{32}\pi.$

同步习题 5.2

基础题

1. 求下列函数的导数：

(1) $\int_0^x \dfrac{1}{2+\sin t}dt$；

(2) $\int_x^{-1}e^{3t}\sin t dt$；

(3) $\int_1^{x^3}t^2 e^t dt$；

(4) $\int_{\sin x}^{\cos x}e^{-t^2}dt$.

2. 求下列极限：

(1) $\lim\limits_{x\to 0}\dfrac{\int_0^x\sin t^2 dt}{x^3}$；

(2) $\lim\limits_{x\to 0}\dfrac{\int_0^{x^2}\arctan\sqrt{t}\,dt}{x^2}$.

3. 计算下列定积分：

(1) $\int_0^1(4x^3-2x)dx$；

(2) $\int_1^2\sqrt{x}dx$；

(3) $\int_{e-1}^2\dfrac{1}{x+1}dx$；

(4) $\int_{-2}^2 x\cos x dx$；

(5) $\int_{-\frac{\pi}{2}}^{\frac{\pi}{2}}\cos^2 x dx$；

(6) $\int_0^{\pi}\sqrt{1-\sin^2 x}dx$；

(7) $\int_{-1}^1|x|dx$；

(8) $\int_0^{\pi}\sqrt{1+\cos 2x}dx$.

4. 设 $f(x)=\begin{cases}x^2, & -1\leqslant x\leqslant 0,\\ x-1, & 0<x\leqslant 1,\end{cases}$ 求 $\int_{-\frac{1}{2}}^{\frac{1}{2}}f(x)\,\mathrm{d}x.$

5. 计算下列定积分：

(1) $\displaystyle\int_0^1 x\mathrm{e}^{x^2}\,\mathrm{d}x$;

(2) $\displaystyle\int_1^{\mathrm{e}^2}\frac{1}{x\sqrt{1+\ln x}}\,\mathrm{d}x$;

(3) $\displaystyle\int_{\frac{1}{\pi}}^{\frac{2}{\pi}}\frac{1}{x^2}\sin\frac{1}{x}\,\mathrm{d}x$;

(4) $\displaystyle\int_0^1\frac{1}{\mathrm{e}^x+\mathrm{e}^{-x}}\,\mathrm{d}x$;

(5) $\displaystyle\int_1^{\mathrm{e}}\frac{\ln x}{x}\,\mathrm{d}x$;

(6) $\displaystyle\int_4^9\frac{\sqrt{x}}{\sqrt{x}-1}\,\mathrm{d}x$;

(7) $\displaystyle\int_0^1\frac{1}{\sqrt{4+5x}-1}\,\mathrm{d}x$;

(8) $\displaystyle\int_0^3\frac{x}{1+\sqrt{x+1}}\,\mathrm{d}x$;

(9) $\displaystyle\int_0^{\frac{\pi}{2}}\sin x\cos^3 x\,\mathrm{d}x$;

(10) $\displaystyle\int_{-2}^2(x-1)\sqrt{4-x^2}\,\mathrm{d}x.$

6. 计算下列定积分：

(1) $\displaystyle\int_0^1 x\mathrm{e}^{-x}\,\mathrm{d}x$;

(2) $\displaystyle\int_0^{\sqrt{\ln 2}}x^3\mathrm{e}^{x^2}\,\mathrm{d}x$;

(3) $\displaystyle\int_1^{\mathrm{e}}(x+1)\ln x\,\mathrm{d}x$;

(4) $\displaystyle\int_{\frac{1}{\mathrm{e}}}^{\mathrm{e}}|\ln x|\,\mathrm{d}x$;

(5) $\displaystyle\int_0^{\frac{\pi}{2}}x\sin x\,\mathrm{d}x$;

(6) $\displaystyle\int_0^{\frac{\sqrt{3}}{2}}\arccos x\,\mathrm{d}x.$

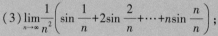

提高题

1. 证明：$\displaystyle\int_0^t x^3 f(x^2)\,\mathrm{d}x=\frac{1}{2}\int_0^{t^2}xf(x)\,\mathrm{d}x.$

2. 设 $f(x)=\ln x-\displaystyle\int_1^{\mathrm{e}}f(x)\,\mathrm{d}x$，证明：$\displaystyle\int_1^{\mathrm{e}}f(x)\,\mathrm{d}x=\frac{1}{\mathrm{e}}.$

3. 用定积分的定义求下列极限：

(1) $\displaystyle\lim_{n\to\infty}\left(\frac{n}{n^2+1}+\frac{n}{n^2+2^2}+\cdots+\frac{n}{n^2+n^2}\right)$;

(2) $\displaystyle\lim_{n\to\infty}\left(\frac{1}{n+1}+\frac{1}{n+2}+\cdots+\frac{1}{n+n}\right)$;

(3) $\displaystyle\lim_{n\to\infty}\frac{1}{n^2}\left(\sin\frac{1}{n}+2\sin\frac{2}{n}+\cdots+n\sin\frac{n}{n}\right)$;

(4) $\displaystyle\lim_{n\to\infty}\sum_{k=1}^n\frac{k}{n^2}\ln\left(1+\frac{k}{n}\right)$;

(5) $\displaystyle\lim_{n\to\infty}\left(\frac{\sin\frac{\pi}{n}}{n+1}+\frac{\sin\frac{2\pi}{n}}{n+\frac{1}{2}}+\cdots+\frac{\sin\frac{n\pi}{n}}{n+\frac{1}{n}}\right).$

微课：同步习题 5.2
提高题 3（1）

4. 设 $f(x)$ 为 $[0,+\infty)$ 上的连续函数，且 $f(x)>0$，证明：当 $x>0$ 时，函数

$$\varphi(x)=\frac{\displaystyle\int_0^x tf(t)\,\mathrm{d}t}{\displaystyle\int_0^x f(t)\,\mathrm{d}t}$$

微课：同步习题 5.2
提高题 4

单调增加.

5.3 反常积分

前面介绍的定积分中，被积函数满足的条件是 $f(x)$ 在有限区间 $[a,b]$ 上有界. 但是在一些实际应用问题中，人们经常会遇到积分区间为无穷区间或者被积函数在积分区间上无界的情形，这样的积分通常称为**反常积分**或**广义积分**. 本节介绍无穷区间上的反常积分和无界函数的反常积分.

5.3.1 无穷区间上的反常积分

引例 求由 x 轴、y 轴、曲线 $y=e^{-x}$ 所围成的延伸到无穷远处的图形的面积 A，如图 5.13 所示.

分析 要求此图形的面积 A，我们可以分以下两步来完成.

(1)先求出由 x 轴、y 轴、曲线 $y=e^{-x}$ 和直线 $x=b(b>0)$ 所围成的曲边梯形的面积 A_b，有

$$A_b = \int_0^b e^{-x} dx,$$ 如图 5.14 所示.

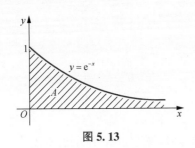

图 5.13　　　　　　　　　　图 5.14

(2)对上式取 $b \to +\infty$ 时的极限，如果该极限存在，则极限值便是我们要求的面积 A，即

$$A = \lim_{b \to +\infty} \int_0^b e^{-x} dx.$$

这一引例说明确有积分区间为无穷区间的积分，我们称此类积分为无穷限的反常积分，它的计算结果可以通过积分限趋于无穷大来得到.

定义 5.2 设函数 $f(x)$ 在区间 $[a,+\infty)$ 上连续，任取 $b>a$，如果极限 $\lim_{b \to +\infty} \int_a^b f(x) dx$ 存在，则称该极限值为函数 $f(x)$ 在无穷区间 $[a,+\infty)$ 上的反常积分，记作 $\int_a^{+\infty} f(x) dx$，即

$$\int_a^{+\infty} f(x) dx = \lim_{b \to +\infty} \int_a^b f(x) dx.$$

此时，也称反常积分 $\int_a^{+\infty} f(x) dx$ 收敛；若极限不存在，则称反常积分 $\int_a^{+\infty} f(x) dx$ 发散.

类似地，我们可以定义函数 $f(x)$ 在 $(-\infty,b]$ 上的反常积分 $\int_{-\infty}^b f(x) dx$，即

$$\int_{-\infty}^b f(x) dx = \lim_{a \to -\infty} \int_a^b f(x) dx.$$

若右端极限存在，则称反常积分 $\int_{-\infty}^b f(x) dx$ 收敛；否则，称反常积分 $\int_{-\infty}^b f(x) dx$ 发散.

最后，我们还可以定义函数 $f(x)$ 在 $(-\infty, +\infty)$ 上的反常积分 $\int_{-\infty}^{+\infty} f(x)\,\mathrm{d}x$，即

$$\int_{-\infty}^{+\infty} f(x)\,\mathrm{d}x = \int_{-\infty}^{c} f(x)\,\mathrm{d}x + \int_{c}^{+\infty} f(x)\,\mathrm{d}x$$

$$= \lim_{a \to -\infty} \int_{a}^{c} f(x)\,\mathrm{d}x + \lim_{b \to +\infty} \int_{c}^{b} f(x)\,\mathrm{d}x,$$

其中 c 是任意常数，a 是小于 c 的任意数，b 是大于 c 的任意数. 此反常积分 $\int_{-\infty}^{+\infty} f(x)\,\mathrm{d}x$ 只有当上述等式右端两个极限同时存在时才是收敛的，如果有一个极限不存在，则称该反常积分是发散的.

上述积分统称为无穷限的反常积分.

在计算无穷限的反常积分时，为了书写方便，实际运算中常常略去极限符号，形式上接近于牛顿-莱布尼茨公式的格式(只是形式上的).

例如，设 $F(x)$ 是 $f(x)$ 的一个原函数，记 $F(+\infty) = \lim\limits_{x \to +\infty} F(x)$，$F(-\infty) = \lim\limits_{x \to -\infty} F(x)$，则上述无穷限的反常积分就可以表示成以下形式：

$$\int_{a}^{+\infty} f(x)\,\mathrm{d}x = F(x)\,\Big|_{a}^{+\infty} = F(+\infty) - F(a),$$

$$\int_{-\infty}^{b} f(x)\,\mathrm{d}x = F(x)\,\Big|_{-\infty}^{b} = F(b) - F(-\infty),$$

$$\int_{-\infty}^{+\infty} f(x)\,\mathrm{d}x = F(x)\,\Big|_{-\infty}^{+\infty} = F(+\infty) - F(-\infty).$$

这时无穷限的反常积分的收敛与发散就取决于极限 $F(+\infty)$，$F(-\infty)$ 是否存在.

例 5.25　求由 x 轴和 y 轴及曲线 $y = \mathrm{e}^{-x}$ 所围成的延伸到无穷远处的图形的面积 A.

解　由题意得

$$A = \int_{0}^{+\infty} \mathrm{e}^{-x}\,\mathrm{d}x = (-\mathrm{e}^{-x})\,\Big|_{0}^{+\infty} = \lim_{x \to +\infty}(-\mathrm{e}^{-x}) + \mathrm{e}^{0} = 1.$$

例 5.26　讨论反常积分 $\int_{2}^{+\infty} \dfrac{1}{x\ln x}\,\mathrm{d}x$ 的敛散性.

解　因为 $\int_{2}^{+\infty} \dfrac{1}{x\ln x}\,\mathrm{d}x = \int_{2}^{+\infty} \dfrac{1}{\ln x}\,\mathrm{d}(\ln x) = \ln|\ln x|\,\Big|_{2}^{+\infty} = +\infty$，所以反常积分 $\int_{2}^{+\infty} \dfrac{1}{x\ln x}\,\mathrm{d}x$ 发散.

例 5.27　讨论反常积分 $\int_{a}^{+\infty} \dfrac{1}{x^p}\,\mathrm{d}x\,(a>0)$ 的敛散性.

解　(1) 当 $p < 1$ 时，$\int_{a}^{+\infty} \dfrac{1}{x^p}\,\mathrm{d}x = \left(\dfrac{1}{1-p}x^{1-p}\right)\Big|_{a}^{+\infty} = +\infty$，此时反常积分发散.

(2) 当 $p = 1$ 时，$\int_{a}^{+\infty} \dfrac{1}{x}\,\mathrm{d}x = \ln x\,\Big|_{a}^{+\infty} = +\infty$，此时反常积分发散.

(3) 当 $p > 1$ 时，$\int_{a}^{+\infty} \dfrac{1}{x^p}\,\mathrm{d}x = \left(\dfrac{1}{1-p}x^{1-p}\right)\Big|_{a}^{+\infty} = 0 - \dfrac{1}{1-p}a^{1-p} = \dfrac{1}{p-1}a^{1-p}$，此时反常积分收敛.

因此，当 $p > 1$ 时，反常积分 $\int_{a}^{+\infty} \dfrac{1}{x^p}\,\mathrm{d}x$ 收敛，其值为 $\dfrac{a^{1-p}}{p-1}$；当 $p \leqslant 1$ 时，反常积分 $\int_{a}^{+\infty} \dfrac{1}{x^p}\,\mathrm{d}x$ 发散.

例 5.28 计算反常积分 $\displaystyle\int_{-\infty}^{+\infty}\frac{1}{1+x^2}\mathrm{d}x$.

解 $\displaystyle\int_{-\infty}^{+\infty}\frac{1}{1+x^2}\mathrm{d}x = \arctan x \Big|_{-\infty}^{+\infty} = \lim_{x\to+\infty}\arctan x - \lim_{x\to-\infty}\arctan x$

$$= \frac{\pi}{2} - \left(-\frac{\pi}{2}\right) = \pi.$$

上述反常积分 $\displaystyle\int_{-\infty}^{+\infty}\frac{1}{1+x^2}\mathrm{d}x$ 的几何意义：当 $a\to-\infty, b\to+\infty$ 时，

虽然图 5.15 中阴影部分向左、右无限延伸，但其面积有极限值 π.

简单地说，它是位于曲线 $y=\dfrac{1}{1+x^2}$ 的下方和 x 轴的上方的图形的

面积.

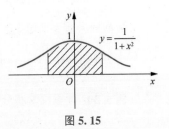

图 5.15

例 5.29 在电力需求的电涌时间，消耗电能的速度 r 可以近似地表示为 $r=te^{-t}$. 求当 $t\to+\infty$ 时的总电量 E.

解 当 $t\to+\infty$ 时的总电量 E 为

$$E = \int_0^{+\infty} r\mathrm{d}t = \int_0^{+\infty} te^{-t}\mathrm{d}t = -\int_0^{+\infty} t\mathrm{d}(e^{-t})$$

$$= -\left[(te^{-t})\Big|_0^{+\infty} - \int_0^{+\infty} e^{-t}\mathrm{d}t\right] = -(e^{-t}\Big|_0^{+\infty}) = 1.$$

5.3.2 无界函数的反常积分

定义 5.3 如果函数 $f(x)$ 在点 a 的任一邻域内都无界，则称点 a 为函数 $f(x)$ 的瑕点.

定义 5.4 设函数 $f(x)$ 在区间 $(a,b]$ 上连续，点 a 为 $f(x)$ 的瑕点. 取 $a<t<b$，如果极限 $\displaystyle\lim_{t\to a^+}\int_t^b f(x)\mathrm{d}x$ 存在，则称此极限为函数 $f(x)$ 在区间 $(a,b]$ 上的反常积分，记作

$$\int_a^b f(x)\mathrm{d}x = \lim_{t\to a^+}\int_t^b f(x)\mathrm{d}x.$$

这时称反常积分 $\displaystyle\int_a^b f(x)\mathrm{d}x$ 收敛. 如果上述极限不存在，则称反常积分 $\displaystyle\int_a^b f(x)\mathrm{d}x$ 发散.

类似地，设函数 $f(x)$ 在区间 $[a,b)$ 上连续，点 b 为 $f(x)$ 的瑕点. 取 $a<t<b$，如果极限 $\displaystyle\lim_{t\to b^-}\int_a^t f(x)\mathrm{d}x$ 存在，则称此极限为函数 $f(x)$ 在区间 $[a,b)$ 上的反常积分，记作

$$\int_a^b f(x)\mathrm{d}x = \lim_{t\to b^-}\int_a^t f(x)\mathrm{d}x.$$

这时称反常积分 $\displaystyle\int_a^b f(x)\mathrm{d}x$ 收敛. 如果上述极限不存在，则称反常积分 $\displaystyle\int_a^b f(x)\mathrm{d}x$ 发散.

设函数 $f(x)$ 在区间 $[a,b]$ 上除点 $c\,(a<c<b)$ 外连续，点 c 为 $f(x)$ 的瑕点. 如果两个反常积分 $\displaystyle\int_a^c f(x)\mathrm{d}x$ 和 $\displaystyle\int_c^b f(x)\mathrm{d}x$ 都收敛，则定义

$$\int_a^b f(x)\mathrm{d}x = \int_a^c f(x)\mathrm{d}x + \int_c^b f(x)\mathrm{d}x = \lim_{t\to c^-}\int_a^t f(x)\mathrm{d}x + \lim_{t\to c^+}\int_t^b f(x)\mathrm{d}x.$$

这时称反常积分 $\displaystyle\int_a^b f(x)\mathrm{d}x$ 收敛. 否则，称反常积分 $\displaystyle\int_a^b f(x)\mathrm{d}x$ 发散.

无界函数的反常积分又称为**瑕积分**.

根据定义 5.4 和牛顿–莱布尼茨公式，我们可以得到以下简记形式.

如果 $F(x)$ 是 $f(x)$ 在 $(a,b]$ 上的原函数，a 是瑕点，则有

$$\int_a^b f(x)\,\mathrm{d}x = \lim_{t\to a^+}\int_t^b f(x)\,\mathrm{d}x = \lim_{t\to a^+}\left[F(b)-F(t)\right] = F(b)-\lim_{t\to a^+}F(t)$$
$$= F(b)-F(a+0) = F(x)\,\Big|_a^b.$$

类似地，若 b 是瑕点，则有

$$\int_a^b f(x)\,\mathrm{d}x = \lim_{t\to b^-}\int_a^t f(x)\,\mathrm{d}x = \lim_{t\to b^-}\left[F(t)-F(a)\right] = \lim_{t\to b^-}F(t)-F(a) = F(b-0)-F(a) = F(x)\,\Big|_a^b.$$

例 5.30　计算反常积分 $\displaystyle\int_0^a \frac{\mathrm{d}x}{\sqrt{a^2-x^2}}(a>0)$.

解　因为 $\displaystyle\lim_{x\to a^-}\frac{1}{\sqrt{a^2-x^2}}=+\infty$，所以 $x=a$ 为被积函数的瑕点，于是

$$\int_0^a \frac{\mathrm{d}x}{\sqrt{a^2-x^2}} = \left(\arcsin\frac{x}{a}\right)\Big|_0^a = \lim_{x\to a^-}\arcsin\frac{x}{a}-0 = \frac{\pi}{2}.$$

例 5.31　讨论 $\displaystyle\int_0^2 \frac{1}{(x-1)^2}\mathrm{d}x$ 的敛散性.

解　由于 $x=1$ 是被积函数的瑕点，所以

$$\int_0^2 \frac{1}{(x-1)^2}\mathrm{d}x = \int_0^1 \frac{1}{(x-1)^2}\mathrm{d}x + \int_1^2 \frac{1}{(x-1)^2}\mathrm{d}x.$$

又因为　　　　$\displaystyle\int_1^2 \frac{1}{(x-1)^2}\mathrm{d}x = -\frac{1}{x-1}\Big|_1^2 = -1+\lim_{x\to 1^+}\frac{1}{x-1} = +\infty,$

所以反常积分 $\displaystyle\int_1^2 \frac{1}{(x-1)^2}\mathrm{d}x$ 发散.

因此，反常积分 $\displaystyle\int_0^2 \frac{1}{(x-1)^2}\mathrm{d}x$ 发散.

微课：例 5.31

【即时提问 5.3】 对于例 5.31，下面的解法是错误的：

$$\int_0^2 \frac{1}{(x-1)^2}\mathrm{d}x = \left(-\frac{1}{x-1}\right)\Big|_0^2 = -2.$$

想一想，为什么是错误的?

例 5.32　证明：反常积分 $\displaystyle\int_0^1 \frac{1}{x^p}\mathrm{d}x$，当 $0<p<1$ 时收敛；当 $p\geqslant 1$ 时发散.

证明　显然，$x=0$ 是被积函数的瑕点.

(1) 当 $0<p<1$ 时，

$$\int_0^1 \frac{1}{x^p}\mathrm{d}x = \left(\frac{1}{1-p}x^{1-p}\right)\Big|_0^1 = \frac{1}{1-p}-\frac{1}{1-p}\lim_{x\to 0^+}x^{1-p} = \frac{1}{1-p},$$

此时反常积分收敛.

（2）当 $p=1$ 时，

$$\int_0^1 \frac{1}{x^p}\mathrm{d}x = \int_0^1 \frac{1}{x}\mathrm{d}x = \ln x \big|_0^1 = 0 - \lim_{x\to 0^+}\ln x = +\infty,$$

此时反常积分发散.

（3）当 $p>1$ 时，

$$\int_0^1 \frac{1}{x^p}\mathrm{d}x = \left(\frac{1}{1-p}x^{1-p}\right)\Big|_0^1 = \frac{1}{1-p} - \frac{1}{1-p}\lim_{x\to 0^+}x^{1-p} = +\infty,$$

此时反常积分发散.

综上所述，反常积分 $\int_0^1 \frac{1}{x^p}\mathrm{d}x$，当 $0<p<1$ 时收敛，其值为 $\frac{1}{1-p}$；当 $p\geqslant 1$ 时发散.

5.3.3 反常积分的敛散性判别法和 Γ 函数

反常积分的敛散性可以通过求被积函数的原函数，然后按定义取极限，根据极限的存在与否来判定. 本节将介绍不通过被积函数的原函数判定反常积分敛散性的判别法.

1. 无穷区间上反常积分的敛散性判别法

定理 5.6（基本定理） 设函数 $f(x)$ 在 $[a,+\infty)$ 上连续，且 $f(x)\geqslant 0$，则反常积分 $\int_a^{+\infty} f(x)\mathrm{d}x$ 收敛的充要条件是 $F(x)=\int_a^x f(t)\mathrm{d}t$ 在 $[a,+\infty)$ 上有上界.

证明 因为 $f(x)\geqslant 0$，所以 $F(x)$ 在 $[a,+\infty)$ 上单调增加. 因此，$\lim_{x\to+\infty}F(x)$ 存在的充要条件是 $F(x)=\int_a^x f(t)\mathrm{d}t$ 在 $[a,+\infty)$ 上有上界. 故反常积分 $\int_a^{+\infty} f(x)\mathrm{d}x$ 收敛的充要条件是 $F(x)=\int_a^x f(t)\mathrm{d}t$ 在 $[a,+\infty)$ 上有上界.

根据定理 5.6，对于非负函数的无穷区间上的反常积分，有以下比较判别法.

定理 5.7（比较判别法 1） 设 $f(x),g(x)$ 在 $[a,+\infty)$ 上连续，如果对 $\forall x\in[a,+\infty)$，有 $0\leqslant f(x)\leqslant g(x)$，则

（1）当 $\int_a^{+\infty} g(x)\mathrm{d}x$ 收敛时，$\int_a^{+\infty} f(x)\mathrm{d}x$ 也收敛；

（2）当 $\int_a^{+\infty} f(x)\mathrm{d}x$ 发散时，$\int_a^{+\infty} g(x)\mathrm{d}x$ 也发散.

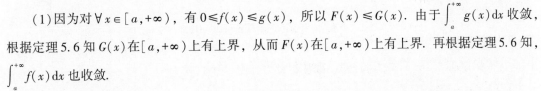

微课：比较判别法 1 的证明

证明 记 $F(x)=\int_a^x f(t)\mathrm{d}t, G(x)=\int_a^x g(t)\mathrm{d}t.$

（1）因为对 $\forall x\in[a,+\infty)$，有 $0\leqslant f(x)\leqslant g(x)$，所以 $F(x)\leqslant G(x)$. 由于 $\int_a^{+\infty} g(x)\mathrm{d}x$ 收敛，根据定理 5.6 知 $G(x)$ 在 $[a,+\infty)$ 上有上界，从而 $F(x)$ 在 $[a,+\infty)$ 上有上界. 再根据定理 5.6 知，$\int_a^{+\infty} f(x)\mathrm{d}x$ 也收敛.

（2）用反证法. 若 $\int_a^{+\infty} g(x)\mathrm{d}x$ 收敛，由（1）知 $\int_a^{+\infty} f(x)\mathrm{d}x$ 也收敛，矛盾. 故当 $\int_a^{+\infty} f(x)\mathrm{d}x$ 发散时，$\int_a^{+\infty} g(x)\mathrm{d}x$ 也发散.

定理 5.8（比较判别法的极限形式 1） 设 $f(x),g(x)$ 在 $[a,+\infty)$ 上连续，对 $\forall x\in[a,+\infty)$，有 $f(x)\geqslant 0,g(x)>0$，且 $\lim\limits_{x\to+\infty}\dfrac{f(x)}{g(x)}=l$，则

微课：比较判别法的极限形式 1

（1）当 $0<l<+\infty$ 时，$\int_a^{+\infty}f(x)\mathrm{d}x$ 与 $\int_a^{+\infty}g(x)\mathrm{d}x$ 同时收敛同时发散；

（2）当 $l=0$ 时，由 $\int_a^{+\infty}g(x)\mathrm{d}x$ 收敛可推知 $\int_a^{+\infty}f(x)\mathrm{d}x$ 收敛，由 $\int_a^{+\infty}f(x)\mathrm{d}x$ 发散可推知 $\int_a^{+\infty}g(x)\mathrm{d}x$ 也发散；

（3）当 $l=+\infty$ 时，由 $\int_a^{+\infty}f(x)\mathrm{d}x$ 收敛可推知 $\int_a^{+\infty}g(x)\mathrm{d}x$ 收敛，由 $\int_a^{+\infty}g(x)\mathrm{d}x$ 发散可推知 $\int_a^{+\infty}f(x)\mathrm{d}x$ 也发散.

定理 5.9（比较判别法 2） 设 $f(x)$ 在 $[a,+\infty)(a>0)$ 内连续，则

微课：比较判别法 2

（1）当 $0\leqslant f(x)\leqslant\dfrac{1}{x^p},x\in[a,+\infty)$ 且 $p>1$ 时，$\int_a^{+\infty}f(x)\mathrm{d}x$ 收敛；

（2）当 $f(x)\geqslant\dfrac{1}{x^p},x\in[a,+\infty)$ 且 $p\leqslant 1$ 时，$\int_a^{+\infty}f(x)\mathrm{d}x$ 发散.

定理 5.10（比较判别法的极限形式 2） 设 $f(x)$ 在 $[a,+\infty)$ 内连续，对 $\forall x\in[a,+\infty)$，有 $f(x)\geqslant 0$，且 $\lim\limits_{x\to+\infty}x^p f(x)=l$，则

微课：比较判别法的极限形式 2

（1）当 $0\leqslant l<+\infty$ 且 $p>1$ 时，$\int_a^{+\infty}f(x)\mathrm{d}x$ 收敛；

（2）当 $0<l\leqslant+\infty$ 且 $p\leqslant 1$ 时，$\int_a^{+\infty}f(x)\mathrm{d}x$ 发散.

例 5.33 判定 $\int_0^{+\infty}\dfrac{\sin^2 x}{1+x^2}\mathrm{d}x$ 的敛散性.

解 由于 $0\leqslant\dfrac{\sin^2 x}{1+x^2}\leqslant\dfrac{1}{1+x^2},x\in[0,+\infty)$，且 $\int_0^{+\infty}\dfrac{1}{1+x^2}\mathrm{d}x=\dfrac{\pi}{2}$ 收敛，根据定理 5.7 知，反常积分 $\int_0^{+\infty}\dfrac{\sin^2 x}{1+x^2}\mathrm{d}x$ 收敛.

例 5.34 判定 $\int_1^{+\infty}x^\alpha\mathrm{e}^{-x}\mathrm{d}x$ 的敛散性.

解 由于对任何实数 α，都有

$$\lim_{x\to+\infty}(x^2\cdot x^\alpha\mathrm{e}^{-x})=\lim_{x\to+\infty}\frac{x^{\alpha+2}}{\mathrm{e}^x}=0,$$

因此，根据定理 5.10($p=2,l=0$)知，反常积分 $\int_1^{+\infty}x^\alpha\mathrm{e}^{-x}\mathrm{d}x$ 收敛.

对于 $\int_{-\infty}^b f(x)\mathrm{d}x$ 和 $\int_{-\infty}^{+\infty}f(x)\mathrm{d}x$ 的比较判别法，可类似写出.

2. 无界函数反常积分的敛散性判别法

定理 5.11（比较判别法 1） 设 $f(x),g(x)$ 在 $(a,b]$ 上连续，瑕点同为 $x=a$，且对 $\forall x\in(a,$

$b]$，有 $0 \leqslant f(x) \leqslant g(x)$，则

（1）当 $\int_a^b g(x)\,\mathrm{d}x$ 收敛时，$\int_a^b f(x)\,\mathrm{d}x$ 也收敛；

（2）当 $\int_a^b f(x)\,\mathrm{d}x$ 发散时，$\int_a^b g(x)\,\mathrm{d}x$ 也发散.

定理 5.12（比较判别法的极限形式 1） 设 $f(x),g(x)$ 在 $(a,b]$ 上连续，瑕点同为 $x=a$，对 $\forall x \in (a,b]$，有 $f(x) \geqslant 0, g(x) > 0$，且 $\lim\limits_{x \to a^+} \dfrac{f(x)}{g(x)} = l$，则

（1）当 $0 < l < +\infty$ 时，$\int_a^b f(x)\,\mathrm{d}x$ 与 $\int_a^b g(x)\,\mathrm{d}x$ 同时收敛同时发散；

（2）当 $l=0$ 时，由 $\int_a^b g(x)\,\mathrm{d}x$ 收敛可推知 $\int_a^b f(x)\,\mathrm{d}x$ 收敛，由 $\int_a^b f(x)\,\mathrm{d}x$ 发散可推知 $\int_a^b g(x)\,\mathrm{d}x$ 也发散；

（3）当 $l = +\infty$ 时，由 $\int_a^b f(x)\,\mathrm{d}x$ 收敛可推知 $\int_a^b g(x)\,\mathrm{d}x$ 收敛，由 $\int_a^b g(x)\,\mathrm{d}x$ 发散可推知 $\int_a^b f(x)\,\mathrm{d}x$ 也发散.

定理 5.13（比较判别法 2） 设 $f(x)$ 在 $(a,b]$ 上连续，点 a 为 $f(x)$ 的瑕点，则

（1）当 $0 \leqslant f(x) \leqslant \dfrac{1}{(x-a)^p}, x \in (a,b]$ 且 $0 < p < 1$ 时，$\int_a^b f(x)\,\mathrm{d}x$ 收敛；

（2）当 $f(x) \geqslant \dfrac{1}{(x-a)^p}, x \in (a,b]$ 且 $p \geqslant 1$ 时，$\int_a^b f(x)\,\mathrm{d}x$ 发散.

定理 5.14（比较判别法的极限形式 2） 设 $f(x)$ 在 $(a,b]$ 上连续，点 a 为 $f(x)$ 的瑕点，对 $\forall x \in (a,b]$，有 $f(x) \geqslant 0$，且 $\lim\limits_{x \to a^+}[(x-a)^p f(x)] = l$，则

（1）当 $0 \leqslant l < +\infty$ 且 $0 < p < 1$ 时，$\int_a^b f(x)\,\mathrm{d}x$ 收敛；

（2）当 $0 < l \leqslant +\infty$ 且 $p \geqslant 1$ 时，$\int_a^b f(x)\,\mathrm{d}x$ 发散.

例 5.35 判别下列瑕积分的敛散性：

（1）$\int_0^1 \dfrac{\ln x}{\sqrt{x}}\,\mathrm{d}x$；　　　　　　（2）$\int_1^2 \dfrac{\sqrt{x}}{\ln x}\,\mathrm{d}x$.

解 本例两个瑕积分的被积函数在各自的积分区间上分别保持同号，$\dfrac{\ln x}{\sqrt{x}}$ 在 $(0,1]$ 上恒为负，$\dfrac{\sqrt{x}}{\ln x}$ 在 $(1,2]$ 上恒为正.

（1）函数 $-\dfrac{\ln x}{\sqrt{x}}$ 在 $(0,1]$ 上恒为正且瑕点为 $x=0$，所以我们只需要考虑反常积分 $\int_0^1 \left(-\dfrac{\ln x}{\sqrt{x}}\right)\mathrm{d}x$.

由于
$$\lim\limits_{x \to 0^+}\left[x^{\frac{3}{4}} \cdot \left(-\dfrac{\ln x}{\sqrt{x}}\right)\right] = -\lim\limits_{x \to 0^+} x^{\frac{1}{4}}\ln x = 0,$$

由定理 5.13 知，反常积分 $\int_0^1 \left(-\dfrac{\ln x}{\sqrt{x}}\right)\mathrm{d}x$ 收敛，从而反常积分 $\int_0^1 \dfrac{\ln x}{\sqrt{x}}\,\mathrm{d}x$ 收敛.

（2）函数 $\dfrac{\sqrt{x}}{\ln x}$ 的瑕点为 $x=1$，由于

$$\lim_{x \to 1^{+}}\left[(x-1) \cdot \frac{\sqrt{x}}{\ln x}\right]=\lim_{x \to 1^{+}}\frac{x-1}{\ln x}=1,$$

由定理 5.13 知，反常积分 $\displaystyle\int_{1}^{2}\frac{\sqrt{x}}{\ln x}\mathrm{d}x$ 发散.

下面举一个既是无穷区间上的反常积分又是瑕积分的例子.

例 5.36 判定反常积分 $\varPhi(\alpha)=\displaystyle\int_{0}^{+\infty}\frac{x^{\alpha}}{1+x}\mathrm{d}x$ 的敛散性.

解 把反常积分 $\varPhi(\alpha)$ 写成

$$\varPhi(\alpha)=\int_{0}^{1}\frac{x^{\alpha}}{1+x}\mathrm{d}x+\int_{1}^{+\infty}\frac{x^{\alpha}}{1+x}\mathrm{d}x=I(\alpha)+J(\alpha).$$

（1）先讨论 $I(\alpha)$. 当 $\alpha \geqslant 0$ 时，它是定积分；当 $\alpha < 0$ 时，它是瑕积分，瑕点为 $x=0$. 由于

$$\lim_{x \to 0^{+}}\left(x^{-\alpha} \cdot \frac{x^{\alpha}}{1+x}\right)=1,$$

由定理 5.13 知，当 $0<-\alpha<1$，即 $-1<\alpha<0$ 时，$I(\alpha)$ 收敛；当 $-\alpha \geqslant 1$，即 $\alpha \leqslant -1$ 时，$I(\alpha)$ 发散.

（2）再讨论 $J(\alpha)$，它是无穷区间上的反常积分. 由于

$$\lim_{x \to +\infty}x^{1-\alpha} \cdot \frac{x^{\alpha}}{1+x}=\lim_{x \to +\infty}\frac{x}{1+x}=1,$$

根据定理 5.10 知，当 $1-\alpha>1$，即 $\alpha<0$ 时，$J(\alpha)$ 收敛；当 $1-\alpha \leqslant 1$，即 $\alpha \geqslant 0$ 时，$J(\alpha)$ 发散.

综上所述，反常积分 $\varPhi(\alpha)=\displaystyle\int_{0}^{+\infty}\frac{x^{\alpha}}{1+x}\mathrm{d}x$ 只有当 $-1<\alpha<0$ 时才收敛.

3. Γ 函数

定义 5.5 含参变量 x 的反常积分 $\Gamma(x)=\displaystyle\int_{0}^{+\infty}t^{x-1}\mathrm{e}^{-t}\mathrm{d}t(x>0)$，称为 Γ 函数.

Γ 函数具有以下性质：

（1）$\Gamma(x+1)=x\Gamma(x)$；

（2）$\Gamma(1)=1$；

（3）$\Gamma(n+1)=n!$；

（4）$\Gamma\left(\dfrac{1}{2}\right)=\sqrt{\pi}$.

证明 （1）$\Gamma(x+1)=\displaystyle\int_{0}^{+\infty}t^{x}\mathrm{e}^{-t}\mathrm{d}t=-\int_{0}^{+\infty}t^{x}\mathrm{d}(\mathrm{e}^{-t})=(-t^{x}\mathrm{e}^{-t})\Big|_{0}^{+\infty}+x\int_{0}^{+\infty}t^{x-1}\mathrm{e}^{-t}\mathrm{d}t$

$=0+x\Gamma(x)=x\Gamma(x).$

（2）$\Gamma(1)=\displaystyle\int_{0}^{+\infty}\mathrm{e}^{-t}\mathrm{d}t=(-\mathrm{e}^{-t})\Big|_{0}^{+\infty}=1.$

（3）$\Gamma(n+1)=n\Gamma(n)=n(n-1)\Gamma(n-1)=\cdots=n(n-1)\cdots2\times1=n!.$

（4）$\Gamma\left(\dfrac{1}{2}\right)=\sqrt{\pi}$ 的证明过程参考下册第 10 章.

例 5.37 计算下列反常积分：

$(1)I=\int_0^{+\infty}x^6\mathrm{e}^{-x}\mathrm{d}x;\qquad(2)I=\int_0^{+\infty}x^6\mathrm{e}^{-x^2}\mathrm{d}x.$

解 $(1)I=\int_0^{+\infty}x^6\mathrm{e}^{-x}\mathrm{d}x=\Gamma(7)=6!=720.$

$(2)I=\int_0^{+\infty}x^6\mathrm{e}^{-x^2}\mathrm{d}x\xrightarrow{u=x^2}\int_0^{+\infty}u^3\mathrm{e}^{-u}\cdot\frac{1}{2\sqrt{u}}\mathrm{d}u$

$\qquad=\frac{1}{2}\int_0^{+\infty}u^{\frac{5}{2}}\mathrm{e}^{-u}\mathrm{d}u=\frac{1}{2}\Gamma\left(\frac{7}{2}\right)=\frac{1}{2}\times\frac{5}{2}\times\frac{3}{2}\times\frac{1}{2}\times\Gamma\left(\frac{1}{2}\right)=\frac{15}{16}\sqrt{\pi}.$

同步习题 5.3

基础题

1. 计算下列反常积分：

$(1)\int_1^{+\infty}\frac{1}{x^3}\mathrm{d}x;\qquad(2)\int_0^{-\infty}\mathrm{e}^{3x}\mathrm{d}x;\qquad(3)\int_0^{+\infty}x\mathrm{e}^{-x^2}\mathrm{d}x;$

$(4)\int_1^{+\infty}\frac{\ln x}{x^2}\mathrm{d}x;\qquad(5)\int_0^{+\infty}\frac{\mathrm{d}x}{\sqrt{x}(4+x)};\qquad(6)\int_0^1\ln x\mathrm{d}x;$

$(7)\int_1^2\frac{1}{(x-1)^\alpha}\mathrm{d}x(0<\alpha<1);\qquad(8)\int_{-\infty}^{+\infty}\frac{1}{x^2+2x+2}\mathrm{d}x.$

2. 判断下列反常积分的敛散性，收敛的请求出值：

$(1)\int_{-\infty}^0\frac{\mathrm{d}x}{2-x};\qquad(2)\int_0^2\frac{1}{x^2}\mathrm{d}x;$

$(3)\int_0^{+\infty}\sin x\mathrm{d}x;\qquad(4)\int_{-1}^1\frac{1}{\sqrt{1-x^2}}\mathrm{d}x.$

3. 计算下列反常积分：

$(1)\int_0^{+\infty}x^5\mathrm{e}^{-x^2}\mathrm{d}x;\qquad(2)\int_0^{+\infty}x^2\mathrm{e}^{-x^2}\mathrm{d}x;$

$(3)\int_0^{+\infty}x^5\mathrm{e}^{-x}\mathrm{d}x;\qquad(4)\int_0^{+\infty}\sqrt{x}\mathrm{e}^{-x}\mathrm{d}x.$

4. 判断下列反常积分的敛散性：

$(1)\int_0^{+\infty}\frac{1}{\sqrt[3]{x^4+1}}\mathrm{d}x;\qquad(2)\int_0^{+\infty}\frac{1}{1+\sqrt{x}}\mathrm{d}x;\qquad(3)\int_1^{+\infty}\frac{x\arctan x}{1+x^3}\mathrm{d}x;$

$(4)\int_1^{+\infty}\frac{x}{\mathrm{e}^x-1}\mathrm{d}x;\qquad(5)\int_0^\pi\frac{\sin x}{\sqrt{x^3}}\mathrm{d}x;\qquad(6)\int_0^1\frac{1}{\sqrt{x}\ln x}\mathrm{d}x;$

$(7)\int_0^1\frac{\ln x}{1-x}\mathrm{d}x;\qquad(8)\int_0^1\frac{\arctan x}{1-x^3}\mathrm{d}x.$

5. 判断反常积分$\int_e^{+\infty}\frac{1}{x\ln^k x}\mathrm{d}x$的敛散性，$k$为常数.

6. 在传染病流行期间，设t为传染病开始流行的天数，人们被传染患病的速度可以近似地表示为$r=1\,000t\mathrm{e}^{-0.5t}(r$的单位：人/天)，问：共有多少人患病？

提高题

1. 计算由曲线 $y=\dfrac{1}{x^2+2x+2}(x\geqslant 0)$ 和直线 $x=0,y=0$ 所围成的无界图形的面积.

2. 证明:反常积分 $\displaystyle\int_a^b \dfrac{\mathrm{d}x}{(x-a)^q}$ 当 $q<1$ 时收敛,当 $q\geqslant 1$ 时发散.

3. 求 $\displaystyle\int_1^{+\infty} \dfrac{\arctan x}{x^2}\mathrm{d}x$.

4. 求 $\displaystyle\int_0^{+\infty} \dfrac{x\mathrm{e}^{-x}}{(1+\mathrm{e}^{-x})^2}\mathrm{d}x$.

5. 计算下列反常积分:

(1) $\displaystyle\int_0^{\frac{\pi}{2}} \ln\sin x\,\mathrm{d}x$;

(2) $\displaystyle\int_0^{+\infty} \dfrac{1}{(1+x^2)(1+x^\alpha)}\mathrm{d}x\,(\alpha\geqslant 0)$.

5.4 定积分的应用

定积分在自然科学和社会科学中都有大量的应用,在本节中,我们将利用定积分解决一些几何和物理问题. 通过对这些问题的讨论,我们不仅要建立一些实用的公式,还要学习运用微元法将一个量表达成定积分的分析方法,然后利用它解决一些实际的求几何量和物理量的计算问题.

5.4.1 微元法

根据定积分的定义

$$\int_a^b f(x)\mathrm{d}x = \lim_{\lambda\to 0}\sum_{i=1}^n f(\xi_i)\Delta x_i$$

可以发现:被积表达式 $f(x)\mathrm{d}x$ 与 $f(\xi_i)\Delta x_i$ 类似. 因此,定积分实际上是无限细分后再累加的结果.

从几何上看,在 5.1 节的引例 1 中,我们用"分割、近似、求和、取极限"4 步将曲边梯形的面积 A 表示成积分和的极限,并给出定积分. 上述 4 步可以简化为以下过程:在区间 $[a,b]$ 内任取小区间 $[x,x+\mathrm{d}x]$,则区间 $[x,x+\mathrm{d}x]$ 上的小曲边梯形的面积 ΔA,可用以 x 处的函数值 $f(x)$ 为高、以 $\mathrm{d}x$ 为底的小矩形的面积 $f(x)\mathrm{d}x$ 作为其近似值,即 $\Delta A\approx f(x)\mathrm{d}x$,将该式右端记作 $\mathrm{d}A=f(x)\mathrm{d}x$,称为所求面积 A 的面积微元. 将面积微元在区间 $[a,b]$ 上求定积分,得曲边梯形的面积为 $A=\displaystyle\int_a^b f(x)\mathrm{d}x$.

一般地,当实际问题中的所求量 U 满足以下两个要求时,量 U 就能用定积分表示.

(1) U 是一个与变量 x 的变化区间 $[a,b]$ 有关的量,且 U 对于区间 $[a,b]$ 具有可加性,即如果将 $[a,b]$ 分成若干小区间,则 U 相应地被分成许多部分量,而 U 等于所有部分量之和.

(2) 部分量 ΔU_i 的近似值可表示为 $f(\xi_i)\Delta x_i$,其中 ξ_i 是 $[x_{i-1},x_i]$ 上任意取定的一点,Δx_i 是

$[x_{i-1},x_i]$ 的长度.

一般地, 将量 U 表示成定积分的具体方法如下:

(1) 根据实际问题建立适当的坐标系, 选取一个变量(如 x) 作为积分变量, 并确定它的变化区间 $[a,b]$;

(2) 在区间 $[a,b]$ 内任取小区间 $[x,x+dx]$, 将相应于该小区间的部分量 ΔU 近似表示为 $[a,b]$ 上的一个连续函数在 x 处的值 $f(x)$ 与 dx 的乘积, 称 $f(x)dx$ 为量 U 的微元, 记作 dU, 即 $\Delta U \approx dU = f(x)dx$, ΔU 与 dU 相差一个比 dx 高阶的无穷小量($dx \to 0$);

(3) 以所求量 U 的积分元素 $dU = f(x)dx$ 为积分表达式, 在区间 $[a,b]$ 上做定积分, 即

$$U = \int_a^b dU = \int_a^b f(x)dx.$$

这种简化了的求定积分的方法称为微元法或元素法. 下面利用微元法来讨论定积分在几何学和物理学中的一些应用.

5.4.2 定积分在几何学中的应用

1. 平面图形的面积

(1) 直角坐标系中平面图形的面积

在平面直角坐标系中, 求由曲线 $y=f(x)$, $y=g(x)$ 和直线 $x=a$, $x=b$ 围成的图形的面积 A, 其中函数 $f(x)$, $g(x)$ 在区间 $[a,b]$ 上连续, 且 $f(x) \geqslant g(x)$, 如图 5.16 所示.

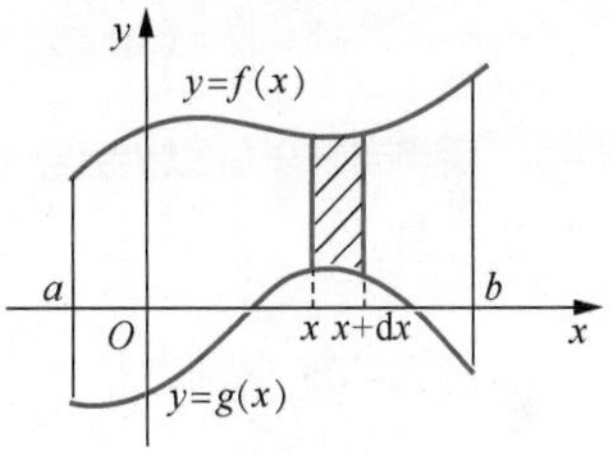

在区间 $[a,b]$ 上任取区间 $[x,x+dx]$, 在区间两个端点处作垂直于 x 轴的直线, 由于 dx 非常小, 这样介于两条直线之间的图形可以近似看成矩形, 因此面积微元可表示为

$$dA = [f(x)-g(x)]dx.$$

于是, 所求面积 A 为

$$A = \int_a^b [f(x)-g(x)]dx.$$

同样地, 由曲线 $x=\psi_1(y)$, $x=\psi_2(y)$ 和直线 $y=c$, $y=d(c \leqslant d)$ 围成的图形(见图 5.17) 的面积为

$$A = \int_c^d [\psi_2(y)-\psi_1(y)]dy,$$

其中 $\psi_2(y) \geqslant \psi_1(y)$.

【即时提问 5.4】 如果在计算平面区域面积时, 选 x 作为积分变量, 而上函数或下函数在不同区间上的表达式不唯一, 或者选 y 作为积分变量, 左函数或右函数在不同区间上的表达式不唯一, 如何利用定积分求面积?

例 5.38 求由两抛物线 $y=x^2$ 与 $x=y^2$ 所围成的图形的面积 A.

解 解方程组 $\begin{cases} y=x^2, \\ x=y^2, \end{cases}$ 得到两抛物线的交点为 $(0,0)$ 和 $(1,1)$, 两抛物线围成的图形如图 5.18 所示.

图 5.16

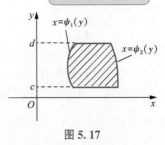

计算机可视化

图 5.17

所求面积 A 为

$$A = \int_0^1 (\sqrt{x} - x^2)\,dx = \left(\frac{2}{3}x^{\frac{3}{2}} - \frac{x^3}{3}\right)\Big|_0^1 = \frac{1}{3}.$$

注意：本例也可以选 y 作为积分变量，所求面积为

$$A = \int_0^1 (\sqrt{y} - y^2)\,dy = \left(\frac{2}{3}y^{\frac{3}{2}} - \frac{y^3}{3}\right)\Big|_0^1 = \frac{1}{3}.$$

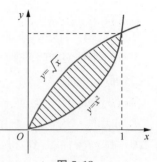

图 5.18

例 5.39 求由抛物线 $y^2 = 2x$ 与直线 $y = x - 4$ 所围成的图形的面积 A.

解 解方程组 $\begin{cases} y^2 = 2x, \\ y = x - 4, \end{cases}$ 得到抛物线与直线的交点为 $(2, -2)$ 和 $(8, 4)$，抛物线与直线围成的图形如图 5.19 所示.

从图形可以看出，若选 x 为积分变量，x 的取值范围是 $[0, 8]$，需要用直线 $x = 2$ 将图形分成两部分，所求面积是两部分面积的和，进而求两个定积分的和，显然这样比较麻烦. 因此，选 y 作为积分变量，所求面积 A 为

$$A = \int_{-2}^4 \left[(y+4) - \frac{y^2}{2}\right]dy = \left(\frac{y^2}{2} + 4y - \frac{y^3}{6}\right)\Big|_{-2}^4 = 18.$$

由例 5.39 可以看出，积分变量的选择很重要，合适的选择将简化计算.

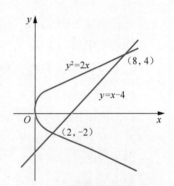

图 5.19

例 5.40 求椭圆 $\begin{cases} x = a\cos t, \\ y = b\sin t \end{cases}$ $(a > 0, b > 0)$ 所围成的图形的面积.

解 因为该图形是一中心对称图形（见图 5.20），所以所求面积 A 为

$$A = 4\int_0^a y\,dx.$$

微课：例 5.40

将 $x = a\cos t, y = b\sin t, dx = -a\sin t\,dt$ 代入，且 $x = 0$ 时，$t = \frac{\pi}{2}$，$x = a$ 时，$t = 0$，于是

$$A = 4\int_0^a y\,dx = 4\int_{\frac{\pi}{2}}^0 b\sin t \cdot (-a\sin t)\,dt = 4ab\int_0^{\frac{\pi}{2}} \sin^2 t\,dt = 4ab \cdot \frac{1}{2} \cdot \frac{\pi}{2} = \pi ab.$$

特别地，当 $a = b = R$ 时，得到半径为 R 的圆的面积 $A = \pi R^2$.

遇到曲线用参数方程 $x = \varphi(t), y = \psi(t)$ 表示时，都可用上述方法处理，即做变量代换 $x = \varphi(t), y = \psi(t)$.

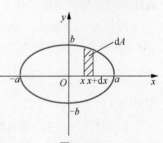

图 5.20

（2）极坐标系中平面图形的面积

设曲线由 $r = r(\theta)$ 表示，求由曲线 $r = r(\theta)$ 和射线 $\theta = \alpha, \theta = \beta$ 所围成的图形（见图 5.21）的面积. 此类图形称为曲边扇形.

在 $[\alpha, \beta]$ 上任取一子区间 $[\theta, \theta + d\theta]$，此区间上的面积记为 dA，将其近似看作扇形，得

$$dA = \frac{1}{2}r^2(\theta)\,d\theta,$$

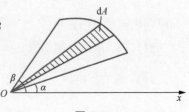

图 5.21

积分得
$$A = \frac{1}{2}\int_\alpha^\beta r^2(\theta)\,\mathrm{d}\theta.$$

例 5.41 计算心形线 $r=a(1+\cos\theta)\,(a>0)$ 所围成的图形的面积.

解 心形线所围成的图形如图 5.22 所示，这个图形关于极轴对称，因此，所求面积 A 是极轴以上部分图形面积 A_1 的 2 倍. 任取一子区间 $[\theta,\theta+\mathrm{d}\theta]\subset[0,\pi]$，则

$$\mathrm{d}A_1 = \frac{1}{2}r^2(\theta)\,\mathrm{d}\theta = \frac{1}{2}a^2(1+\cos\theta)^2\,\mathrm{d}\theta,$$

所以

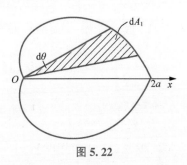

图 5.22

$$A = 2A_1 = \int_0^\pi a^2(1+\cos\theta)^2\,\mathrm{d}\theta = a^2\int_0^\pi\left(\frac{3}{2}+2\cos\theta+\frac{1}{2}\cos2\theta\right)\mathrm{d}\theta$$

$$= a^2\left(\frac{3}{2}\theta+2\sin\theta+\frac{1}{4}\sin2\theta\right)\bigg|_0^\pi$$

$$= \frac{3}{2}\pi a^2.$$

2. 体积

(1) 旋转体的体积

由一个平面图形绕该平面内一条直线旋转一周而成的立体称为旋转体，这条直线称为旋转轴. 如圆柱、圆锥、圆台、球体都是旋转体.

设一旋转体是由连续曲线 $y=f(x)$ 和直线 $x=a,x=b$ 及 x 轴所围成的曲边梯形绕 x 轴旋转一周而成的 (见图 5.23)，下面来求它的体积 V_x.

取 x 为积分变量，变化区间为 $[a,b]$，任取小区间 $[x,x+\mathrm{d}x]\subset[a,b]$，相应于小区间 $[x,x+\mathrm{d}x]$ 上的旋转体薄片的体积可近似地看作以 $f(x)$ 为底面半径、以 $\mathrm{d}x$ 为高的扁圆柱体的体积，即体积微元

$$\mathrm{d}V_x = \pi f^2(x)\,\mathrm{d}x.$$

将体积微元作为被积表达式，就可以得到所求旋转体的体积

$$V_x = \int_a^b \pi f^2(x)\,\mathrm{d}x = \pi\int_a^b f^2(x)\,\mathrm{d}x.$$

类似地，如图 5.24 所示，由连续曲线 $x=\varphi(y)$ 和直线 $y=c,y=d$ 及 y 轴所围成的曲边梯形绕 y 轴旋转一周而成的旋转体，其体积为

$$V_y = \int_c^d \pi\varphi^2(y)\,\mathrm{d}y = \pi\int_c^d \varphi^2(y)\,\mathrm{d}y.$$

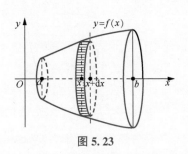

图 5.23

计算机可视化

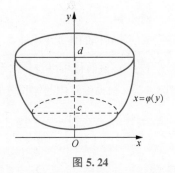

图 5.24

例 5.42 如图 5.25 所示，连接原点 O 和点 $P(h,r)$ 的直线与直线 $x=h$ 及 x 轴围成一个直角三角形. 将它绕 x 轴旋转一周形成一个底半径为 r 而高为 h 的圆锥体. 计算这个圆锥体的体积.

解 直线 OP 的方程为 $y=\dfrac{r}{h}x$. 取 x 为积分变量，变化区间为 $[0,h]$.

任取小区间 $[x,x+\mathrm{d}x]\subset[0,h]$，相应于该小区间上的旋转体薄片的体积

近似于底半径为 $\dfrac{r}{h}x$ 而高为 $\mathrm{d}x$ 的圆柱体的体积，即体积微元为

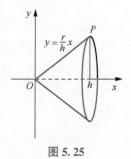

图 5.25

$$\mathrm{d}V=\pi\left(\frac{r}{h}x\right)^2\mathrm{d}x,$$

故所求体积为
$$V=\int_0^h\pi\left(\frac{r}{h}x\right)^2\mathrm{d}x=\frac{\pi r^2h}{3}.$$

例 5.43 计算由椭圆 $\dfrac{x^2}{a^2}+\dfrac{y^2}{b^2}=1$ 所围成的图形分别绕 x 轴和 y 轴旋转一周而成的旋转体（叫作旋转椭球体）的体积.

解 当绕 x 轴旋转时，如图 5.26 所示，旋转椭球体可以看作

由上半椭圆 $y=\dfrac{b}{a}\sqrt{a^2-x^2}$ 绕 x 轴旋转而成. 取 x 为积分变量，根据

公式 $V_x=\pi\displaystyle\int_a^b f^2(x)\mathrm{d}x$，得

$$V_x=\int_{-a}^a\pi\frac{b^2}{a^2}(a^2-x^2)\mathrm{d}x=\frac{2\pi b^2}{a^2}\int_0^a(a^2-x^2)\mathrm{d}x=\frac{2\pi b^2}{a^2}\left(a^2x-\frac{x^3}{3}\right)\Big|_0^a=\frac{4}{3}\pi ab^2.$$

图 5.26

同理，当绕 y 轴旋转时，根据公式 $V_y=\pi\displaystyle\int_c^d\varphi^2(y)\mathrm{d}y$，得

$$V_y=\pi\int_{-b}^b\frac{a^2}{b^2}(b^2-y^2)\mathrm{d}y=\frac{2\pi a^2}{b^2}\int_0^b(b^2-y^2)\mathrm{d}y=\frac{2\pi a^2}{b^2}\left(b^2y-\frac{y^3}{3}\right)\Big|_0^b=\frac{4}{3}\pi a^2b.$$

特别地，当 $a=b=R$ 时，可得半径为 R 的球体的体积为 $V=\dfrac{4}{3}\pi R^3$.

设一旋转体由连续曲线 $y=f(x)$ 和直线 $x=a(a>0),x=b(b>a)$ 及 x 轴所围成的曲边梯形绕 y 轴旋转一周而成，则其体积为

微课：柱壳法求体积

$$V=2\pi\int_a^b x\,|f(x)|\mathrm{d}x.$$

例 5.44 计算由曲线 $y=x^3$ 和 x 轴及直线 $x=2$ 所围成的图形绕 y 轴旋转而成的旋转体的体积.

解 该旋转体可以看作由平面图形 $OABO$ 绕 y 轴旋转一周形成（见图 5.27）. 根据旋转体的体积公式，所求旋转体的体积为

$$V=\int_0^8\pi\cdot 2^2\mathrm{d}y-\int_0^8\pi\cdot x^2\mathrm{d}y=32\pi-\pi\int_0^8 y^{\frac{2}{3}}\mathrm{d}y$$

$$=32\pi-\frac{3}{5}\pi y^{\frac{5}{3}}\Big|_0^8=\frac{64}{5}\pi.$$

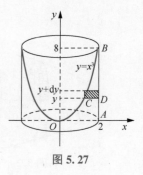

图 5.27

计算体积也可以用公式 $V=2\pi\int_a^b x|f(x)|\mathrm{d}x$ 来进行.

$$V=2\pi\int_0^2 x\cdot x^3\mathrm{d}x=\frac{2\pi}{5}x^5\Big|_0^2=\frac{64\pi}{5}.$$

（2）平行截面面积为已知的立体体积

如果一个立体不是旋转体，但知道该立体垂直于一定轴的各个截面面积，那么这个立体的体积也可用定积分来计算.

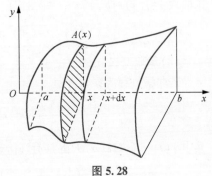

如图 5.28 所示，取定轴为 x 轴，并设该立体在过点 $x=a,x=b$ 且垂直于 x 轴的两个平行平面之间，并设过任意一点 x 的截面面积为 $A(x)$，这里 $A(x)$ 是连续函数，求该立体的体积.

取 x 为积分变量，变化区间为 $[a,b]$，任取 $[x,x+\mathrm{d}x]\subset[a,b]$，相应于该小区间的薄片可近似地看作一个小扁柱体，其底面积为 $A(x)$，高为 $\mathrm{d}x$，则体积微元为

$$\mathrm{d}V=A(x)\mathrm{d}x.$$

图 5.28

从而，在闭区间 $[a,b]$ 上求定积分便得到所求立体的体积为

$$V=\int_a^b A(x)\mathrm{d}x.$$

例 5.45 一平面经过底圆半径为 R 的圆柱体的底圆中心并与底面交成 α 角，计算该平面截圆柱体所得立体的体积.

解 如图 5.29(a) 所示，建立平面直角坐标系，则底圆方程为 $x^2+y^2=R^2$.

取 x 为积分变量，变化区间为 $[-R,R]$，过区间上任一点 x 且垂直于 x 轴的截面是一个直角三角形. 两条直角边的长分别为 $\sqrt{R^2-x^2}$ 及 $\sqrt{R^2-x^2}\tan\alpha$，所以截面面积为

$$A(x)=\frac{1}{2}(R^2-x^2)\tan\alpha,$$

于是所求立体的体积为

$$V=\frac{1}{2}\int_{-R}^R(R^2-x^2)\tan\alpha\mathrm{d}x=\frac{2}{3}R^3\tan\alpha.$$

此例也可以选取 y 作为积分变量 [见图 5.29(b)]，计算过程请大家自行完成.

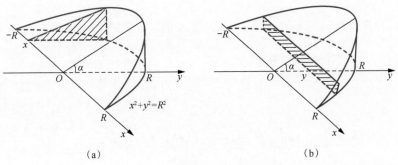

(a) (b)

图 5.29

3. 平面曲线的弧长

平面中的光滑曲线弧是可求长的，计算曲线弧的长度问题，也可用微元法来解决.

(1) 直角坐标方程情形

设曲线方程为 $y=f(x)$，$x\in[a,b]$，$f(x)$ 具有一阶连续导数，如图 5.30 所示. 由弧微分公式 [式(3.7)] 知

$$ds=\sqrt{1+(y')^2}\,dx,$$

则曲线 $y=f(x)$ 对应于 $a\leqslant x\leqslant b$ 上的一段弧的长度为

$$s=\int_a^b\sqrt{1+(y')^2}\,dx.$$

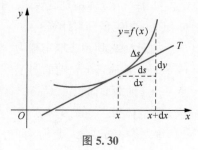

图 5.30

(2) 参数方程情形

若曲线方程为参数方程

$$\begin{cases}x=\varphi(t),\\y=\psi(t)\end{cases}(\alpha\leqslant t\leqslant\beta),$$

其中 $\varphi(t)$，$\psi(t)$ 在 $[\alpha,\beta]$ 上具有一阶连续导数，则由弧微分公式[式(3.7)]知

$$ds=\sqrt{(dx)^2+(dy)^2}=\sqrt{\varphi'^2(t)(dt)^2+\psi'^2(t)(dt)^2}=\sqrt{\varphi'^2(t)+\psi'^2(t)}\,dt(dt>0),$$

于是 $\alpha\leqslant t\leqslant\beta$ 对应的弧长为

$$s=\int_\alpha^\beta\sqrt{\varphi'^2(t)+\psi'^2(t)}\,dt.$$

(3) 极坐标方程情形

如果曲线弧由极坐标方程 $r=r(\theta)(\alpha\leqslant\theta\leqslant\beta)$ 给出，其中 $r(\theta)$ 在 $[\alpha,\beta]$ 上具有一阶连续导数，则可把极坐标方程转化为以 θ 为参变量的参数方程

$$\begin{cases}x=r(\theta)\cos\theta,\\y=r(\theta)\sin\theta\end{cases}(\alpha\leqslant\theta\leqslant\beta),$$

此时

$$dx=[r'(\theta)\cos\theta-r(\theta)\sin\theta]d\theta,dy=[r'(\theta)\sin\theta+r(\theta)\cos\theta]d\theta.$$

从而得到弧微分

$$ds=\sqrt{(dx)^2+(dy)^2}=\sqrt{r^2(\theta)+r'^2(\theta)}\,d\theta(d\theta>0),$$

所以 $\alpha\leqslant\theta\leqslant\beta$ 对应的弧长为

$$s=\int_\alpha^\beta\sqrt{r^2(\theta)+r'^2(\theta)}\,d\theta.$$

例 5.46 计算曲线 $y=\dfrac{2}{3}x^{\frac{3}{2}}$ 上相应于 x 从 a 到 b 的一段弧的长度(见图 5.31).

解 因为 $y'=x^{\frac{1}{2}}$，所以弧微分为

$$ds=\sqrt{1+y'^2}\,dx=\sqrt{1+x}\,dx.$$

故

$$s=\int_a^b\sqrt{1+x}\,dx=\frac{2}{3}\left[(1+b)^{\frac{3}{2}}-(1+a)^{\frac{3}{2}}\right].$$

例 5.47 计算摆线 $\begin{cases}x=a(t-\sin t),\\y=a(1-\cos t)\end{cases}(a>0)$ 的一拱 $(0\leqslant t\leqslant2\pi)$ 的长度(见图 5.32).

解 当 $0 \leqslant t \leqslant 2\pi$ 时，$0 \leqslant \dfrac{t}{2} \leqslant \pi$，从而 $\sin \dfrac{t}{2} > 0$. 弧微分为

$$\mathrm{d}s = \sqrt{a^2(1-\cos t)^2 + a^2\sin^2 t}\, \mathrm{d}t = a\sqrt{2(1-\cos t)}\, \mathrm{d}t = 2a\sin\frac{t}{2}\,\mathrm{d}t,$$

从而弧长为

$$s = \int_0^{2\pi} 2a\sin\frac{t}{2}\,\mathrm{d}t = 2a\left(-2\cos\frac{t}{2}\right)\bigg|_0^{2\pi} = 8a.$$

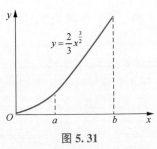

图 5.31

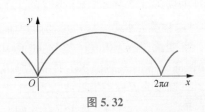

图 5.32

例 5.48 求阿基米德螺线 $r = a\theta\,(a>0)$ 相应于 θ 从 0 到 2π 的一段弧（见图 5.33）的弧长.

微课：例 5.48

解 弧微分为

$$\mathrm{d}s = \sqrt{r^2(\theta) + r'^2(\theta)}\,\mathrm{d}\theta$$
$$= \sqrt{a^2\theta^2 + a^2}\,\mathrm{d}\theta = a\sqrt{1+\theta^2}\,\mathrm{d}\theta,$$

所求弧长为

$$s = a\int_0^{2\pi}\sqrt{1+\theta^2}\,\mathrm{d}\theta$$

$$= \frac{a}{2}\left[2\pi\sqrt{1+4\pi^2} + \ln\left(2\pi + \sqrt{1+4\pi^2}\right)\right].$$

5.4.3 定积分在物理学中的应用

1. 变力做功

设一物体在变力 F 的作用下沿直线运动，变力 F 是位移 x 的连续函数 $F = F(x)$，方向始终保持不变且与物体的位移方向相同，求物体由点 a 移到点 b 时，变力 F 所做的功.

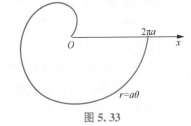

图 5.33

在区间 $[a,b]$ 上任取区间 $[x, x+\mathrm{d}x]$，由于 $\mathrm{d}x$ 比较小，所以在该区间上可以近似看成恒力做功，于是该区间上的功微元为

$$\mathrm{d}W = F(x)\,\mathrm{d}x,$$

从而得到在 $[a,b]$ 上变力 F 所做的功为

$$W = \int_a^b F(x)\,\mathrm{d}x.$$

微课：变力做功问题

例 5.49 设在 x 轴的原点处放置了一个电量为 $+q_1$ 的点电荷，将另一带电量为 $+q_2$ 的点电荷放入由 $+q_1$ 形成的电场中，求电场力将 $+q_2$ 从 $x=a$ 排斥到 $x=b$ 时所做的功.

解 在区间 $[a,b]$ 上任取一区间 $[x, x+\mathrm{d}x]$，在该区间上可看作恒力做功，由库仑定律知，

与原点相距为 x 的正电荷所受电场力的大小是 $F=\dfrac{kq_1q_2}{x^2}$，则功微元为

$$\mathrm{d}W = F(x)\,\mathrm{d}x = \frac{kq_1q_2}{x^2}\mathrm{d}x,$$

从而得电场力对 $+q_2$ 所做的功为

$$W = \int_a^b \frac{kq_1q_2}{x^2}\mathrm{d}x = kq_1q_2\left(-\frac{1}{x}\right)\bigg|_a^b = kq_1q_2\left(\frac{1}{a}-\frac{1}{b}\right).$$

例 5.50　一个底半径为 $R(\mathrm{m})$、高为 $H(\mathrm{m})$ 的圆柱形水桶，其中盛满了水，问：水泵将水桶内的水全部抽出来要做多少功？（水的密度为 $\rho = 1.0\times10^3\mathrm{kg/m^3}$.）

解　可以理解为水是一层一层地抽到桶口的，取坐标系如图 5.34 所示.

以 y 为自变量，$y\in[0,H]$. 在区间 $[0,H]$ 上任取一小区间 $[y,y+\mathrm{d}y]$，该小区间对应的一薄层水的体积为 $\pi R^2\mathrm{d}y$，将这一薄层水提高到桶口上升的高度为 $H-y$，于是功微元为

$$\mathrm{d}W = \pi\rho gR^2(H-y)\,\mathrm{d}y,$$

从而所求的功为

$$\begin{aligned}
W &= \pi\rho g\int_0^H (H-y)R^2\mathrm{d}y = \pi\rho gR^2\left(Hy-\frac{1}{2}y^2\right)\bigg|_0^H\\
&= \frac{\pi}{2}\rho gR^2H^2.
\end{aligned}$$

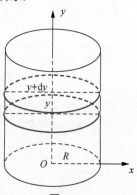

图 5.34

2. 液体静压力

由物理学知识知，在液体中深为 h 处的压强为 $p=\rho gh$，这里 ρ 是液体密度，g 是重力加速度. 如果有一面积为 A 的平板水平放置在液体中深为 h 处，那么平板一侧所受的液体静压力方向垂直于平板表面，各点压强的大小皆相同，则平板所受的总压力为 $F=pA$.

如果平板倾斜放置在液体中，由于液体深度不同的点处压强 p 不相等，则平板一侧所受的液体压力就不能用上述方法计算.

例 5.51　设半径为 R 的圆形水闸门，水面与闸顶齐，求闸门一侧所受的总压力.

解　建立坐标系，如图 5.35 所示. 在 $[0,2R]$ 上任取一小区间 $[y,y+\mathrm{d}y]$，对应这一小区间的窄条闸门所受的水压力可近似看作深度为 y 处的压强与窄条闸门面积的乘积，即压力微元为

$$\mathrm{d}F = \rho gy\cdot 2x\mathrm{d}y,$$

从而闸门一侧所受的总压力为

$$F = \rho g\int_0^{2R} 2xy\mathrm{d}y.$$

由于 $x^2+(y-R)^2=R^2$，即 $x=\sqrt{R^2-(y-R)^2}$，则

$$\begin{aligned}
F &= 2\rho g\int_0^{2R} y\sqrt{R^2-(y-R)^2}\,\mathrm{d}y\\
&= 2\rho g\int_0^{2R} (y-R+R)\sqrt{R^2-(y-R)^2}\,\mathrm{d}y\\
&= 2\rho g\int_0^{2R} (y-R)\sqrt{R^2-(y-R)^2}\,\mathrm{d}(y-R) + 2R\rho g\int_0^{2R}\sqrt{R^2-(y-R)^2}\,\mathrm{d}y
\end{aligned}$$

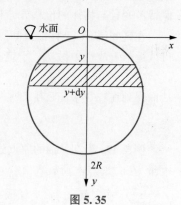

图 5.35

$$= -\frac{2}{3}\rho g \left[R^2 - (y-R)^2 \right]^{\frac{3}{2}} \Big|_0^{2R} + 2R\rho g \cdot \frac{1}{2}\pi R^2 = \pi\rho g R^3.$$

注 本例中积分 $\int_0^{2R} \sqrt{R^2 - (y-R)^2}\, \mathrm{d}y$ 是半圆的面积.

3. 引力

由万有引力定律知，质量分别为 m_1, m_2 且相距为 r 的两个质点间的引力大小为

$$F = G \cdot \frac{m_1 m_2}{r^2},$$

其中 G 为万有引力常数. 引力的方向沿着两质点间的连线. 下面举例说明怎样用定积分解决某些引力问题.

例 5.52 一个水平放置的线密度为 μ 且长度为 l 的均匀细直棒，在其延长线上放置一个质量为 m 的质点，该质点距细直棒最近端点的距离为 r. 求细直棒对质点的引力大小.

解 如图 5.36 所示，取 x 为积分变量，其变化区间为 $[-l, 0]$. 在 $[-l, 0]$ 中任取小区间 $[x, x+\mathrm{d}x]$，对应这一小段的细直棒可近似看作质量集中在点 x 处的质点，它对质点 m 的引力大小的近似值，即引力大小的微元为

$$\mathrm{d}F = G \cdot \frac{\mu \mathrm{d}x \cdot m}{(r-x)^2}.$$

由于细直棒上各点对质点的引力方向相同，所以

$$F = \int_{-l}^0 \frac{Gm\mu}{(r-x)^2}\mathrm{d}x = \frac{Gm\mu}{r-x}\Big|_{-l}^0 = Gm\mu\left(\frac{1}{r} - \frac{1}{r+l}\right).$$

图 5.36

4. 函数的平均值

在实际问题中，常常用一组数据的算术平均值来描述这组数据的概貌. 例如，用一个篮球队里各个队员身高的算术平均值来描述这个篮球队身高的概貌；又如，对某一零件的长度进行 n 次测量，测得的值为 $y_1, y_2, \cdots, y_n$，这时，可以用 $y_1, y_2, \cdots, y_n$ 的算术平均值

$$\bar{y} = \frac{y_1 + y_2 + \cdots + y_n}{n}$$

来作为这一零件长度的近似值.

对于区间 $[a, b]$ 上的连续函数 $f(x)$，怎样定义其平均值呢？

把区间 $[a, b]$ n 等分，设分点为

$$a = x_0 < x_1 < \cdots < x_{n-1} < x_n = b,$$

每个小区间的长度为 $\Delta x_i = \frac{b-a}{n}(i = 1, 2, \cdots, n)$，可以用 n 个小区间右端点处的函数值 $f(x_i)(i = 1, 2, \cdots, n)$ 的平均值

$$\frac{f(x_1) + f(x_2) + \cdots + f(x_n)}{n}$$

来近似表达 $f(x)$ 在 $[a,b]$ 上的平均值. 显然，n 越大，分点越多，上述平均值反映平均状态的近似程度越好，因此，我们定义

$$\bar y=\lim_{n\to\infty}\frac{f(x_1)+f(x_2)+\cdots+f(x_n)}{n}=\lim_{n\to\infty}\frac{1}{n}\sum_{i=1}^{n}f(x_i)$$

为 $f(x)$ 在 $[a,b]$ 上的平均值.

因为 $f(x)$ 在 $[a,b]$ 上连续，故 $f(x)$ 在 $[a,b]$ 上可积，于是

$$\bar y=\lim_{n\to\infty}\frac{1}{n}\sum_{i=1}^{n}f(x_i)=\frac{1}{b-a}\lim_{n\to\infty}\sum_{i=1}^{n}f(x_i)\frac{b-a}{n}=\frac{1}{b-a}\lim_{n\to\infty}\sum_{i=1}^{n}f(\xi_i)\Delta x_i=\frac{1}{b-a}\int_a^b f(x)\,dx.$$

可见，$f(x)$ 在 $[a,b]$ 上的平均值

$$\bar y=\frac{1}{b-a}\int_a^b f(x)\,dx$$

恰好是定积分中值定理中的 $f(\xi)$.

例5.53 计算 $0\sim T(s)$ 这段时间内自由落体的平均速度.

解 平均速度

$$\bar v=\frac{1}{T-0}\int_0^T v(t)\,dt=\frac{1}{T}\int_0^T gt\,dt=\frac{1}{T}\left(\frac{g}{2}t^2\right)\Big|_0^T=\frac{gT}{2}(\text{m}/\text{s}).$$

例5.54（交流电路的平均值问题） 正弦交流电的电流为 $I=I_0\sin\omega t$，I_0 是电流的极大值，称为峰值，ω 是角频率，周期为 $T=\dfrac{2\pi}{\omega}$，求正弦交流电的平均功率.

解 在一个周期内，电流是变化的，因此在区间 $\left[0,\dfrac{2\pi}{\omega}\right]$ 上任取一小区间 $[t,t+dt]$，由于 dt 很小，电流可近似看作恒定的，即 $I\approx I_0\sin\omega t$. 根据功率的计算公式和欧姆定律知，$P=UI$，$U=IR$（其中 R 为电阻），则从 t 到 $t+dt$ 这段时间内功率微元为

$$dP=I_0^2 R\sin^2\omega t\,dt,$$

所以在一个周期内电流做的功为

$$P=\int_0^{\frac{2\pi}{\omega}}I_0^2 R\sin^2\omega t\,dt,$$

于是平均功率为

$$\bar P=\frac{1}{\frac{2\pi}{\omega}}\int_0^{\frac{2\pi}{\omega}}I_0^2 R\sin^2\omega t\,dt=\frac{I_0^2 R}{2\pi}\int_0^{\frac{2\pi}{\omega}}\sin^2\omega t\,d(\omega t)$$

$$=\frac{I_0^2 R}{4\pi}\left(\omega t-\frac{\sin 2\omega t}{2}\right)\Big|_0^{\frac{2\pi}{\omega}}=\frac{1}{2}I_0^2 R$$

$$=\frac{I_0 U_0}{2}\approx(0.707 I_0)^2 R.$$

由例5.54可以看出，纯电阻电路中正弦交流电的平均功率是电流与电压峰值乘积的一半. $0.707 I_0$ 称为正弦交流电的电流的有效值.

通常交流电器上标明的功率就是平均功率.

同步习题5.4

 基础题

1. 求由下列曲线和直线围成的平面图形的面积：

(1) $y=e^x$, $y=e^{-x}$, $x=1$；　　　　(2) $y=2x$, $y=x^3$；

(3) $y=\cos x$, $x=0$, $x=2\pi$, $y=0$；　　(4) $y=x^2$, $y=3x+4$；

(5) $xy=1$, $y=x$, $y=2$；

(6) 求由曲线 $y=e^x$ 和该曲线的过原点的切线及 y 轴所围成的图形的面积；

(7) 设曲线的极坐标方程为 $r=e^{a\theta}(a>0)$，求该曲线上相应于 θ 从 0 到 2π 的一段弧与极轴所围成的图形的面积.

2. 求下列旋转体的体积：

(1) 求由曲线 $y=x^2$ 和直线 $x=1$, $y=0$ 所围成的图形分别绕 x 轴与 y 轴旋转所得旋转体的体积；

(2) 求圆 $x^2+(y-5)^2=16$ 绕 x 轴旋转所得旋转体的体积.

3. 计算下列曲线弧的弧长：

(1) 计算曲线 $y=\ln x$ 在点 $\left(\sqrt{3}, \dfrac{\ln 3}{2}\right)$ 与点 $\left(\sqrt{8}, \dfrac{\ln 8}{2}\right)$ 间的弧长；

(2) 计算曲线 $\begin{cases} x=\arctan t, \\ y=\dfrac{1}{2}\ln(1+t^2) \end{cases}$ 相应于 t 从 0 到 1 的弧长；

(3) 计算心形线 $r=a(1+\cos\theta)(a>0)$ 的全长.

提高题

1. 设有一水平放置的弹簧，已知将其拉长 0.01m 需要 6N 的力，求将弹簧拉长 0.1m 时，克服弹性力所做的功.

2. 在一个底半径为 $R(\text{m})$、高为 $H(\text{m})$ 且开口朝上的圆锥形容器中盛满了水，问：将水全部抽出来要做多少功？

3. 洒水车上的水箱是一个横放的椭圆柱体，底面椭圆的长、短轴分别为 2m 和 1.5m，水箱长 3m. 当水箱装满水时，计算水箱的一个端面所受的压力.

4. 一个水平放置的线密度为 μ 且长度为 l 的均匀细直棒，在其中垂线上距棒 a 单位处有一质量为 m 的质点，求细直棒对质点的引力.

5. 交流电路中电动势 $E=E_0\sin\dfrac{2\pi}{T}t$（$E_0$ 是峰值），求电动势在半个周期上的平均值（平均电动势）.

微课：同步习题5.4
提高题 4

5.5 用 MATLAB 求定积分

定积分是工程中用得较多的运算. 在实际应用中, 有些函数的不定积分可能不存在, 但仍然需要求它在特定区间上的积分或反常积分的值. 在 MATLAB 中, 同不定积分一样, 仍然利用"int(f)"求解定积分, 其一般调用格式如下.

$$int(f,x,a,b)$$

该命令表示的是求函数 f 关于 x 在 $[a,b]$ 上的定积分. 当积分变量为 x 时, "int(f,x,a,b)"中的"x"可缺省.

例 5.55 计算 $\int_0^3 \dfrac{x^2}{(x^2-3x+3)^2}dx$.

微课：用 MATLAB
求定积分

解 在命令行窗口输入以下相关代码并运行.

```
>> syms x
>> f=x^2/(x^2-3*x+3)^2;
>> int(f,0,3)
ans =
(8*pi*3^(1/2))/9 + 1
```

从运行结果知, $\int_0^3 \dfrac{x^2}{(x^2-3x+3)^2}dx = \dfrac{8\sqrt{3}\pi}{9}+1$.

例 5.56 计算 $\int_1^{+\infty} \dfrac{1}{x}dx$.

解 在命令行窗口输入以下相关代码并运行.

```
>> syms x
>> f=1/x;
>> int(f,1,inf)
ans =
Inf
```

从运行结果知, 反常积分 $\int_1^{+\infty} \dfrac{1}{x}dx$ 发散.

例 5.57 计算 $\int_0^1 \sin(xy+z+1)dx$.

解 在命令行窗口输入以下相关代码并运行.

```
>> syms x y z
>> int(sin(x*y+z+1),x,0,1)
ans =
(cos(z + 1) - cos(y + z + 1))/y
```

从运行结果知, $\int_0^1 \sin(xy+z+1)dx = \dfrac{\cos(z+1)-\cos(y+z+1)}{y}$.

第 5 章思维导图

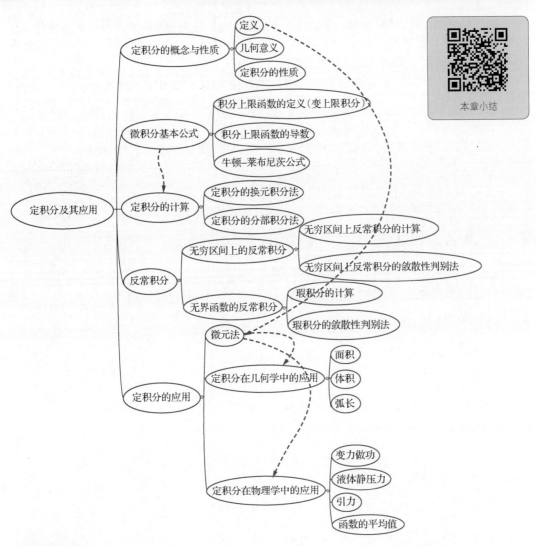

本章小结

中国数学学者

个人成就

数学家,中国科学院院士,山东大学数学与交叉科学研究中心主任,"未来科学大奖"获得者. 彭实戈在控制论和概率论方面作出了突出贡献. 他将 Feynman–Kac 路径积分理论推广到非线性情况并建立了动态非线性数学期望理论.

彭实戈

第5章总复习题·基础篇

1. 选择题：(1)~(5)小题，每小题4分，共20分. 下列每小题给出的4个选项中，只有一个选项是符合题目要求的.

(1)下列命题中正确的是(　　).

A. 函数$f(x)$在区间$[a,b]$上可积，则$f(x)$在区间$[a,b]$上连续

B. 函数$f(x)$在区间$[a,b]$上可积，则存在$\xi \in [a,b]$，使$\int_a^b f(x)\mathrm{d}x = f(\xi)(b-a)$

C. 若$f(x)$在区间$[a,b]$上连续且恒为正，则$\int_a^x f(t)\mathrm{d}t$在$[a,b]$上单调增加

D. 若$\int_a^b f(x)\mathrm{d}x = 0$，则在区间$[a,b]$上，$f(x)$恒为零

(2)下列结论正确的是(　　).

A. $\int_0^1 x^3\mathrm{d}x \geqslant \int_0^1 x^2\mathrm{d}x$　　　　B. $\int_1^2 \ln x\mathrm{d}x \geqslant \int_1^2 (\ln x)^2\mathrm{d}x$

C. $\dfrac{\mathrm{d}}{\mathrm{d}x}\int_a^b \arcsin x\mathrm{d}x = \arcsin x$　　　　D. $\int f'(x)\mathrm{d}x = f(x)$

(3)由曲线$y = \sin x$和直线$x = -a, x = a\left(0 < a < \dfrac{\pi}{2}\right)$及$x$轴围成的图形的面积$S \neq ($　　).

A. $2\int_0^a \sin x\mathrm{d}x$　　　　B. $\int_{-a}^a |\sin x|\mathrm{d}x$

C. $\int_{-a}^a \sin x\mathrm{d}x$　　　　D. $\int_0^a \sin x\mathrm{d}x - \int_{-a}^0 \sin x\mathrm{d}x$

(4)函数$F(x) = \int_0^x \arctan t\mathrm{d}t$的极小值为(　　).

A. 0　　　　B. -1　　　　C. $\dfrac{1-\ln 2}{2}$　　　　D. 不存在

(5)设函数$f(x)$连续，$\varphi(x) = \int_0^{x^2} xf(t)\mathrm{d}t$，若$\varphi(1) = 1, \varphi'(1) = 5$，则$f(1) = ($　　).

A. 1　　　　B. $\dfrac{1}{2}$　　　　C. 3　　　　D. 2

2. 填空题：(6)~(10)小题，每小题4分，共20分.

(6)设$\int_0^a x\mathrm{e}^{2x}\mathrm{d}x = \dfrac{1}{4}$，则$a = $_____.

(7)若$f(x) = \int_0^{x^2} \dfrac{1}{t+2}\mathrm{d}t$，则$f(x)$的单调增加区间为_____.

(8)$\int_{-1}^1 \mathrm{e}^{x^2}\sin x\mathrm{d}x = $_____.

(9)瑕积分$\int_0^1 \dfrac{x\mathrm{d}x}{\sqrt{1-x^2}}$收敛于_____.

(10)椭圆$\dfrac{x^2}{4} + \dfrac{y^2}{9} = 1$绕$y$轴旋转而形成的旋转体的体积$V = $_____.

3. 解答题: (11) ~ (16) 小题, 每小题 10 分, 共 60 分. 解答时应写出文字说明、证明过程或演算步骤.

(11) 利用定积分的定义求极限 $\lim\limits_{n \to \infty} \dfrac{1}{n} \left[1 + \cos \dfrac{\pi}{2n} + \cdots + \cos \dfrac{(n-1)\pi}{2n} \right]$.

(12) 求极限 $\lim\limits_{x \to 0} \dfrac{1}{x} \displaystyle\int_0^x (1+t^2) \mathrm{e}^{t^2 - x^2} \mathrm{d}t$.

(13) 已知函数 $f(x) = \begin{cases} \sqrt{1-x^2}, & x > 0, \\ \dfrac{\mathrm{e}^x}{1 + \mathrm{e}^x}, & x \leq 0, \end{cases}$ 求 $\displaystyle\int_{-1}^1 f(x) \mathrm{d}x$.

(14) 求 $\displaystyle\int_0^1 x \ln(1+x) \mathrm{d}x$.

(15) 设 $f(x) = \begin{cases} \dfrac{1}{2-x}, & x \leq 0, \\ \sin x, & x > 0, \end{cases}$ 求 $\displaystyle\int_0^2 f(x-1) \mathrm{d}x$.

(16) 在抛物线 $y = x^2 (0 \leq x \leq 1)$ 上找一点 P, 使过点 P 的水平直线与抛物线及直线 $x = 0$, $x = 1$ 所围成的平面图形的面积最小.

第 5 章总复习题 · 提高篇

1. 选择题: (1) ~ (5) 小题, 每小题 4 分, 共 20 分. 下列每小题给出的 4 个选项中, 只有一个选项是符合题目要求的.

(1) (2019204) 下列反常积分中, 发散的是 (　　　).

A. $\displaystyle\int_0^{+\infty} x \mathrm{e}^{-x} \mathrm{d}x$　　　B. $\displaystyle\int_0^{+\infty} x \mathrm{e}^{-x^2} \mathrm{d}x$　　　C. $\displaystyle\int_0^{+\infty} \dfrac{\arctan x}{1+x^2} \mathrm{d}x$　　　D. $\displaystyle\int_0^{+\infty} \dfrac{x}{1+x^2} \mathrm{d}x$

(2) (2018104, 2018204, 2018304) 设 $M = \displaystyle\int_{-\frac{\pi}{2}}^{\frac{\pi}{2}} \dfrac{(1+x)^2}{1+x^2} \mathrm{d}x$, $N = \displaystyle\int_{-\frac{\pi}{2}}^{\frac{\pi}{2}} \dfrac{1+x}{\mathrm{e}^x} \mathrm{d}x$,

$K = \displaystyle\int_{-\frac{\pi}{2}}^{\frac{\pi}{2}} (1 + \sqrt{\cos x}) \mathrm{d}x$, 则 (　　　).

微课: 第 5 章总复习题 · 提高篇 (2)

A. $M > N > K$　　　　　　　　　B. $M > K > N$

C. $K > M > N$　　　　　　　　　D. $K > N > M$

(3) (2002203, 2002403) 设函数 $f(x)$ 连续, 则下列函数中, 必为偶函数的是 (　　　).

A. $\displaystyle\int_0^x f(t^2) \mathrm{d}t$　　　　　　　　B. $\displaystyle\int_0^x f^2(t) \mathrm{d}t$

C. $\displaystyle\int_0^x t[f(t) - f(-t)] \mathrm{d}t$　　　　D. $\displaystyle\int_0^x t[f(t) + f(-t)] \mathrm{d}t$

(4) (2022205) 设 p 为常数, 若反常积分 $\displaystyle\int_0^1 \dfrac{\ln x}{x^p (1-x)^{1-p}} \mathrm{d}x$ 收敛, 则 p 的取值范围是 (　　　).

A. $(-1, 1)$　　　B. $(-1, 2)$　　　C. $(-\infty, 1)$　　　D. $(-\infty, 2)$

(5)（2008204，2008304，2008404）如图 5.37 所示，曲线段的方程为 $y=f(x)$，函数 $f(x)$ 在区间 $[0,a]$ 上有连续的导数，则定积分 $\int_0^a xf'(x)\mathrm{d}x$ 等于（   ）.

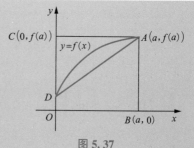

图 5.37

A. 曲边梯形 $ABOD$ 的面积

B. 梯形 $ABOD$ 的面积

C. 曲边三角形 ACD 的面积

D. 三角形 ACD 的面积

2. 填空题：(6)～(10)小题，每小题 4 分，共 20 分.

(6)（2019204）已知函数 $f(x)=x\int_1^x \dfrac{\sin t^2}{t}\mathrm{d}t$，则 $\int_0^1 f(x)\mathrm{d}x=$ _____.

(7)（2018104）设函数 $f(x)$ 具有二阶连续导数. 若曲线 $y=f(x)$ 过点 $(0,0)$ 且与曲线 $y=2^x$ 在点 $(1,2)$ 处相切，则 $\int_0^1 xf''(x)\mathrm{d}x=$ _____.

(8)（2003404）$\int_{-1}^1 (\,|x|+x)\mathrm{e}^{-|x|}\mathrm{d}x=$ _____.

(9)（2022105）$\int_1^{\mathrm{e}^2} \dfrac{\ln x}{\sqrt{x}}\mathrm{d}x=$ _____.

(10)（2022205）已知曲线 L 的极坐标方程为 $r=\sin 3\theta\left(0\leqslant\theta\leqslant\dfrac{\pi}{3}\right)$，则 L 围成的有界区域的面积为 _____.

3. 解答题：(11)～(16)小题，每小题 10 分，共 60 分. 解答时应写出文字说明、证明过程或演算步骤.

(11)（2019110，2019310）设 $a_n=\int_0^1 x^n\sqrt{1-x^2}\mathrm{d}x(n=0,1,2,\cdots)$.

①证明：数列 $\{a_n\}$ 单调减少，且 $a_n=\dfrac{n-1}{n+2}a_{n-2}(n=2,3,\cdots)$.

②求 $\lim\limits_{n\to\infty}\dfrac{a_n}{a_{n-1}}$.

(12)（2019210）设 n 是正整数，记 S_n 为曲线 $y=\mathrm{e}^{-x}\sin x(0\leqslant x\leqslant n\pi)$ 与 x 轴之间图形的面积，求 S_n，并求 $\lim\limits_{n\to\infty}S_n$.

(13)（2019211）已知函数 $f(x)$ 在 $[0,1]$ 上具有二阶导数，且 $f(0)=0,f(1)=1,\int_0^1 f(x)\mathrm{d}x=1$，证明：①存在 $\xi\in(0,1)$，使 $f'(\xi)=0$；②存在 $\eta\in(0,1)$，使 $f''(\eta)<-2$.

(14)（2018211）已知曲线 $L:y=\dfrac{4}{9}x^2(x\geqslant 0)$ 和点 $O(0,0)$，$A(0,1)$. 设 P 是 L 上的动点，S 是直线 OA 与直线 AP 及曲线 L 所围成的图形的面积. 若 P 运动到点 $(3,4)$ 时沿 x 轴正方向的速度是 4，求此时 S 关于时间 t 的变化率.

（15）（2013110）计算 $\int_0^1 \dfrac{f(x)}{\sqrt{x}}\mathrm{d}x$，其中 $f(x) = \int_1^x \dfrac{\ln(t+1)}{t}\mathrm{d}t$.

（16）（2014210，2014310）设函数 $f(x),g(x)$ 在 $[a,b]$ 上连续，且 $f(x)$ 单调增加，$0 \leqslant g(x) \leqslant 1$，证明：

① $0 \leqslant \displaystyle\int_a^x g(t)\mathrm{d}t \leqslant x - a, x \in [a,b]$；

② $\displaystyle\int_a^{a+\int_a^x g(t)\mathrm{d}t} f(x)\mathrm{d}x \leqslant \int_a^b f(x)g(x)\mathrm{d}x$.

微课：第 5 章总复
习题·提高篇（16）

本章即时提问
答案

本章同步习题
答案

本章总复习题
答案

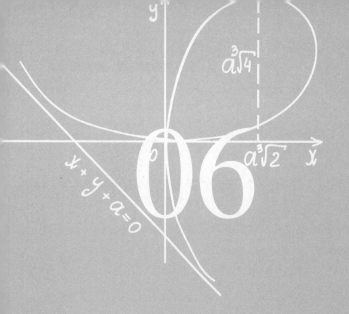

第6章

常微分方程

　　微分方程是现代数学的一个重要分支，其起源可追溯到 17 世纪末，如今，微分方程已成为研究自然和社会的强有力工具，被广泛运用于技术应用和生产管理等领域. 在科学研究和实际生产中，很多问题可以归结为用微分方程表示的数学模型. 因此，微分方程是我们经常用到的有效工具. 本章主要介绍微分方程的基本概念和一些常见的微分方程的解法，并给出微分方程的应用举例.

本章导学

■ 6.1　微分方程的基本概念

6.1.1　引例

1. 几何问题

引例 1　设一曲线通过点 $(0,1)$，且在该曲线上任一点 (x,y) 处的切线斜率为 $3x^2$，求该曲线方程.

解　设所求曲线方程为 $y=f(x)$，根据导数的几何意义，得

$$\frac{\mathrm{d}y}{\mathrm{d}x}=3x^2.$$

曲线通过点 $(0,1)$，即 $y\mid_{x=0}=1$.

　　为了求曲线方程，对 $\dfrac{\mathrm{d}y}{\mathrm{d}x}=3x^2$ 两边积分，得

$$y=\int 3x^2\mathrm{d}x=x^3+C,$$

其中 C 为任意常数.

　　由曲线通过点 $(0,1)$ 可得 $C=1$，故所求曲线方程为

$$y=x^3+1.$$

2. 放射性元素的半衰期

引例 2　已知零时刻某物质中含有某放射性元素的原子核数目为 y_0，求该物质中所含放射性元素的半衰期.

　　分析　假设 t 时刻该物质中所含放射性元素的原子核数目为 $y=y(t)$，由放射性元素衰减的

速率近似地正比于现存放射性原子核的数目，可建立关系式 $\dfrac{\mathrm{d}y}{\mathrm{d}t}=-ky(k>0)$，求该放射性元素的半衰期即求解满足 $y=\dfrac{1}{2}y_0$ 的 t 值.

解 依题意知

$$\begin{cases} \dfrac{\mathrm{d}y}{\mathrm{d}t}=-ky(k>0), \\ y\big|_{t=0}=y_0. \end{cases}$$

将 $\dfrac{\mathrm{d}y}{\mathrm{d}t}=-ky$ 改写为 $\dfrac{\mathrm{d}y}{y}=-k\mathrm{d}t$，再两边积分，得 $\displaystyle\int\dfrac{\mathrm{d}y}{y}=\int -k\mathrm{d}t$，即 $\ln|y|=-kt+C_1$，也即 $|y|=\mathrm{e}^{-kt+C_1}=\mathrm{e}^{C_1}\mathrm{e}^{-kt}$，从而 $y=\pm\mathrm{e}^{C_1}\mathrm{e}^{-kt}$.

注意到 $y=0$ 也是 $\dfrac{\mathrm{d}y}{\mathrm{d}t}=-ky$ 的解，所以 $\dfrac{\mathrm{d}y}{\mathrm{d}t}=-ky$ 的解为 $y=C\mathrm{e}^{-kt}$（C 为任意常数）.

将 $y\big|_{t=0}=y_0$ 代入解中，得 $C=y_0$，即原方程的解为 $y=y_0\mathrm{e}^{-kt}$. 再将 $y=y_0\mathrm{e}^{-kt}$ 代入方程 $y=\dfrac{1}{2}y_0$ 中，得 $\mathrm{e}^{-kt}=\dfrac{1}{2}$，也即 $-kt=\ln\dfrac{1}{2}$. 从而可得该放射性元素的半衰期为

$$t=-\dfrac{1}{k}\ln\dfrac{1}{2}=\dfrac{\ln 2}{k}.$$

方程 $y'=-ky(k>0)$ 称为放射性元素的衰减方程，数 k 称为放射性元素的衰减常数. 特别注意，这里用 $-k(k>0)$ 而不用 $k(k<0)$ 是为了强调 y 是随时间而逐渐减小的.

引例 2 指出了一个事实，即放射性元素的半衰期是一个仅与放射性物质的衰减常数 k 有关的量. 许多放射性物质的半衰期已被测定，如 Ra^{226} 的半衰期为 1 600 年，C^{14} 的半衰期为 5 568 年，U^{238} 的半衰期为 45 亿年. k 和 y 是可以测定或算出的，因此，只要知道 y_0 就可以计算出年代. 例如，考古专家经常利用 C^{14} 的衰变规律来测算出土文物的历史年代.

6.1.2 微分方程的定义

上面两个引例中所建立的方程都是含有未知函数导数的方程，且未知函数只含有一个自变量，像这样的方程还有很多，举例如下：

(1) $y''-3xy+5=0$； (2) $y'-2xy=0$； (3) $y''+2xy^4=3$；

(4) $3s''=4t-1$； (5) $(y')^2+3xy=4\sin x$； (6) $y^{(4)}+xy''-3x^5y'=\mathrm{e}^{2x}$.

一般地，我们有以下定义.

定义 6.1 凡是含自变量、未知函数及其导数或微分的方程称为微分方程.

未知函数为一元函数的微分方程称为常微分方程，未知函数含有两个或两个以上的自变量的微分方程称为偏微分方程. 本章只讨论一些常微分方程及其解法. 为方便起见，本章中常微分方程简称为微分方程（或方程）.

定义 6.2 微分方程中未知函数导数或微分的最高阶数称为微分方程的阶.

二阶及二阶以上的微分方程统称为高阶微分方程.

一般地，n 阶微分方程的一般形式为

$$F[x,y,y',\cdots,y^{(n)}]=0. \tag{6.1}$$

例如，上述所列举方程中的（2）和（5）为一阶微分方程，（1），（3），（4）为二阶微分方程，（6）为四阶微分方程．

定义 6.3 微分方程中所含未知函数及其各阶导数均为一次幂时，称该方程为线性微分方程．n 阶线性微分方程的一般形式为

$$y^{(n)}+a_1(x)y^{(n-1)}+\cdots+a_{n-1}(x)y'+a_n(x)y=f(x).$$

在线性微分方程中，若未知函数及其各阶导数的系数均为常数，则称该微分方程为常系数线性微分方程．不是线性方程的微分方程统称为非线性微分方程．

例如，上述所列举方程中的（4）为常系数线性微分方程，（3）和（5）为非线性微分方程．

定义 6.4 设函数 $y=\varphi(x)$ 具有直到 n 阶的导数，若把 $y=\varphi(x)$ 代入微分方程（6.1）中使其成为恒等式，即

$$F[x,\varphi(x),\varphi'(x),\cdots,\varphi^{(n)}(x)]\equiv 0,$$

则称函数 $y=\varphi(x)$ 为微分方程（6.1）的一个解，如 $y=x^2+1$，$y=x^2+C$ 都是 $y'=2x$ 的解．若微分方程的解中含有相互独立的任意常数的个数与微分方程的阶数相同，则这样的解称为该微分方程的**通解**，如 $y=x^2+C$（C 为任意常数）是 $y'=2x$ 的通解．一般地，微分方程不含有任意常数的解称为微分方程的**特解**，如 $y=x^2+1$ 是 $y'=2x$ 满足 $y\mid_{x=1}=2$ 的一个特解，这种条件我们称之为**初值条件**，n 阶微分方程的初值条件通常记作

$$y\mid_{x=x_0}=y_0,y'\mid_{x=x_0}=y_1,\cdots,y^{(n-1)}\mid_{x=x_0}=y_{n-1},$$

其中 $x_0,y_0,y_1,\cdots,y_{n-1}$ 是 $n+1$ 个常数．带有初值条件的微分方程求解问题称为**初值问题**，引例 1、引例 2 均为初值问题．求微分方程的解的过程称为**解微分方程**．

为了判断一个函数是否为某微分方程的通解，首先需要验证其是否是解，若确定其是解，则要进一步验证其中相互独立的任意常数的个数是否与微分方程的阶数一致．如何判定多个任意常数是否相互独立？为了能准确地描述这一问题，我们引入线性无关的定义．

定义 6.5 设 $y_1(x),y_2(x),\cdots,y_n(x)$ 是区间 I 上的 n 个函数．如果存在 n 个不全为零的常数 $k_1,k_2,\cdots,k_n$，使

$$k_1y_1(x)+k_2y_2(x)+\cdots+k_ny_n(x)=0,$$

则称 $y_1(x),y_2(x),\cdots,y_n(x)$ 在 I 上**线性相关**，否则称为**线性无关**．

特别地，当 $n=2$ 时，若 $y_1,y_2(y_2\neq 0)$ 满足 $\dfrac{y_1}{y_2}\neq k$（k 为常数），则称 y_1,y_2 **线性无关**；若 $\dfrac{y_1}{y_2}=k$，则称 y_1,y_2 **线性相关**．设 $y=C_1y_1+C_2y_2$（C_1,C_2 为任意常数）为某二阶微分方程的解，当 y_1,y_2 线性无关时，该解一定是通解；当 y_1,y_2 线性相关，即 $\dfrac{y_1}{y_2}=k$ 时，由于 $y=C_1y_1+C_2y_2=C_1(k\cdot y_2)+C_2y_2=(C_1k+C_2)y_2=Cy_2$，解中的两个任意常数 C_1 与 C_2 最终被合并为一个任意常数 $C=C_1k+C_2$，这时我们称 C_1 与 C_2 不是相互独立的，所以 $y=C_1y_1+C_2y_2$ 不是该二阶微分方程的通解．

【即时提问 6.1】根据上述定义，$y=C_1x+C_2x+1$ 中的常数 C_1 与 C_2 是否相互独立？$s=\dfrac{1}{2}gt^2+C_1t+C_2$ 中的 C_1 与 C_2 是否相互独立？

例 6.1 判断函数 $y=C_1\mathrm{e}^x+3C_2\mathrm{e}^x$（$C_1,C_2$ 为任意常数）是否为微分方程 $y''-3y'+2y=0$ 的通解，并求满足初值条件 $y\mid_{x=0}=2$ 的特解．

解 将 $y = C_1 e^x + 3C_2 e^x$ 代入 $y'' - 3y' + 2y$ 得

$$y'' - 3y' + 2y = (C_1 e^x + 3C_2 e^x)'' - 3(C_1 e^x + 3C_2 e^x)' + 2(C_1 e^x + 3C_2 e^x)$$
$$= (C_1 e^x + 3C_2 e^x) - 3(C_1 e^x + 3C_2 e^x) + 2(C_1 e^x + 3C_2 e^x) = 0,$$

所以 $y = C_1 e^x + 3C_2 e^x$ 是方程 $y'' - 3y' + 2y = 0$ 的解. 但

$$\frac{e^x}{3e^x} = \frac{1}{3}, \ \text{或} \ y = C_1 e^x + 3C_2 e^x = (C_1 + 3C_2)e^x = Ce^x,$$

而方程 $y'' - 3y' + 2y = 0$ 是二阶微分方程, 解 $y = C_1 e^x + 3C_2 e^x$ 中两个常数 C_1, C_2 不是相互独立的, 所以它虽是原方程的解但非通解.

将 $y\big|_{x=0} = 2$ 代入解 $y = Ce^x$ 中得 $C = 2$, 故所求特解为 $y = 2e^x$.

同步习题 6.1

基础题

1. 下列方程中, 哪些是一阶线性微分方程? 哪些是二阶常系数线性微分方程?

(1) $2y\mathrm{d}x + (100 + x)\mathrm{d}y = 0$;

(2) $x'(t) + 2x(t) = 0$;

(3) $(y')^2 + 3xy = 4\sin x$;

(4) $y'' = 3y - \cos x + e^x$;

(5) $xy' + x^3 y = 2x - 1$;

(6) $y'' - 2y' + 3x^2 = 0$.

2. 指出下列微分方程的阶:

(1) $x^2 \mathrm{d}y - y\mathrm{d}x = 0$;

(2) $x(y')^2 - 5xy' + y = 0$;

(3) $y^{(4)} + yy' - 2y = x$;

(4) $y' + (y'')^2 = x + y$;

(5) $\dfrac{\mathrm{d}y}{\mathrm{d}x} = x^2 + y^2$;

(6) $\dfrac{\mathrm{d}r}{\mathrm{d}\theta} + r = \sin^2 \theta$.

3. 下列各小题中, 所给函数是否是对应微分方程的解? 是特解还是通解?

(1) $y = 5x^2, \ xy' = 2y$;

(2) $y = Ce^{-2x} + \dfrac{1}{4}e^{2x}, \ y' + 2y = e^{2x}$;

(3) $y = \dfrac{C}{x}, \ y' = \ln x$;

(4) $y = e^x - \cos x + C, \ y'' = \cos x + e^x$.

4. 证明函数 $y = Ce^{-x} + x - 1$ 是微分方程 $y' + y = x$ 的通解, 并求满足初值条件 $y\big|_{x=0} = 2$ 的特解.

提高题

1. 证明 $e^y + C_1 = (x + C_2)^2$ 是微分方程 $y'' + (y')^2 = 2e^{-y}$ 的通解, 并求满足初值条件 $y\big|_{x=0} = 0$, $y'\big|_{x=0} = \dfrac{1}{2}$ 的特解.

2. 已知函数 $y_1 = e^x$ 和 $y_2 = xe^x$ 均为二阶微分方程 $y'' - 2y' + y = 0$ 的解, 判断 $y_3 = C_1 y_1 + C_2 y_2 = C_1 e^x + C_2 xe^x (C_1, C_2$ 为任意常数$)$ 是否为 $y'' - 2y' + y = 0$ 的通解.

6.2 一阶微分方程

本节我们讨论简单的一阶微分方程的解法,其形式为 $y'=f(x,y)$. 具体有以下 4 种常见类型.

6.2.1 可分离变量的微分方程

顾名思义,可分离变量的微分方程就是可以将变量 x 和变量 y 分别分离到等号两边的微分方程,这种方程一般具有如下形式:

$$y'=f(x)g(y),$$

其中 $f(x)$ 和 $g(y)$ 是连续函数.

对于上述可分离变量的微分方程,通常采用以下步骤来求其通解:

(1)用 $\dfrac{\mathrm{d}y}{\mathrm{d}x}$ 替换方程中的 y';

(2)分离变量得

$$\frac{1}{g(y)}\mathrm{d}y=f(x)\mathrm{d}x\left[g(y)\neq0\right];$$

(3)两边积分得

$$\int\frac{1}{g(y)}\mathrm{d}y=\int f(x)\mathrm{d}x;$$

(4)设 $G(y),F(x)$ 分别是 $\dfrac{1}{g(y)},f(x)$ 的一个原函数,于是可得原方程的通解为

$$G(y)=F(x)+C(C\text{ 为任意常数}).$$

例 6.2 求微分方程 $y'-\mathrm{e}^{-y}\sin x=0$ 的通解.

计算机可视化

解 将方程分离变量,得

$$\mathrm{e}^{y}\mathrm{d}y=\sin x\mathrm{d}x,$$

两边积分得

$$\int\mathrm{e}^{y}\mathrm{d}y=\int\sin x\mathrm{d}x,$$

于是原方程的通解为

$$\cos x+\mathrm{e}^{y}=C.$$

例 6.3 求 $\dfrac{\mathrm{d}y}{\mathrm{d}x}=(2x-1)y^{2}$ 的通解.

解 显然 $y=0$ 是该微分方程的一个解.

该方程是可分离变量的微分方程. 当 $y\neq0$ 时,分离变量得

$$\frac{\mathrm{d}y}{y^{2}}=(2x-1)\mathrm{d}x,$$

两边积分得

$$\int\frac{1}{y^{2}}\mathrm{d}y=\int(2x-1)\mathrm{d}x,$$

于是原方程的通解为

$$-\frac{1}{y}=x^2-x+C,$$

即 $y=-\dfrac{1}{x^2-x+C}$. 故原方程的解为 $y=-\dfrac{1}{x^2-x+C}$ 及 $y=0$.

例 6.4 求 $y'-2xy=0$ 满足 $y\,|_{x=0}=3$ 的特解.

解 将方程恒等变形为 $\dfrac{\mathrm{d}y}{\mathrm{d}x}=2xy$, 这是一个可分离变量的微分方程. 当 $y\neq0$ 时, 分离变量得

$$\frac{\mathrm{d}y}{y}=2x\mathrm{d}x,$$

两边积分得

$$\int\frac{1}{y}\mathrm{d}y=\int 2x\mathrm{d}x,$$

得通解为

$$\ln|y|=x^2+C_1. \tag{6.2}$$

由上式可得 $|y|=\mathrm{e}^{x^2+C_1}=\mathrm{e}^{C_1}\mathrm{e}^{x^2}$, 即 $y=\pm\mathrm{e}^{C_1}\mathrm{e}^{x^2}$, 记 $C=\pm\mathrm{e}^{C_1}\neq0$, 注意到 $y=0$ 也是 $y'-2xy=0$ 的解, 所以原方程的通解也可以写为

$$y=C\mathrm{e}^{x^2}.$$

将初值条件 $y\,|_{x=0}=3$ 代入通解中, 得 $3=C\mathrm{e}^0$, 即有 $C=3$, 故所求特解为 $y=3\mathrm{e}^{x^2}$.

注 (1) 一般地, 通解中的任意常数写成 C, 中间步骤中的过渡常数写成其他形式, 如本例中的 C_1. 为了使解的形式简单, 一般需要对任意常数进行改写, 如本例中的 $C=\pm\mathrm{e}^{C_1}$.

(2) 有时, 当方程中出现"ln"形式的函数时, 也可以直接将 C_1 写成 $\ln|C|$. 本例中式 (6.2) 也可以写成 $\ln|y|=x^2+\ln|C|$, 即可得到 $y=C\mathrm{e}^{x^2}$.

例 6.5 医学研究发现, 刀割伤口表面恢复的速度为 $\dfrac{\mathrm{d}y}{\mathrm{d}t}=-\dfrac{5}{t^2}(t\geq1)(\mathrm{cm}^2/\text{天})$, 其中 y 表示伤口表面积, t 表示时间. 假设 $y\,|_{t=1}=5(\mathrm{cm}^2)$, 问: 受伤 5 天后该病人的伤口表面积为多少?

解 由

$$\frac{\mathrm{d}y}{\mathrm{d}t}=-\frac{5}{t^2},$$

分离变量得

$$\mathrm{d}y=-\frac{5}{t^2}\mathrm{d}t,$$

两边积分得

$$\int\mathrm{d}y=-\int\frac{5}{t^2}\mathrm{d}t,$$

得通解为

$$y = \frac{5}{t} + C.$$

将 $y|_{t=1} = 5$ 代入通解，得 $C = 0$，即 $y = \frac{5}{t}$. 故5天后该病人的伤口表面积为 $y|_{t=5} = 1(\,\mathrm{cm}^2\,)$.

6.2.2 齐次方程

定义 6.6 形如

延伸微课

$$\frac{\mathrm{d}y}{\mathrm{d}x} = \varphi\left(\frac{y}{x}\right)$$

的一阶微分方程称为齐次方程.

与不定积分的换元积分法类似，利用变量代换将齐次方程 $\frac{\mathrm{d}y}{\mathrm{d}x} = \varphi\left(\frac{y}{x}\right)$ 化为可分离变量的方程来求解.

令 $u = \frac{y}{x}$，即 $y = ux$，这里 u 是 x 的函数，两端关于 x 求导得

微课：齐次方程

$$\frac{\mathrm{d}y}{\mathrm{d}x} = x\frac{\mathrm{d}u}{\mathrm{d}x} + u,$$

于是齐次方程 $\frac{\mathrm{d}y}{\mathrm{d}x} = \varphi\left(\frac{y}{x}\right)$ 经过 $u = \frac{y}{x}$ 替换后转化为

$$u + x\frac{\mathrm{d}u}{\mathrm{d}x} = \varphi(u) \text{ 或 } x\frac{\mathrm{d}u}{\mathrm{d}x} = \varphi(u) - u.$$

这是一个可分离变量的微分方程，分离变量得

$$\frac{\mathrm{d}u}{\varphi(u) - u} = \frac{\mathrm{d}x}{x},$$

再对两边积分得

$$\int \frac{\mathrm{d}u}{\varphi(u) - u} = \ln|x| + C,$$

求出左边的积分后用 $\frac{y}{x}$ 代换 u，就可得齐次方程 $\frac{\mathrm{d}y}{\mathrm{d}x} = \varphi\left(\frac{y}{x}\right)$ 的通解.

例 6.6 求微分方程 $xy' = y(1 + \ln y - \ln x)$ 的通解.

解 方程可变形为

$$\frac{\mathrm{d}y}{\mathrm{d}x} = \frac{y}{x}\left(1 + \ln\frac{y}{x}\right).$$

这是齐次方程，令 $u = \frac{y}{x}$，则原方程化为

$$u + x\frac{\mathrm{d}u}{\mathrm{d}x} = u(1 + \ln u).$$

分离变量得

$$\frac{\mathrm{d}u}{u\ln u} = \frac{1}{x}\mathrm{d}x,$$

两边积分得

$$\ln|\ln u| = \ln x + \ln|C|,$$

即

$$\ln u = Cx,$$

也即 $u = e^{Cx}$, 将 $u = \dfrac{y}{x}$ 回代得通解 $y = xe^{Cx}$.

例 6.7 求方程 $\dfrac{dy}{dx} = \dfrac{y}{x} + \tan\dfrac{y}{x}$ 的通解.

解 该方程是齐次方程, 令 $u = \dfrac{y}{x}$, 则 $y = ux$, $\dfrac{dy}{dx} = u + x\dfrac{du}{dx}$, 原方程化为

$$x\dfrac{du}{dx} = \tan u.$$

分离变量得

$$\cot u\, du = \dfrac{1}{x}dx,$$

两边积分得

$$\ln|\sin u| = \ln|x| + \ln|C|,$$

即

$$\sin u = Cx,$$

将 $u = \dfrac{y}{x}$ 回代, 得通解为 $\sin\dfrac{y}{x} = Cx$, 即 $y = x\arcsin Cx$.

例 6.8 求方程 $(xy - y^2)\,dx - (x^2 - 2xy)\,dy = 0$ 的通解.

解 原方程可化为

$$\dfrac{dy}{dx} = \dfrac{\dfrac{y}{x} - \left(\dfrac{y}{x}\right)^2}{1 - 2\dfrac{y}{x}},$$

这是一个齐次方程. 令 $u = \dfrac{y}{x}$, 则 $y = ux$, $\dfrac{dy}{dx} = u + x\dfrac{du}{dx}$, 代入方程得

$$u + x\dfrac{du}{dx} = \dfrac{u - u^2}{1 - 2u}.$$

分离变量得

$$\dfrac{1 - 2u}{u^2}du = \dfrac{dx}{x},$$

两边积分得

$$-\dfrac{1}{u} - 2\ln|u| = \ln|x| + C,$$

将 $u = \dfrac{y}{x}$ 回代, 得通解为 $-\dfrac{x}{y} - 2\ln\left|\dfrac{y}{x}\right| = \ln|x| + C$, 即 $\ln|x| - \dfrac{x}{y} - 2\ln|y| = C$.

6.2.3 一阶线性微分方程

一阶线性微分方程的标准形式为

$$y'+P(x)y=Q(x),\tag{6.3}$$

其中 $P(x),Q(x)$ 为已知的连续函数, $Q(x)$ 称为方程的自由项.

当 $Q(x)\not\equiv0$ 时, 称 $y'+P(x)y=Q(x)$ 为一阶非齐次线性微分方程.

当 $Q(x)\equiv0$ 时, 称 $y'+P(x)y=0$ 为 $y'+P(x)y=Q(x)$ 所对应的一阶齐次线性微分方程.

【即时提问 6.2】请将方程 $xy'=x^2+3y(x>0)$ 转化为一阶线性微分方程的标准形式.

求一阶线性微分方程 $y'+P(x)y=Q(x)$ 的通解, 先从一阶齐次线性微分方程的求解入手.

1. 一阶齐次线性微分方程

一阶齐次线性微分方程 $y'+P(x)y=0$ 是 $y'+P(x)y=Q(x)$ 的特殊情形, 它是可分离变量的微分方程.

分离变量得

$$\frac{\mathrm{d}y}{y}=-P(x)\,\mathrm{d}x,$$

两边积分得

$$\int\frac{1}{y}\mathrm{d}y=-\int P(x)\,\mathrm{d}x,$$

得通解为

$$\ln|y|=-\int P(x)\,\mathrm{d}x+C_1,$$

进一步可得

$$|y|=\mathrm{e}^{-\int P(x)\,\mathrm{d}x+C_1}=\mathrm{e}^{-\int P(x)\,\mathrm{d}x}\cdot\mathrm{e}^{C_1},$$

取 $C=\pm\mathrm{e}^{C_1}$, 注意到 $y=0$ 也是 $y'+P(x)y=0$ 的解, 所以 $y'+P(x)y=0$ 的通解为

$$y=C\mathrm{e}^{-\int P(x)\,\mathrm{d}x}.\tag{6.4}$$

上式为一阶齐次线性微分方程 $y'+P(x)y=0$ 的通解公式.

例 6.9 求方程 $xy'=3y(x>0)$ 的通解.

解 将原方程写成标准形式, 得

$$y'-\frac{3}{x}y=0,$$

其中 $P(x)=-\frac{3}{x}$, 将其代入通解公式(6.4), 得

$$y=C\mathrm{e}^{-\int P(x)\,\mathrm{d}x}=C\mathrm{e}^{-\int(-\frac{3}{x})\,\mathrm{d}x}=C\mathrm{e}^{\int\frac{3}{x}\,\mathrm{d}x}=C\mathrm{e}^{3\ln x}=C\mathrm{e}^{\ln x^3}=Cx^3.$$

2. 一阶非齐次线性微分方程

下面讨论如何求一阶非齐次线性微分方程 $y'+P(x)y=Q(x)$ 的通解.

由于 $y'+P(x)y=Q(x)$ 不是可分离变量的微分方程, 考虑到其等号左边与对应的一阶齐次线性微分方程 $y'+P(x)y=0$ 的等号左边相同, 因此, 可设想将 $y'+P(x)y=0$ 的通解中的常数 C 换成待定函数 $\Phi(x)$ 后有可能得到 $y'+P(x)y=Q(x)$ 的解, 代入方程 $y'+P(x)y=Q(x)$, 求出 $\Phi(x)$.

假设

$$y = \Phi(x)\mathrm{e}^{-\int P(x)\mathrm{d}x}$$

是 $y' + P(x)y = Q(x)$ 的解，将其代入方程(6.3)中，化简后得

$$\Phi'(x)\mathrm{e}^{-\int P(x)\mathrm{d}x} = Q(x),$$

即

$$\Phi'(x) = Q(x)\mathrm{e}^{\int P(x)\mathrm{d}x},$$

两边积分得

$$\Phi(x) = \int Q(x)\mathrm{e}^{\int P(x)\mathrm{d}x}\mathrm{d}x + C,$$

故方程(6.3)的通解为

$$y = \mathrm{e}^{-\int P(x)\mathrm{d}x}\left[\int Q(x)\mathrm{e}^{\int P(x)\mathrm{d}x}\mathrm{d}x + C\right] \text{或} y = C\mathrm{e}^{-\int P(x)\mathrm{d}x} + \mathrm{e}^{-\int P(x)\mathrm{d}x}\int Q(x)\mathrm{e}^{\int P(x)\mathrm{d}x}\mathrm{d}x. \tag{6.5}$$

上式为一阶非齐次线性微分方程的通解公式．上述一阶非齐次线性微分方程通解的求解方法通常称为常数变易法．

若记 $y_c = C\mathrm{e}^{-\int P(x)\mathrm{d}x}, y^* = \mathrm{e}^{-\int P(x)\mathrm{d}x}\int Q(x)\mathrm{e}^{\int P(x)\mathrm{d}x}\mathrm{d}x$，则上述通解公式(6.5)可简记为

$$y = y_c + y^*.$$

容易验证 $y^* = \mathrm{e}^{-\int P(x)\mathrm{d}x}\int Q(x)\mathrm{e}^{\int P(x)\mathrm{d}x}\mathrm{d}x$ 为 $y' + P(x)y = Q(x)$ 的一个特解，$y' + P(x)y = Q(x)$ 的通解为其对应的 $y' + P(x)y = 0$ 的通解与自身的一个特解相加而成，这一结论对于二阶线性微分方程也是适用的，我们称其为线性微分方程解的结构．

微课：常数变易法

📝 **注** 对于一阶非齐次线性微分方程 $y' + P(x)y = Q(x)$ 的求解，有以下两种常用方法．

(1) 先求出对应的齐次方程的通解，再利用常数变易法求其通解．

(2) 直接利用非齐次方程的通解公式求其通解：先将方程化为标准形式[式(6.3)]，确定 $P(x), Q(x)$，再代入通解公式(6.5)求解，注意公式中的所有不定积分在计算时均不需要再另加积分常数．

例 6.10 求方程 $xy' = x^2 + 3y(x>0)$ 的通解．

🔑 **解** **方法❶**（常数变易法）将原方程改写为标准形式，得

$$y' - \frac{3}{x}y = x.$$

由例 6.9 得齐次方程 $y' - \frac{3}{x}y = 0$ 的通解为

$$y = Cx^3.$$

将 $y = Cx^3$ 中的任意常数 C 换成待定函数 $\Phi(x)$，设 $y = \Phi(x)x^3$ 为 $xy' = x^2 + 3y$ 的解，将其代入原方程得

$$x[\Phi'(x)x^3 + 3x^2\Phi(x)] = x^2 + 3x^3\Phi(x),$$

即 $\Phi'(x)=\dfrac{1}{x^2}$，所以

$$\Phi(x)=\int \frac{1}{x^2}\mathrm{d}x=-\frac{1}{x}+C.$$

故所求原方程的通解为

$$y=Cx^3-x^2.$$

方法2（公式法）将原方程改写为标准形式以确定 $P(x),Q(x)$，得

$$y'-\frac{3}{x}y=x,$$

从而有 $P(x)=-\dfrac{3}{x},Q(x)=x$，代入通解公式(6.5)，得

$$\begin{aligned}
y&=\mathrm{e}^{-\int P(x)\mathrm{d}x}\left[\int Q(x)\,\mathrm{e}^{\int P(x)\mathrm{d}x}\mathrm{d}x+C\right]\\
&=\mathrm{e}^{-\int(-\frac{3}{x})\mathrm{d}x}\left[\int x\cdot\mathrm{e}^{\int(-\frac{3}{x})\mathrm{d}x}\mathrm{d}x+C\right]\\
&=x^3\left(\int x\mathrm{e}^{\ln x^{-3}}\mathrm{d}x+C\right)=x^3\left(\int\frac{1}{x^2}\mathrm{d}x+C\right)\\
&=x^3\left(-\frac{1}{x}+C\right)=Cx^3-x^2.
\end{aligned}$$

例 6.11 求一阶线性微分方程 $xy'=x^2+3y(x>0)$ 满足初值条件 $y|_{x=1}=2$ 的特解.

解 由例 6.10 知方程 $xy'=x^2+3y$ 的通解为

$$y=Cx^3-x^2,$$

将初值条件 $y|_{x=1}=2$ 代入通解中，得 $C=3$，所以原方程满足初值条件的特解为

$$y=3x^3-x^2.$$

例 6.12 已知汽艇在静水中行驶时受到的阻力与汽艇的行驶速度成正比，若一汽艇以 10km/h 的速度在静水中行驶时关闭了发动机，经 20s 后汽艇的速度减至 6km/h，试确定发动机停止 2min 后汽艇的行驶速度.

解 设汽艇在静水中行驶时速度为 v，受到的阻力为 F，根据题意有 $F=-kv$，其中 k 为比例常数，负号是因为 F 与 v 方向相反. 根据牛顿第二运动定律知

$$F=ma=m\frac{\mathrm{d}v}{\mathrm{d}t},$$

得

$$m\frac{\mathrm{d}v}{\mathrm{d}t}=-kv,$$

即

$$\frac{\mathrm{d}v}{\mathrm{d}t}+\frac{k}{m}v=0.$$

令 $\dfrac{k}{m}=\lambda$，得到关于 v 的一阶齐次线性微分方程

$$v'+\lambda v=0,$$

且有初值条件

$$v\mid_{t=0}=\frac{10\ 000}{3\ 600}=\frac{25}{9}(\text{m/s})\ ,\ v\mid_{t=20}=\frac{6\ 000}{3\ 600}=\frac{5}{3}(\text{m/s})\ ,$$

利用公式法可得微分方程的通解为

$$v=Ce^{\int(-\lambda)\mathrm{d}t}=Ce^{-\lambda t}\ ,$$

代入初值条件，得 $C=\dfrac{25}{9},\lambda=-\dfrac{1}{20}\ln\dfrac{3}{5}$，所以微分方程的特解为

$$v=\frac{25}{9}e^{(\frac{1}{20}\ln\frac{3}{5})t}\ ,$$

从而有 $v\mid_{t=120}=\dfrac{25}{9}e^{6\ln\frac{3}{5}}=\dfrac{81}{625}(\text{m/s})$，即发动机停止 2min 后汽艇的行驶速度为 $\dfrac{81}{625}\text{m/s}$.

*6.2.4 伯努利方程

有些特殊的非线性微分方程，可以通过变量代换转化为线性方程求解. 比如下面要讨论的伯努利方程. 我们称形如

$$\frac{\mathrm{d}y}{\mathrm{d}x}+P(x)y=Q(x)y^n(n\neq0,1) \tag{6.6}$$

的方程为伯努利方程. 当 $n=0$ 或 $n=1$ 时，该方程是线性微分方程；当 $n\neq0$ 且 $n\neq1$ 时，该方程为一阶非线性微分方程.

方程(6.6)两边同除以 y^n，得

$$y^{-n}\frac{\mathrm{d}y}{\mathrm{d}x}+P(x)y^{1-n}=Q(x)\ ,$$

注意到 $y^{-n}\dfrac{\mathrm{d}y}{\mathrm{d}x}=\dfrac{1}{1-n}(y^{1-n})'$，并令 $z=y^{1-n}$，将方程(6.6)化成以 z 为未知函数的一阶非齐次线性微分方程

$$\frac{\mathrm{d}z}{\mathrm{d}x}+(1-n)P(x)z=(1-n)Q(x)\ ,$$

解出 z 后代入变换关系 $z=y^{1-n}$ 即得方程(6.6)的通解.

例 6.13 求微分方程 $\dfrac{\mathrm{d}y}{\mathrm{d}x}+\dfrac{y}{x}=(\ln x)y^2$ 的通解.

解 此方程为 $n=2$ 的伯努利方程. 令 $z=y^{-1}$，得

$$\frac{\mathrm{d}z}{\mathrm{d}x}-\frac{z}{x}=-\ln x\ ,$$

解此一阶非齐次线性微分方程，得

$$z=x\left(C-\frac{\ln^2x}{2}\right)\ ,$$

原方程的通解为

$$xy\left(C-\frac{\ln^2x}{2}\right)=1\ .$$

同步习题6.2

基础题

1. 指出下列方程的类型：

(1) $xy' = \dfrac{e^x}{y}$；

(2) $y' = 6x^2y$；

(3) $y' = \dfrac{x^2+y^2}{2xy}$；

(4) $3x^2+2x-5y'=0$；

(5) $y' = \dfrac{y+x\ln x}{x}$.

2. 求下列方程的通解或特解：

(1) $(1+y^2)\,\mathrm{d}x = x\,\mathrm{d}y$；

(2) $e^{2x}\,\mathrm{d}y - (y+1)\,\mathrm{d}x = 0$；

(3) $\cos\theta + r\sin\theta\dfrac{\mathrm{d}\theta}{\mathrm{d}r} = 0$；

(4) $(1+x)\,\mathrm{d}y - (1-y)\,\mathrm{d}x = 0$；

(5) $y' = e^{x-2y},\ y(0)=0$；

(6) $x\,\mathrm{d}y + y\ln y\,\mathrm{d}x = 0,\ y\big|_{x=1}=1$.

3. 求下列齐次方程的通解或特解：

(1) $(x+2y)\,\mathrm{d}x - x\,\mathrm{d}y = 0$；

(2) $3xy^2\,\mathrm{d}y - (2y^3-x^3)\,\mathrm{d}x = 0$；

(3) $x\,\mathrm{d}y - (y+\sqrt{x^2+y^2})\,\mathrm{d}x = 0\ (x>0)$；

(4) $\left(x\sin\dfrac{y}{x} - y\cos\dfrac{y}{x}\right)\mathrm{d}x + x\cos\dfrac{y}{x}\,\mathrm{d}y = 0$.

4. 求下列方程的通解或特解：

(1) $y' = 3x^2y,\ y(0)=2$；

(2) $y' = e^{x^2} + 2xy$；

(3) $\dfrac{\mathrm{d}y}{\mathrm{d}x} + 2y = xe^x$；

(4) $(1+x^2)y' = \arctan x$；

(5) $\dfrac{\mathrm{d}y}{\mathrm{d}x} = \dfrac{y}{2x-y^2}$；

(6) $x\dfrac{\mathrm{d}y}{\mathrm{d}x} - 2y = x^3e^x,\ y(1)=0$.

微课：同步习题6.2
基础题 4(5)

提高题

1. 微分方程 $y' = \dfrac{y(1-x)}{x}$ 的通解是_____.

2. 微分方程 $xy'+y=0$ 满足条件 $y(1)=1$ 的解是_____.

3. 微分方程 $xy'+y(\ln x-\ln y)=0$ 满足条件 $y(1)=e^3$ 的解为 $y=$ _____.

4. 过点 $\left(\dfrac{1}{2},0\right)$ 且满足关系式 $y'\arcsin x + \dfrac{y}{\sqrt{1-x^2}} = 1$ 的曲线方程为_____.

5. 药物进入机体后随血液输送到全身，在这个过程中不断地被吸收、代谢，最终排出体外. 药物在血液中的浓度, 即单位体积血液中的药物含量, 称为血药浓度. 要设计给药方案, 必须知道给药后血药浓度 c 随时间变化的规律. 在实验方面, 对机体一次注入该药物, 设血液体积为 V, $t=0$ 时注射剂量为 d, 此时血药浓度为 $c_0=\dfrac{d}{V}$, 设药物排出速率与血药浓度成正比, 比例系数 $k>0$. 在快速静脉注射的给药方式下, 求血药浓度 $c(t)$ 的变化规律.

6. (技术推广问题) 某公司研制出一项新技术在行业内进行推广, 新技术的推广是通过已掌握技术的人传播的, 设该行业的总人数为 N, 在 $t=0$ 时刻已掌握新技术的人数为 y_0, 在任意时刻 t 已掌握新技术的人数为 $y(t)$, 其变化率与已掌握新技术的人数和未掌握新技术的人数之积成正比, 比例系数 $\lambda>0$, 求 $y(t)$.

*7. 求解下列伯努利方程:

(1) $\dfrac{\mathrm{d}y}{\mathrm{d}x}-\dfrac{4}{x}y=x\sqrt{y}\ (x\neq 0, y>0)$;　　(2) $\begin{cases} \dfrac{\mathrm{d}y}{\mathrm{d}x}-\dfrac{y}{2x}=\dfrac{x^2}{2y}, \\ y(1)=1. \end{cases}$

■ 6.3 可降阶的高阶微分方程

高阶微分方程是指二阶及二阶以上的微分方程. 一般而言, 高阶微分方程求解更为困难, 我们可以通过变量代换将它化成较低阶的方程. 本节将介绍 3 种可用降阶法求解的微分方程.

6.3.1 $y^{(n)}=f(x)$ 型的微分方程

形如 $y^{(n)}=f(x)$ 的微分方程, 其特点是方程右边仅含自变量 x, 只需将 $y^{(n-1)}$ 作为新的未知函数, 则原来的 n 阶微分方程就化为了新的未知函数 $y^{(n-1)}$ 的一阶微分方程. 两边积分得

$$y^{(n-1)}=\int f(x)\,\mathrm{d}x+C_1,$$

上式两边再积分得

$$y^{(n-2)}=\int\left[\int f(x)\,\mathrm{d}x+C_1\right]\mathrm{d}x+C_2.$$

依次继续进行下去, 接连积分 n 次, 就得到原来的 n 阶微分方程的含有 n 个独立任意常数的通解.

例 6.14 求微分方程 $y'''=\mathrm{e}^{2x}+x$ 的通解.

解 对所给微分方程接连积分 3 次, 得

$$y''=\int(\mathrm{e}^{2x}+x)\,\mathrm{d}x=\frac{1}{2}\mathrm{e}^{2x}+\frac{1}{2}x^2+C,$$

$$y'=\int\left(\frac{1}{2}\mathrm{e}^{2x}+\frac{1}{2}x^2+C\right)\mathrm{d}x=\frac{1}{4}\mathrm{e}^{2x}+\frac{1}{3!}x^3+Cx+C_2,$$

$$y=\int\left(\frac{1}{4}\mathrm{e}^{2x}+\frac{1}{3!}x^3+Cx+C_2\right)\mathrm{d}x=\frac{1}{8}\mathrm{e}^{2x}+\frac{1}{4!}x^4+C_1x^2+C_2x+C_3\left(C_1=\frac{C}{2}\right),$$

这就是所求微分方程的通解.

6.3.2 $y''=f(x,y')$ 型的微分方程

方程 $y''=f(x,y')$ 的特点是其右边不显含未知函数 y.

令 $y'=p(x)$，则 $y''=p'(x)$，代入方程得关于 $p(x)$ 的一阶微分方程

$$p'(x)=f[x,p(x)],$$

设其通解为

$$p(x)=\varphi(x,C_1),$$

即得可分离变量的一阶微分方程

$$\frac{\mathrm{d}y}{\mathrm{d}x}=\varphi(x,C_1),$$

两边积分就能得到原方程的通解为

$$y=\int \varphi(x,C_1)\mathrm{d}x+C_2.$$

例 6.15 求微分方程 $y''=\dfrac{1}{x}y'+x$ 的通解.

解 令 $y'=p(x)$，则 $y''=p'$，代入原方程有

$$p'-\frac{1}{x}p=x,$$

这是一阶线性微分方程，其通解为

$$p = \mathrm{e}^{-\int(-\frac{1}{x})\mathrm{d}x}\left[\int x\mathrm{e}^{\int(-\frac{1}{x})\mathrm{d}x}\mathrm{d}x+C_1\right]$$

$$= x\left(\int \mathrm{d}x+C_1\right)=x(x+C_1)=x^2+C_1x,$$

即

$$y'=x^2+C_1x,$$

再次积分得到原方程的通解为

$$y=\frac{1}{3}x^3+\frac{C_1}{2}x^2+C_2.$$

【即时提问 6.3】求微分方程 $y''=\dfrac{y'}{x}$ 的通解.

6.3.3 $y''=f(y,y')$ 型的微分方程

方程 $y''=f(y,y')$ 的特点是其右边不显含自变量 x.

令 $\dfrac{\mathrm{d}y}{\mathrm{d}x}=p(y)$，利用复合函数的求导法则把 y'' 化为对 y 的导数，则有

$$y''=\frac{\mathrm{d}y'}{\mathrm{d}x}=\frac{\mathrm{d}p}{\mathrm{d}y}\frac{\mathrm{d}y}{\mathrm{d}x}=p\frac{\mathrm{d}p}{\mathrm{d}y},$$

于是方程 $y''=f(y,y')$ 可化为

$$p\frac{\mathrm{d}p}{\mathrm{d}y}=f(y,p),$$

这是关于 y 和 p 的一阶微分方程, 设其通解为

$$p = \varphi(y, C_1),$$

即

$$\frac{\mathrm{d}y}{\mathrm{d}x} = \varphi(y, C_1).$$

解这个可分离变量的微分方程, 可求出原方程的通解为

$$\int \frac{\mathrm{d}y}{\varphi(y, C_1)} = x + C_2.$$

例 6.16 求微分方程 $y'' + \dfrac{1}{y^2}\mathrm{e}^{y^2}y' - 2y(y')^2 = 0$ 满足初值条件 $y \Big|_{x=-\frac{1}{2e}} = 1, y' \Big|_{x=-\frac{1}{2e}} = \mathrm{e}$ 的特解.

微课: 例 6.16

解 令 $y' = p(y)$, 则 $y'' = p\dfrac{\mathrm{d}p}{\mathrm{d}y}$, 代入原方程, 将方程化为

$$p\left(\frac{\mathrm{d}p}{\mathrm{d}y} + \frac{1}{y^2}\mathrm{e}^{y^2} - 2yp\right) = 0,$$

于是有

$$p = 0 \text{ 或 } \frac{\mathrm{d}p}{\mathrm{d}y} - 2yp + \frac{1}{y^2}\mathrm{e}^{y^2} = 0,$$

由初值条件 $y' \big|_{x=-\frac{1}{2e}} = \mathrm{e}$ 知, $p \neq 0$, 所以

$$\frac{\mathrm{d}p}{\mathrm{d}y} - 2yp = -\frac{1}{y^2}\mathrm{e}^{y^2}.$$

这是一阶线性微分方程. 将 $P(y) = -2y, Q(y) = -\dfrac{1}{y^2}\mathrm{e}^{y^2}$ 代入通解公式(6.5)中得

$$p = \mathrm{e}^{-\int(-2y)\mathrm{d}y}\left[-\int \frac{1}{y^2}\mathrm{e}^{y^2}\mathrm{e}^{\int(-2y)\mathrm{d}y}\mathrm{d}y + C_1\right],$$

从而

$$p = \mathrm{e}^{y^2}\left(\frac{1}{y} + C_1\right),$$

即

$$\frac{\mathrm{d}y}{\mathrm{d}x} = \mathrm{e}^{y^2}\left(\frac{1}{y} + C_1\right).$$

将初值条件 $y' \Big|_{x=-\frac{1}{2e}} = \mathrm{e}, y \Big|_{x=-\frac{1}{2e}} = 1$ 代入上式, 得 $C_1 = 0$, 所以

$$\frac{\mathrm{d}y}{\mathrm{d}x} = \frac{1}{y}\mathrm{e}^{y^2},$$

即

$$y\mathrm{e}^{-y^2}\mathrm{d}y = \mathrm{d}x.$$

两边积分得

$$-\frac{1}{2}\mathrm{e}^{-y^2} = x + C_2,$$

将初值条件 $y\Big|_{x=-\frac{1}{2e}}=1$ 代入，得 $C_2=0.$ 于是，可得所求方程的特解为

$$x=-\frac{1}{2}e^{-y^2}.$$

同步习题6.3

1. 求下列微分方程的通解：

(1) $y''+y'\tan x=\sin 2x$；

(2) $(1-x^2)y''-xy'=0$；

(3) $2yy''+(y')^2=0$；

(4) $y''=y'+x.$

2. 求下列微分方程满足初值条件的特解：

(1) $(x^2+1)y''=2xy', y(0)=1, y'(0)=3$；

(2) $y''-e^{2y}y'=0, y(0)=0, y'(0)=\frac{1}{2}$；

(3) $y''+(y')^2=1, y\big|_{x=0}=0, y'\big|_{x=0}=0.$

提高题

1. 求微分方程 $y''[x+(y')^2]=y'$ 满足初值条件 $y(1)=y'(1)=1$ 的特解.

2. 求微分方程 $xy''+3y'=0$ 的通解.

6.4 高阶线性微分方程

在高阶微分方程中，较常见的是高阶线性微分方程，由于它自身的线性性质，在求解过程中可以避免很复杂的积分运算，使方程的求解过程变得容易得多. 本节以二阶常系数线性微分方程为例，先介绍线性微分方程解的结构，然后介绍二阶常系数齐次线性微分方程和二阶常系数非齐次线性微分方程的解法.

6.4.1 线性微分方程解的结构

考虑二阶线性微分方程

$$y''+p(x)y'+q(x)y=f(x),$$

其中 $p(x),q(x),f(x)$ 是已知的关于 x 的函数，$f(x)$ 称为方程的自由项. 如果 $f(x)\equiv 0$，则方程变为

$$y''+p(x)y'+q(x)y=0,$$

称为二阶齐次线性微分方程；如果 $f(x)\neq 0$，则称为二阶非齐次线性微分方程；如果系数 $p(x)$，$q(x)$ 都是常数，则称方程为二阶常系数线性微分方程.

1. 二阶齐次线性微分方程通解的结构

定理 6.1 如果 y_1 和 y_2 是二阶齐次线性微分方程 $y''+p(x)y'+q(x)y=0$ 的两个解，则

$$y=C_1y_1+C_2y_2$$

也是方程 $y''+p(x)y'+q(x)y=0$ 的解，其中 C_1,C_2 为任意常数.

证明 因为 y_1,y_2 是二阶齐次线性微分方程 $y''+p(x)y'+q(x)y=0$ 的解，所以有

$$y_1''+p(x)y_1'+q(x)y_1=0,y_2''+p(x)y_2'+q(x)y_2=0.$$

将 $y=C_1y_1+C_2y_2$ 代入方程 $y''+p(x)y'+q(x)y=0$ 中，得

$$左边=(C_1y_1+C_2y_2)''+p(x)(C_1y_1+C_2y_2)'+q(x)(C_1y_1+C_2y_2)$$
$$=C_1y_1''+C_2y_2''+p(x)(C_1y_1'+C_2y_2')+q(x)(C_1y_1+C_2y_2)$$
$$=C_1[y_1''+p(x)y_1'+q(x)y_1]+C_2[y_2''+p(x)y_2'+q(x)y_2]$$
$$=C_1\cdot0+C_2\cdot0=0=右边,$$

故 $y=C_1y_1+C_2y_2$ 是 $y''+p(x)y'+q(x)y=0$ 的解.

定理 6.2（二阶齐次线性微分方程通解的结构） 若 y_1,y_2 是二阶齐次线性微分方程 $y''+p(x)y'+q(x)y=0$ 的两个线性无关的解，则 $y=C_1y_1+C_2y_2$ 是 $y''+p(x)y'+q(x)y=0$ 的通解，其中 C_1,C_2 为任意常数.

2. 二阶非齐次线性微分方程通解的结构

定理 6.3 若 y_1,y_2 是二阶非齐次线性微分方程 $y''+p(x)y'+q(x)y=f(x)$ 的两个特解，则 $y=y_1-y_2$ 是其对应的二阶齐次线性微分方程 $y''+p(x)y'+q(x)y=0$ 的解.

定理 6.4（二阶非齐次线性微分方程通解的结构） 若 y^* 是 $y''+p(x)y'+q(x)y=f(x)$ 的一个特解，y_c 是 $y''+p(x)y'+q(x)y=0$ 的通解，则二阶非齐次线性微分方程 $y''+p(x)y'+q(x)y=f(x)$ 的通解是 $y=y_c+y^*$.

证明 因为 y^* 是 $y''+p(x)y'+q(x)y=f(x)$ 的一个特解，所以有 $y^{*''}+p(x)y^{*'}+q(x)y^*=f(x)$. 又因为 y_c 是 $y''+p(x)y'+q(x)y=0$ 的通解，所以有 $y_c''+p(x)y_c'+q(x)y_c=0$. 将 $y=y_c+y^*$ 代入方程 $y''+p(x)y'+q(x)y=f(x)$，得

$$左边=(y_c+y^*)''+p(x)(y_c+y^*)'+q(x)(y_c+y^*)$$
$$=(y_c''+y^{*''})+p(x)(y_c'+y^{*'})+q(x)(y_c+y^*)$$
$$=[y_c''+p(x)y_c'+q(x)y_c]+[y^{*''}+p(x)y^{*'}+q(x)y^*]$$
$$=0+f(x)=f(x)=右边,$$

故 $y=y_c+y^*$ 是 $y''+p(x)y'+q(x)y=f(x)$ 的解. 又因为 y_c 是 $y''+p(x)y'+q(x)y=0$ 的通解，所以 y_c 中有两个独立的任意常数，从而 $y=y_c+y^*$ 是 $y''+p(x)y'+q(x)y=f(x)$ 的通解.

【即时提问 6.4】已知微分方程 $y''+p(x)y'+q(x)y=f(x)$ 有 3 个解 $y_1=x$，$y_2=e^x,y_3=e^{2x}$，则此方程的通解是什么？

定理 6.5（二阶非齐次线性微分方程解的叠加原理） 设二阶非齐次线性微分方程 $y''+p(x)y'+q(x)y=f(x)$ 的自由项可以写成两个函数之和——$f(x)=f_1(x)+f_2(x)$，即

$$y''+p(x)y'+q(x)y=f_1(x)+f_2(x).$$

微课：即时提问 6.4

若 y_1^* 与 y_2^* 分别是方程 $y''+p(x)y'+q(x)y=f_1(x)$ 与 $y''+p(x)y'+q(x)y=f_2(x)$ 的特解，那么 $y=y_1^*+y_2^*$ 就是方程 $y''+p(x)y'+q(x)y=f(x)$ 的特解.

6.4.2 二阶常系数齐次线性微分方程

对于二阶常系数齐次线性微分方程

$$y''+py'+qy=0(p,q \text{ 为常数}), \tag{6.7}$$

由定理6.2可知，为了得到其通解，只需求出它的两个线性无关的解 y_1 与 y_2. 由于 p,q 为常数，若 y,y',y'' 之间仅相差一个常数因子，则这样的函数 y 有可能是方程(6.7)的解. 根据指数函数导数的性质，可设 $y=e^{rx}$ 是方程(6.7)的解，其中 r 是待定常数.

将 $y=e^{rx}$ 代入方程(6.7)，得

$$(e^{rx})''+p(e^{rx})'+qe^{rx}=(r^2e^{rx})+pre^{rx}+qe^{rx}=(r^2+pr+q)e^{rx}=0.$$

由于 $e^{rx}\neq 0$，若上式成立，则必有

$$r^2+pr+q=0. \tag{6.8}$$

因此，若函数 $y=e^{rx}$ 是方程(6.7)的解，则 r 必满足代数方程(6.8). 反过来，若 r 是代数方程(6.8)的解，则 $y=e^{rx}$ 就是方程(6.7)的解. 这个关于 r 的一元二次代数方程(6.8)称为方程(6.7)的特征方程，其根称为特征根.

于是，微分方程 $y''+py'+qy=0$ 的求解问题就转化成了求其特征方程 $r^2+pr+q=0$ 的特征根的问题，这使问题大大简化. 根据特征方程对应的特征根的不同情况，方程(6.7)的通解有以下3种情况.

(1)当 $\Delta=p^2-4q>0$ 时，特征方程有两个相异的特征根 $r_1\neq r_2$.

这时方程 $y''+py'+qy=0$ 有两个特解 $y_1=e^{r_1x}$ 和 $y_2=e^{r_2x}$，因为 $\dfrac{y_1}{y_2}=e^{(r_1-r_2)x}\neq$ 常数，所以它们线性无关. 故方程(6.7)的通解为

$$y=C_1e^{r_1x}+C_2e^{r_2x}.$$

(2)当 $\Delta=p^2-4q=0$ 时，特征方程有两个相等的特征根(二重实根) $r_1=r_2=r$.

这时我们只得到 $y''+py'+qy=0$ 的一个特解 $y_1=e^{rx}$，还需求出另一个线性无关的解 y_2，即要求 $\dfrac{y_2}{y_1}=u(x)\neq$ 常数. 设 $y_2=u(x)e^{rx}$，记 $u(x)=u$ 为待定函数，把 y_2 代入方程(6.7)得

$$(ue^{rx})''+p(ue^{rx})'+q(ue^{rx})=e^{rx}[(u''+2ru'+r^2u)+p(u'+ru)+qu]=0,$$

因为 $e^{rx}\neq 0$，所以

$$(u''+2ru'+r^2u)+p(u'+ru)+qu=u''+(2r+p)u'+(r^2+pr+q)u=0.$$

由于 r 是特征方程(6.8)的二重实根，故有 $2r+p=0,r^2+pr+q=0$. 于是有 $u''=0$，将它积分两次得

$$u=C_1+C_2x.$$

因为只需要得到一个与 y_1 线性无关的特解，所以不妨取 $u=x$，由此得到方程(6.7)的另一个特解为 $y_2=xe^{rx}$，故方程(6.7)的通解为

$$y=C_1e^{rx}+C_2xe^{rx}=(C_1+C_2x)e^{rx}.$$

(3)当 $\Delta=p^2-4q<0$ 时，特征方程有一对共轭复根，特征根为 $r_{1,2}=\alpha\pm\beta i$.

这时，微分方程 $y''+py'+qy=0$ 有两个复数形式的线性无关解：

$$\bar{y}_1=e^{(\alpha+\beta i)x}=e^{\alpha x}\cdot e^{\beta xi},\bar{y}_2=e^{(\alpha-\beta i)x}=e^{\alpha x}\cdot e^{-\beta xi}.$$

我们希望能得到实值函数形式的解. 根据欧拉公式

$$e^{\theta i} = \cos\theta + i\sin\theta,$$

上述复数特解可改写为

$$\bar{y}_1 = e^{\alpha x}(\cos\beta x + i\sin\beta x), \bar{y}_2 = e^{\alpha x}(\cos\beta x - i\sin\beta x).$$

由定理 6.1 知，取

$$y_1 = \frac{1}{2}\bar{y}_1 + \frac{1}{2}\bar{y}_2 = e^{\alpha x}\cos\beta x, y_2 = \frac{1}{2i}\bar{y}_1 - \frac{1}{2i}\bar{y}_2 = e^{\alpha x}\sin\beta x,$$

则 y_1 与 y_2 是原方程的两个线性无关的特解. 因此，原方程(6.7)的通解为

$$y = e^{\alpha x}(C_1\cos\beta x + C_2\sin\beta x).$$

综上所述，二阶常系数齐次线性微分方程 $y'' + py' + qy = 0$ 的通解的求解过程如下.

(1)将原方程化为标准形式：$y'' + py' + qy = 0$.

(2)写出 $y'' + py' + qy = 0$ 的特征方程 $r^2 + pr + q = 0$，求得特征根 r_1, r_2.

(3)按照表 6.1 得到 $y'' + py' + qy = 0$ 的通解.

如果求特解，只需将初值条件代入通解确定 C_1, C_2 后，即可得到满足初值条件的特解 y^*.

表 6.1

特征方程 $r^2 + py' + qy = 0$ 的特征根	$y'' + py' + qy = 0$ 的通解
两个不等的实根 $r_1 \neq r_2$	$y = C_1 e^{r_1 x} + C_2 e^{r_2 x}$
两个相等的实根 $r_1 = r_2 = r$	$y = (C_1 + C_2 x) e^{rx}$
一对共轭复根 $r_{1,2} = \alpha \pm \beta i$	$y = e^{\alpha x}(C_1\cos\beta x + C_2\sin\beta x)$

例 6.17 解下列微分方程：

(1)$y'' + 5y' + 6y = 0$；　　　(2)$y'' - 2y' + 5y = 0$；

(3)$y'' - 2y' + y = 0, y\big|_{x=0} = 1, y'\big|_{x=0} = 2$.

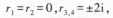 (1)特征方程为 $r^2 + 5r + 6 = 0$，特征根为 $r_1 = -2, r_2 = -3$，因此，原方程的通解为

$$y = C_1 e^{-2x} + C_2 e^{-3x}.$$

(2)特征方程为 $r^2 - 2r + 5 = 0$，它有一对共轭复根 $r_1 = 1 + 2i, r_2 = 1 - 2i$，因此，原方程的通解为

$$y = e^x(C_1\cos 2x + C_2\sin 2x).$$

(3)特征方程为 $r^2 - 2r + 1 = 0$，特征根为 $r_1 = r_2 = 1$，因此，原方程的通解为

$$y = (C_1 + C_2 x) e^x.$$

由初值条件 $y\big|_{x=0} = 1, y'\big|_{x=0} = 2$ 得 $C_1 = C_2 = 1$，于是原方程满足初值条件的特解为

$$y = (1 + x) e^x.$$

*例 6.18** 求微分方程 $y^{(4)} + 4y'' = 0$ 的通解.

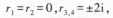 微分方程对应的特征方程为

$$r^4 + 4r^2 = r^2(r^2 + 4) = 0,$$

特征根为

$$r_1 = r_2 = 0, r_{3,4} = \pm 2i,$$

微课：例 6.18

原方程的通解为

$$y = C_1 + C_2 x + C_3 \cos 2x + C_4 \sin 2x.$$

6.4.3 二阶常系数非齐次线性微分方程

由定理 6.4 知，对于二阶常系数非齐次线性微分方程

$$y'' + py' + qy = f(x) \quad (p, q \text{ 为常数}) \tag{6.9}$$

的通解，其形式为 $y = y_c + y^*$，这里 y_c 为对应的齐次方程 $y'' + py' + qy = 0$ 的通解. 因此，要求出方程 (6.9) 的通解，关键是求其一个特解 y^*，下面针对自由项 $f(x)$ 的两种常见形式，用待定系数法求出.

1. $f(x) = P_m(x) e^{\lambda x}$ 型

自由项形式为 $f(x) = P_m(x) e^{\lambda x}$，其中 λ 是常数，$P_m(x)$ 是关于 x 的 m 次多项式. 又因为多项式函数与指数函数的乘积，其求导后还是同类型的函数，且 p, q 为常数，$(e^{\lambda x})' = \lambda e^{\lambda x}$，$(e^{\lambda x})'' = \lambda^2 e^{\lambda x}$，故可探求方程 (6.9) 有形如

$$y^* = Q(x) e^{\lambda x}$$

的特解，其中 λ 与 $f(x) = P_m(x) e^{\lambda x}$ 中的 λ 相同，$Q(x)$ 是待定系数的多项式. 将 $y^* = Q(x) e^{\lambda x}$ 代入方程 $y'' + py' + qy = P_m(x) e^{\lambda x}$ 并消去 $e^{\lambda x}$，得

$$Q''(x) + (2\lambda + p) Q'(x) + (\lambda^2 + p\lambda + q) Q(x) = P_m(x). \tag{6.10}$$

方程 (6.10) 的右边是一个 m 次多项式，左边必须也是一个 m 次多项式. 求原方程的特解可转化为求方程 (6.10) 的特解.

(1) 若 λ 不是特征方程 $r^2 + pr + q = 0$ 的根，则 $\lambda^2 + p\lambda + q \neq 0$，方程 (6.10) 的特解可设为

$$Q = Q_m(x) = b_0 x^m + b_1 x^{m-1} + \cdots + b_{m-1} x + b_m \ (b_0, b_1, \cdots, b_m \text{ 是常数，且 } b_0 \neq 0),$$

从而 $y^* = Q_m(x) e^{\lambda x} = (b_0 x^m + b_1 x^{m-1} + \cdots + b_{m-1} x + b_m) e^{\lambda x}$，将其代入 $y'' + py' + qy = P_m(x) e^{\lambda x}$ 中，比较两边 x 的同次幂的系数，得到以 $b_0, b_1, \cdots, b_m$ 为未知数的 $m+1$ 个方程，解方程组确定 $Q_m(x)$，便得到原方程的特解为 $y^* = Q_m(x) e^{\lambda x}$.

(2) 若 λ 是特征方程 $r^2 + pr + q = 0$ 的单根，则 $\lambda^2 + p\lambda + q = 0$，但 $2\lambda + p \neq 0$. 此时方程 (6.10) 的特解可设为

$$Q = x Q_m(x) = x(b_0 x^m + b_1 x^{m-1} + \cdots + b_{m-1} x + b_m) \ (b_0, b_1, \cdots, b_m \text{ 是常数，且 } b_0 \neq 0),$$

从而得到原方程的特解为 $y^* = x Q_m(x) e^{\lambda x}$.

(3) 若 λ 是特征方程 $r^2 + pr + q = 0$ 的重根，则 $\lambda^2 + p\lambda + q = 0$，且 $2\lambda + p = 0$. 此时方程 (6.10) 的特解可设为

$$Q = x^2 Q_m(x) = x^2(b_0 x^m + b_1 x^{m-1} + \cdots + b_{m-1} x + b_m) \ (b_0, b_1, \cdots, b_m \text{ 是常数，且 } b_0 \neq 0),$$

从而得到原方程的特解为 $y^* = x^2 Q_m(x) e^{\lambda x}$.

综上所述，二阶常系数非齐次线性微分方程求解的步骤如下：

(1) 将原方程化为标准形式 $y'' + py' + qy = f(x)$，按照表 6.1 求齐次方程 $y'' + py' + qy = 0$ 的通解 y_c；

(2) 按照表 6.2 确定 $y'' + py' + qy = f(x)$ 的特解 y^* 的形式并代入原方程，最终求出特解 y^*；

(3) 根据定理 6.4 求得 $y'' + py' + qy = f(x)$ 的通解 $y = y_c + y^*$；

(4)将初值条件代入通解确定 C_1, C_2 后，即可得到满足初值条件的特解.

表 6.2

λ 的情况	$y''+py'+qy=P_m(x)\mathrm{e}^{\lambda x}$ 的特解 $y^* = x^k Q_m(x)\mathrm{e}^{\lambda x}$
λ 不是特征方程的根时	$y^* = Q_m(x)\mathrm{e}^{\lambda x}$
λ 是特征方程的单根时	$y^* = x Q_m(x)\mathrm{e}^{\lambda x}$
λ 是特征方程的重根时	$y^* = x^2 Q_m(x)\mathrm{e}^{\lambda x}$

例 6.19 求 $y''-5y'+6y=6x+7$ 的一个特解.

解 （1）这是二阶常系数非齐次线性微分方程，对应的齐次方程为 $y''-5y'+6y=0$，特征方程为 $r^2-5r+6=0$，特征根为 $r_1=2, r_2=3$，齐次方程的通解为 $y_c=C_1\mathrm{e}^{2x}+C_2\mathrm{e}^{3x}$.

（2）$f(x)=(6x+7)\mathrm{e}^{0\cdot x}$，由于 $\lambda=0$ 不是特征根，故可设特解形式为 $y^*=ax+b$，代入原方程得

$$-5a+6(ax+b)=6ax-5a+6b=6x+7,$$

比较等式两端 x 的同次幂的系数，得

$$\begin{cases} 6a=6, \\ -5a+6b=7, \end{cases}$$

解得 $a=1, b=2$，于是所求的特解为 $y^*=x+2$.

例 6.20 求 $y''+9y'=18$ 的通解.

解 原方程对应的齐次方程 $y''+9y'=0$ 的特征方程是 $r^2+9r=0$，即 $r(r+9)=0$，特征根是 $r_1=0, r_2=-9$，于是 $y''+9y'=0$ 的通解为

$$y_c=C_1+C_2\mathrm{e}^{-9x}.$$

因为 $f(x)=18\mathrm{e}^{0\cdot x}$，$\lambda=0$ 是特征方程的单根，故原方程的特解形式为 $y^*=ax$，代入 $y''+9y'=18$ 中得 $9a=18$，即 $a=2$，从而方程 $y''+9y'=18$ 的一个特解为 $y^*=2x$.

综上所述，可得 $y''+9y'=18$ 的通解为

$$y=y_c+y^*=C_1+C_2\mathrm{e}^{-9x}+2x.$$

例 6.21 求方程 $y''+5y'+6y=12\mathrm{e}^x$ 满足初值条件 $y\big|_{x=0}=0, y'\big|_{x=0}=0$ 的特解.

解 （1）计算原方程对应的齐次方程 $y''+5y'+6y=0$ 的通解 y_c.

由例 6.17（1）知 $y_c=C_1\mathrm{e}^{-2x}+C_2\mathrm{e}^{-3x}$.

（2）计算原方程的特解 y^*.

自由项 $f(x)=12\mathrm{e}^x$，由于 $\lambda=1$ 不是特征根，故设 $y^*=k\mathrm{e}^x(k\in\mathbf{R})$ 并代入原方程，得 $k=1$，从而 $y^*=\mathrm{e}^x$.

（3）根据定理 6.4 知，$y''+5y'+6y=12\mathrm{e}^x$ 的通解为

$$y=y_c+y^*=C_1\mathrm{e}^{-2x}+C_2\mathrm{e}^{-3x}+\mathrm{e}^x.$$

（4）求满足初值条件的特解.

将 $y\big|_{x=0}=0, y'\big|_{x=0}=0$ 代入通解中，得 $\begin{cases} C_1+C_2+1=0, \\ -2C_1-3C_2+1=0, \end{cases}$ 解得 $C_1=-4, C_2=3$. 所以，满足初

值条件的特解为 $y^* = -4e^{-2x} + 3e^{-3x} + e^x$.

2. $f(x) = e^{\lambda x}[P_l(x)\cos\omega x + P_n(x)\sin\omega x]$ 型

自由项形式为 $f(x) = e^{\lambda x}[P_l(x)\cos\omega x + P_n(x)\sin\omega x]$，其中 $P_l(x), P_n(x)$ 分别为 x 的 l 次和 n 次多项式，λ, ω 为常数. 一般地，非齐次方程(6.9)的特解可设为

$$y^* = x^k e^{\lambda x}[R_m^{(1)}(x)\cos\omega x + R_m^{(2)}(x)\sin\omega x], \tag{6.11}$$

其中 $R_m^{(1)}(x), R_m^{(2)}(x)$ 均为 m 次待定实系数的多项式，$m = \max\{l, n\}$，特别注意特解中含有 $2(m+1)$ 个待定实系数；当 $\lambda + \omega i$ 不是特征根时，$k = 0$；当 $\lambda + \omega i$ 是特征根时，$k = 1$.

特别地，若自由项为 $f_1(x) = P_m(x)e^{\lambda x}\cos\omega x$[或 $f_2(x) = P_m(x)e^{\lambda x}\sin\omega x$]时，此时方程变为

$$y'' + py' + qy = P_m(x)e^{\lambda x}\cos\omega x \text{ 或 } y'' + py' + qy = P_m(x)e^{\lambda x}\sin\omega x,$$

其中 λ, ω 为实数，$P_m(x)$ 为 m 次多项式. 下面以 $f_1(x) = P_m(x)e^{\lambda x}\cos\omega x$ 为例，给出方程特解的两种求法.

(1) 自由项变形为 $f_1(x) = e^{\lambda x}[P_m(x)\cos\omega x + 0 \cdot \sin\omega x]$，由式(6.11)知，特解可设为 $y^* = x^k e^{\lambda x}[R_m^{(1)}(x)\cos\omega x + R_m^{(2)}(x)\sin\omega x]$，其中 $R_m^{(1)}(x), R_m^{(2)}(x)$ 均为 m 次待定实系数的多项式；当 $\lambda + \omega i$ 不是特征根时，$k = 0$；当 $\lambda + \omega i$ 是特征根时，$k = 1$.

(2) 构造辅助方程

$$y'' + py' + qy = f_1(x) + f_2(x)i \text{ 或}$$
$$y'' + py' + qy = P_m(x)e^{(\lambda+\omega i)x} = P_m(x)e^{\lambda x}\cos\omega x + iP_m(x)e^{\lambda x}\sin\omega x, \tag{6.12}$$

由表6.2知，方程(6.12)的特解可设为

$$\hat{y} = x^k Q_m(x)e^{(\lambda+\omega i)x},$$

其中 $Q_m(x)$ 为 m 次复系数的多项式；当 $\lambda + \omega i$ 不是特征根时，$k = 0$；当 $\lambda + \omega i$ 是特征根时，$k = 1$. 代入方程(6.12)解出复数特解 $\hat{y} = \hat{y}_1 + \hat{y}_2 i$. 根据定理6.5，知

$\hat{y}_1$ 即为方程 $y'' + py' + qy = f_1(x) = P_m(x)e^{\lambda x}\cos\omega x$ 的特解；

$\hat{y}_2$ 即为方程 $y'' + py' + qy = f_2(x) = P_m(x)e^{\lambda x}\sin\omega x$ 的特解.

例6.22 求方程 $y'' + 3y' + 2y = e^{-x}\cos x$ 的一个特解.

解 (1) 对应的齐次方程为 $y'' + 3y' + 2y = 0$，特征方程为 $r^2 + 3r + 2 = 0$，特征根为 $r_1 = -1$，$r_2 = -2$.

(2) **方法①** 自由项为 $f(x) = e^{-x}\cos x = e^{-x}(1 \cdot \cos x + 0 \cdot \sin x)$，$\lambda + \omega i = -1 + i$ 不是特征根，则特解可设为 $y_1^* = e^{-x}(a\cos x + b\sin x)$，代入方程化简得

$$(b-a)\cos x - (a+b)\sin x = \cos x,$$

比较系数知

$$\begin{cases} b - a = 1, \\ a + b = 0, \end{cases}$$

解得 $a = -\dfrac{1}{2}, b = \dfrac{1}{2}$，从而特解为 $y_1^* = e^{-x}\left(-\dfrac{1}{2}\cos x + \dfrac{1}{2}\sin x\right)$.

方法② 自由项 $e^{-x}\cos x$ 为 $e^{(-1+i)x}$ 的实部，先求辅助方程

$$y'' + 3y' + 2y = e^{(-1+i)x}$$

的特解.

因为 $\lambda+\omega\mathrm{i}=-1+\mathrm{i}$ 不是特征根，所以可设

$$y^{*}=A\mathrm{e}^{(-1+\mathrm{i})x}$$

为方程的一个解，其中 A 为复数. 将 y^{*}, $(y^{*})'$, $(y^{*})''$ 代入方程并整理，得

$$(-1+\mathrm{i})A=1,$$

即

$$A=\frac{1}{\mathrm{i}-1}=-\frac{1}{2}-\frac{\mathrm{i}}{2}.$$

所以辅助方程的一个特解为

$$y^{*}=\left(-\frac{1}{2}-\frac{\mathrm{i}}{2}\right)\mathrm{e}^{(-1+\mathrm{i})x}=\left(-\frac{1}{2}-\frac{\mathrm{i}}{2}\right)\mathrm{e}^{-x}(\cos x+\mathrm{i}\sin x)$$

$$=\mathrm{e}^{-x}\left(-\frac{1}{2}\cos x+\frac{1}{2}\sin x\right)+\mathrm{e}^{-x}\left(-\frac{1}{2}\cos x-\frac{1}{2}\sin x\right)\mathrm{i},$$

它的实部 $y_{1}^{*}=\mathrm{e}^{-x}\left(-\frac{1}{2}\cos x+\frac{1}{2}\sin x\right)$ 就是原方程的一个特解.

例 6.23　求方程 $y''-2y'+5y=\mathrm{e}^{x}\sin x$ 的通解.

解　（1）先求方程所对应的齐次方程的通解 y_{c}.

因为对应齐次方程的特征方程为 $r^{2}-2r+5=0$，特征根为 $r_{1}=1+2\mathrm{i}$，$r_{2}=1-2\mathrm{i}$，所以

$$y_{c}=\mathrm{e}^{x}(C_{1}\cos 2x+C_{2}\sin 2x).$$

（2）再求方程 $y''-2y'+5y=\mathrm{e}^{x}\sin x$ 的一个特解 y^{*}.

方法❶　自由项变形为 $f(x)=\mathrm{e}^{x}\sin x=\mathrm{e}^{x}(0\cdot\cos x+1\cdot\sin x)$，$\lambda+\omega\mathrm{i}=1+\mathrm{i}$ 不是特征根，则
特解可设为 $y^{*}=\mathrm{e}^{x}(a\cos x+b\sin x)$，代入方程并化简得

$$3a\cos x+3b\sin x=\sin x,$$

解得 $a=0$，$b=\frac{1}{3}$，从而特解为 $y^{*}=\frac{1}{3}\mathrm{e}^{x}\sin x$.

故所求方程的通解为

$$y=y_{c}+y^{*}=\mathrm{e}^{x}(C_{1}\cos 2x+C_{2}\sin 2x)+\frac{1}{3}\mathrm{e}^{x}\sin x.$$

方法❷　自由项 $f(x)=\mathrm{e}^{x}\sin x$ 是 $\mathrm{e}^{(1+\mathrm{i})x}$ 的虚部，故求辅助方程

$$y''-2y'+5y=\mathrm{e}^{(1+\mathrm{i})x}$$

的特解 $\bar{y}^{*}$，它的虚部就是 y^{*}. 又因为 $\lambda+\omega\mathrm{i}=1+\mathrm{i}$ 不是特征根，所以辅助方程的特解可设为 $\bar{y}^{*}=A\mathrm{e}^{(1+\mathrm{i})x}$，代入辅助方程并整理，得 $3A=1$，即 $A=\frac{1}{3}$.

故辅助方程的特解为

$$\bar{y}^{*}=\frac{1}{3}\mathrm{e}^{(1+\mathrm{i})x}=\frac{1}{3}\mathrm{e}^{x}(\cos x+\mathrm{i}\sin x).$$

取其虚部，得原方程的一个特解为

$$y^* = \frac{1}{3}e^x\sin x,$$

故原方程的通解为

$$y = y_c + y^* = e^x(C_1\cos 2x + C_2\sin 2x) + \frac{1}{3}e^x\sin x.$$

同步习题 6.4

基础题

1. 求下列二阶常系数齐次线性微分方程的通解：
(1) $y''-3y'-4y=0$； (2) $y''+y'=0$；
(3) $y''+y=0$； (4) $y''-4y'+5y=0$.

2. 求下列二阶常系数齐次线性微分方程满足初值条件的特解：
(1) $y''-4y'+3y=0, y|_{x=0}=6, y'|_{x=0}=10$；
(2) $y''+25y=0, y|_{x=0}=2, y'|_{x=0}=5$.

3. 求下列二阶常系数非齐次线性微分方程的通解或满足初值条件的特解：
(1) $y''+y'=2x+1$； (2) $y''+y'=2e^x, y|_{x=0}=0, y'|_{x=0}=0$.

提高题

1. 求微分方程 $y''-2y'-e^{2x}=0$ 满足条件 $y(0)=1, y'(0)=1$ 的解.
2. 已知 $y_1=e^{3x}-xe^{2x}, y_2=e^x-xe^{2x}, y_3=-xe^{2x}$ 是某二阶常系数非齐次线性微分方程的3个解，求该方程的通解.

*6.5 欧拉方程和常系数线性微分方程组

欧拉方程是一类特殊的变系数线性微分方程，它的求解方法通常采用的是变量代换法. 变量代换法就是将所求的欧拉方程化为常系数线性微分方程，然后求这个常系数线性微分方程的解，进而求得欧拉方程的解. 但有些欧拉方程在用变量代换法求解时比较困难. 本节将首先介绍欧拉方程的解法，然后介绍简单的常系数线性微分方程组的解法.

6.5.1 欧拉方程

定义 6.7 形如

$$x^n y^{(n)} + a_1 x^{n-1} y^{(n-1)} + \cdots + a_{n-1}xy' + a_n y = f(x) \tag{6.13}$$

的方程称为欧拉方程，其中 $a_1, a_2, \cdots, a_{n-1}, a_n$ 为常数.

【即时提问 6.5】欧拉方程(6.13)具有哪些特点？

欧拉方程的一般解法是，作变换 $x=e^t$ 或 $t=\ln x$，将自变量由 x 变成 t，有

$$\frac{\mathrm{d}y}{\mathrm{d}x}=\frac{\mathrm{d}y}{\mathrm{d}t}\frac{\mathrm{d}t}{\mathrm{d}x}=\frac{1}{x}\frac{\mathrm{d}y}{\mathrm{d}t},$$

$$\frac{\mathrm{d}^2y}{\mathrm{d}x^2}=-\frac{1}{x^2}\frac{\mathrm{d}y}{\mathrm{d}t}+\frac{1}{x}\frac{\mathrm{d}^2y}{\mathrm{d}t^2}\frac{\mathrm{d}t}{\mathrm{d}x}=\frac{1}{x^2}\left(-\frac{\mathrm{d}y}{\mathrm{d}t}+\frac{\mathrm{d}^2y}{\mathrm{d}t^2}\right),$$

$$\frac{\mathrm{d}^3y}{\mathrm{d}x^3}=\frac{1}{x^3}\left(\frac{\mathrm{d}^3y}{\mathrm{d}t^3}-3\frac{\mathrm{d}^2y}{\mathrm{d}t^2}+2\frac{\mathrm{d}y}{\mathrm{d}t}\right),\cdots,$$

所以

$$x\frac{\mathrm{d}y}{\mathrm{d}x}=\frac{\mathrm{d}y}{\mathrm{d}t},x^2\frac{\mathrm{d}^2y}{\mathrm{d}x^2}=-\frac{\mathrm{d}y}{\mathrm{d}t}+\frac{\mathrm{d}^2y}{\mathrm{d}t^2},x^3\frac{\mathrm{d}^3y}{\mathrm{d}x^3}=\frac{\mathrm{d}^3y}{\mathrm{d}t^3}-3\frac{\mathrm{d}^2y}{\mathrm{d}t^2}+2\frac{\mathrm{d}y}{\mathrm{d}t},\cdots.$$

代入欧拉方程(6.13)得到以 t 为自变量的常系数线性微分方程

$$y^{(n)}+b_1y^{(n-1)}+\cdots+b_{n-1}y'+b_ny=f(\mathrm{e}^t),\tag{6.14}$$

其中 $b_1,b_2,\cdots,b_{n-1},b_n$ 为常数. 方程(6.14)的通解的求法前面已经讨论过. 再将 $t=\ln x$ 代回, 即得欧拉方程(6.13)的通解.

另外, 方程(6.14)对应的齐次方程为常系数齐次线性方程, 有形如 $y=\mathrm{e}^{K_t}$ 的解, 故欧拉方程(6.13)对应的齐次方程应具有形如 $y=x^K$ 的解. 下面以二阶微分方程为例, 来说明通过变量代换 $y=x^K$ 求解欧拉方程的方法, 并给出相应的定理, 以简化求解过程.

1. 二阶齐次欧拉方程的求解

考虑二阶齐次欧拉方程

$$x^2y''+a_1xy'+a_2y=0,\tag{6.15}$$

其中 a_1,a_2 为已知常数.

微课：二阶齐次欧拉
方程的求解

根据幂函数求导的性质, 对 $y=x^K$ 求一、二阶导数, 并代入方程(6.15), 得

$$(K^2-K)x^K+a_1Kx^K+a_2x^K=0,$$

或

$$[K^2+(a_1-1)K+a_2]x^K=0,$$

消去 x^K, 有

$$K^2+(a_1-1)K+a_2=0.\tag{6.16}$$

这个以 K 为未知数的一元二次方程称为二阶齐次欧拉方程(6.15)的特征方程, 方程的根称为特征根.

由此可见, 只要常数 K 满足特征方程(6.16), 则幂函数 $y=x^K$ 就是方程(6.15)的解. 根据特征方程解的情况, 方程(6.15)的通解归纳如下:

(1) $y=(C_1+C_2\ln x)x^{K_1}$($K_1=K_2$ 且是特征方程相等的实根);

(2) $y=C_1x^{K_1}+C_2x^{K_2}$($K_1\neq K_2$ 且是特征方程不等的实根);

(3) $y=C_1x^\alpha\cos(\beta\ln x)+C_2x^\alpha\sin(\beta\ln x)$($K_{1,2}=\alpha\pm\beta\mathrm{i}$ 是特征方程的共轭复根).

例 6.24 求方程 $x^2y''-xy'-8y=0$ 的通解.

解 方法① 设 $x=\mathrm{e}^t$, 则 $t=\ln x$, 于是

$$x\frac{\mathrm{d}y}{\mathrm{d}x}=\frac{\mathrm{d}y}{\mathrm{d}t},x^2\frac{\mathrm{d}^2y}{\mathrm{d}x^2}=-\frac{\mathrm{d}y}{\mathrm{d}t}+\frac{\mathrm{d}^2y}{\mathrm{d}t^2}.$$

代入原方程，得二阶常系数线性微分方程

$$\frac{d^2 y}{dt^2} - 2\frac{dy}{dt} - 8y = 0,$$

其特征方程为 $r^2 - 2r - 8 = 0$，特征根为 $r_1 = 4, r_2 = -2$，故该方程的通解为 $y = C_1 e^{-2t} + C_2 e^{4t}$，再代回 $t = \ln x$，得原方程的通解为

$$y = \frac{C_1}{x^2} + C_2 x^4.$$

方法② 该欧拉方程对应的 $a_1 = -1, a_2 = -8$，设 $y = x^K$，代入方程，根据方程(6.16)得该欧拉方程的特征方程为 $K^2 + (-1-1)K - 8 = 0$，即 $K^2 - 2K - 8 = 0$，其根为 $K_1 = -2, K_2 = 4$。所以原方程的通解为

$$y = \frac{C_1}{x^2} + C_2 x^4.$$

例 6.25 求方程 $x^2 y'' + 3xy' + 5y = 0$ 的通解.

解 方法① 设 $x = e^t$，则 $t = \ln x$，原方程化为

$$\frac{d^2 y}{dt^2} + 2\frac{dy}{dt} + 5y = 0,$$

其特征方程为 $r^2 + 2r + 5 = 0$，特征根为 $r_{1,2} = -1 \pm 2i$，故该方程的通解为 $y = e^{-t}(C_1 \cos 2t + C_2 \sin 2t)$，再代回 $t = \ln x$，得原方程的通解为

$$y = \frac{1}{x}[C_1 \cos(2\ln x) + C_2 \sin(2\ln x)].$$

方法② 该欧拉方程的特征方程为 $K(K-1) + 3K + 5 = 0$，即 $K^2 + 2K + 5 = 0$，其根为 $K_{1,2} = -1 \pm 2i$。所以原方程的通解为

$$y = \frac{1}{x}[C_1 \cos(2\ln x) + C_2 \sin(2\ln x)].$$

2. 二阶非齐次欧拉方程的求解

下面我们讨论二阶非齐次欧拉方程

$$x^2 y'' + a_1 xy' + a_2 y = f(x), \tag{6.17}$$

其中 a_1, a_2 为已知常数，$f(x)$ 为已知函数，根据对应齐次方程的特征方程(6.16)的根的情况，给出方程(6.17)的通解公式.

定理 6.6 若 K_1, K_2 为特征方程(6.16)的两个特征根，则非齐次欧拉方程(6.17)的通解为

$$y = x^{K_2} \int x^{K_1 - K_2 - 1} \left[\int x^{-K_1 - 1} f(x)\, dx \right] dx.$$

定理 6.7 若 K_1, K_2 为特征方程(6.16)的两个特征根，则

(1) 当 $K_1 = K_2$ 是相等的实特征根时，方程(6.17)的通解为

$$y = x^{K_1} \left[\ln x \cdot \int x^{-K_1 - 1} f(x)\, dx - \int \ln x \cdot x^{-K_1 - 1} f(x)\, dx \right];$$

(2) 当 $K_1 \neq K_2$ 是互不相等的实特征根时，方程(6.17)的通解为

微课：定理 6.6 证明

$$y = \frac{1}{K_1 - K_2}\left[x^{K_1}\int x^{-K_1-1}f(x)\,\mathrm{d}x - x^{K_2}\int x^{-K_2-1}f(x)\,\mathrm{d}x \right];$$

（3）当 $K_{1,2} = \alpha \pm \mathrm{i}\beta$ 是共轭复特征根时，方程（6.17）的通解为

$$y = \frac{1}{\beta}x^{\alpha}\left[\sin(\beta\ln x)\cdot\int x^{-\alpha-1}\cos(\beta\ln x)\cdot f(x)\,\mathrm{d}x - \cos(\beta\ln x)\cdot\int x^{-\alpha-1}\sin(\beta\ln x)\cdot f(x)\,\mathrm{d}x \right].$$

例 6.26 求方程 $x^2 y'' - 3xy' + 4y = x^2\ln x + x^2$ 的通解.

解 该欧拉方程所对应的齐次方程的特征方程为

$$K^2 - 4K + 4 = 0,$$

特征根为

$$K_1 = K_2 = 2.$$

由定理 6.7（1）知，原方程的通解为

$$\begin{aligned}
y &= x^2\left[\ln x\cdot\int x^{-3}(x^2\ln x + x^2)\,\mathrm{d}x - \int \ln x\cdot x^{-3}(x^2\ln x + x^2)\,\mathrm{d}x \right] \\
&= x^2\left[\ln x\cdot\left(\frac{1}{2}\ln^2 x + \ln x + C_1\right) - \left(\frac{1}{3}\ln^3 x + \frac{1}{2}\ln^2 x - C_2\right) \right] \\
&= C_1 x^2\ln x + C_2 x^2 + x^2\left(\frac{1}{6}\ln^3 x + \frac{1}{2}\ln^2 x\right).
\end{aligned}$$

另外，本例可通过设 $x = \mathrm{e}^t$ 或 $t = \ln x$ 求解. 方程 $x^2 y'' - 3xy' + 4y = x^2\ln x + x^2$ 化为

$$\frac{\mathrm{d}^2 y}{\mathrm{d}t^2} - 4\frac{\mathrm{d}y}{\mathrm{d}t} + 4y = (1+t)\,\mathrm{e}^{2t}.$$

易知齐次方程的特征方程的特征根为 $r_1 = r_2 = 2$，通解为 $y = (C_1 + C_2 t)\,\mathrm{e}^{2t}$. 自由项 $f(t) = (1+t)\,\mathrm{e}^{2t}$，则特解为 $y^*(t) = t^2(at+b)\,\mathrm{e}^{2t}$，代入并整理得 $6at + 2b = t + 1$，解得 $a = \frac{1}{6}, b = \frac{1}{2}$. 所以通解为 $y = (C_1 + C_2 t)\,\mathrm{e}^{2t} + \left(\frac{1}{6}t^3 + \frac{1}{2}t^2\right)\mathrm{e}^{2t}$，把 $t = \ln x$ 代入得

$$y = (C_1 + C_2\ln x)\,x^2 + x^2\left(\frac{1}{6}\ln^3 x + \frac{1}{2}\ln^2 x\right).$$

例 6.27 求方程 $x^2 y'' - 2xy' + 2y = x^3\mathrm{e}^x$ 的通解.

解 该欧拉方程所对应的齐次方程的特征方程为 $K^2 - 3K + 2 = 0$，特征根为 $K_1 = 2, K_2 = 1$.
由定理 6.7（2）知，原方程的通解为

$$\begin{aligned}
y &= x^2\int x^{-3}x^3\mathrm{e}^x\,\mathrm{d}x - x\int x^{-2}x^3\mathrm{e}^x\,\mathrm{d}x \\
&= x^2(\mathrm{e}^x + C_1) - x(x\mathrm{e}^x - \mathrm{e}^x - C_2) \\
&= C_1 x^2 + C_2 x + x\mathrm{e}^x.
\end{aligned}$$

6.5.2 常系数线性微分方程组

定义 6.8 由几个微分方程联立而成的方程组称为微分方程组.

定义 6.9 如果微分方程组中的每一个微分方程都是常系数线性微分方程，那么该微分方程组就叫作常系数线性微分方程组.

常系数线性微分方程组的求解步骤如下.

(1)从方程组中消去一些未知函数及其各阶导数,得到只含有一个未知函数的高阶常系数线性微分方程.

(2)解此高阶微分方程,求出满足该方程的未知函数.

(3)把已求得的函数代入原方程组,一般说来,不必经过积分就可求出其余的未知函数.

例 6.28 解微分方程组
$$\begin{cases} \dfrac{dy}{dx}=3y-2z, & (6.18) \\[2mm] \dfrac{dz}{dx}=2y-z. & (6.19) \end{cases}$$

解 设法消去未知函数 y,由式(6.19)得
$$y=\frac{1}{2}\left(\frac{dz}{dx}+z\right), \qquad (6.20)$$

两边求导得
$$\frac{dy}{dx}=\frac{1}{2}\left(\frac{d^2z}{dx^2}+\frac{dz}{dx}\right), \qquad (6.21)$$

把式(6.20)和式(6.21)代入式(6.18)并化简,得
$$\frac{d^2z}{dx^2}-2\frac{dz}{dx}+z=0,$$

解之得通解
$$z=(C_1+C_2x)e^x, \qquad (6.22)$$

再把式(6.22)代入式(6.20),得
$$y=\frac{1}{2}(2C_1+C_2+2C_2x)e^x,$$

原方程组的通解为
$$\begin{cases} y=\dfrac{1}{2}(2C_1+C_2+2C_2x)e^x, \\[2mm] z=(C_1+C_2x)e^x. \end{cases}$$

同步习题 6.5

 基础题

1. 求下列欧拉方程的通解:

(1) $x^2y''+xy'-y=0$; 　　　　　　　　　(2) $x^3y'''+3x^2y''-2xy'+2y=0$.

2. 求下列微分方程组的通解:

(1) $\begin{cases} \dfrac{d^2x}{dt^2}=y, \\[2mm] \dfrac{d^2y}{dt^2}=x; \end{cases}$ 　　　　　(2) $\begin{cases} \dfrac{dx}{dt}+\dfrac{dy}{dt}=-x+y+3, \\[2mm] \dfrac{dx}{dt}-\dfrac{dy}{dt}=x+y-3. \end{cases}$

求欧拉方程 $x^2y'' + 4xy' + 2y = 0(x>0)$ 的通解.

6.6 常微分方程的应用

微分方程有着深刻而生动的实际背景,从生产实践与科学技术中产生,是现代科学技术分析问题与解决实际问题的重要工具,它在工程力学、流体力学、天体力学、电路震荡分析、工业自动控制以及化学、生物、经济、管理和技术应用中都有广泛的应用,用微分方程解决实际问题可用图 6.1 表示.

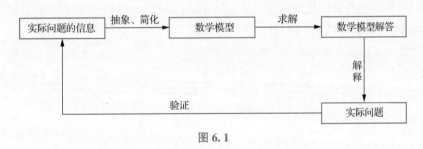

图 6.1

下面举例说明微分方程的一些简单应用.

1. 可分离变量微分方程应用举例

例 6.29(体重问题) 研究人的体重随时间的变化规律.

某运动员每天从食物中摄入的能量是 10 467kJ,其中 5 283kJ 用于基本的新陈代谢(即自动消耗),在其健身训练中,他每天每千克体重所消耗的能量大约是 64kJ,试研究此运动员的体重随时间变化的规律.

分析 人的体重变化过程是一个非常复杂的过程,这里我们进行简化,只考虑饮食和运动这两个主要因素与体重的关系.

基本假定

(1)对成年人来说,体重主要由 3 部分组成:骨骼、水和脂肪.骨骼和水大体上可以认为是不变的,我们不妨以人体脂肪的重量作为体重的标志,体重的变化就是能量的摄取和消耗的过程,已知脂肪的能量转换率为 100%,每千克脂肪可以转换为 40 000kJ 能量.

(2)将人体的体重仅仅看成时间 t 的函数 $w(t)$,而与其他因素无关,这意味着在研究体重变化的过程中,我们忽略了个体间的差异(年龄、性别、健康状况等)对体重的影响.

(3)体重的变化是一个渐变的过程,因此,可以认为 $w(t)$ 是随时间连续变化的,即 $w(t)$ 是连续函数,也就是说我们认为能量的摄取和消耗是随时发生的.

(4)不同的活动对能量的消耗是不同的,如体重分别为 50kg 和 100kg 的人都跑1 000m,所消耗的能量显然是不同的.我们假设研究对象会为自己制订一个合理且相对稳定的活动计划,我们可以假设在单位时间(1 日)内人体活动所消耗的能量与研究对象的体重成正比.

(5)假设研究对象用于基本新陈代谢(即自动消耗)的能量是一定的.

(6)假设研究对象对自己的饮食相对严格控制，为简单方便，在本问题中我们可以假设人体每天摄入的能量是一定的.

(7)根据能量平衡原理，任何时间段内由于体重的改变所引起的人体内能量的变化应该等于这段时间内摄入的能量与消耗的能量的差，即体重的变化等于输入与输出之差，其中输入是指扣除了基本的新陈代谢之后的净能量吸收，输出就是活动时的能量消耗.

建模分析与量化

上述问题并没有直接给出有关"导数"的概念，但是体重是时间的连续函数，就表示我们可以用"变化"来考察问题.

量化：w_0 为第一天开始时该运动员的体重，t 为时间并以天为单位，则

每天该运动员的体重变化=输入-输出，

输入=总能量-基本新陈代谢消耗的能量=净能量吸收=10 467-5 283=5 184（kJ），

输出=训练时能量消耗=64w（kJ）.

建立模型

$$\lim_{\Delta t \to 0}\frac{\Delta w}{\Delta t}=\frac{dw}{dt}, \quad \text{即}\begin{cases}\dfrac{(10\ 467-5\ 283)-64w}{40\ 000}=\dfrac{dw}{dt},\\ w\big|_{t=0}=w_0.\end{cases}$$

模型求解

应用分离变量法，该运动员的体重随时间的变化规律为 $w=81-(81-w_0)e^{-\frac{16t}{10\ 000}}$.

模型讨论

现在我们再来考虑一下：该运动员的体重会达到平衡吗？若能，那么其体重达到平衡时是多少千克？事实上，从 $w(t)$ 的表达式可知，当 $t\to+\infty$ 时，$w(t)\to81$，因此，平衡时体重为81kg. 我们也可以根据平衡状态下 $w(t)$ 是不发生变化的，从而直接令

$$\frac{dw}{dt}=\frac{(10\ 467-5\ 283)-64w}{40\ 000}=0,$$

求得 $w_{平衡}=81$kg.

模型改进

在该问题中我们只讨论了基本的新陈代谢能量消耗、能量摄入和活动能量消耗取固定值时的规律，进一步，我们还可以考虑能量摄入和活动量改变时的情况，以及新陈代谢随体重变化的情况等.

例如，假设某人每天从食物中摄取的能量为 A（kJ），用于新陈代谢（即自动消耗）的能量为 B（kJ），进行活动每天每千克体重消耗的能量为 C（kJ），已知脂肪的能量转换率为100%，每千克脂肪可以转换为 D（kJ）的能量，则可建立微分方程模型

$$\begin{cases}\dfrac{(A-B)-Cw}{D}=\dfrac{dw}{dt},\\ w\big|_{t=0}=w_0.\end{cases}$$

解上述一阶线性微分方程，得

$$w=\frac{A-B}{C}-\left(\frac{A-B}{C}-w_0\right)e^{-\frac{C}{D}t}.$$

因为 $\lim\limits_{t\to+\infty}w(t)=\dfrac{A-B}{C}$，所以通过调节饮食、锻炼和新陈代谢可以使体重控制在某个范围内，故要减肥就要减少 A 而增加 B,C. 正确的减肥策略主要是要有良好的饮食和锻炼习惯，即要适当控制 A 及 C. 对运动员来说，研究不伤身体的新陈代谢的改变也是必要的. 从上述分析可知，体重问题是一个最优控制问题，具体地说，就是为达到在现有体重 w_0 的前提下经过 t 天后使体重变为 $w(t)$ 的目标而寻求 A,C 的最佳组合的问题.

2. 一阶线性微分方程应用举例

例 6.30(电路充电规律) 在图 6.2 中，电路中的开关在 $t=0$ 时刻闭合，作为时间函数的电流是怎样变化的?

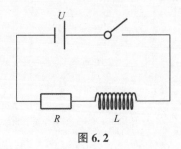

图 6.2

分析 图 6.2 表示一个电路，它的总电阻是常值 $R(\Omega)$，用线圈表示的电感是 $L(\mathrm{H})$，也是个常值，根据欧姆定律有 $L\dfrac{\mathrm{d}i}{\mathrm{d}t}+Ri=U$，这里 i 表示电流，t 表示时间(s). 通过解这个方程，我们就可以预测开关闭合后电流随时间的变化规律.

解 方程 $L\dfrac{\mathrm{d}i}{\mathrm{d}t}+Ri=U$ 是一个关于时间 t 的函数 i 的一阶线性方程. 它的标准形式是 $\dfrac{\mathrm{d}i}{\mathrm{d}t}+\dfrac{R}{L}i=\dfrac{U}{L}$，令 $P(t)=\dfrac{R}{L},Q(t)=\dfrac{U}{L}$，则该微分方程的通解是

$$i(t)=\mathrm{e}^{-\int P(t)\mathrm{d}t}\left[\int Q(t)\mathrm{e}^{\int P(t)\mathrm{d}t}\mathrm{d}t+C\right].$$

当 $t=0$ 时，$i=0$，解得 $C=-\dfrac{U}{R}$，从而得特解

$$i(t)=\dfrac{U}{R}-\dfrac{U}{R}\mathrm{e}^{-\frac{R}{L}t}.$$

因为 $\lim\limits_{t\to+\infty}\mathrm{e}^{-\frac{R}{L}t}=0$，所以 $\lim\limits_{t\to+\infty}i(t)=\lim\limits_{t\to+\infty}\left(\dfrac{U}{R}-\dfrac{U}{R}\mathrm{e}^{-\frac{R}{L}t}\right)=\dfrac{U}{R}(\mathrm{A})$.

若 $L=0$(没有电感)或者 $\dfrac{\mathrm{d}i}{\mathrm{d}t}=0$(稳定电流，$i$ 为常数)，则流过电路的电流将是 $I=\dfrac{U}{R}$. 微分方程 $L\dfrac{\mathrm{d}i}{\mathrm{d}t}+Ri=U$ 的解为 $i(t)=\dfrac{U}{R}-\dfrac{U}{R}\mathrm{e}^{-\frac{R}{L}t}$，此解由两部分组成：第一项 $\dfrac{U}{R}$ 称为稳态解；第二项 $-\dfrac{U}{R}\mathrm{e}^{-\frac{R}{L}t}$ 称为瞬时解，且当 $t\to+\infty$ 时其趋于零. 数 $t=\dfrac{L}{R}$ 称为 RL 串联电路的**时间常数**，时间常数是个内在测度，表明一个特定的电路多快达到平稳. 从理论上讲，只有在 $t\to+\infty$ 时电路才达到

稳态，但由于指数函数开始变化较快，之后逐渐缓慢，当经过 3 倍时间常数时，电流与其稳态值的差不足 5%，经过 5 倍时间常数后电路就基本达到稳态，如图 6.3 所示.

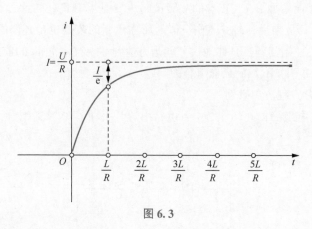

图 6.3

3. 二阶常系数线性微分方程应用举例

包含电阻 R、电感 L、电容 C 及电源的电路称为 RLC 电路，根据电学知识，电流 I 经过 R，L,C 产生的电压分别为 $RL,L\dfrac{\mathrm{d}I}{\mathrm{d}t},\dfrac{Q}{C}$，其中 Q 为电量，它与电流的关系为 $I=\dfrac{\mathrm{d}Q}{\mathrm{d}t}$. 根据基尔霍夫第二定律：在闭合回路中，所有支路上的电压的代数和为零.

例 6.31 (电路充电规律) 如图 6.4 所示，将开关拨向 A，使电容充电后再将开关拨向 B，设开关拨向 B 的时间为 $t=0$ 时刻，求 $t>0$ 时回路中的电流 $i(t)$.（已知 $E=20\text{V}, C=0.5\text{F}, L=1\text{H}$，$R=3\Omega$.）

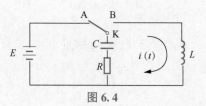

图 6.4

解 根据回路电压定律得 $U_R+U_C+U_L=0$，又由于 $U_R=iR, U_C=\dfrac{Q}{C}, U_L=E_L=L\dfrac{\mathrm{d}i}{\mathrm{d}t}$，代入上式得

$Ri+\dfrac{Q}{C}+L\dfrac{\mathrm{d}i}{\mathrm{d}t}=0$，两边对 t 求导得

$$L\frac{\mathrm{d}^2i}{\mathrm{d}t^2}+R\frac{\mathrm{d}i}{\mathrm{d}t}+\frac{1}{C}i=0,$$

即

$$\frac{\mathrm{d}^2i}{\mathrm{d}t^2}+\frac{R}{L}\frac{\mathrm{d}i}{\mathrm{d}t}+\frac{1}{LC}i=0.$$

将 $C=0.5, L=1, R=3$ 代入，可得特征方程为 $r^2+3r+2=0$，特征根为 $r_1=-1, r_2=-2$，所以微分方程的通解为 $i=C_1\mathrm{e}^{-t}+C_2\mathrm{e}^{-2t}$，为求满足初值条件的特解，求导得 $i'=-C_1\mathrm{e}^{-t}-2C_2\mathrm{e}^{-2t}$，将初值条件

$i\big|_{t=0}=0$ 及从 $E_L=L\dfrac{\mathrm{d}i}{\mathrm{d}t}$ 得出的 $\dfrac{\mathrm{d}i}{\mathrm{d}t}\bigg|_{t=0}=\dfrac{U_C\big|_{t=0}}{L}=\dfrac{E}{L}=20$ 代入得

$$\begin{cases} C_1+C_2=0, \\ -C_1-2C_2=20, \end{cases}$$

解得 $C_1=20,C_2=-20$. 所以回路中的电流为 $i=20\mathrm{e}^{-t}-20\mathrm{e}^{-2t}$.

同步习题 6.6

 基础题

1. 列车在平直的线路上以 $20\mathrm{m/s}$ 的速度行驶，制动时列车获得的加速度是 $-0.4\mathrm{m/s}^2$，问：制动后列车需要经过多长时间才能停住？制动距离是多少？

2. 牛顿冷却定律指出：物体温度的变化速度与其本身和环境温度之差成正比. 即有 $\dfrac{\mathrm{d}T}{\mathrm{d}t}=-k(T-T_0)$，其中，$T$ 为物体温度，T_0 为环境温度，t 表示时间，$T=T(t)$ 表示物体在 t 时刻的温度，k 为散热系数（散热系数只与系统本身的性质有关）. 现有一杯刚烧开的热水（$100℃$），放在室温为 $20℃$ 的房间内，经过 $20\mathrm{min}$ 后，水的温度已降为 $60℃$，问：还需经过多长时间，热水的温度才能降为 $30℃$？

提高题

不计风力的情况下，设跳伞运动中人和伞的质量为 m，人和伞在下落过程中受到的空气阻力与当时的速度成正比，比例系数为 $k(k>0)$. 试求下落的速度与下落时间的关系 $v(t)$，并就此分析跳伞运动员的极限速度$\left[\text{即}\lim\limits_{t\to+\infty}v(t)\right]$.

6.7 用 MATLAB 求解微分方程（组）

微分方程是描述动态系统常用的数学工具，也是很多科学与工程领域数学建模的基础，因此，微分方程的求解具有很实际的意义. 下面介绍用 MATLAB 求解微分方程问题.

微课：用 MATLAB 求解微分方程（组）

MATLAB 中，用于求解微分方程的函数是 dsolve，我们可以用它来求微分方程的通解，以及满足特定条件的特解. 其具体调用格式如下.

$$\text{dsolve('eqn1,eqn2,}\cdots\text{','cond1,cond2,}\cdots\text{','v')}$$

其中，"eqn"指的是微分方程，即"equation"；"cond"指的是微分方程所满足的初值条件（定解条件），即"condition"；"v"指的是自变量，即"variable".

在建立方程时，一般需要指明自变量，如果省略，则 MATLAB 默认以 t 为自变量.

在表示微分方程时，用字母"D"表示导数，如"Dy""D2y""Dny"分别表示一阶导数、二阶导数、n 阶导数.

例 6.32 求微分方程 $\dfrac{\mathrm{d}y}{\mathrm{d}x}=3x^2y$ 的通解.

解 在命令行窗口输入以下相关代码并运行.

```
>> syms x
>> y =dsolve('Dy =3 * x^2 * y','x')
y =
 C1 * exp(x^3)
```

从运行结果可知，原方程的通解为 $y=C_1\mathrm{e}^{x^3}$.

例 6.33 求微分方程 $xy'-y=x^2\mathrm{e}^x$ 满足初值条件 $y(1)=1$ 的特解.

解 在命令行窗口输入以下相关代码并运行.

```
>> syms x
>> y =dsolve('x * Dy−y =x^2 * exp(x)','y(1) =1','x')
y =
x * exp(x) −x * (exp(1) −1)
```

从运行结果可知，原方程的特解为 $y=x\mathrm{e}^x-(\mathrm{e}-1)x$.

例 6.34 求微分方程 $(1+x^2)y''=2xy'$ 满足初值条件 $y\big|_{x=0}=1,y'\big|_{x=0}=3$ 的特解.

解 在命令行窗口输入以下相关代码并运行.

```
>> syms x
>> y =dsolve('(1+x^2) * D2y =2 * x * Dy','y(0) =1,Dy(0) =3','x')
y =
x * (x^2 + 3) + 1
```

从运行结果可知，原方程的特解为 $y=x(x^2+3)+1$.

例 6.35 解微分方程组

$$\begin{cases} \dfrac{\mathrm{d}y}{\mathrm{d}x}=3y-2z, \\[2mm] \dfrac{\mathrm{d}z}{\mathrm{d}x}=2y-z. \end{cases}$$

解 在命令行窗口输入以下相关代码并运行.

```
>> syms x
>> [y,z] =dsolve('Dy =3 * y−2 * z,Dz =2 * y−z','x')
y =
2 * C1 * exp(x) + C2 * (exp(x) + 2 * x * exp(x))
z =
2 * C1 * exp(x) + 2 * C2 * x * exp(x)
```

从运行结果可知，原方程组的通解为

$$\begin{cases} y=2C_1\mathrm{e}^x+C_2(\mathrm{e}^x+2x\mathrm{e}^x), \\[2mm] z=2C_1\mathrm{e}^x+2C_2x\mathrm{e}^x. \end{cases}$$

第6章思维导图

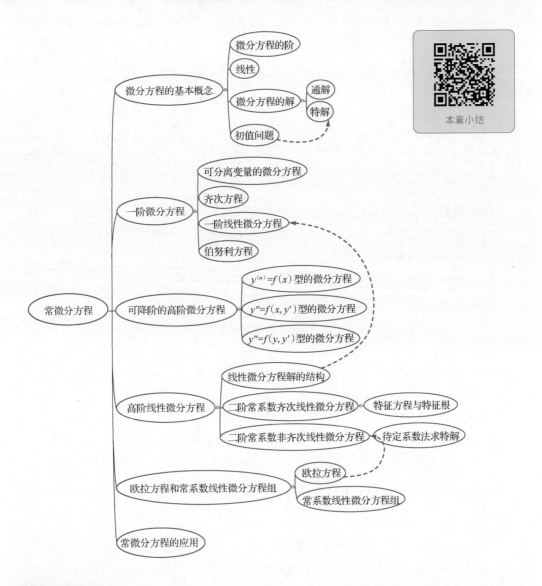

本章小结

中国数学学者

个人成就

数学家，教育家. 中国科学院院士，曾任浙江大学教授，复旦大学教授、校长、名誉校长，全国政协副主席. 苏步青主要从事微分几何学、计算几何学研究，创立了国内外公认的微分几何学派.

苏步青

第6章总复习题·基础篇

1. 选择题：(1)~(5)小题，每小题4分，共20分. 下列每小题给出的4个选项中，只有一个选项是符合题目要求的.

(1) 若可导函数 $f(x)$ 满足 $f(x) = 2\int_0^x f(t)\,dt + \ln 2$，则 $f(x) = ($　　$)$.

A. $e^x \ln 2$ 　　　　　　　　　　　B. $e^x + \ln 2$

C. $e^{2x} \ln 2$ 　　　　　　　　　　D. $e^{2x} + \ln 2$

(2) 设 $y = y(x)$ 是微分方程 $(x^2 - 1)y' + 2xy = \cos x$ 满足初值条件 $y(0) = 0$ 的特解，则当 $x \to 0$ 时，函数 $\dfrac{y(x)}{\ln(1+x)}$ 的极限是 $($　　$)$.

A. 不存在 　　　B. 1 　　　　　C. -1 　　　　　D. 2

(3) 设线性无关的函数 y_1, y_2, y_3 均为二阶非齐次线性微分方程 $y'' + P(x)y' + Q(x)y = f(x)$ 的解，则该方程的通解为 $($　　$)$.

A. $C_1 y_1 + C_2 y_2 + y_3$ 　　　　　　　B. $C_1 y_1 + C_2 y_2 - (C_1 + C_2)y_3$

C. $C_1 y_1 + C_2 y_2 - (1 - C_1 - C_2)y_3$ 　　D. $C_1 y_1 + C_2 y_2 + (1 - C_1 - C_2)y_3$

(4) 微分方程 $y'' - 6y' + 9y = x^2 e^{3x}$ 的一个特解形式是 $($　　$)$.

A. $ax^2 e^{3x}$ 　　　　　　　　　　B. $x^2(ax^2 + bx + c)e^{3x}$

C. $x(ax^2 + bx + c)e^{3x}$ 　　　　　D. $ax^4 e^{3x}$

(5) 微分方程 $y'' + y = \cos x$ 的一个特解 $y^* = ($　　$)$.

A. $ax\cos x$ 　　　　　　　　　　B. $ax\cos x + b\sin x$

C. $a\cos x + b\sin x$ 　　　　　　　D. $x(a\cos x + b\sin x)$

2. 填空题：(6)~(10)小题，每小题4分，共20分.

(6) 一曲线经过点 $(0,0)$，且该曲线上任一点 (x,y) 处的切线斜率为 $\dfrac{x}{1+x^2}$，则该曲线方程为 _____ .

(7) 微分方程 $y'' + 2y' - 3y = 0$ 的通解为 _____ .

(8) 微分方程 $2xy\,dx + (y^2 - 3x^2)\,dy = 0$ 的通解为 _____ .

(9) 微分方程 $x^2 y'' + xy' - y = 0$ 满足初值条件 $y(1) = 0, y'(1) = 2$ 的特解为 _____ .

(10) 求微分方程 $y'' - y' - 6y = (3x-1)e^{-2x} + \sin 2x$ 的通解时，可设其特解为 _____ .

3. 解答题：(11)~(16)小题，每小题10分，共60分. 解答时应写出文字说明、证明过程或演算步骤.

(11) 求齐次方程 $x\dfrac{dy}{dx} = y\ln\dfrac{y}{x}$ 的通解.

(12) 求微分方程 $y^3 y'' + 1 = 0$ 满足初值条件 $y(0) = 1, y'(0) = 0$ 的特解.

(13) 求微分方程 $\dfrac{dy}{dx} = \dfrac{y}{6x - x^2 y^2}$ 的通解.

(14) 求微分方程 $y''=(y')^3+y'$ 的通解.

(15) 求微分方程 $y''-3y'+2y=xe^x$ 的通解.

(16) 子弹以速度 $v_0=400\text{m/s}$ 垂直打进厚为 20cm 的墙壁, 穿透后以 100m/s 的速度飞出, 设墙壁对子弹运动的阻力与子弹速度的平方成正比, 求: ① 子弹在墙壁中的运动方程; ② 子弹穿过墙壁的时间.

第6章总复习题·提高篇

1. 选择题: (1)~(5)小题, 每小题4分, 共20分. 下列每小题给出的4个选项中, 只有一个选项是符合题目要求的.

(1)(2019204, 2019304) 已知微分方程 $y''+ay'+by=ce^x$ 的通解为 $y=(C_1+C_2x)e^{-x}+e^x$, 则 a,b,c 分别为(   ).

 A. 1,0,1   B. 1,0,2   C. 2,1,3   D. 2,1,4

(2)(2017204) 微分方程 $y''-4y'+8y=e^{2x}(1+\cos 2x)$ 的特解可设为 $y^*=$ (   ).

 A. $Ae^{2x}+e^{2x}(B\cos 2x+C\sin 2x)$

 B. $Axe^{2x}+e^{2x}(B\cos 2x+C\sin 2x)$

 C. $Ae^{2x}+xe^{2x}(B\cos 2x+C\sin 2x)$

 D. $Axe^{2x}+xe^{2x}(B\cos 2x+C\sin 2x)$

(3)(2011204) 微分方程 $y''-\lambda^2 y=e^{\lambda x}+e^{-\lambda x}(\lambda>0)$ 的特解形式为(   ).

 A. $y^*=a(e^{\lambda x}+e^{-\lambda x})$ B. $y^*=ax(e^{\lambda x}+e^{-\lambda x})$

 C. $y^*=x(ae^{\lambda x}+be^{-\lambda x})$ D. $y^*=x^2(ae^{\lambda x}+be^{-\lambda x})$

(4)(2006204) 函数 $y=C_1e^x+C_2e^{-2x}+xe^x$ 满足的一个微分方程是(   ).

 A. $y''-y'-2y=3xe^x$ B. $y''-y'-2y=3e^x$

 C. $y''+y'-2y=3xe^x$ D. $y''+y'-2y=3e^x$

(5)(2004204) 微分方程 $y''+y=x^2+1+\sin x$ 的特解形式可设为(   ).

 A. $y^*=ax^2+bx+c+x(A\sin x+C\cos x)$

 B. $y^*=x(ax^2+bx+c+A\sin x+C\cos x)$

 C. $y^*=ax^2+bx+c+A\sin x$

 D. $y^*=ax^2+bx+c+A\cos x$

2. 填空题: (6)~(10)小题, 每小题4分, 共20分.

(6)(2019104) 微分方程 $2yy'-y^2-2=0$ 满足条件 $y(0)=1$ 的特解为 $y=$ _____.

(7)(2018304) 设函数 $f(x)$ 满足 $f(x+\Delta x)-f(x)=2xf(x)\Delta x+o(\Delta x)$, 且 $f(0)=2$, 则 $f(1)=$ _____.

(8)(2022205) 微分方程 $y'''-2y''+5y'=0$ 的通解为 _____.

(9)(2016204) 以 $y=x^2-e^x$ 和 $y=x^2$ 为特解的一阶非齐次线性微分方程为 _____.

（10）（2007304）微分方程 $\dfrac{dy}{dx}=\dfrac{y}{x}-\dfrac{1}{2}\left(\dfrac{y}{x}\right)^3$ 满足条件 $y(1)=1$ 的特解为 $y=$ _____.

3. 解答题：（11）~（16）小题，每小题10分，共60分. 解答时应写出文字说明、证明过程或演算步骤.

（11）（2019110）设函数 $y(x)$ 是微分方程 $y'+xy=\mathrm{e}^{-\frac{x^2}{2}}$ 满足条件 $y(0)=0$ 的特解，求 $y(x)$.

（12）（2022110,2022310）设 $y(x)$ 是微分方程 $y'+\dfrac{1}{2\sqrt{x}}y=2+\sqrt{x}$ 满足 $y(1)=3$ 的解，求曲线 $y=y(x)$ 的渐近线.

（13）（2018110）已知微分方程 $y'+y=f(x)$，其中 $f(x)$ 是 **R** 上的连续函数.

① 若 $f(x)=x$，求方程的通解.

② 若 $f(x)$ 是周期为 T 的函数，证明：方程存在唯一的以 T 为周期的解.

（14）（2016210）已知 $y_1(x)=\mathrm{e}^x,y_2(x)=u(x)\mathrm{e}^x$ 是二阶微分方程 $(2x-1)y''-(2x+1)y'+2y=0$ 的两个解，若 $u(-1)=e,u(0)=-1$，求 $u(x)$，并写出该微分方程的通解.

（15）（2015110,2015310）设函数 $f(x)$ 在定义域 I 上的导数大于零. 若对任意的 $x_0\in I$，曲线 $y=f(x)$ 在点 $(x_0,f(x_0))$ 处的切线与直线 $x=x_0$ 及 x 轴所围成的图形的面积恒为 4，且 $f(0)=2$，求 $f(x)$ 的表达式.

（16）（2022212）设函数 $y(x)$ 是微分方程 $2xy'-4y=2\ln x-1$ 满足条件 $y(1)=\dfrac{1}{4}$ 的解. 求曲线 $y=y(x)(1\leqslant x\leqslant\mathrm{e})$ 的弧长.

微课：第6章总复习题·提高篇（15）

本章即时提问答案

本章同步习题答案

本章总复习题答案

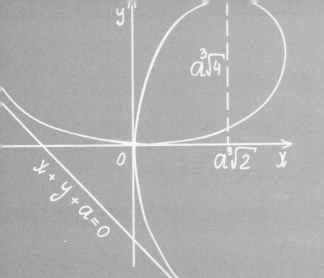

附录 I
初等数学常用公式

■ 一、代数

1. 绝对值

$$|a| = \begin{cases} a, & \text{当 } a>0 \text{ 时,} \\ 0, & \text{当 } a=0 \text{ 时,} \\ -a, & \text{当 } a<0 \text{ 时.} \end{cases}$$

2. 指数

设 $a \neq 0, b \neq 0$,且设 $m, n \in \mathbf{Z}$,则

$(1) a^0 = 1$; $\quad (2) a^m \cdot a^n = a^{m+n}$; $\quad (3) \dfrac{a^m}{a^n} = a^{m-n}$; $\quad (4) (a^m)^n = a^{mn}$;

$(5) (ab)^n = a^n b^n$; $\quad (6) a^{-n} = \dfrac{1}{a^n}$; $\quad (7) a^{\frac{m}{n}} = \sqrt[n]{a^m} (a>0, n \neq 0)$.

3. 对数

设 $a>0, a \neq 1, m>0, m \neq 1, x>0, y>0$,则

$(1) \log_a xy = \log_a x + \log_a y$; $\quad (2) \log_a \dfrac{x}{y} = \log_a x - \log_a y$; $\quad (3) \log_a x^b = b \log_a x$;

$(4) \log_a x = \dfrac{\log_m x}{\log_m a}$; $\quad (5) a^{\log_a x} = x, \log_a 1 = 0, \log_a a = 1$.

4. 排列组合

$(1) \mathrm{A}_n^m = n(n-1) \cdots [n-(m-1)] = \dfrac{n!}{(n-m)!}$,约定 $0! = 1$.

$(2) \mathrm{C}_n^m = \dfrac{\mathrm{A}_n^m}{m!} = \dfrac{n!}{m!(n-m)!}$.

$(3) \mathrm{C}_n^m = \mathrm{C}_n^{n-m}$. $\quad (4) \mathrm{C}_n^m + \mathrm{C}_n^{m-1} = \mathrm{C}_{n+1}^m$.

$(5) \mathrm{C}_n^0 + \mathrm{C}_n^1 + \mathrm{C}_n^2 + \cdots + \mathrm{C}_n^n = 2^n$.

5. 二项式定理

$(a+b)^n = C_n^0 a^n + C_n^1 a^{n-1} b + C_n^2 a^{n-2} b^2 + \cdots + C_n^k a^{n-k} b^k + \cdots + C_n^{n-1} a b^{n-1} + C_n^n b^n.$

6. 因式分解

（1）$a^2 - b^2 = (a+b)(a-b).$

（2）$a^3 + b^3 = (a+b)(a^2 - ab + b^2).$

（3）$a^3 - b^3 = (a-b)(a^2 + ab + b^2).$

（4）$a^n - b^n = (a-b)(a^{n-1} + a^{n-2} b + \cdots + ab^{n-2} + b^{n-1}).$

7. 数列的前 *n* 项和

（1）$a + aq + aq^2 + \cdots + aq^{n-1} = \dfrac{a(1-q^n)}{1-q}, |q| \neq 1.$

（2）$a_1 + (a_1 + d) + (a_1 + 2d) + \cdots + [a_1 + (n-1)d] = na_1 + \dfrac{n(n-1)d}{2}.$

（3）$1 + 2 + 3 + \cdots + n = \dfrac{n(n+1)}{2}.$

（4）$1^2 + 2^2 + 3^2 + \cdots + n^2 = \dfrac{1}{6} n(n+1)(2n+1).$

（5）$1^3 + 2^3 + 3^3 + \cdots + n^3 = \left[\dfrac{n(n+1)}{2} \right]^2.$

二、三角函数

1. 度与弧度

$1° = \dfrac{\pi}{180} \text{rad} \approx 0.017\,453\,\text{rad}.$ $\quad 1\text{rad} = \left(\dfrac{180}{\pi} \right)° \approx 57°17'44.8''.$

2. 平方关系

$\sin^2 x + \cos^2 x = 1.$ $\quad \tan^2 x + 1 = \sec^2 x.$ $\quad \cot^2 x + 1 = \csc^2 x.$

3. 两角的和差公式

$\sin(x \pm y) = \sin x \cos y \pm \cos x \sin y.$

$\cos(x \pm y) = \cos x \cos y \mp \sin x \sin y.$

$\tan(x \pm y) = \dfrac{\tan x \pm \tan y}{1 \mp \tan x \tan y}.$

4. 和差化积公式

$\sin x + \sin y = 2 \sin \dfrac{x+y}{2} \cos \dfrac{x-y}{2}.$ $\quad \sin x - \sin y = 2 \sin \dfrac{x-y}{2} \cos \dfrac{x+y}{2}.$

$\cos x + \cos y = 2 \cos \dfrac{x+y}{2} \cos \dfrac{x-y}{2}.$ $\quad \cos x - \cos y = -2 \sin \dfrac{x+y}{2} \sin \dfrac{x-y}{2}.$

5. 积化和差公式

$\sin x \cos y = \dfrac{1}{2} [\sin(x+y) + \sin(x-y)].$ $\quad \cos x \sin y = \dfrac{1}{2} [\sin(x+y) - \sin(x-y)].$

$$\cos x\cos y=\frac{1}{2}\big[\cos(x+y)+\cos(x-y)\big]. \qquad \sin x\sin y=-\frac{1}{2}\big[\cos(x+y)-\cos(x-y)\big].$$

6. 倍角公式和半角公式

$$\sin 2x=2\sin x\cos x. \qquad \cos 2x=\cos^2 x-\sin^2 x=2\cos^2 x-1=1-2\sin^2 x.$$

$$\sin^2\frac{x}{2}=\frac{1-\cos x}{2}. \qquad \cos^2\frac{x}{2}=\frac{1+\cos x}{2}.$$

$$\tan 2x=\frac{2\tan x}{1-\tan^2 x}. \qquad \tan\frac{x}{2}=\frac{1-\cos x}{\sin x}=\frac{\sin x}{1+\cos x}.$$

7. 万能公式

$$\sin x=\frac{2\tan\dfrac{x}{2}}{1+\tan^2\dfrac{x}{2}}. \qquad \cos x=\frac{1-\tan^2\dfrac{x}{2}}{1+\tan^2\dfrac{x}{2}}. \qquad \tan x=\frac{2\tan\dfrac{x}{2}}{1-\tan^2\dfrac{x}{2}}.$$

8. 三角形边角关系

(1) 正弦定理

$$\frac{a}{\sin A}=\frac{b}{\sin B}=\frac{c}{\sin C}.$$

(2) 余弦定理

$$a^2=b^2+c^2-2bc\cos A,\ b^2=a^2+c^2-2ac\cos B,\ c^2=a^2+b^2-2ab\cos C.$$

三、几何

1. 常用的面积公式和体积公式

(1) 三角形面积 $S=\dfrac{1}{2}ab\sin C=\dfrac{1}{2}ac\sin B=\dfrac{1}{2}bc\sin A$.

(2) 梯形面积 $S=\dfrac{1}{2}(a+b)h$，其中 a,b 为上下底，h 为梯形的高.

(3) 圆周长 $l=2\pi r$，圆弧长 $l=\theta r$，其中 r 为圆半径，θ 为圆心角. 圆面积 $S=\pi r^2$.

　　扇形面积 $S=\dfrac{1}{2}lr=\dfrac{1}{2}r^2\theta$，其中 r 为圆半径，θ 为圆心角，l 为圆弧长.

(4) 圆柱体体积 $V=\pi r^2 h$，侧面积 $S=2\pi rh$，全面积 $S=2\pi r(h+r)$，其中 r 为圆柱底面半径，h 为圆柱的高.

(5) 圆锥体体积 $V=\dfrac{1}{3}\pi r^2 h$，侧面积 $S=\pi rl$，其中 r 为圆锥的底面半径，l 为母线的长.

(6) 球体积 $V=\dfrac{4}{3}\pi r^3$，表面积 $S=4\pi r^2$，其中 r 为球的半径.

2. 平面解析几何

(1) 距离与斜率

① 两点 $P_1(x_1,y_1)$ 与 $P_2(x_2,y_2)$ 之间的距离 $d=\sqrt{(x_2-x_1)^2+(y_2-y_1)^2}$.

② 直线 P_1P_2 的斜率 $k=\dfrac{y_2-y_1}{x_2-x_1}$.

（2）直线的方程

①点斜式：$y-y_1=k(x-x_1)$.

②斜截式：$y=kx+b$.

③两点式：$\dfrac{y-y_1}{y_2-y_1}=\dfrac{x-x_1}{x_2-x_1}$.

④截距式：$\dfrac{x}{a}+\dfrac{y}{b}=1\,(ab\neq0)$.

⑤一般式：$Ax+By+C=0$，其中 A,B 不同时为零.

（3）两直线的夹角

设两直线的斜率分别为 k_1 和 k_2，夹角为 θ，则 $\tan\theta=\left|\dfrac{k_1-k_2}{1+k_1k_2}\right|$.

（4）点到直线的距离

点 $P_1(x_1,y_1)$ 到直线 $Ax+By+C=0$ 的距离 $d=\dfrac{|Ax_1+By_1+C|}{\sqrt{A^2+B^2}}$.

（5）二次曲线

圆：方程为 $(x-a)^2+(y-b)^2=r^2$，圆心为 (a,b)，半径为 r.

抛物线：①当方程为 $y^2=2px$ 时，焦点为 $\left(\dfrac{p}{2},0\right)$，准线为 $x=-\dfrac{p}{2}$；

②当方程为 $x^2=2py$ 时，焦点为 $\left(0,\dfrac{p}{2}\right)$，准线为 $y=-\dfrac{p}{2}$；

③当方程为 $y=ax^2+bx+c\,(a\neq0)$ 时，顶点为 $\left(-\dfrac{b}{2a},\dfrac{4ac-b^2}{4a}\right)$，对称轴为 $x=-\dfrac{b}{2a}$.

椭圆：方程为 $\dfrac{x^2}{a^2}+\dfrac{y^2}{b^2}=1\,(a>0,b>0)$.

双曲线：方程为 $\dfrac{x^2}{a^2}-\dfrac{y^2}{b^2}=1$ 或 $\dfrac{y^2}{a^2}-\dfrac{x^2}{b^2}=1\,(a>0,b>0)$.

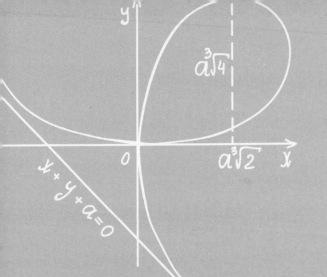

附录 II
高等数学常用公式

■ 一、导数的基本公式

(1) $(C)' = 0$.

(2) $(x^\mu)' = \mu x^{\mu-1}$.

(3) $(a^x)' = a^x \ln a$.

(4) $(e^x)' = e^x$.

(5) $(\log_a x)' = \dfrac{1}{x \ln a}$.

(6) $(\ln x)' = \dfrac{1}{x}$.

(7) $(\sin x)' = \cos x$.

(8) $(\cos x)' = -\sin x$.

(9) $(\tan x)' = \sec^2 x$.

(10) $(\cot x)' = -\csc^2 x$.

(11) $(\sec x)' = \sec x \tan x$.

(12) $(\csc x)' = -\csc x \cot x$.

(13) $(\arcsin x)' = \dfrac{1}{\sqrt{1-x^2}}$.

(14) $(\arccos x)' = -\dfrac{1}{\sqrt{1-x^2}}$.

(15) $(\arctan x)' = \dfrac{1}{1+x^2}$.

(16) $(\operatorname{arccot} x)' = -\dfrac{1}{1+x^2}$.

■ 二、不定积分基本公式

(1) $\displaystyle\int 0 \, dx = C$.

(2) $\displaystyle\int x^n \, dx = \dfrac{1}{n+1} x^{n+1} + C \ (n \neq -1)$.

(3) $\displaystyle\int \dfrac{1}{x} \, dx = \ln |x| + C$.

(4) $\displaystyle\int a^x \, dx = \dfrac{1}{\ln a} a^x + C \ (a>0, a \neq 1)$.

(5) $\displaystyle\int e^x \, dx = e^x + C$.

(6) $\displaystyle\int \cos x \, dx = \sin x + C$.

(7) $\displaystyle\int \sin x \, dx = -\cos x + C$.

(8) $\displaystyle\int \sec^2 x \, dx = \tan x + C$.

(9) $\displaystyle\int \csc^2 x \, dx = -\cot x + C$.

(10) $\displaystyle\int \tan x \sec x \, dx = \sec x + C$.

(11) $\displaystyle\int \cot x \csc x \, dx = -\csc x + C$.

(12) $\displaystyle\int \dfrac{1}{1+x^2} \, dx = \arctan x + C$.

$(13) \int \dfrac{1}{\sqrt{1-x^2}}dx = \arcsin x + C.$ $\qquad (14) \int \tan x dx = -\ln|\cos x| + C.$

$(15) \int \cot x dx = \ln|\sin x| + C.$ $\qquad (16) \int \sec x dx = \ln|\tan x + \sec x| + C.$

$(17) \int \csc x dx = \ln|\cot x - \csc x| + C.$ $\qquad (18) \int \dfrac{1}{a^2+x^2}dx = \dfrac{1}{a}\arctan\dfrac{x}{a} + C(a>0).$

$(19) \int \dfrac{1}{x^2-a^2}dx = \dfrac{1}{2a}\ln\left|\dfrac{x-a}{x+a}\right| + C(a>0).$ $\qquad (20) \int \dfrac{1}{\sqrt{a^2-x^2}}dx = \arcsin\dfrac{x}{a} + C(a>0).$

三、简易积分公式

1. 含有 $a+bx(b\neq0)$ 的积分

$(1) \int \dfrac{dx}{a+bx} = \dfrac{1}{b}\ln|a+bx| + C.$

$(2) \int (a+bx)^u dx = \dfrac{1}{b(u+1)}(a+bx)^{u+1} + C(u\neq-1).$

$(3) \int \dfrac{x}{a+bx}dx = \dfrac{1}{b^2}(a+bx-a\ln|a+bx|) + C.$

2. 含有 $\sqrt{a+bx}(b\neq0)$ 的积分

$(1) \int \sqrt{a+bx}\,dx = \dfrac{2}{3b}\sqrt{(a+bx)^3} + C.$

$(2) \int x\sqrt{a+bx}\,dx = \dfrac{2}{15b^2}(3bx-2a)\sqrt{(a+bx)^3} + C.$

$(3) \int x^2\sqrt{a+bx}\,dx = \dfrac{2}{105b^3}(8a^2-12abx+15b^2x^2)\sqrt{(a+bx)^3} + C.$

$(4) \int \dfrac{x}{\sqrt{a+bx}}dx = \dfrac{2}{3b^2}(bx-2a)\sqrt{a+bx} + C.$

3. 含有 $x^2\pm a^2(a>0)$ 的积分

$(1) \int \dfrac{dx}{x^2+a^2} = \dfrac{1}{a}\arctan\dfrac{x}{a} + C.$

$(2) \int \dfrac{dx}{(x^2+a^2)^n} = \dfrac{x}{2(n-1)a^2(x^2+a^2)^{n-1}} + \dfrac{2n-3}{2(n-1)a^2}\int \dfrac{dx}{(x^2+a^2)^{n-1}}.$

$(3) \int \dfrac{dx}{x^2-a^2} = \dfrac{1}{2a}\ln\left|\dfrac{x-a}{x+a}\right| + C.$

4. 含有 $\sqrt{x^2+a^2}(a>0)$ 的积分

$(1) \int \sqrt{x^2+a^2}\,dx = \dfrac{x}{2}\sqrt{x^2+a^2} + \dfrac{a^2}{2}\ln(x+\sqrt{x^2+a^2}) + C.$

$(2) \int \sqrt{(x^2+a^2)^3}\,dx = \dfrac{x}{8}(2x^2+5a^2)\sqrt{x^2+a^2} + \dfrac{3}{8}a^4\ln(x+\sqrt{x^2+a^2}) + C.$

$(3) \int x\sqrt{x^2+a^2}\,dx = \dfrac{1}{3}\sqrt{(x^2+a^2)^3} + C.$

$(4) \int \dfrac{1}{\sqrt{x^2+a^2}} \mathrm{d}x = \ln\left(x+\sqrt{x^2+a^2}\right) + C.$

5. 含有 $\sqrt{x^2-a^2}$ ($a>0$) 的积分

$(1) \int \sqrt{x^2-a^2}\,\mathrm{d}x = \dfrac{x}{2}\sqrt{x^2-a^2} - \dfrac{a^2}{2}\ln\left|x+\sqrt{x^2-a^2}\right| + C.$

$(2) \int \sqrt{(x^2-a^2)^3}\,\mathrm{d}x = \dfrac{x}{8}(2x^2-5a^2)\sqrt{x^2-a^2} + \dfrac{3}{8}a^4\ln\left|x+\sqrt{x^2-a^2}\right| + C.$

$(3) \int x\sqrt{x^2-a^2}\,\mathrm{d}x = \dfrac{1}{3}\sqrt{(x^2-a^2)^3} + C.$

$(4) \int \dfrac{1}{\sqrt{x^2-a^2}} \mathrm{d}x = \ln\left|x+\sqrt{x^2-a^2}\right| + C.$

6. 含有 $\sqrt{a^2-x^2}$ ($a>0$) 的积分

$(1) \int \sqrt{a^2-x^2}\,\mathrm{d}x = \dfrac{x}{2}\sqrt{a^2-x^2} + \dfrac{a^2}{2}\arcsin\dfrac{x}{a} + C.$

$(2) \int \sqrt{(a^2-x^2)^3}\,\mathrm{d}x = \dfrac{x}{8}(5a^2-2x^2)\sqrt{a^2-x^2} + \dfrac{3}{8}a^4\arcsin\dfrac{x}{a} + C.$

$(3) \int x\sqrt{a^2-x^2}\,\mathrm{d}x = -\dfrac{1}{3}\sqrt{(a^2-x^2)^3} + C.$

7. 含有三角函数的积分 ($ab \neq 0$)

$(1) \int \sin x\,\mathrm{d}x = -\cos x + C.$

$(2) \int \cos x\,\mathrm{d}x = \sin x + C.$

$(3) \int \tan x\,\mathrm{d}x = -\ln|\cos x| + C = \ln|\sec x| + C.$

$(4) \int \cot x\,\mathrm{d}x = \ln|\sin x| + C = -\ln|\csc x| + C.$

$(5) \int \sec x\,\mathrm{d}x = \ln|\sec x+\tan x| + C = \ln\left|\tan\left(\dfrac{\pi}{4}+\dfrac{x}{2}\right)\right| + C.$

$(6) \int \csc x\,\mathrm{d}x = \ln|\csc x-\cot x| + C = \ln\left|\tan\dfrac{x}{2}\right| + C.$

$(7) \int \sec^2 x\,\mathrm{d}x = \tan x + C.$

$(8) \int \csc^2 x\,\mathrm{d}x = -\cot x + C.$

$(9) \int \sec x\tan x\,\mathrm{d}x = \sec x + C.$

$(10) \int \csc x\cot x\,\mathrm{d}x = -\csc x + C.$

$(11) \int \sin^2 x\,\mathrm{d}x = \dfrac{x}{2} - \dfrac{1}{4}\sin 2x + C.$

$(12) \int \cos^2 x \mathrm{d}x = \dfrac{x}{2} + \dfrac{1}{4}\sin 2x + C.$

8. 定积分

设 $m, n \in \mathbf{N}^+$，则

$(1) \displaystyle\int_{-\pi}^{\pi} \cos nx \mathrm{d}x = \int_{-\pi}^{\pi} \sin nx \mathrm{d}x = 0.$

$(2) \displaystyle\int_{-\pi}^{\pi} \cos mx \sin nx \mathrm{d}x = 0.$

$(3) \displaystyle\int_{-\pi}^{\pi} \cos mx \cos nx \mathrm{d}x = \begin{cases} 0, & m \neq n, \\ \pi, & m = n. \end{cases}$

$(4) \displaystyle\int_{-\pi}^{\pi} \sin mx \sin nx \mathrm{d}x = \begin{cases} 0, & m \neq n, \\ \pi, & m = n. \end{cases}$

$(5) \displaystyle\int_{0}^{\pi} \sin mx \sin nx \mathrm{d}x = \int_{0}^{\pi} \cos mx \cos nx \mathrm{d}x = \begin{cases} 0, & m \neq n, \\ \dfrac{\pi}{2}, & m = n. \end{cases}$

$(6) I_n = \displaystyle\int_{0}^{\frac{\pi}{2}} \sin^n x \mathrm{d}x = \int_{0}^{\frac{\pi}{2}} \cos^n x \mathrm{d}x.$

$$I_n = \frac{n-1}{n} I_{n-2} = \begin{cases} \dfrac{n-1}{n} \cdot \dfrac{n-3}{n-2} \cdot \cdots \cdot \dfrac{4}{5} \cdot \dfrac{2}{3} \,(n\ \text{为大于 1 的正奇数}), \ I_1 = 1, \\ \dfrac{n-1}{n} \cdot \dfrac{n-3}{n-2} \cdot \cdots \cdot \dfrac{3}{4} \cdot \dfrac{1}{2} \cdot \dfrac{\pi}{2} \,(n\ \text{为正偶数}), \ I_0 = \dfrac{\pi}{2}. \end{cases}$$

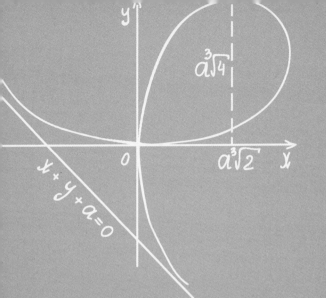

附录 Ⅲ
常用曲线及其方程

1. 三次抛物线：$y = ax^3 \, (a>0)$.

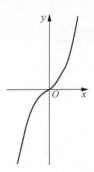

2. 半立方抛物线：$y^2 = ax^3 \, (a>0)$.

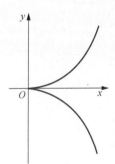

3. 概率曲线：$y = \mathrm{e}^{-ax^2} \, (a>0)$.

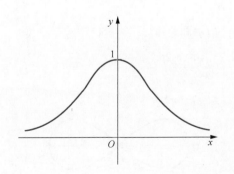

4. 箕舌线：$y = \dfrac{8a^3}{x^2 + 4a^2} \, (a>0)$.

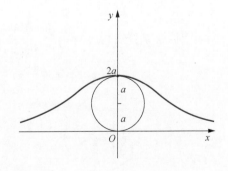

5. 蔓叶线：$y^2(2a-x)=x^3\ (a>0)$.

6. 笛卡儿叶形线：$x^3+y^3-3axy=0$，$\begin{cases}x=\dfrac{3at}{1+t^3},\\[2mm] y=\dfrac{3at^2}{1+t^3}.\end{cases}$

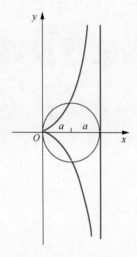

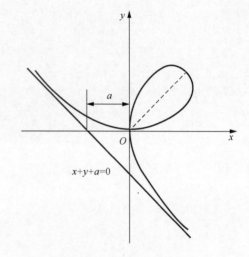

$x+y+a=0$

7. 摆线（旋轮线）：$\begin{cases}x=a(t-\sin t),\\ y=a(1-\cos t).\end{cases}$

8. 内摆线（星形线）：$x^{\frac{2}{3}}+y^{\frac{2}{3}}=a^{\frac{2}{3}}\ (a>0)$，
$\begin{cases}x=a\cos^3 t,\\ y=a\sin^3 t.\end{cases}$

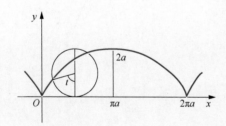

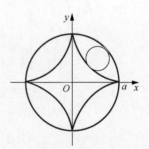

9. 圆的渐伸线（渐开线）：$\begin{cases}x=a(\cos t+t\sin t),\\ y=a(\sin t-t\cos t).\end{cases}$

10. 伯努利双纽线：$(x^2+y^2)^2=a^2(x^2-y^2)$，
$r^2=a^2\cos 2\theta.$

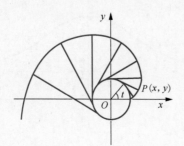

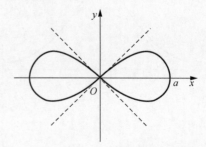

11. 心形线：$r=a(1+\cos\theta)(a>0)$.

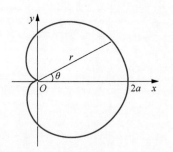

12. 阿基米德螺线：$r=a\theta(a\geq0)$.

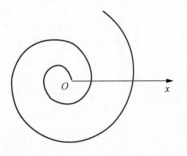

13. 双曲螺线：$r=\dfrac{a}{\theta}(a>0)$.

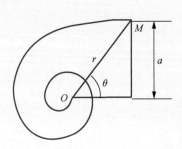

14. 三叶玫瑰线：$r=a\sin3\theta$.

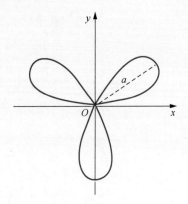

15. 四叶玫瑰线：$r=a\cos2\theta$.

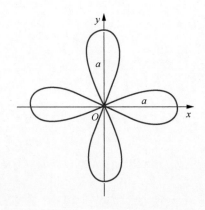